普通高等教育“十一五”国家级规划教材

国家精品课程配套教材

生物反应工程原理

（第四版）

贾士儒　编著

编　委（按姓氏汉语拼音排序）

韩培培　贾士儒　吕和鑫

齐　崴　乔长晟　孙爱友

谭之磊　薛　闯　钟　成

科学出版社

北京

内 容 简 介

本书是在 1990 年南开大学出版社出版的《生物反应工程原理》、2003 年科学出版社出版的《生物反应工程原理》（第二版）和 2008 年科学出版社出版的《生物反应工程原理》（第三版）的基础上，根据国内外生物反应工程的最新进展，结合编者多年的教学与科研实践，对编著内容进行了较大的修改和补充而成的。

本书在全面介绍生物反应工程的工程学基本概念的基础上，从酶促反应动力学、微生物反应动力学、微生物反应器操作、动植物细胞培养、生物反应器中的传质过程和生物反应器等几个方面，系统介绍了生物反应工程的基本原理与方法，并对生物反应工程领域的一些新的进展作了简要介绍。为便于读者理解生物反应工程基本理论，书中附有大量例题与习题，并增加了习题答案。

本书以初涉生物工程领域的人士为主要读者对象，可作为高等院校生物工程、发酵工程、生物技术、食品工程、生物制药和环境工程等专业的教材使用，也可供相关专业研究生和从事相关工作的初中级工程技术人员使用。

图书在版编目（CIP）数据

生物反应工程原理/贾士儒编著. —4 版. —北京：科学出版社，2015.6
普通高等教育“十一五”国家级规划教材・国家精品课程配套教材
ISBN 978-7-03-045206-1

Ⅰ. ①生… Ⅱ. ①贾… Ⅲ. ①生物工程–化学工程–高等学校–教材
Ⅳ. ①Q81②Q939.97

中国版本图书馆 CIP 数据核字（2015）第 164503 号

责任编辑：刘 畅 / 责任校对：郑金红
责任印制：霍 兵 / 封面设计：迷底书装

科学出版社 出版
北京东黄城根北街 16 号
邮政编码：100717
http://www.sciencep.com
石家庄继文印刷有限公司 印刷
科学出版社发行 各地新华书店经销
*
2015 年 8 月第 四 版 开本：787 × 1092 1/16
2024 年 1 月第十一次印刷 印张：20
字数：512 000
定价：65.00 元
（如有印装质量问题，我社负责调换）

第四版前言

在天津轻工业学院（现天津科技大学）原院长姚国雄的指导下开设“生物反应工程”课程已经31年了。2014年4月25日，在天津科技大学召开了一次关于“生物反应工程”精品课程的研讨会，全国有10余所兄弟院校的相关教师参加了会议。2015年4月，我有幸应邀参加了在华东理工大学召开的高校发酵工程课程骨干教师研修班，在会上介绍了生物反应工程课程的内容要点和上好此课程的体会。这两次会议有一个共同点，就是有更多的教师关心生物工程专业的课程建设。

《生物反应工程原理》一书自1990年出版以来，一直以语言简洁、内容易懂为写作的基本点，以强化学生“工程能力”的培养为目标，所以受到读者的欢迎和厚爱。

在繁重的科研和教学任务之下，很多年轻教师还是关心和参加了本次修订工作。这足以说明大家十分重视教材建设。他们是：天津大学齐葳、王庆昭；大连理工大学薛闯；华东理工大学孙爱友；大连工业大学王越；宁夏大学苏建宇；齐齐哈尔大学刘晓兰；河北经贸大学薛胜平；天津科技大学钟成、乔长晟、谭之磊、韩培培、吕和鑫、贾原媛等。他们的参加，是我由衷高兴的事情。

本次修订中，将第三版第二章中的第二节生物反应工程的工程学基础独立成第二章，以突出强调工程能力培养的重要性。将上版第九章酶促反应工程领域的拓展与酶促反应动力学相关的内容，全部归入第三章中，删除原第九章。第四章中增加了细胞死亡动力学的内容。将原第十章中与微生物培养与操作相关的部分内容归入第五章，简述了生物反应与分离耦合操作、基因工程菌的高密度培养、界面微生物培养、微生物双液相发酵和加压下的微生物培养等内容，拓展学生对微生物培养和操作方式的认识。全面改写了第六章。第八章中删除了嫌气发酵设备与动植物反应器两部分，全面改写了微藻生物反应器部分。第九章介绍了生物反应工程领域的最新进展，在原有第十章的基础上，改写了代谢工程和系统生物学部分，增加了合成生物学的内容。没有理论的实践是盲目的，没有实践的理论是空洞的，为保证满足不同背景学生的需要，本版在保持原有写作风格的基础上，对每章后的复习题增加了习题答案。

本书编写过程中参考了同行、专家、学者的研究成果或著作。华南理工大学林炜铁，河北科技大学李艳，天津商业大学张坤生，华东理工大学夏建业，齐鲁工业大学邵秀芝，上海交通大学蒋群，华中农业大学陈振民，天津农学院范志华，郑州轻工业学院梁萌、杨雪鹏等也曾对教材建设提出了中肯的建议。韩培培、吕和鑫参加了统稿工作。崔相敢、夏锋、李飞龙、胡春磊和申世刚等同学在成书过程中提供了大量帮助，在此一并表示感谢。还要特别感谢科学出版社刘畅老师的热心帮助。

虽然第四版的内容有较多更新，但是生物技术的发展非常迅速，许多新技术、新成果不断涌现，加上作者水平所限，书中若有不足之处，敬请赐教（E-mail: jiashiru@tust.edu.cn）。

贯士儒

2015 年 5 月

目　录

第一章 绪 论

学习目的：了解生物反应工程的学科定义、特点和历史沿革；明确学习生物反应工程课程的目的与关键点；认知生物反应工程的主要内容与学习方法。

生物反应工程（bioreaction engineering）是生物化学反应工程的简称，是一门以生物学、化学、工程学、计算机与信息技术等学科为基础，研究生物反应过程中带有共性的工程技术问题的交叉学科。生物反应工程以生化反应动力学为基础，将传递过程原理、设备工程学、过程动态学及最优化原理等化学工程学方法与生物过程方面的知识加以联系，以提高生物反应效率为目标，进行生物反应过程的分析与开发，生物反应器的设计和操作，以及过程优化控制等。生物反应工程在生物工业中起到举足轻重的作用，可以说，它是生物产品工业化的核心技术方法。

1.1 生物反应工程研究的目的

生物是指自然界中由活质构成并具有生长、发育、繁殖等能力的物体。动物、植物和微生物是自然界中具有生命的三大类生物。生物化学的主要任务是了解生物的化学组成和它们的化学活动。生物个体都会进行物质的能量代谢，使自己得以生长和发育，按照一定的遗传和变异规律进行繁衍与进化，人们将这种生物体内的代谢变化称为生物反应。另外，温度、pH、压力等外部环境因素会影响到微生物细胞个体的生长与代谢过程，这是微生物发酵过程所面临的实际状况，也是一种生物反应过程。还有生物酶催化生物反应过程中，在酶的催化下，一种或多种底物改变化学组成、性质和特征成为与原来不相同的另一种或多种物质的变化过程，也是生物反应。所以，生物反应是指创造适宜条件，利用生物体高效率产生人类所需的目的产物的过程。

生物反应过程与化学反应过程的本质区别在于有生物催化剂参与反应。由于生物催化剂的参与，生物反应过程具有一些特性。例如，与化学反应相比，生物反应是在比较温和的条件（常温、常压、pH 接近中性等）下进行的；反应速率有时比化学反应过程慢得多；反应的复杂性有时难以预估等。但是对反应过程做定量的、动力学方面的研究都是其要探讨的最基本的问题。

广义讲，自然界中生物体的新陈代谢和自我复制是生物最基本的特征，也是最基本的生命现象。这种生命现象，即生物反应现象可以说是无处不在（如植物或动物的生长，利用微生物生产有用产物，生物反应中酶促反应所起的关键作用等），这些现象的核心是生物催化反应，或者说是生物的生长、繁殖、形成产物、某种物质的减少或增加的过程。例如，微生物的生长繁殖，细胞个数的增加，以及其形态、大小的不断变化等。另外，由于不断发现新的生物物种，以及对生物反应机制的深入了解，生物反应系统变得更为复杂。

例如，酶分子在催化反应中会受到反应液中某种成分的诱导或抑制；微生物细胞由于环境因素的影响而出现自身的变异；某些微生物可以通过“气体通道”相互保持联系等。虽然这些复杂的生物反应过程有时还难以进行综合研究，但生物量或产物量在过程中的变化，都贯穿了反应“速率”这一核心内容。

狭义讲，生物反应过程是指将实验室的成果经放大成为可工业化生产的工艺过程，实现工业化生产过程的高效率运转，或者说是提高生产过程效率。针对一个生物反应过程，可以利用（1-1）式表示为

$$\text{生物反应过程效率} = \frac{\text{产物量}}{\text{生产时间} \times \text{消耗的人、财、物等成本}} \tag{1-1}$$

这就是说，以微生物反应过程为例，就是提高单位时间微生物细胞生成量，或产物生成量。确保反应过程效率的最大化，是生化工程师最为关心的问题。

生物反应过程研究的目的是提供适宜的动力学速率方程，以描述相应微生物（或酶、动植物等）反应体系，确定这些方程在设计方面的用途，规划实验室的实验，决定动力学方程所需的速率常数。从生物反应器的设计和操作看，有必要研究生物反应速率和与之相关影响因素之间的定量与定性关系。针对一个具体的生物反应过程，（1-1）式也可以表示为

反应速率=f（操作参数，如温度、pH、溶解氧浓度、压力、动力、培养基组成及其浓度等）　（1-2）

人们关心的是如何获得这一反应速率的最大值。

一般生物反应过程可用图 1-1 所示的流程示意图表示。可以看出，虽然实际的工业工程过程要复杂得多，但从图中总可以将其分为上游、中游和下游三个阶段。上游主要指原料处理与培养基制备，包括种子的制备；中游是利用生物反应获得目的产物的过程；下游指目的产物的提取与精制。一般认为，生物反应过程的核心是在生物反应器中如何利用生物催化剂高效率地进行目的产物的生产。

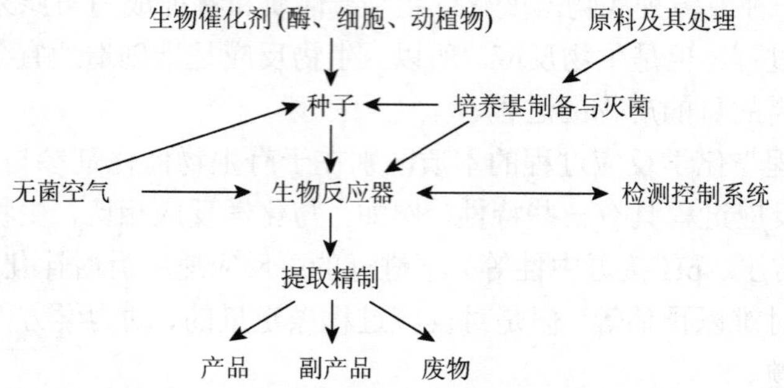

图 1-1　一般生物反应过程流程示意图

针对上述过程，应用微生物学家的任务是确定专门用途的微生物品种、菌株及培养基的组成。生化工程学家的任务是设计一个经济上合理的过程，包括：培养基配制与灭菌、无菌空气的制备、菌种的扩大培养、过程设计、反应器设计与控制、产品回收与分离（包括废水处理）等。传统上，这些操作的设计基础是质量传递、热量传递、动量传递和生化反应动力学（即三传一反）。当今，随着系统生物学和合成生物学的出现，以及化学工程

方法的进步，一些新的工程方面的理论丰富了生物反应工程的内容。

如今利用系统生物学、合成生物学方法改造微生物可以提高目的产物（蛋白质或其他物质）的产率，但在工业生产中仍离不开对这些“工程菌株”的动力学描述。

1.2 生物反应工程学科的形成与发展现状

生物反应工程学科是随着生物技术的发展而逐步形成的。史前，人们还不知道什么是酶或微生物时，就已利用它们进行有用物质生产了。例如，美国学者研究认为，新石器早期中国已有稻米、山楂果和野葡萄的发酵物出现，并认为 9000 年前中国的酒多为小米或水果酿造。4000～4200 年前的龙山文化便已有酒具出现。公元前 200 年，我国人民就已掌握了酱油和食醋的酿造技术。生产过程中使用的容器就是最简单、最原始的生物反应器，产物生成过程就是利用生物反应的过程。在我国最早的诗集《诗经》中就提到采用厌氧（发酵的方法）进行亚麻浸渍处理。公元 10 年有了天花的活疫苗。很长一段历史过程中，人们虽然已经知道怎样利用生物反应，如提高酒类等发酵制品的风味及质量等，但仍没有认识到其与生物的作用有关。

1857 年巴斯德（Pasteur）首次证明乙醇发酵是由酵母引起的，而酵母是活的细胞。随着微生物分离、纯化、培养技术的逐步确立，开创了人类控制微生物反应的新时期。第一次世界大战后，尤其是第二次世界大战期间，深层培养技术、无菌空气制备技术的建立，促进了生物制品，特别是青霉素的大规模工业化生产，这是化学工程工作者积极参与的结果。同时，意味着微生物与化工两大学科相交叉的新学科——生物化学工程诞生了。

随着生物工程技术的发展，对生物反应过程的研究更为深入，培养操作过程的控制更为合理，新型生物反应器不断出现。与此同时，一些新理论、新技术不断涌现，如固定化技术、基因工程技术、生物信息技术等。这些新理论、新技术推动了生物化学工程学科的发展，促使生物反应工程这一新的学科分支从生物化学工程领域中产生。

早在 1971 年英国学者巴特金逊（Batkinson）首次提出生化反应工程这一术语，1975 年作为生化工程领域先驱之一的日本学者合叶修一等出版了关于生化动力学方面的专著《生物化学工程——反应动力学》；1979 年日本学者山根恒夫编著了《生物反应工程》一书；1985 年德国学者许盖特（Schugerl）出版了《生物反应工程》专著；1993 年日本学者川瀬义矩出版了《生物反应工程基础》一书；1994 年丹麦学者尼尔森（Nielsen）等编著了《生物反应工程原理》一书。1990 年天津科技大学首次在国内出版《生物反应工程原理》以来，华东理工大学、北京化工大学、浙江大学、江南大学、清华大学等高校先后出版了多部相关书籍。

当前，生物技术的发展已影响到工农业、医学卫生、食品、能源、环保等各个领域，成为确保人类生活可持续发展的主要方法（或手段）之一。当然，它也给生物反应工程学科的发展提供了机遇。例如，代谢工程学科，是 20 世纪 90 年代分子生物学与生物反应工程技术不断发展、融合的结果。随着人类基因组计划的完成，后基因组计划的进行，各种组学，如基因组学、蛋白质组学、脂质组学等，为人们所重视，人们已经认识到细胞完整性的重要性。如果生物反应现象仅是通过物理学家或化学家用机械的语言、化学的语言、物理的语言来描述，一定是将生物反应分解至分子，或更小的单位，然后再以此为基础把生物现象简化为化学过程或物理过程，这种将生物现象简化的方法，无疑将抛弃生物反应的本质特征。另外，由于决定生物生命的最小单位是细胞，因此，细胞个体之间的相互影响也是利用生物过程获得目的产物的技术人员不得回避的问题，但是，以往由于多种原因，无法开展相关的研究。今天，人们能够利用现代分析方法和生物信息学方法，深入了解细胞生长繁殖及其基因转录、表达和代谢物合成的规律。但是，在一个实际的微生物发酵过程中，外界条件的变化会影响到这些规律并使之发生变化。因此，生物反应工程研究越来越要求与细胞水平及分子水平的研究相结合。另外，细胞与细胞之间通过信号物质对细胞进行调控，这种相互影响或调控影响的强弱和时间的长短也会影响到细胞表达的效率。当然，也给生物反应工程技术带来新的机遇与挑战。

1.3 生物反应工程的主要内容

日本学者山根恒夫认为，生物反应过程可分为废水的生物处理过程、微生物反应过程和酶促反应过程。第一种反应过程是生态系统水平的生物反应过程，涉及多种底物和产物及多种微生物，并且反应速率相对慢。微生物反应过程，包括单一种类微生物细胞群体的反应系统和多种微生物细胞的混合反应。一般发酵工业深层培养中多为单一细胞群体，目的产物单一且明确，反应速率较快。传统白酒发酵是典型的多种微生物细胞的混合反应过程，反应系统复杂，反应速率较慢。酶促反应过程相对简单，底物和产物的数量少，反应速率较快。但是，从本质讲，上述反应都是化学反应，都伴随生物细胞（或酶）的生长繁殖（或变化），以及底物或基质和目的产物浓度的相应变化。

本书试图通过生物反应过程分析和生物反应器选型与设计，阐明酶促反应过程和细胞反应过程的动力学规律。同时，以基本生物反应器为基础，通过例题，讨论了进行生物反应器设计与分析的基本原理和方法。另外，介绍了生物反应工程领域的新进展。如果换一个角度考察生物反应工程的主要内容，可分为生物反应动力学、生物反应器及生物反应过程的放大与缩小。

1.3.1 生物反应动力学

生物反应动力学（bioreaction kinetics）主要研究生物反应速率和各种影响因素对反应速率的影响。由于生物的多样性，带来了生物反应过程的复杂性，进而给生物反应动力学带来多样性。这里重点介绍：①酶促反应动力学的特点、均相和多相系统酶促反应动力学及酶的失活动力学；②微生物反应过程的质量与物量衡算和发酵动力学；③动植物细胞反应特性及其反应动力学等。

采用工业生物反应器进行生物反应，伴随有物理现象发生。生物反应从本质讲是在分子水平上进行的。针对微生物发酵过程而言，常常将细胞视为单一组分，但由于胞外的环境因素的变化，胞内的生化反应势必会发生变化。另外，有些生物反应过程中存在气液两相或气液固三相，这时，有的生物反应是在界面上进行的，如蓝色犁头霉（*Absidia coerulea*）

甾体 11β-羟基化反应，就是在两相界面上进行的。一般，生物反应速率的定义为转化量/（单位时间×单位反应容积）；在界面上进行的生物反应为转化量/（单位时间×单位反应界面）。

生物反应均会受到一些物理（如传质或传热）过程的影响。比较典型的传质过程有好氧发酵过程中的氧的传递，其常常与生物反应交织在一起，并影响生物反应速率。因此，当一生物反应过程存在传质与反应双重影响时，有必要明确这一过程为传质速率所控制，还是为反应速率所控制。

另外，通过对系统（细胞）内各组分之间的相互影响，如基因转录过程及其动力学变化、翻译过程及其动力学变化及蛋白质之间的相互影响，在酶促反应中包括受体-代谢物之间的相互作用等的定量分析，来定量分析整体细胞的功能。同时，有必要考虑到细胞个性化的影响。这些都会给工业生物反应过程带来新的机遇与挑战。

1.3.2 生物反应器及其操作

生物反应器（bioreactor）是使生物技术转化为产品和生产力的关键设备，其在生物过程中处于中心地位。使用高效率生物反应器的目的是提高产品生成速率，减少有关辅助设备，降低生产成本，获得尽可能大的经济效益。

虽然已开发多种形式的生物反应器，但由于生物反应的复杂性，加上外界的影响及相关理论的不完善，目前，生物反应器的形式还不能完全适应生物反应过程多样性的需要。与化学反应器相比，生物反应器的生产效率较低，反应液中的产物浓度低。为了解生物反应器的基本原理，这里重点介绍：①生物反应体系中的流变学特性、氧的传递与微生物呼吸、体积溶氧系数及相关因素、溶氧方程及溶氧速率的调节；②酶反应器及其设计、机械搅拌式发酵罐及其设计、气升式生物反应器设计、生物废水处理设备及动植物细胞培养用反应器等；③分批式、流加式和连续式操作，以及动植物细胞培养技术等。

一个新的生物反应过程的开发，最初阶段是发现与认识新的生物反应，然后才进入工程阶段。在工程阶段中，开发工作者首先遇到的是生物反应器的选型问题，即选择什么形式的生物反应器来进行这一特定的生物反应。确定选型后，进入操作条件的选择和反应器的工程设计，这时就需要生物反应规律与传递（传质、传热等）规律相结合来解决。

1.3.3 生物反应过程的放大与缩小

生物反应工程研究的对象是工业规模的生物反应过程。当需要研究工业生产中生物反应速率与影响因素的关系时，不能简单地通过生产上使用的生物反应器确定它们之间的关系，因为这样的研究成本将十分昂贵。此时，可以根据生产实际，在实验室中使用小型反应器来模拟生产过程，以进行深入研究。这就是生物反应过程的缩小。尽管，生产上的生物反应要复杂得多，但是实验室获得的结果，对于实际生产还是具有重要的指导意义。

工业生物反应器中，总存在一定程度的物料返混或不均一性，并且生物反应器体积越大，这种现象可能越显著，使得将实验室的结果放大到实际生产（放大过程）难以顺利进行。反应动力学方程中的参数（如浓度、温度、反应时间等），对于实验室过程来讲是一些简单的物理量。但在实际生产上，这些简单的物理量也变得复杂了。对于过程放大来讲，同样需要生物反应工程理论指导。

1.4 生物反应工程的学习方法

由于生物反应过程的复杂性，生物反应工程的研究方法从直接将化学工程方法应用于生物反应过程的初级阶段，过渡到微观反应与宏观现象相联系的动态过程研究阶段，发展到如今利用代谢工程与系统生物学等理论、观点与方法，从微观本质分析反应的机制，结合宏观参数的优化，确立生物反应器的操作方式和生物反应过程调控机制。

当人们研究一个生物反应过程时，恐怕首先想到的是研究宏观因素对生物反应过程是否有影响。因此，用什么标准来判别这种影响？这种影响的程度有多大？这些影响是否有利？以上这些是所面临的一系列问题。因此，学习生物反应工程理论，有必要注意以下几点。

（1）探讨各种类型生物反应的内在规律

虽然生物反应是千变万化、错综复杂的，但总有一定的规律性并表现出一定的类型特征，要善于抓住它的类型特征，寻找、挖掘各种影响因素及其相关性。这是学习生物反应工程课程要严格遵循的思路。

（2）从概念上注意与相关学科的区别

例如，生物反应工程中的动力学与生物学的动力学有本质的区别，生物学上进行生物反应的研究侧重于反应的历程与机制的研究，而生物反应工程的研究则着重于生物反应速率规律的定性与定量的描述。

（3）要全面、深入地看待问题

由于生物现象的复杂性，考察不同的对象，应注意方法与尺度，特别要注意全面地看待问题，否则，会导致概念上的混淆和模糊。例如，利用包埋法固定化酶进行催化反应时，由于催化反应是在固定化酶颗粒的内部进行的，颗粒内部的底物浓度和宏观液相中的底物浓度并非同一数值。因此，就要想办法将颗粒内部的底物浓度，通过一定的方式，利用宏观液相中的底物浓度来表示。这时的反应动力学就表征了包括传递过程在内的反应速率，称为宏观动力学。其与微观动力学的不同之处在于它是以催化剂颗粒作为考察的对象。

（4）确立评价生物反应过程的标准

研究各种因素对生物反应工程中反应速率的影响并确定其利弊，必须首先确定评价反应结果优劣的标准。通常评价生物反应结果的标准有反应周期、反应类型、转化率或收率等。不能简单地为了提高转化率或收率，延长反应时间，同样，也不能为缩短反应时间，不考虑转化率或收率。

全国有上百所高等院校设置了生物工程或生物技术本科专业。同时，绝大多数工科专业都开设了生物反应工程课程。但是，工科院校中普遍存在的学生“工程能力”弱化的现象非常严重。因此，如何从一具体的生物反应过程，有针对性地从生物的适应性（反应的可行性）、稳定性、可持续性、可量化性、可标准化、经济性及效率的角度，提高学生的

“工程思维能力”是本课程教学中应重点强调的。

（贾士儒，jiashiru@tust.edu.cn）

复 习 题

1. 什么是生物反应工程、生化工程和生物技术?
2. 比较酶、微生物和动植物等的生物反应过程的特点。
3. 生物反应工程研究的主要内容是什么?
4. 生物反应工程的研究方法有哪些?
5. 解释生物反应工程在生物技术中的作用。
6. 为什么说代谢工程是建立在生物反应工程与分子生物学基础之上的?
7. 何为系统生物学和合成生物学?
8. 简述生物反应工程的发展史。
9. 如何理解加强“工程思维能力”的重要性?
10. 为什么在分子生物学渗入各生物学科领域的同时，工程思维也成为当今从事生物工程工作人员共同关注的话题?

参 考 文 献

曹竹安，陈坚. 2011. 生物反应工程. 北京：化学工业出版社

岑沛林，关怡新，林建平. 2005. 生物反应工程. 北京：高等教育出版社

贾士儒. 1990. 生物反应工程原理. 天津：南开大学出版社

贾士儒. 2008. 生物反应工程原理. 3 版. 北京：科学出版社

李振刚. 2003. 现代分子生物学论纲. 天津：天津科学出版社

戚以政，汪叔雄. 1998. 生化反应动力学与反应器. 北京：化学工业出版社

戚以政，汪叔雄. 2007. 生化反应动力学与反应器. 3 版. 北京：化学工业出版社

戚以政，夏杰. 2004. 生物反应工程. 北京：化学工业出版社

山根恒夫. 2006. 生物反应工程. 3 版. 邢新会，译. 北京：化学工业出版社

俞俊棠，唐孝宣，邬行彦，李友荣，金青萍. 2003. 新编生物工艺学. 北京：化学工业出版社

张嗣良，储炬. 2003. 多尺度微生物过程优化. 北京：化学工业出版社

川瀬义矩. 1993. 生物反応工学の基礎. 東京：化学工業社株式会社

合葉修一，永井史郎. 1975. 生物化学工程——反应速度論. 東京：科学技術社

Renneberg R，Süßbier D. 2009. 生物技术入门. 杨毅，陈慧，王健美，等译. 北京：科学出版社

Shuler M L，Kargi F. 2008. 生物过程工程：基本概念. 2 版. 陈涛，赵学明，等译. 北京：化学工业出版社

Stephanopoulos G N，Aristidou A A，Nielsen J. 1998. Metabolic engineering-Principles and methodologies. Waltham：Academic Press

Viiladsen J，Nielsen J，Liden G. 2011. Bioreaction engineering princiles（3nd Edition）国外化学经典教材系列（影印版）. 北京：科学出版社

第二章　生物反应工程的工程学基础

学习目的：掌握与生物反应工程相关的工程化思维的基本概念，如效率、速率、因次、物料与热量衡算、经济最优化等，熟知化学工程单元操作原理，提高工程思维能力。

利用生物反应过程生产有用代谢产物时，确保反应过程的高效运转，或者说提高反应过程效率，是工程学家最为关注的问题。而效率则是产量、时间及生产成本的函数，在决定一个工艺是否可行时，最简捷的方法是使用单位体积单位时间的生物反应过程的转化量。如何高效率地使用生物反应器，减少相关辅助设备，降低生产成本，从而获取尽可能大的经济利益，对于生物反应过程效率的提高，显得尤为迫切。此外，工程科学家还会遇到生物反应器的选型、反应器的操作条件、反应器的工程设计，这些都与工程化思维方法密切相关。

近年来，随着工业生物技术的发展，作为其基础学科的生物科学和生物工程学相互融合，形成了多门生物分子工程（biomolecular engineering），如蛋白质工程（protein engineering）、糖工程（sugar engineering）、脂工程（lipid engineering）等。随着现代分子生物学的发展，生物反应工程也经历了从宏观到微观的发展过程，传统生物反应工程研究中的“黑箱模型”，已经在系统生物学等技术的指引下，从以往对微生物形态、表型等描述，过渡到利用“组学”技术系统地、整体地研究生物对环境的动态响应机制，甚至还可以通过精确的全基因组尺度的代谢与网络调控模拟算法来设计、优化微生物细胞。而随着合成生物学的发展，人们可以通过构筑基因线路、工程化与标准化的生物元器件的组装、模块化设计与构建，来构造工程化的生物系统、模型，用于合成化学品、制造新材料、生产新能源等。因此，工程学的基本概念，或“工程思维”方法尤为重要。为更好地理解本课程的内容，这里介绍一些工程学中最基本的概念。

尽管利用生物催化剂在生物反应器中的催化反应，生成目的产物的过程不能够简单地对应化学工程中的单元操作过程，但是，仍然不妨将含有反应、传质等复杂问题的生物反应过程简化为一个简单的单一反应过程，从而可以在化学工程的单元操作的基础上探讨相关的工程学基础概念。

2.1　单位与因次

生物反应过程中各种物料具有不同的物理量和参变数，如密度、黏度、流量及流速等。为进行反应过程的定量分析、设计计算并在操作中加以控制，有必要知道这些物理量和参变数。这些物理量和参变数都是由几个独立的基本量组成，这种基本量称为因次，常用下列符号表示：长度（米，m），质量（千克，kg），时间（秒，s），热力学温度（开，K）

和物质的量（摩尔，mol）。基本量的大小以测量单位来表示，测量单位采用国际单位制（SI），也是我国的法定计量单位。由于多种原因，同一种测量制度，测量单位也有各不相同的表示方法。进行工程计算时，有必要将不同的单位换算成统一的单位，才能正确无误地进行计算。

2.2　流体的物理性质

生物工业中的物料有固体（如原料玉米粉、产物谷氨酸单钠盐等）、液体（如葡萄糖水溶液、淀粉浆、带菌体的发酵液等）和气体（如空气、二氧化碳等）。液体中除纯液体外还有溶液和悬浮液等混合液。

1. 密度

单位体积物体的质量称为密度，以 ρ （kg/m^3）表示

$$\rho = \frac{m}{V} \tag{2-1}$$

式中，m ——物体的质量，kg；

V ——物体的体积，m^3。

2. 比容

单位质量物体的体积称为比容，以 υ 表示

$$\upsilon = \frac{V}{m} \quad 即 \upsilon = \frac{1}{\rho} \tag{2-2}$$

比容是密度的倒数。

3. 气体的密度

气体的体积与温度成正比，与压强成反比，因此气体的密度完全取决于温度和压强。工程中经常使用的气体方程式为

$$pV = 22.4\frac{m}{M} \cdot \frac{273 + t}{273} = \frac{mRT}{M} \tag{2-3}$$

式中，p ——气体压强，kPa；

V ——气体体积，m^3；

m ——气体质量，kg；

t ——气体温度，℃；

T ——气体的热力学温度，K，$T = 273.15 + t$；

M ——气体的摩尔质量，kg/kmol；

R ——通用气体常数［其值为 8.314kJ/（kmol·K）］。

在标准状态下（0℃及 101.3kPa），每 kmol 气体的体积为 $22.4m^3$，因此，标准状态下气体的密度 $\rho_0 = M / 22.4$，所以（2-3）式可以改写成

$$m=\frac{MpV}{RT}=22.4\frac{\rho_0 pV}{RT} \tag{2-4}$$

由此可得在任意状态下气体密度的各种表示式

$$\rho=\frac{pM}{RT}=0.1203\frac{pM}{T}=\rho_0\frac{p}{p_0}\cdot\frac{T_0}{T} \tag{2-5}$$

式中，$T_0=273\text{K}$；

$p_0=101.3\text{kPa}$；

ρ_0——标准状态下气体的密度。对于空气 ρ_0=1.293kg/m^3。

如为混合气，（2-5）式中的气体摩尔质量 M 须用平均摩尔质量 M_m 代入，即

$$M_m=M_1x_1+M_2x_2+M_3x_3+\cdots \tag{2-6}$$

式中，M_1,M_2,M_3——分别表示混合气体中各组分的摩尔质量，kg/kmol；

x_1,x_2,x_3——各组分的摩尔分数。

4. 液体的密度

液体的体积随温度的变化不大，随压力的变化极小。如水当压力增至 1000 个大气压①时，体积仅缩小 5%，因此液体一般作为不可压缩的物质，温度、压力的变化对液体密度的影响很小。各种液体的密度可在有关手册中查到。

5. 压力

流体垂直作用于单位面积上的力，称为压力强度，简称压强，但习惯上多称为压力。其表达式为

$$p=\frac{F_v}{A} \tag{2-7}$$

式中，p——流体的静压强，Pa；

F_v——流体垂直作用于单位面积上的力，N；

A——作用面的面积，m^2。

法定单位中压强的单位是 Pa，称为帕斯卡。由于习惯上还有其他单位，如 atm（标准大气压，即指海平面上纬度 45°处大气的平均压力）、某流体柱高度（如 760mmHg）、bar（巴）和 kgf/cm^2（工业大气压）等，它们之间的换算关系为

$$1\text{atm}=1.033\text{kgf/cm}^2=760\text{mmHg}=10.33\text{mmH}_2\text{O}=1.0133\times10^5\text{Pa}=1.0333\text{bar} \tag{2-8}$$

压力大小通常用两种不同的基准表示：一种是以绝对真空为基准，称为绝对压强，简称绝压；一种是以当地大气压为基准，通常由压力表或真空表测出，称为表压或真空度。表压或真空度与绝压的关系（图 2-1）为

表压=绝压−当地大气压

真空度=当地大气压−绝压

① 1 个大气压=1.0133×10^{5}Pa

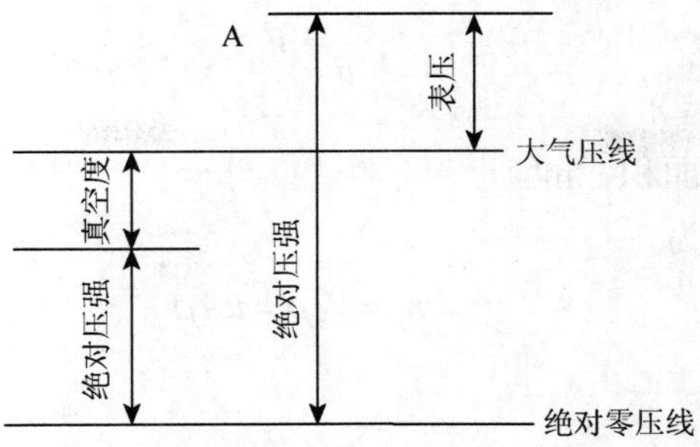

图 2-1　绝压、表压和真空度的关系

【例题 2-1】请给出盛放液体的静止容器（图 2-2）中，确定任一点（如距容器底部 H）处的压力 p 的表示式。

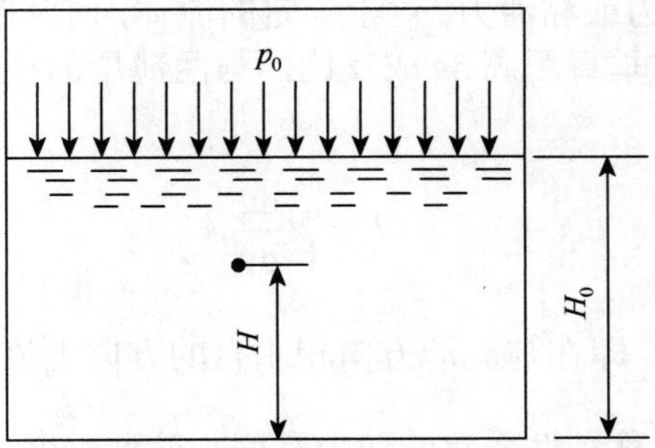

图 2-2　盛放液体的静止容器中的压力

【解】

根据流体静力学方程

$$p = p_0 + \rho g(H_0 - H)$$

式中，p_0——容器中的压力，Pa；

ρ——液体的密度，kg/m^3；

H_0——液柱高度，m；

H——某一点的高度，m。

6. 流量和流速

工程上不可避免会碰到流体的输送问题。单位时间内流过管道任一横截面的流体量称为流量。如流体用体积来度量，称为体积流量，以 V_s 表示，其单位是 m^3/s。若流体量用质量来计算，则称为质量流量，用 m_s 表示，其单位为 kg/s。

体积流量与质量流量的关系为

$$m_s = V_s \rho \tag{2-9}$$

式中，ρ——流体的密度，kg/m^3。

流速是单位时间内流体在流动方向上所流经的距离，也就是流体的体积流量除以管道截面积。以 u 表示，其单位为 m/s。由于流体在管道截面上各点的速度不一样，靠近管壁的流体因与管壁摩擦，速度要慢一点，因而通常所说的流速实际上是流体的平均速度。

$$u = \frac{V_s}{A} \tag{2-10}$$

式中，A——管道的截面积，m^2。

流量与流速的关系为

$$m_s = V_s\rho = uA\rho \tag{2-11}$$

7. 黏度

图 2-3 表示流体在管道中的流动形式。图 2-3（a）所示流动形式为理想状态，管内各点的速度相等，这种形式称为活塞流。实际上流体层之间存在速度差，即各层之间存在着相对运动［图 2-3（b）］。靠近管壁处的流体与管道也存在摩擦，它的速度比管道中间的流体小，所以理想的活塞流是不可能出现的。这种运动着的流体内部两流层之间的相互作用力，称为流体的内摩擦力或黏滞力。对于一定的流体，内摩擦力 F 与两薄层的速度差 du 成正比，与两薄层之间的垂直距离 dy 成反比，与两薄层的接触面积 A 成正比，引入比例系数 μ，即

$$F = \mu\frac{\mathrm{d}u}{\mathrm{d}y}A \tag{2-12}$$

式中，$\frac{du}{dy}$——速度梯度，即在与流动方向相垂直的方向上流体速度的变化率；

μ——比例系数，称黏性系数或动力黏度，简称黏度。

单位面积上的内摩擦力称为剪应力 F/A，以 τ 表示。将（2-12）式改写为

$$\mu = \frac{F}{A}\cdot\left(\frac{\mathrm{d}u}{\mathrm{d}y}\right)^{-1} = \tau\cdot\left(\frac{\mathrm{d}u}{\mathrm{d}y}\right)^{-1} \tag{2-13}$$

黏度的物理意义是促使流体流动产生单位速度梯度时剪应力的大小。黏度总是与速度梯度相联系，只有在运动时才显现出来。

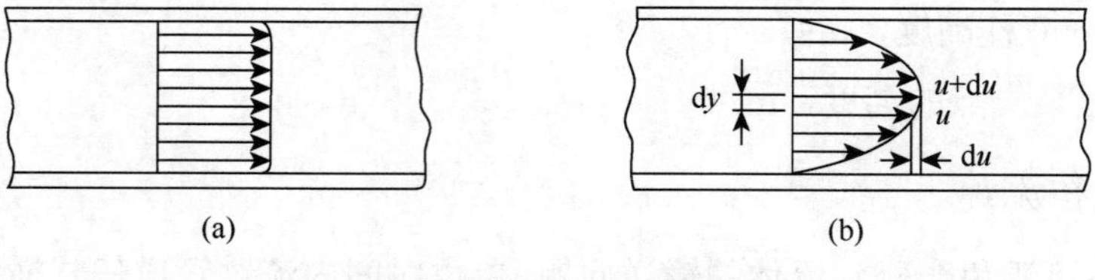

图 2-3　流体在管道中流动速度的分布

（a）理想的活塞流；（b）实际的流动

黏度的单位

$$[\mu] = \left[\frac{\tau}{\mathrm{d}u/\mathrm{d}y}\right] = \frac{\mathrm{Pa}}{\frac{\mathrm{m/s}}{\mathrm{m}}} = \mathrm{Pa\cdot s} = 10\mathrm{P}(\text{泊}) = 1000\mathrm{cP}(\text{厘泊}) \tag{2-14}$$

流体的黏度还可用黏度 μ 与密度 ρ 的比值来表示。这个比值称为运动黏度，以 υ 表示，即

$$\upsilon=\frac{\mu}{\rho} \tag{2-15}$$

运动黏度的国际单位制中的单位为 m^2/s；在物理单位中的单位为 cm^2/s，称为斯托克斯，简称沲，以 St 表示，$1St=100cSt=10^{-4}m^2/s$。

从黏度的定义可以看出，流体流动时，流体的黏度愈大，所产生的黏滞力愈大，也就是流体的阻力愈大。这一性质在工业生产上对确定流体速度很重要。因为在工业管道网中，为了减小管道直径，往往采用较高流速，但黏度较高的流体如流速过高，会引起摩擦动力损耗的增加，所以流体速度应根据它的黏度选定，一般按以下经验数据选取。例如，黏度较高的液体取 μ=0.5～1m/s；一般黏度的液体取 μ=1.5～3m/s；低压气体取 μ=8～15m/s；压力较高的气体取 μ=15～25m/s；饱和蒸汽取 μ=20～30m/s。

工业生产中常遇到各种流体的混合物，对混合物的黏度，如缺乏实验数据时，可参阅有关资料，选用适当的经验公式进行估算。另外，温度对流体黏度的影响很大，温度升高时，液体黏度剧烈下降，而且黏度愈大的物料，温度升高时黏度下降愈快。相反，气体的黏度则随气温上升而增大。

8. 流体的流动形态与雷诺准数

流体流动的状态可以用图 2-4 的实验装置来观察。水从贮槽 A 经过玻璃管流向 B，其流速用阀门 D 控制，玻璃管入口处装有注入作为示踪剂的墨水的细管 C。当管内流速不大时，墨水与水不相混，沿着管的轴线平行流动，这种流动形态称为层流（或称滞流），见图 2-5a。流速逐渐增大到一定速度时，墨水与水混为一体，这说明了流体的流动形态已有所改变，此时的流态称为湍流［图 2-5（b）］。

上述实验仅说明一种流体在一定直径的管路内流动时，流体的流动形态由流速决定，实际上流体的流动形态除与流速 u 有关外，与流体的密度 ρ、黏度 μ 及管路的直径 d 也有关系，它是由这 4 个变量（u、ρ、μ、d）组成的无因次群 $du\rho/\mu$ 的数值确定的，这个数值称为雷诺准数，用 Re 表示：

流体在圆形直管内流动

$$Re=\frac{du\rho}{\mu} \tag{2-16}$$

当 $Re<2000$ 时，属于层流。

当 $Re>4000$ 时，属于湍流。

而当 Re 为 2300～4000 时，称为过渡流，有时可能是层流，有时也可能是湍流，或者二者交替出现，主要由外界条件所左右：在管入口处，流道弯曲或直径改变、管壁粗糙，或有外来的轻微震动，都会导致出现湍流。

从单位考察其量纲 $[Re]=\left[\frac{du\rho}{\mu}\right]=\frac{m\cdot(m\cdot s^{-1})\cdot(kg\cdot m^{-3})}{N\cdot m^{-2}\cdot s}=m^0\cdot kg^0\cdot s^0$

表明雷诺准数是一个无量纲的数群，故其值不会因采用的单位值不同而改变。但应当注意，数群中的各个物理量必须采用同一单位制。

几个物理量组合而成的无量纲数群称为准数，表示两个同类物理量之比，由相似方法

（因次分析或量纲分析）求得。雷诺准数的物理意义是表征惯性力与黏性力之比。惯性力加剧湍动，黏性力抑制湍动。若流体的速度大或黏度小，*Re* 便大，表示惯性力占主导地位；*Re* 愈大，湍动程度便愈剧烈。若流体的速度小或黏度大，*Re* 便小，小到临界值以下，则黏性力占主导地位。

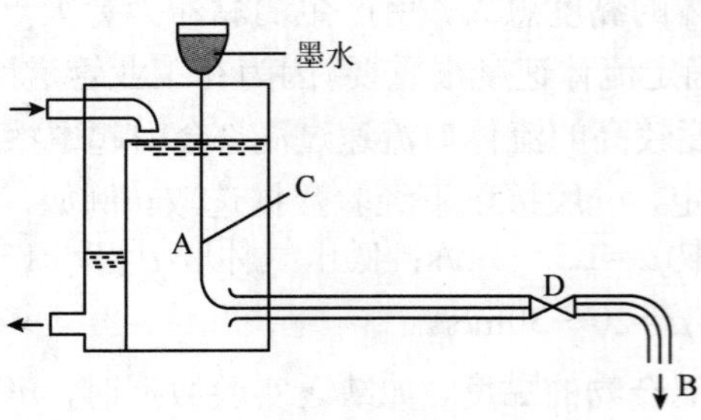

图 2-4　流动形态试验装置

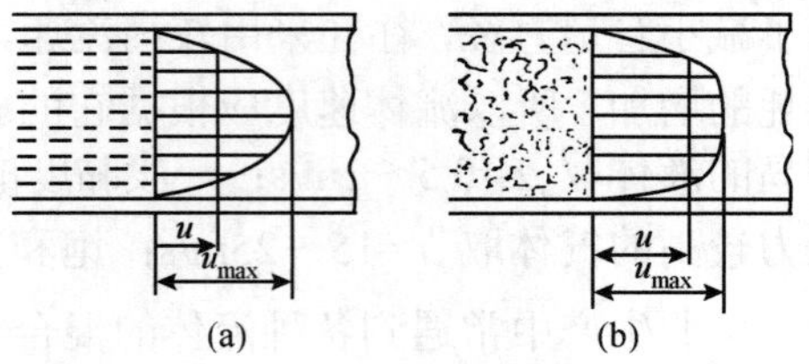

图 2-5　层流（a）与湍流（b）

【例题 2-2】雷诺准数在工程上是一个经常要应用的重要准数，它不仅是判别流态的依据，而且在传热、传质过程都要应用。如果管路是非圆形时，应当采用当量直径 d_e 代替（2-16）式中的 d，这时当量直径 d_e 等于 4 倍的水力半径 r。

$$r=\frac{流通截面积S}{被流体湿润的周边L}$$

$$d_e=4r=\frac{4S}{L}$$

如果流体在一套管之间流动，大管的内径为 D，小管的外径为 d，求此夹套的当量直径。

【解】 $d_e=4r=4\dfrac{\frac{\pi}{4}(D^2-d^2)}{\pi(D+d)}=D-d$

9. 剪切力

剪切力是反应器设计与放大过程中的重要参数，在生物反应器中，剪切力的产生方式有多种，如搅拌桨桨尖、液体主体区的漩涡、液面处气泡的聚并与破裂、体系中其他细胞的碰撞、生物反应器内部零件、反应器壁处的流动。剪切力实质上反映的是相邻层之间的相互“切磋”力，在层流中，层流体移动时会受到另一层流体移动的影响，不同层液体间会产生一定的摩擦力，摩擦力越大，就必须施予更大的力量以造成流体的移动，此力量即称为“剪切”。

为了定量研究剪切力的影响，人们采用了如下参数来描述其大小。

（1）桨尖线速度

$$u_t=\pi ND_i \tag{2-17}$$

式中，N——搅拌桨转速；

D_i——搅拌桨直径。

（2）平均剪切速率

$$\gamma_{av}=KN \tag{2-18}$$

式中，K 为常数，其值因搅拌桨尺寸及流体性质而不同，一般为 10～13。

该式一般用于层流与过渡流，但在湍流中也可成功应用。

（3）湍流漩涡长度

一般情况下，反应器内的流体流型均为湍流，湍流由大小不同的漩涡与能量状态构成，大漩涡之间通过内部作用产生小漩涡并向其传递能量。小漩涡之间又可以通过内部作用产生更小的漩涡并向其传递能量，因此，能量可以逐级传递给更小的漩涡。如果漩涡比细胞大，细胞将被漩涡夹带一起运动，漩涡不会对细胞产生影响。但当漩涡比细胞小时，细胞将会受漩涡剪切力的影响。Kolmogorov 理论认为，湍流是由大小不同的漩涡组成，其大小可定义为特征长度尺度的漩涡，能量从大漩涡到小漩涡不断传递。漩涡尺度 λ 可由下式计算：

$$\lambda = \left(\frac{\mu^3}{\xi}\right)^{0.25} \tag{2-19}$$

式中，μ——动力黏度；

ξ——该处的能量耗散速率，即单位质量流体消耗的功率。

2.3　物料与热量衡算

1. 物料衡算

物料衡算（material balance，mass balance）是依据质量守恒定律，对于选定的衡算系统，进入与离开这一过程系统的目的物料的质量之差，等于该过程系统中目的物料的消耗量和累积量之和，即

输入量–输出量=目的物料的消耗量＋目的物料的累积量

对于连续操作过程，若不发生反应，则

输入量–输出量=目的物料的累积量

同时处于稳定操作状态时，不应有物料的积累。此时的物料衡算关系为

输入量=输出量

利用物料衡算式可由过程的已知量求出未知量。进行物料衡算时，在针对一定的流程写衡算式之前，要选定计算基准，一般选用单位进料量或排料量（质量、物质的量或体积等）、时间及设备的单位体积等作为计算的基准。在复杂的流程中应确定出衡算的范围，列出衡算式，求出未知量。

针对一批发酵罐而言，其计算如下。

进料量=基础培养剂量（杀菌后）＋种子液量＋补料量（包括中间补糖、补氮源、调整 pH 所流加液量、消泡剂、前体液和补水等）

出料量=成品液（成熟醪或发酵液）量＋逃液与蒸发损失量

【例题 2-3】以淀粉为唯一碳源生产乙醇，试计算生产 1000kg 无水乙醇时淀粉的理论消耗量。

【解】由淀粉转化为乙醇的反应式为

糖化阶段：　$(C_6H_{10}O_5)_n + nH_2O \rightarrow nC_6H_{12}O_6$　（1）

　　162　18　180

发酵阶段：　$C_6H_{12}O_6 \rightarrow 2C_2H_5OH+2CO_2$　（2）

　　180　46×2　44×2

由（1）和（2）式可以计算出生产 1000kg 无水乙醇时淀粉的理论消耗为

$$1000\times\frac{162}{92}=1760.9\,(\text{kg})$$

在国家食用乙醇的标准中乙醇含量为 95%（体积分数）以上，相当于质量分数为 92.41%，因此，生产 1000kg 食用乙醇，理论上消耗淀粉量为

$$1760.9\times92.41\%=1627.2\,(\text{kg})$$

由于淀粉中含有一定水分，因此实际上所需淀粉的量还要高一些。

2. 热量衡算

热量衡算（能量衡算 heat balance，energy balance）的依据是能量守恒定律。和物料衡算一样，对于一定的体系，有

热能流入量–热能流出量=反应造成的热能消耗量+体系内热能积累量

热量衡算的步骤与物料衡算的基本相同。

【例题 2-4】以葡萄糖为碳源发酵生成 1kg 乙醇放出的热量约为 1170kJ，求例题 2-3 中每消耗 1kg 淀粉（用于乙醇的生物合成）产生多少热量？

【解】1kg 淀粉产生食用乙醇的量为

$$\frac{1000\times1}{1627.2}=0.615\,(\text{kg})$$

当无其他因素影响，理论上每消耗 1kg 淀粉用于食用乙醇的生物合成，产生的热量为

$$\frac{0.615\times1170}{1}=720\,(\text{kJ})$$

2.4　物系的平衡关系

物系的平衡关系是自然界中广泛存在的现象。例如，在进行氧电极校正时，要利用饱和亚硫酸盐溶液校正氧电极的零点。当不饱和的亚硫酸盐溶液与固体亚硫酸盐接触时，盐会向溶液中溶解，直到溶液为亚硫酸盐饱和，亚硫酸盐停止溶解，此时，固体亚硫酸盐表面已与溶液呈动平衡状态。反之，若溶液中亚硫酸盐浓度大于饱和浓度，则溶液中的亚硫酸盐会析出，最终达到平衡状态。这说明，平衡关系可以用来判断过程能否进行，以及进行的方向和达到的限度。

在生物反应过程中，有些过程是一种典型的物系平衡过程，如微生物的连续培养过程，当达到稳定状态，也就是微生物学中的平衡生长时，各变化量恒定，当然这是一动态平衡。实际上，从微观的角度看，微生物细胞个体之间所处的状态是不同的。另外，如果将一个微生物细胞看成一个反应器，作为一个质点，其为恒定，但是作为复杂的微观反应体系，

又是不平衡的。实际的生物体系，从宏观到微观，是一个从宏观看是平衡状态，而到微观则不平衡的过程，可以无限分割下去。

虽然在一般的生物工业操作中，如反复分批培养（细节见第五章）过程，从一个分过程而言，可以保证一定的过程参数变化很小，然而经过多次逐步的积累效应，最终也会使目的产物的产率得到明显提高。另外，提取与培养偶联操作是建立在生物反应过程与提取过程平衡的基础之上的。

2.5　速率的概念

速率（rate）是指变化的快慢程度，这里具有反应速率（reaction rate）和传质速率（transfer rate）两方面含义。速率和速度（velocity）的区别是，后者是指运动物体运动的快慢，和speed含义相同。针对具体的生物反应过程，例如，在生物酶作用下，将葡萄糖转化为葡萄糖酸的过程，其反应速率为单位时间、单位反应体积生成的产物量。

传质速率的定义是单位面积上单位时间的传递量。该过程的传递速率与推动力成正比，与阻力成反比，即

$$传递速率=\frac{推动力}{阻力} \tag{2-20}$$

在化工过程中，反应速率和传质速率是决定化工设备的重要因素。完成一定的过程，速率大时，相应的设备尺寸可以小，这对于生物过程有相同的意义。

2.6　经济核算及优化的概念

生物反应工程优化是在已有菌种或基因工程菌的基础上，在发酵罐中通过操作条件的控制、发酵罐设备的改型，实现目标产物生产的高产量、高产率和高生产强度，这三者也就构成了优化与控制的核心参数。通常条件下，生物反应过程生产的产品浓度或活性偏低，适当提高产品浓度或活性可以极大地减少下游分离精制的成本，降低整个生产成本。例如，利用木质纤维素生产大宗发酵产品乙醇的过程中，如果微生物发酵得到的乙醇初始浓度从1%提高到5%，而最终乙醇浓度达到94.5%，能量花费将会减少2/3。通常条件下，上述三个核心参数并不能同时取得最大值，例如，在乙醇的发酵过程中，通常条件下，连续操作的生产强度最高，但其最终浓度和产率却明显低于流加操作或间歇操作。由于生物反应过程（尤其是细胞反应过程）是一个高度复杂的生命系统过程，其动力学模型具有高度的非线性，提高某一优化指标参数，往往以牺牲其他优化指标为代价，此时，需要对整个工艺与过程进行经济可行性评价。

为生产定量的某种产品所需要的设备，根据设备的形式和材料的不同，可以有若干的设计方案。对同一台设备，所选择的操作参数不同，会影响到设备费与操作费。因此，要用经济核算确定最经济的设计方案。

针对一个多步的生物反应过程，如果其中的一个步骤的反应速率低于其他步骤的，这一步骤将成为限制性步骤或控制步骤。可以设想，如果能够提高这一限制性步骤的反应速

率，将使整个反应速率得到提高。

进行生物反应时，为充分发挥现有设备或系统的作用，人们总希望时间和空间得到优化。首先被想到的是建立能够正确反映系统的模型，并进行表征，以达到优化目标参数的目的，进而采用最有效的优化方法进行该反应过程的优化。以微生物发酵过程优化为目标时，如果仅仅从微生物动力学的角度考虑过程的优化，会由于过程中的工程问题，或细胞的差异性问题导致优化工作结果难以理想。因此，有必要从基因分子尺度、细胞尺度及生物反应器尺度等多尺度的数据中，寻找各层次上的过程特征与相互联系，以应对生物系统复杂性的挑战。

（钟成，czhong@tust.edu.cn）

复 习 题

1. 试说明以下每组两个术语之间的不同之处。速度与速率、质量与重量、反应速率与传质速率。
2. 何为准数和雷诺准数？并解释后者的物理意义。
3. 工程思维的具体含义是什么？
4. 简述化学工程中的单元操作、速率、守恒、平衡和优化这五大基本概念。
5. 在微生物培养过程中，操作工人观察到发酵罐上的压力表中的读数为 0.025MPa，罐中的发酵液深度为 10m，试问在罐底处的微生物细胞承受多大压力？在发酵液表面呢？
6. 如果在2h完成生物反应器中70m^{3}的装液量，请计算物料输入管的管径。如果要求50min将反应液排空，请计算物料输出管的管径。

参 考 文 献

贾士儒. 1990. 生物反应工程原理. 天津：南开大学出版社

贾士儒. 2008. 生物反应工程原理. 3 版. 北京：科学出版社

山根恒夫. 2006. 生物反应工程. 3 版. 邢新会，译. 北京：化学工业出版社

沈自法，唐孝宣. 1994. 发酵工厂工艺设计. 上海：华东理工大学出版社

微生物工程编写组. 1976. 微生物工程. 上海：上海人民出版社

吴思方. 1995. 发酵工厂工艺设计概论. 北京：中国轻工业出版社

钟秦，王娟，陈迁乔，曲虹霞. 2001. 化工原理. 北京：国防工业出版社

第三章　酶促反应动力学

学习目的：掌握与生物反应工程相关的酶的基本概念；了解酶促反应与一般化学反应的区别与特点；掌握零级、一级和米氏酶促反应动力学及其应用原理；了解存在抑制时的酶促反应动力学的特征；具备固定化酶反应中的过程分析能力和内外不同阶段的固定化酶动力学的应用能力；熟悉酶的失活动力学与反应过程中酶失活动力学行为；了解多底物酶促反应动力学和非水介质中的酶促反应的特征。

酶促反应（enzymatic reaction）是生物反应的基础。酶促反应动力学是研究酶促反应速率规律及各种因素对酶促反应速率影响的科学。从酶促反应动力学的研究中不仅可获知酶催化反应机制，还可以对酶促反应速率规律进行定性或定量的描述，建立可靠的反应动力学方程，进而确定适宜的操作条件。

酶促反应的特征来自酶自身的特性，例如，酶促反应是在常温、常压、中性 pH 范围（个别除外）条件下进行的，与一些化学反应相比，省能且效率较高；由于酶促反应的专一性，因此无或少有副产物生成，有利于提取操作；与微生物反应相比，反应体系较简单，反应过程的最适条件易于控制等。

另外，酶促反应也有一些不足，例如，酶促反应多限于一步或几步较简单的生化反应过程，与微生物反应体系相比，在经济上有时并不理想；虽然酶促反应条件比较温和，但一般周期较长，因此有发生杂菌污染的可能；固定化酶反应体系有许多优于游离酶促反应体系的优点，但固定化酶并非一定就是最优质的生物催化剂。

酶反应体系非常复杂，且影响酶促反应的因素很多，因此，酶促反应动力学是一门非常复杂的科学。影响酶促反应的因素，除底物浓度、酶浓度和产物浓度以外，还有酶系统（单酶系统或多酶系统）、酶性质（恒态酶或别构酶）、酶状态（溶液酶或固定化酶）、底物（单底物或多底物）、反应条件（pH、温度等）、其他影响因素（抑制剂、活化剂等）都会对酶促反应动力学的研究产生影响。因此，在研究酶促反应动力学时，需要清楚酶促反应体系的特点，分析影响酶促反应动力学的因素，才能正确地反映酶促反应过程。

3.1　酶促反应动力学的生物学基础

酶是生物体为其自身代谢活动而产生的生物催化剂，“经典”的酶学理论认为酶是蛋白质催化剂，具有蛋白质所具有的一切性质。20 世纪 80 年代初期酶学研究表明，除蛋白质外，某些 RNA 也具有生物催化能力，例如，四膜虫（*Tetrahymena*）中的 RNA 分子中有一段具有自身切接能力的片段。

3.1.1 酶的基本概念

酶是具有生物催化功能的生物大分子，按照分子中起催化作用的主要组分的不同，自然界中天然存在的酶可以分为蛋白类酶和核酸类酶两大类别。现在已知的自然界天然存在的酶有几千种，为了准确地识别酶的种类，要求对每一种酶有准确的名称和分类。虽然蛋白类酶和核酸类酶起催化作用的主要成分不同，但是它们的分类和命名原则是相同的，都是以酶作用的底物和催化反应类型进行分类与命名。

对于蛋白类酶的分类与命名，国际生物化学联合会（International Union of Biochemistry，IUB）国际酶学委员会（Enzyme Commission，EC）于1961年提出了酶的分类与命名方案的规定（表 3-1），按照酶进行催化反应的类型，可将蛋白类酶分为六大类，即氧化还原酶（oxidoreductases）、转移酶（transferases）、水解酶（hydrolases）、裂合酶（lyases）、异构酶（isomerases）和连接（或合成）酶（ligases，synthetases）。在每一大类酶中，根据酶作用的底物、化学键或基团的不同，分为若干亚类。每个亚类再分为几个亚亚类。每一个亚亚类含有特定的数字编号，作为该酶在亚亚类中的顺序号。每一大类、亚类和亚亚类都用具体的数字表示。例如，己醇脱氢酶编号为EC1.1.1.1，其中EC表示国际酶学委员会，4 个数字分别表示此酶属于第一大类（氧化还原酶）、此大类中的第一亚类（氧化基团是CHOH）、此亚类中的第一亚亚类（NAD 为 H 的受体）和在此亚亚类中的顺序号。虽然系统分类命名法正确，但由于所确定的名字过长，使用起来相当麻烦。因此，能够反映底物名称和酶催化性质的惯用名（或称常用名）使用起来更为简单。目前对于核酸类酶的分类与命名，还没有统一的原则和规定。

表 3-1 蛋白类酶的国际命名法

1. 氧化还原酶	2. 转移酶	3. 水解酶	4. 裂合酶	5. 异构酶	6. 连接酶
1.1 作用于 >HC—OH	2.1 一碳基团	3.1 酯	4.1 作用于 >C=C<	5.1 消旋酶	6.1 C—O
1.2 作用于 >C=O	2.2 醛基或酮基	3.2 糖苷键	4.2 作用于 >C=O	5.2 顺反异构酶	6.2 C—S
1.3 作用于 >C=CH—	2.3 酰基	3.4 肽键	4.3 作用于 >C=N—	5.3 分子内异构酶	6.3 C—N
1.4 作用于 >HC—NH_2	2.4 糖基化基团	3.5 其他 C—N 键		5.4 分子内转移酶	6.4 C—C
1.5 作用于 >HC—NH—	2.7 磷酸基	3.6 酸酐			
1.6 作用于 NADH，NADPH	2.8 含硫基团				

酶除具有一般催化剂所有的共性（如不能改变反应的平衡点，只能改变反应速率）外，还具有一般催化剂不具有的一些特性，主要包括极高的催化效率、高度的专一性、温和的

反应条件和精巧的调节和控制。

1. 酶的催化共性

（a）降低反应的活化能：如过氧化氢的分解，无催化剂存在时，该分解反应的活化能为 75.31kJ/mol，加入过氧化氢酶后，该分解反应的活化能仅为 8.37kJ/mol。

（b）加快反应速率：一般酶催化反应速率和在相同 pH 与温度下非酶催化反应速率可直接比较的例子很少，这是由于非酶催化反应速率太低，不易观察，对于可比较的反应，可发现反应速率显著加快，如己糖激酶大于 10^{10} 倍，乙醇脱氢酶大于 2×10^{8} 倍。有的可高达 10^{14} 倍。

（c）不能改变反应的平衡常数，只能加快反应达到平衡的速度。

另外，反应中酶的立体结构和离子价态可能发生变化，但在反应结束时，酶本身一般不消耗，并恢复到原来的状态。

2. 酶的生物催化特性

（1）酶的专一性

酶的专一性是指一种酶只能催化一种或一类结构相似的底物进行某种类型的反应。一种酶仅能作用于一种底物，这是酶的底物专一性（substrate specificity）。对于某种底物的给定反应体系，从热力学上看可能有多种反应进行，一种酶仅能催化其中一种反应，这种专一性是酶的反应专一性（reaction specificity）。一种酶仅能作用于多种立体异构体中的一种，这是酶的立体专一性（stereo specificity）。此外酶还有官能团专一性（functional group specificity）等。酶的专一性是酶作为催化剂最重要的特性，也是酶催化反应过程优于一般化学反应过程的最重要的理由之一。

（2）高催化效率

在相同的反应条件下，酶的催化效率非常高，酶的参与能够使反应速率大大加快。一般来说，以分子比表示，酶催化反应的反应速率，比非催化反应的反应速率高 $10^{8}\sim10^{20}$ 倍，比其他催化剂催化的反应的反应速率高 $10^{7}\sim10^{13}$ 倍。

酶的催化效率可用酶活力表示。国际酶学委员会曾规定：在一定条件（25℃，在具有最适底物浓度、最适缓冲液离子强度和 pH）下，1min 能催化 1μmol 底物转化为产物时所需要的酶量为一个国际单位（IU）。1972 年国际酶学委员会推荐一个新的酶活力国际单位 Katal，符号为 Kat。一个 Kat 单位定义为：在最适条件下，1s 催化 1mol 底物转化的酶量。

$1\text{Kat}=1\text{mol/s}=60\times10^{6}\mu\text{mol/min}=6\times10^{7}\text{IU}$

$1\text{IU}=1\mu\text{mol/min}=1/60\mu\text{mol/s}=1/60\mu\text{Kat}=1.667\times10^{-10}\text{Kat}$

（3）反应条件温和

酶催化的反应几乎都是在常温、常压、中性 pH 等温和条件下进行的，相对于此条件下的化学反应，催化效率高。

（4）酶活性受到调节

酶的催化活性可被其他因素调节。生物反应中的有序性受多方面因素调节与控制，而酶活性的控制是代谢调节作用的主要方式。酶活力的调节方式主要有酶浓度的调节、激素调节、共价修饰调节、限制性蛋白水解作用的调节、激活剂和抑制剂调节、前馈和反馈调节、金属离子和其他小分子化合物的调节、产能反应和需能反应的调节等。此外，酶的区域化（compartmentation）和多酶复合体系等都和酶活性的调节控制有密切关系。

3.1.2 酶的稳定性与应用特点

在酶的使用过程中，保证酶活性的稳定是非常重要的。为了尽可能保留酶的活力，使酶的失活降至最低点，就必须了解酶失活的原因与再生的可能性。

引起酶失活的原因可概括为以下 4 类：①酶活性中心特定氨基酸（或其他）残基被化学修饰；②外部环境的影响，酶活性中心出现空间障碍，使其不能与底物相结合；③酶的高级结构发生变化，相对而言是一种宏观变化；④多肽链的断裂，可以说是一种“激烈的分解作用”。从再生的可能性而言，在适宜条件下，前三种的再生是完全可能的。对于第 4 种情况的再生，在严格条件下，也有成功的例子。确保酶活力稳定的方法见表 3-2。

表 3-2 确保酶活力稳定的主要方法

稳定化方法	稳定的原因
低温（冷冻保存）	难以被化学物质或蛋白酶等破坏
添加盐类	如加入高浓度硫铵后，增强酶高级结构的稳定性
添加底物	保护酶的活性中心，有利于酶分子高级结构的稳定
添加有机溶剂	如加入丙酮，但机制不清楚
化学修饰	稳定酶的高级结构，保护酶的活性中心
加入强变性剂	只要保留一级结构，仍可再生
加入蛋白质	加入清蛋白（albumin）等用于保护在稀薄状态下易发生变性失活的酶类
结晶化	有利于高级结构的稳定
固定化	防止或减少蛋白酶的作用

酶是以活性，而不是以质量购销的。酶的应用中没有必要使用比工艺条件所需纯度更高的酶或修饰过的酶，以免使酶的使用成本过高。一般工业用酶与食品用酶或医药用酶具有不同的质量标准。目前已发现和鉴定的酶约有 8000 种，但是大规模生产和应用的商品酶的种类要少得多。

经典酶学研究中，是通过测定初始短时间内底物的消耗量或产物的生成量进行酶活力（初速度）的测定，测量是在酶和底物浓度均较低的水溶液中进行。工业上要保证酶促反应高效率完成，常需要使用高浓度的酶制剂和底物，且反应要持续较长的时间，反应体系多为非均相体系，有时反应是在有机溶剂中进行。

酶的应用研究，不同于酶学机制研究，前者通过应用研究找出酶应用的适宜方案，建立反应速率与相关因素的关联式，并通过关联式寻求提高酶应用效率的途径。酶学机制研究的目的就是通过探讨酶促反应过程，阐明酶与底物的作用机制等。

3.1.3 酶的固定化技术

酶具有专一性强、催化效率高和作用条件温和等显著优点，但是在使用过程中，酶的一些不足也限制了酶制剂的应用。生物工业中应用的酶促反应体系多为单相体系。虽然这样的体系简单，但在实际应用中，反应完成后，从反应液中回收再利用没有变性的酶非常困难，并且酶与产物混合在一起，给提取带来更大的难度，增加生产成本。另外，稳定性较差的酶，在温度、pH 和无机离子等外界因素的影响下，容易变性失活。为此，有必要针对酶在应用中存在的这些不足寻求改善方法。固定化技术的应用就是这类方法之一。

1. 固定化技术的基本概念

固定化酶（immobilized enzyme）技术的研究始于 1916 年，Nelson 和 Griffin 首先发现酵母蔗糖酶能被骨碳粉末吸附，并在吸附状态下具有催化活性。之后，以色列科学家对酶的固定化方法、固定化酶的理化性质进行了开创性研究。1969 年，日本学者千叶一郎等成功地将固定化氨基酸酰化酶应用于 DL-氨基酸拆分上，实现了连续化工业生产。1971 年，第一届国际酶工程会议上给出了固定化酶的定义。固定化酶不仅指通过化学或物理方法结合于固体支持物上或凝胶内的酶，还指那些被超滤膜或中孔纤维膜物理固定于有限空间的溶液酶。

在酶的使用过程中，要求酶的制备应具有以下特点：①生产成本低；②不受季节、地区条件的限制；③制造周期短；④便于大规模生产等。这样，以微生物为来源获取酶的方式最为有利。但是，当酶存在于微生物细胞内时，其提取操作复杂、费力；有些酶从微生物细胞中分离出来后，很不稳定；有些酶的价格很贵，加上酶在固定化时或固定化后的实际使用中易失活，因此，为省去从微生物细胞中提取酶的操作，确保酶的稳定性，人们想到了固定化微生物催化剂的另一种形式，即直接固定化微生物细胞（immobilized microbial cell）。所谓固定化细胞就是将具有一定生理功能的生物体用一定的方法进行固定，作为固体催化剂利用。

2. 固定化酶的特性

酶的固定化技术就是将水溶酶分子通过一定的方式，如静电吸附、共价键等，与载体，如角叉菜胶、离子交换树脂等材料结合，制成固相酶，即酶的固定化技术。

酶或多酶复合体系固定化后，通常会引起酶性质的改变。原因一般认为有两方面：一是酶自身的变化——活性中心的氨基酸残基、空间结构和电荷状态发生了变化；二是载体的理化性质的影响——固定化酶的周围形成了能对底物传递产生影响的扩散层或静电相互作用等。固定化后酶性质发生变化主要表现在以下的 4 个方面。

（1）底物专一性的改变

由于形成立体障碍，高分子底物难以接近固定化后的酶分子，因此酶的底物特异性发生变化。例如，胰蛋白酶既作用于高分子的蛋白质，又作用于低分子的二肽或多肽，固定在羧甲基纤维素上的胰蛋白酶，对二肽或多肽的作用保持不变，但对酪蛋白的作用效率仅为游离酶的 3%左右。

（2）稳定性增强

一般情况下，固定化酶比游离酶的稳定性好，主要表现在热稳定性、保存和使用稳定性的增加。另外，也增强了对蛋白酶的抵抗性和对变性剂的耐受性。

（3）最适 pH 和最适温度的变化

酶固定化后，引起酶的最适 pH 变化的主要原因有两点：一是载体的带电性质，二是酶催化作用所得产物的性质。将酶固定化于多聚阳离子（polycationic）性载体上时，最适 pH 向酸性一侧移动；若将酶固定化在多聚阴离子（polyanionic）性载体上时，最适 pH 向碱性一侧移动；用不带电的载体固定化酶时，其最适 pH 一般无变化。如果催化反应产物为酸性时，固定化酶的最适 pH 要比游离酶的最适 pH 低一些；产物为中性时，最适 pH 一般无变化。

有些固定化酶的最适反应温度相对于游离酶有较明显的变化。同一种酶，采用不同的方法或不同载体固定化后，其最适温度也可能不同。

（4）动力学常数的变化

固定化酶的催化反应中，若存在扩散阻力，则表观米氏常数变大；若分配系数大于米氏常数，则表观米氏常数减小。表观米氏常数的下降，对于固定化酶的实际应用是很有利的，可保证反应进行得更完全。

固定化酶除具有上述特性外，还有酶的利用效率增加、有利于实现酶促反应的连续化和自动控制等优点。

3. 酶的固定化方法

酶的固定化方法有很多，迄今还没有找到一种对任何生物体都适用的方法。因此为了固定化各种酶，必须根据实际情况选择适当的方法和条件。酶的固定化方法可分为吸附法、载体结合法、交联法和包埋法（图 3-1），这几种方法也可并用，称为混合法，如包埋法+交联法、离子结合法+包埋法、共价结合法+包埋法等。

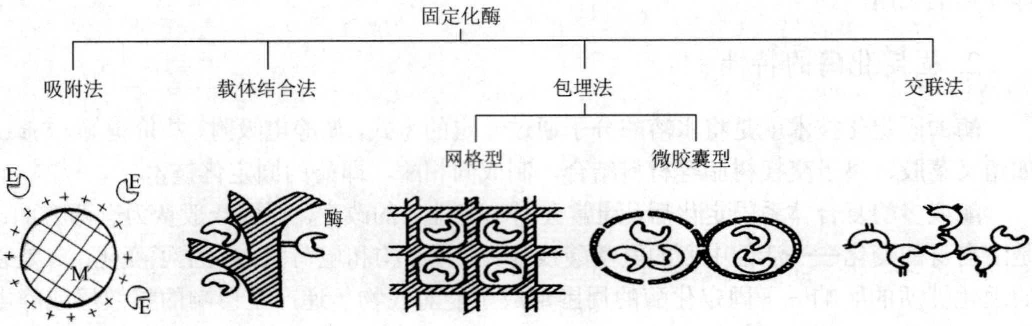

图 3-1　酶固定化的主要方法

（1）吸附法

利用各种固体吸附剂将酶吸附在其表面上而使酶固定化的方法称为物理吸附法，简称吸附法。常用的固体吸附剂有活性炭、氧化铝、硅藻土和多孔陶瓷等。该方法操作简单，反应条件温和，载体可以反复使用。但是酶和载体的吸附力比较弱，结合不牢靠而容易脱落。

（2）载体结合法

选择适宜载体（如纤维素、琼脂糖等多糖类或多孔玻璃、离子交换树脂等），将酶通过共价键或离子键与载体结合在一起的一种固定化方法。根据结合形式不同，又分为离子结合法和共价键结合法。

（3）交联法

交联法是利用双功能试剂的作用，在酶分子之间发生交联、凝集成网状结构，构成固定化酶（或细胞）。常用的双功能试剂有戊二醛、顺丁烯二酸酐和乙烯共聚物等。

（4）包埋法

将酶包埋在凝胶的微细格子中或使其被半透性的聚合膜所包埋，使酶分子不能从凝胶的网络中漏出，而小分子的底物和产物可自由通过凝胶网络。按包埋形式不同，可分为网格型和微胶囊型。常用的凝胶有 κ-角叉菜胶、明胶、聚丙烯酰胺凝胶、淀粉凝胶等。

在进行酶的固定化过程中，需综合考虑并选择适宜的固定化方法。具体要求方法简便可重复；能在条件温和、价廉、安全、避免使用有危险的设备与有毒或腐蚀性药品、通风、易于大规模应用的条件下制备；不产生细粒、适用范围广；易控制固定化酶的量，并能保证储存与使用稳定性高；还应注意固定化后动力学特性的变化及经济性。

影响固定化方法的因素除上述外，酶自身的特性也应充分考虑。另外，载体的选择也至关重要。例如，载体颗粒的大小就是一个重要的因素。

3.2 均相酶促反应动力学

均相酶促反应是指酶与反应物同处于液相的催化反应，不存在相间的物质传递。均相酶促反应动力学（kinetics of homogeneous enzymatic reaction）是以研究酶促反应机制为目的发展起来的，所描述的是反应速率与反应物的基本关系。作为酶工程技术人员，仅仅比较详细地解释了酶促反应机制和过程是不够的，还应对影响反应速率的因素进行定量的分析，建立可信赖的反应速率方程式，并以其为基础进行反应器的合理设计和决定反应过程的最佳条件。因此，以讨论反应机制为目的的酶促反应动力学与为了设计与操作反应器的工业酶动力学，在研究方法上截然不同。这与化学中的反应动力学和工业上的化学反应动力学不同的情况类似。

3.2.1 均相酶促反应动力学基础

与一般化学反应相比，酶促反应要复杂一些。影响酶促反应的主要因素有：浓度因素，包括酶浓度、底物浓度等；外部因素（环境因素），包括温度、压力、溶液的介电常数与离子强度、pH 等；内部因素（结构因素），包括底物及效应物浓度、酶的结构等。其中影响酶促反应的最基本的是浓度因素。从浓度因素实验可求得速率常数，而速率常数为内外因素所左右，这是单相酶促反应动力学的核心内容。

酶促反应动力学可采用化学反应动力学方法建立相应的动力学方程。

（1）单底物均相反应系统

对于酶催化 A→B 的过程，如果酶促反应速率与底物浓度无关，此时为零级反应：

$$-\frac{\mathrm{d}a}{\mathrm{d}t}=r_{\max} \tag{3-1}$$

式中，a——底物浓度；

$r_{\max}$——最大反应速率。

当反应速率与底物浓度的一次方成正比，称为一级反应。

$$\frac{\mathrm{d}b}{\mathrm{d}t}=k_1(a_0-b) \tag{3-2}$$

式中，k_1——一级反应速率常数；

a_0——底物 A 的初始浓度；

b——t 时产物 B 的浓度。

（2）双底物均相反应系统

对于酶促反应 A+B→C，按二级反应考虑

$$\frac{\mathrm{d}c}{\mathrm{d}t}=k_2(a_0-c)(b_0-c) \tag{3-3}$$

式中，k_2——二级反应速率常数；

a_0，b_0——底物 A 和底物 B 的初始浓度；

c——t 时产物 C 的浓度。

（3-3）式积分可得

$$\frac{1}{a_0-b_0}\ln\frac{b_0(a_0-c)}{a_0(b_0-c)}=k_2t \tag{3-4}$$

通过作图可求出 k_2。

（3）连续均相反应系统

对于连锁的酶促反应过程，如 $\mathrm{A}\xrightarrow{k_1}\mathrm{B}\xrightarrow{k_2}\mathrm{C}$，有

$$-\frac{\mathrm{d}a}{\mathrm{d}t}=k_1a \tag{3-5}$$

$$\frac{\mathrm{d}b}{\mathrm{d}t}=k_1a-k_2b \tag{3-6}$$

$$\frac{\mathrm{d}c}{\mathrm{d}t}=k_2b \tag{3-7}$$

式中，a、b、c——A、B、C 的浓度；

k_1、k_2——各步的反应速率常数。

如果 A 的初始浓度为 a_0，B 和 C 的初始浓度为 0，并且 $a+b+c=a_0$，则可求得

$$a=a_0e^{-k_1t} \tag{3-8}$$

$$b=\frac{k_1a_0}{k_2-k_1}(\mathrm{e}^{-k_1t}-\mathrm{e}^{-k_2t}) \tag{3-9}$$

$$c=\frac{a_0}{k_2-k_1}[k_2(1-e^{-k_1t})-k_1(1-e^{-k_2t})] \tag{3-10}$$

【例题 3-1】卵状假单胞菌在分批式反应中先将葡萄糖转变为葡萄糖内酯，再转化为葡萄糖酸。此反应为一级反应，反应式如下：

$$\underset{\text{葡萄糖}}{G} \xrightarrow{k_1} \underset{\text{葡萄糖内酯}}{L} \xrightarrow{k_2} \underset{\text{葡萄糖酸}}{P}$$

求中间产物（葡萄糖内酯）浓度达最大时所需的时间 $t_{\max}$ 及其最大浓度值$[L]_{\max}$。已知反应常数 k_1 和 k_2 分别为 $0.87h^{-1}$ 和 $0.7h^{-1}$。$[G]_0$（初始葡萄糖浓度）=38mg/ml。

【解】$G \xrightarrow{k_1} L \xrightarrow{k_2} P$

$$\begin{array}{llll} t=0 & [G]_0 & 0 & 0 \\ t=t & [G] & [L] & [P] \end{array}$$

由（3-5）式和（3-6）式，有

因为 $-\dfrac{d[G]}{dt}=k_1[G]$

所以 $[G]=[G]_0 e^{-k_1 t}$

因为 $\dfrac{d[L]}{dt}=k_1[G]-k_2[L]$

所以 $[L]=\dfrac{k_1[G]_0}{k_2-k_1}(e^{-k_1 t}-e^{-k_2 t})$

当葡萄糖内酯浓度达到最大值时，此时 $\dfrac{d[L]}{dt}=0$，所以

$$t_{\max}=\frac{\ln k_1/k_2}{k_1-k_2}=\frac{\ln 0.87/0.7}{0.87-0.7}=1.28h$$

$$[L]_{\max}=\frac{0.87\times 38}{0.87-0.7}(e^{-0.87\times 1.28}-e^{-0.7\times 1.28})=15.5g/L$$

即当 $t_{\max}$=1.28h 时，葡萄糖内酯浓度达到最大值 15.5g/L。

3.2.2　单底物酶促反应动力学

单底物的不可逆酶促反应是最简单的酶促反应。水解酶、异构酶及多数裂解酶的催化反应均属此类。当无外界扩散影响时，这种简单的单底物酶促反应动力学方程可采用 Michaelis-Menten 快速平衡法或 Briggs-Haldane 稳态法推导出。

1. 米氏方程

1）方程的建立

对于酶促反应来说，有多种描述其作用机制的学说，其中得到大量实验结果支持的是 Henri 提出的活性中间复合物学说。该学说认为酶催化反应至少包括两步，首先是酶 E 与底物 S 相结合形成中间复合物 ES，然后复合物分解生成产物 P，并释放出酶 E。根据“酶-底物中间复合体”的假设，对于酶 E 催化底物 S 生成产物 P 的反应 S→P 中，其反应机制可表示为

$$\underset{[E]_{free}[S]}{E+S} \underset{k_{-1}}{\overset{k_{+1}}{\rightleftharpoons}} \underset{X}{ES} \xrightarrow{k_{cat}} \underset{[E]_{free}\,[P]}{E + P}$$

式中，ES——中间复合体；

k_{+1}、k_{-1}、k_{cat}——相应各步的反应速率常数；

$[E]_{free}$、[S]、X、[P]——对应物质的浓度。

根据质量作用定律，P 的生成速率可表示为

$$r_P = k_{cat}X \tag{3-11}$$

由于 X 是难以测定的未知量，因此不能直接用（3-11）式作为最终的动力学方程。在对其进行动力学方程求解时，其推导过程基于如下三点假说。

（a）底物浓度[S]远大于酶的浓度$[E]_{free}$，因此中间复合物的形成不会降低底物浓度[S]，底物浓度以初始浓度计算。

（b）不考虑 P+E→ES 这个可逆反应的存在。要忽略这一反应，必须是产物[P]为零，换言之，该方程适用于反应的初始状态。

（c）ES→E+P 是整个反应的限速阶段，也就是说 E+S=ES 的可逆反应在初速度测定时间内已达到动态平衡。ES 分解生成产物的速率不足以破坏这个平衡。

在上述假说基础上，先后提出了两种模型，即快速平衡学说和稳态法进行推导。

一种是快速平衡学说（rapid equilibrium）。该学说于 1913 年由 Henri 和 Michaelis-Menten 提出，认为：生成中间复合物的反应速率很快且处于平衡状态，生成产物的速率很慢且决定整个酶的催化反应速率，为速率控制步骤。这样，由（3-11）式可获得由快速平衡法确定的米氏方程：

$$r_P = (-r_S) = \frac{k_{cat}[E][S]}{K_s + [S]} = \frac{r_{P,max}[S]}{K_s + [S]} \tag{3-12}$$

式中，r_S——底物消耗速率（负号表示减少）；

r_P——产物生成速率；

K_s——平衡常数 $K_s = (\frac{k_{-1}}{k_{+1}})$，其又称饱和常数（saturation constant）。

快速平衡学说在其假设条件成立的时候具有合理性，但是当中间复合物生成产物的速率与其分解为酶与底物的速率相差不大时，其假设则难以成立。

另一种推导过程是稳态法。1925 年 Briggs 和 Haldane 认为在酶促反应过程中，反应的中间体 ES（酶-底物复合物）的浓度 X 不随反应时间而变化，即在酶促反应过程中，反应的中间复合物 ES 的浓度处于稳定的状态，即 $\frac{dX}{dt} = 0$，基于这一假设所得到的酶促反应的模型称为稳定态理论。利用稳态法求解（3-11）式，同样要基于三点假设。其中第一和第二两点与快速平衡法一致，第三点则是基于稳定态理论，底物浓度比酶的浓度高得多，中间复合物 ES 分解时所得到的酶又立即与底物结合，使中间复合物浓度维持不变。即在这段时间里，中间复合物的生成速率与消失速率相等，达到一种“稳态”。基于此，可获得如下米氏方程：

$$r_P = (-r_S) = \frac{k_{cat}[E][S]}{K_m + [S]} = \frac{r_{P,max}[S]}{K_m + [S]} \tag{3-13}$$

式中，K_m——米氏常数，mol/L。

$$K_m = \frac{k_{-1} + k_{cat}}{k_{+1}}$$

K_m 与 K_s 之间关系为

$$K_m = \frac{(k_{-1} + k_{cat})}{k_{+1}} = K_s + \frac{k_{cat}}{k_{+1}} \tag{3-14}$$

如今常说的米氏方程是指（3-13）式。上述推导米氏方程的方法均为代数法，也可由矩阵法或图像法推导出。

2）参数的求解

米氏方程中最为重要的动力学参数是 K_m 和 $r_{P,max}$。对这两个参数进行求解时，需要在动力学实验基础上，经过适宜的数据处理，才能求取 K_m 和 $r_{P,max}$ 值。使用较多的求米氏方程中特征参数 K_m 和 $r_{P,max}$ 的方法是 Lineweaver-Burk 法。求 K_m 和 $r_{P,max}$ 误差较小的方法是 Eadie-Hofstee 法。

（1）Lineweaver-Burk 法

又称双倒数作图法。将米氏方程取倒数，

$$\frac{1}{r_P} = \frac{K_m}{r_{P,max}} \cdot \frac{1}{[S]} + \frac{1}{r_{P,max}} \tag{3-15}$$

以 $1/r_P$ 对 $1/[S]$ 作图得一直线，该直线斜率为 $K_m/r_{P,max}$，直线与纵轴交于 $1/r_{P,max}$（图 3-2）。

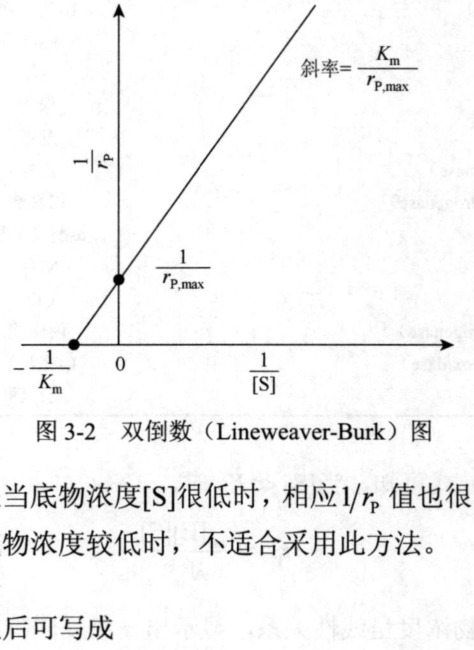

图 3-2　双倒数（Lineweaver-Burk）图

此方法的主要问题是当底物浓度[S]很低时，相应 $1/r_P$ 值也很小，取其倒数则使数据误差进一步放大，因此在底物浓度较低时，不适合采用此方法。

（2）Eadie-Hofstee 法

米氏方程经移项整理后可写成

$$r_P = r_{P,max} - K_m \frac{r_P}{[S]} \tag{3-16}$$

以 r_P 为纵坐标对横坐标 $r_P/[S]$ 作图，所得直线的纵轴截距为 $r_{P,max}$，斜率为 $-K_m$（图 3-3）。

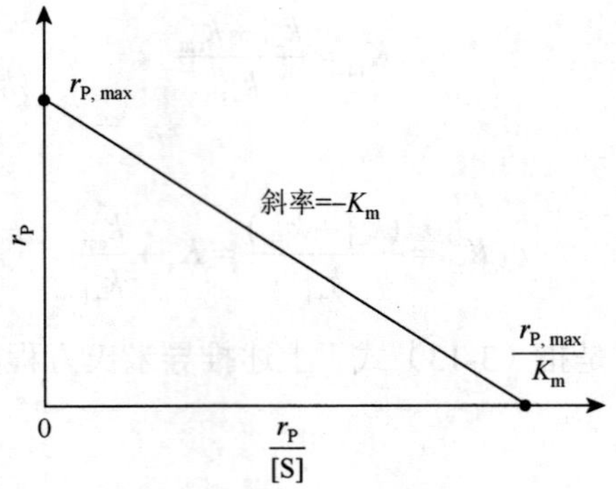

图 3-3 Eadie-Hofstee 图

此方法缺点是点分布不均匀，但没有误差放大，可信度高，因此越来越受到人们的重视。

3）方程的特点

K_m是反应速率常数k_{+1}、k_{-1}和k_{cat}的函数，由于这些反应速率常数是由酶促反应的性质与反应条件所决定的，因此，对于一定的反应及条件，K_m是一特征常数。表 3-3 列出了某些酶促反应的K_m值。

表 3-3 某些酶促反应的 K_m 值

酶	底物	K_m/（mmol/L）
葡萄糖氧化酶（glucose oxidase）	D-葡萄糖	7.7
过氧化氢酶（catalase）	H_2O_2	2.5
乳糖酶（lactase）	乳糖	7.5
脲酶（urease）	尿素	4.0
蔗糖酶（sucrase）	蔗糖	50
乙醇脱氢酶（alcohol dehydrogenase）	乙醇	13
谷氨酸脱氢酶（glutamate dehydrogenase）	谷氨酸	1.2
	α-酮戊二酸	2.0
	NH_4^+	57
碳酸酐酶（carbonic anhydrase）	CO_2	8.0
丙酮酸脱氢酶（pyruvate dehydrogenase）	丙酮酸	1.3
L-氨基酸氧化酶（L-amino acid oxidase）	L-亮氨酸	1.0
葡糖淀粉酶（glucoamylase）	麦芽糖	1.2

由米氏方程（3-13）式可知，当$[S] \ll K_m$时，

$$r_P = \frac{k_{cat}[E][S]}{K_m} \tag{3-17}$$

产物生成速率与底物浓度呈线性关系，显示出一级反应特征；反之当$[S] \gg k_{cat}$时

$$r_P \approx r_{P,max} = k_{cat} \cdot [E] \tag{3-18}$$

即产物生成速率接近最大反应速率，同时与底物浓度无关，相对[S]讲，反应过程呈零级反应特征。当[S]接近K_m时，反应体系随底物浓度而变动于零级和一级反应之间。酶

浓度一定时，不同底物浓度下反应速率的变化如图 3-4 所示。

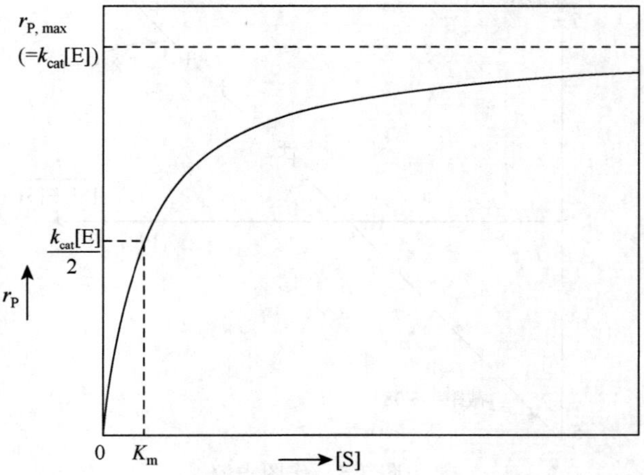

图 3-4　酶的浓度一定时底物浓度与反应速率的关系

【例题 3-2】 常温下利用蔗糖酶水解蔗糖，蔗糖的初始浓度 $[S]_0=1.0\text{mmol/L}$，酶的初始浓度 $[E]_0=0.01\text{mmol/L}$，在实验室反应器内进行分批式操作，测得如下表中前两行的数据：

t/h	1	2	3	4	5	6	7	8	9	10	11
[S]/mmol/L	0.84	0.68	0.53	0.38	0.27	0.16	0.09	0.04	0.018	0.006	0.005
$\frac{\ln([S]_0/[S])}{[S]_0-[S]}$	1.090	1.205	1.351	1.561	1.794	2.182	2.646	3.353	4.091	5.147	6.006
$\frac{t}{[S]_0-[S]}$	6.250	6.250	6.383	6.452	6.849	7.143	7.692	8.333	9.165	10.06	11.028

试确定可否用米氏方程来描述该反应速率，若可以，求 K_m 和 k_{cat}。

【解】 首先将米氏方程转换为

$$-r_S=-\frac{ds}{dt}=\frac{k_{cat}[E][S]}{K_m+[S]}=\frac{k_1[S]}{1+k_2[S]}$$

式中，$k_1=k_{cat}[E]/K_m, k_2=1/K_m$。积分得

$$\frac{\ln([S]_0/[S])}{[S]_0-[S]}=-k_2+\frac{k_1}{[S]_0-[S]}t$$

由已知数据计算 $\frac{\ln([S]_0/[S])}{[S]_0-[S]}$ 及 $\frac{t}{[S]_0-[S]}$（表中后两行），结果如图 3-5，若方程与数据契合，应为直线，其斜率 $k_1=\frac{k_{cat}[E]}{K_m}$，截距 $-k_2=-\frac{1}{K_m}$。从图 3-5 中可以看出，由已知数据可利用米氏方程来描述该反应。直线斜率等于 1，截距等于−5.08，即 $K_m=0.197\text{mmol/L}$，$k_{cat}=19.7\text{h}^{-1}$。

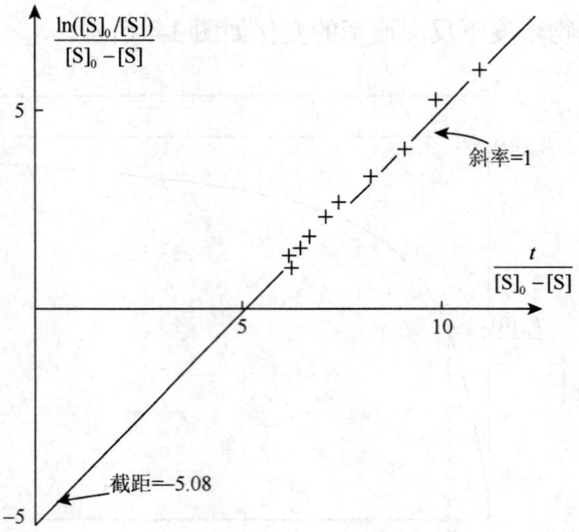

图 3-5　作图求解

【例题 3-3】假设单底物 S 生成产物 P 的酶促反应机理式如（3-19）式，试建立该可逆酶促反应（reversible enzyme reaction）动力学方程。[E]、[S]、X 和[P]分别是与（3-19）式对应项的浓度。

$$\begin{array}{ccccccc} E & + & S & \underset{k_{-1}}{\overset{k_{+1}}{\rightleftharpoons}} & ES & \underset{k_{-2}}{\overset{k_{cat}}{\rightleftharpoons}} & E + P \\ [E] & & [S] & & X & & [E]\ \ [P] \end{array} \tag{3-19}$$

【解】P 的生成速率为

$$r_P = k_{cat}X \tag{3-20}$$

S 的消耗速率为

$$r_S = k_{-1}X \tag{3-21}$$

所以净反应速率为

$$r = r_P - r_S = (k_{cat} - k_{-1})X \tag{3-22}$$

根据稳态假设和物料平衡关系，并令

$$K_s = \frac{k_{-1} + k_{cat}}{k_{-2}} \tag{3-23}$$

$$K_P = \frac{k_{-1} + k_{cat}}{k_{+1}} \tag{3-24}$$

$$r_{P,max} = k_{cat} \cdot [E]_0 \tag{3-25}$$

$$r_{S,max} = k_{-1} \cdot [E]_0 \tag{3-26}$$

则反应的净速率为

$$r = \frac{r_{P,max}[S] - r_{S,max}\dfrac{K_P}{K_s}[P]}{K_P + [S] + \dfrac{K_P}{K_s}[P]} \tag{3-27}$$

若令反应平衡常数 $K_e = \dfrac{r_{P,max} \cdot K_s}{r_{S,max} \cdot K_P}$

则

$$r = \frac{r_{P,max}\left([S] - \dfrac{[P]}{K_e}\right)}{K_P\left(1 + \dfrac{[P]}{K_s}\right) + [S]} \tag{3-28}$$

由（3-28）式可以看出，当有逆反应时，反应的净速率下降。若忽略逆反应，上式变为米氏方程。有些酶促反应的逆反应速率较高，反应进行到一定程度即达到平衡状态，如异构酶催化葡萄糖转化为果糖的反应。葡萄糖异构酶催化葡萄糖转化为果糖的异构化反应的 K_e=0.92～1.15，作为最终制品的葡萄糖和果糖约各占 50%。该混合物称为果葡糖浆或异构糖。果葡糖浆作为甜味剂曾是用途广泛的蔗糖替代品，近年来研究发现果葡糖浆产品中含有 α-二羰基化合物，后者对于人体健康存在潜在的危害作用。在实际的酶促反应中，人们关心的是反应时间与底物转化率 $\chi_s = \dfrac{[S]_0 - [S]_t}{[S]_0}$ 的关系。由（3-13）式，结合 t=0，$[S]=[S]_0$ 初值积分得

$$r_{max} \cdot t = ([S]_0 - [S]_t) + K_m \ln\frac{[S]_0}{[S]_t} \tag{3-29}$$

或

$$t = \frac{K_m}{r_{max}}\ln\left(\frac{1}{1-\chi_s}\right) + \frac{[S]_0}{r_{max}}\chi_s \tag{3-30}$$

式中，t——时间，h；

$[S]_t$——t 时的底物浓度，mol/L。

【例题 3-4】将底物和酶加入酶反应器中，经反应，底物的转化率（217 页）为 90%时，空时（216 页）为多少？已知反应速率方程为

$$-r_S = \frac{10^3 e_0[S]}{1+[S]}$$

【解】当 e_0=0.001mol/L 时，反应速率是 $-r_S = \dfrac{[S]}{1+[S]}$，在反应器中

$$-\frac{d[S]}{dt} = \frac{[S]}{1+[S]}$$

即

$$\int_0^t dt = -\int_{S_0}^{S} \frac{1+[S]}{[S]} d[S]$$

积分后得到

$$t = \ln\frac{[S]_0}{[S]} + ([S]_0 - [S])$$

底物的 90%转化为产物时

$$t = \ln\frac{1}{0.1} + (1 - 0.1) = 4.1(\text{min})$$

【例题 3-5】一般，酶促反应中酶的浓度较之底物浓度低很多，但当采用膜型生物反应器（细节见第八章），且采用高分子底物时，发现米氏常数随酶浓度而变化。基于此确立相应的反应模型与酶促反应的动力学方程。

【解】由题意，反应模型可写为

第一阶段：$E + S \rightleftharpoons ES$

第二阶段：$ES \xrightarrow{k_{cat}} P + S$

第一阶段反应的解离平衡常数 K 为

$$K = \frac{[E][S]}{[ES]} \tag{1}$$

酶及其他物质的物料平衡算式为

$$[E]_t = [E] + [ES] \tag{2}$$

$$[S]_t = [S] + [ES] \tag{3}$$

式中，t——酶的总量。

一般$[ES] \ll [S]$，但当酶浓度较高时，$[ES] \approx [S]$。

将（2）式和（3）式代入（1）式，得

$$K[ES] = ([E] - [ES])([S]_t - [ES])$$

即 $[ES]^2 - [ES]([S]_t + [E]_t + K) + [E]_t[S]_t = 0$

解之，得

$$[ES] = 0.5([S]_t + [E]_t + K)\left\{1 - \left[\frac{1 - 4[S]_t[E]_t}{([S]_t + [E]_t + K)^2}\right]^{\frac{1}{2}}\right\} \tag{4}$$

$$\approx \frac{[S]_t[E]_t}{([S]_t + [E]_t + K)}$$

若第二阶段为限速阶段，则：

$$r = k_{cat}[ES] \tag{5}$$

将（4）式代入（5）式

$$r = r_m \frac{[S]_t}{(K_m + [S]_t)} \tag{6}$$

其中

$$r_m = k_{cat}[E]_t \tag{7}$$

$$K_m = K + [E]_t \tag{8}$$

由（8）式可知，米氏常数随酶浓度的增加而增大。一般反应速率有可能会随酶浓度增加而增大。当然也有不增加的例子。由本题可知，酶的浓度相对于底物浓度高时，酶的浓度是不可忽视的因素。

2. 操作参数对酶促反应的影响

影响酶促反应的操作参数有很多，主要有 pH 和温度。任何酶促反应都是在一定 pH 和温度下进行。温度或 pH 对酶促反应的影响有两方面含义，一是对酶稳定性的影响，二是对酶活性的影响。如图 3-6 中所示，酶稳定性与 pH 曲线呈台型；酶活力（反应速率）与 pH 曲线呈钟形，酶活力与 pH 曲线处于酶稳定性与 pH 曲线内侧。

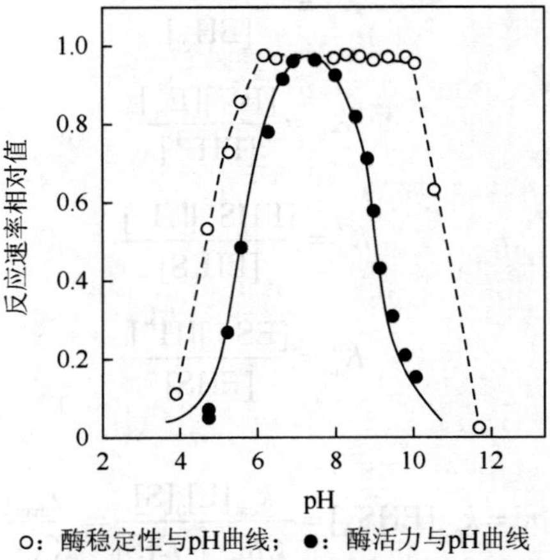

图 3-6　猪胰脏 α-淀粉酶稳定性和活力与 pH 的关系曲线

1）pH 的影响

酶分子上有许多酸性或碱性的氨基酸侧链基团，这些基团必须处于适当的解离状态时（酸性或碱性），酶才能发挥其活性。随着酶所处环境 pH 的变化，这些基团可处于不同的解离状态，从而引起酶的活性与反应速率的改变。同时 pH 的变化也会引起酶的三维构象的变化，因此，通常酶只有在某一定 pH 范围内才具有活性。

针对 pH 与酶活力的关系，Michaelis 提出了三状态模型，其要点是：处于解离活性状态的酶记为 EH^-，由活性状态转入无活性状态时的酸性形式记为 EH_2，碱性解离形式记为 E^{2-}，三种状态的相互关系为

$$EH_2 \underset{+H^+}{\overset{-H^+}{\rightleftharpoons}} EH^- \underset{+H^+}{\overset{-H^+}{\rightleftharpoons}} E^{2-}$$

当底物 S 的解离状态不变；反应速率控制步骤为 EHS^- 生成产物 P 的过程。相应的反应机理式为

$$\begin{array}{ccccc}
EH_2 & & [EH_2S] & & \\
\Updownarrow K_a & & \Updownarrow K_a' & & \\
S+EH^- & \underset{k_{-1}}{\overset{k_{+1}}{\rightleftharpoons}} & [EHS^-] & \xrightarrow{k_{cat}} & EH^-+P \\
\Updownarrow K_b & & \Updownarrow K_b' & & \\
E^{2-} & & [ES^{2-}] & &
\end{array}$$

由酶催化反应动力学的原理，有下述基本关系：

$$\frac{\mathrm{d}[\mathrm{EHS}^-]}{\mathrm{d}t}=0 \tag{3-31}$$

$$[\mathrm{E}]_0=[\mathrm{EH}_2]+[\mathrm{EH}^-]+[\mathrm{E}^{2-}]+[\mathrm{EH}_2\mathrm{S}]+[\mathrm{EHS}]+[\mathrm{ES}^{2-}] \tag{3-32}$$

$$-r_\mathrm{S}=r_\mathrm{P}=k_\mathrm{cat}[\mathrm{EHS}^-] \tag{3-33}$$

若定义

$$K_\mathrm{a}=\frac{[\mathrm{EH}^-][\mathrm{H}^+]}{[\mathrm{EH}_2]} \tag{3-34}$$

$$K_\mathrm{b}=\frac{[\mathrm{E}^{2-}][\mathrm{E}^+]}{[\mathrm{EH}^{-1}]} \tag{3-35}$$

$$K'_\mathrm{a}=\frac{[\mathrm{EHS}^-][\mathrm{H}^+]}{[\mathrm{EH}_2\mathrm{S}]} \tag{3-36}$$

$$K'_\mathrm{b}=\frac{[\mathrm{ES}^{2-}][\mathrm{H}^+]}{[\mathrm{EHS}]} \tag{3-37}$$

将以上相关式子整理可得

$$r_\mathrm{P}=k_\mathrm{cat}[\mathrm{EHS}^-]=\frac{k_\mathrm{cat}[\mathrm{E}]_0[\mathrm{S}]}{f_1K_\mathrm{m}+f_2[\mathrm{S}]}=\frac{r_\mathrm{max}[\mathrm{S}]}{K_\mathrm{m}+[\mathrm{S}]} \tag{3-38}$$

其中，

$$f_1=\frac{[\mathrm{H}^+]}{K_\mathrm{a}}+1+\frac{K_\mathrm{b}}{[\mathrm{H}^+]},\ f_2=1+\frac{[\mathrm{H}^+]}{K'_\mathrm{a}}+\frac{K'_\mathrm{b}}{[\mathrm{H}^+]}$$

式中，$K_\mathrm{a},K_\mathrm{b},K'_\mathrm{a},K'_\mathrm{b}$——（3-34）式～（3-37）式所定义的电离平衡常数；

$[\mathrm{H}^+]$——氢离子浓度；

[S]——底物浓度。

由上式可以看出，f_1 和 f_2 均与 pH 有关。图 3-6 表示了 pH 的变化对反应速率相对值的影响。

2）温度的影响

温度对酶催化反应活性的影响也较复杂。在一定范围内，酶催化反应速率随温度升高而升高；超过某一温度限制后，酶的活性随着温度升高而降低。图 3-7 描述了酶活性随温度变化的曲线，图中曲线上升部分为温度活化作用，在此范围内，酶反应速率常数 k_cat 与温度的关系，可用 Arrhenius 方程来表达，即

$$k_\mathrm{cat}=A\exp\left(-\frac{E_\mathrm{a}}{RT}\right) \tag{3-39}$$

式中，A——指前因子；

E_a——反应活化能，kcal①/mol；

R——气体常数；

T——热力学温度。

① 1kcal=4186.8J

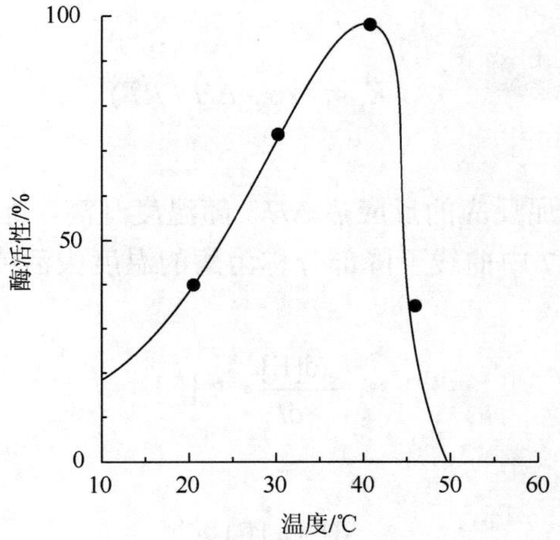

图 3-7　酶活性与温度的关系

以 $\lg k_{cat}$ 对 $1/T$ 作图，可得一直线，由直线的斜率可求得活化能 E_a 值［图 3-8 中的（a）直线］。

Arrhenius 方程原用于描述温度对化学反应的影响，仅在较低温度范围内才适用于酶促反应。这是由于在酶促反应中，随温度上升，反应若遵循（3-39）式（E_a 为正值），反应速率会不断增大，同时酶的热失活速率也随之加大，两种作用相加的结果，如图 3-8 中（b）曲线所示。

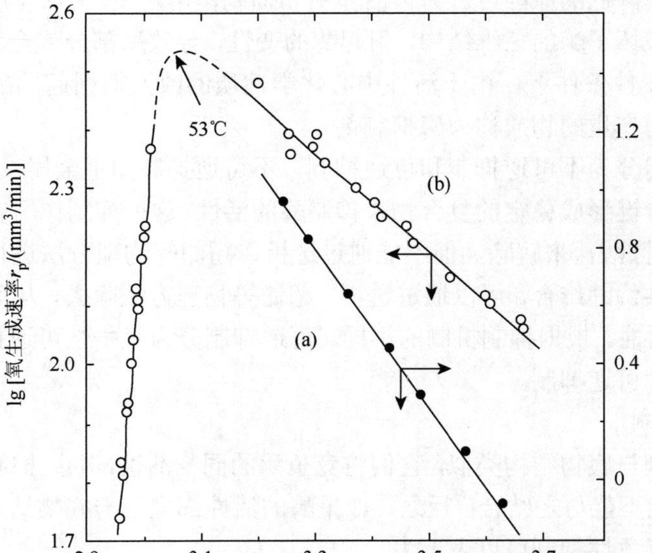

图 3-8　酶促反应速率的 Arrhenius 图解

（a）肌球蛋白为催化剂水解 ATP 反应；（b）过氧化氢酶的 H_2O_2 分解反应

当酶促反应服从快速平衡机制时，$K_s(\approx K_m)$与温度的关系可认为服从 Van't-Hoff 方

程，即

$$K_s \propto \exp(-\Delta H / RT) \tag{3-40}$$

式中，ΔH——反应热。

通过上式可求出酶促反应的反应热 ΔH。随温度升高，尤其是温度超过 45℃后，很多酶开始变性。如图 3-7 中曲线下降部分称为酶的温度失活或热变性。热变性的动力学方程为

$$-\frac{d[E]}{dt} = k_d[E] \tag{3-41}$$

或者

$$[E] = [E]_0 e^{-k_d t} \tag{3-42}$$

式中，$[E]_0$——初始酶浓度；

k_d——变性常数。

依照 Arrhenius 方程，k_d 也随温度变化。

$$k_d = A_d e^{-E_d/RT} \tag{3-43}$$

式中，E_d——失活能，kcal/mol。

3. 抑制剂对酶促反应速率的影响

酶促反应速率降低的原因可分为失活作用和抑制作用两类，失活作用是指物理或化学因素部分或全部破坏了酶的三维结构，引起酶的变性，导致酶部分或全部丧失活性。抑制作用是指在酶不变性条件下，由于活性中心化学性质的改变而引起的酶活性的降低或丧失，导致抑制作用产生的物质称为酶抑制剂。

酶的抑制作用分为不可逆抑制和可逆抑制。不可逆抑制如重金属（铅、汞、镉等），它们与酶通过共价键形成稳定的复合物来抑制酶的活性。这种抑制作用有可能通过加入螯合剂 EDTA 或柠檬酸盐来解除，但不能通过透析、超滤等物理方法进行解除。可逆抑制剂与酶之间以非共价键结合，可以通过透析、超滤等物理方法除去，从而减轻或消除抑制作用，恢复酶的活性。根据抑制机制的不同，可逆抑制分为竞争性可逆抑制、非竞争性可逆抑制和反竞争性可逆抑制。

1）竞争性抑制

竞争性抑制剂与底物结构类似，它们将竞争酶的同一活性部位。抑制剂与酶的活性部位结合后，底物就不能与之结合；反之，如果酶的活性部位已与底物结合，抑制剂也不能与之结合。酶的竞争性抑制可以表示为

$$\begin{array}{l} E+S \underset{k-1}{\overset{k+1}{\rightleftharpoons}} ES \xrightarrow{k2} E+P \\ + \\ I \\ \Big\Updownarrow K_I \\ EI \end{array} \tag{3-44}$$

根据稳态假设，并定义：

$$K'_m = \frac{[E][S]}{[ES]}，\quad K_I = \frac{[E][I]}{[EI]} \tag{3-45}$$

$$[E]_0 = [E] + [ES] + [EI] \text{ 且 } r = k_2[ES]$$

则可推导出：

$$r = \frac{r'_{P,max}[S]}{K'_m + [S]} = \frac{r_{P,max}[S]}{K_m(1+\frac{[I]}{K_I}) + [S]} \tag{3-46}$$

式中，I——抑制物浓度，mol/L；

K'_m——有抑制剂存在时的表观米氏常数，$K'_m = K_m(1+\frac{[I]}{K_I})$；

K_I——抑制剂的解离常数。

竞争性抑制改变了米氏常数，当[I]增加或K_I减少，都导致米氏常数增大，因而降低了底物的反应速率。可以通过提高底物浓度来消除竞争性抑制作用。

2）非竞争性抑制

非竞争性抑制剂与酶结合的位点不是酶的活性部位，而是酶的非活性部位，并形成复合物，该复合物仍然可以与底物结合；或者底物与酶结合后形成复合物，非竞争性抑制剂也可以与此复合物结合。酶、底物、非竞争性抑制剂三者形成的复合物不能再将底物转化为产物，从而导致了酶催化反应速率的下降。非竞争性抑制可采用以下公式描述：

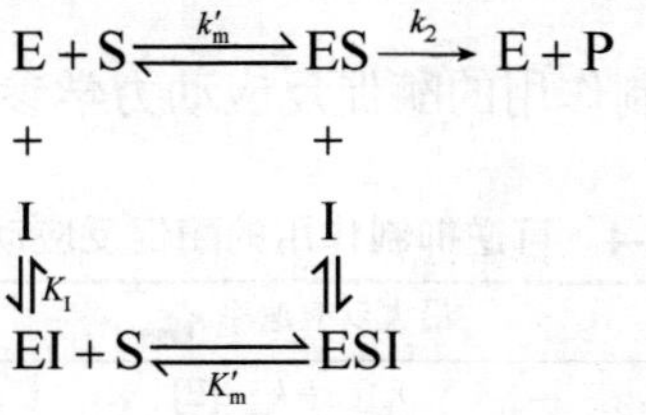

（3-47）

定义 $$K'_m = \frac{[E][S]}{[ES]} = \frac{[EI][S]}{[ESI]}，\quad K_I = \frac{[E][I]}{[EI]} = \frac{[ES][I]}{[ESI]} \tag{3-48}$$

$$[E]_0 = [E] + [ES] + [EI] + [ESI] \text{ 且 } r = k_2[ES]$$

则可推导出如下公式：

$$r = \frac{r'_{P,max}[S]}{K_m + [S]} = \frac{r_{P,max}[S]}{\left(1+\frac{[I]}{K_I}\right)(K_m + [S])} \tag{3-49}$$

式中，$r'_{P,max}$——有抑制剂存在时的表观最大催化反应速率，$r'_{P,max} = \frac{r_{P,max}}{1+\frac{[I]}{K_I}}$。

由此可以看出，非竞争性抑制的最终结果是降低了$r_{P,max}$，因此高浓度底物不能消除非竞争性抑制作用。

3）反竞争性抑制

反竞争性抑制剂不能与游离酶结合，只能与酶-底物形成的复合物结合，形成酶-底物-抑制剂的复合物，导致不能生成产物，使酶催化反应速率下降。反竞争性抑制过程可表示为

$$
\begin{array}{c}
E + S \underset{}{\overset{K'_m}{\rightleftharpoons}} ES \xrightarrow{k_2} E + P \\
+ \\
I \\
\Updownarrow K_I \\
ESI
\end{array}
\tag{3-50}
$$

定义

$$K'_m = \frac{[E][S]}{[ES]} = \frac{[EI][S]}{[ESI]}, \quad K_I = \frac{[ES][I]}{[ESI]} \tag{3-51}$$

$$[E]_0 = [E] + [EI] + [ESI] \text{ 且 } r = k_2[ES]$$

可推导得到以下方程：

$$r = \frac{r'_{P,max}[S]}{K'_m + [S]} \tag{3-52}$$

其中 $r'_{P,max} = \dfrac{r_{P,max}}{1 + \dfrac{[I]}{K_I}}$，$K'_m = \dfrac{K_m}{1 + \dfrac{[I]}{K_I}}$。

由此可见，反竞争性抑制的结果是使 $r_{P,max}$ 和 K_m 都降低，最终使酶催化反应速率降低。

下面将具有三种可逆抑制作用的酶促反应动力学参数汇总于表 3-4。

表 3-4　可逆抑制作用的酶促反应动力学参数

抑制形式	最大反应速率 $r'_{P,max}$	米氏常数 K'_m
竞争性抑制	$r_{P,max} = k_{cat} \cdot [E]$	$K_m(1 + I / K_I)$
非竞争性抑制	$r_{P,max} /(1+I/ K_I) = k_{cat} \cdot [E]/(1 + I / K_I)$	K_m
反竞争性抑制	$r_{P,max} /(1+I/ K_I) = k_{cat} \cdot [E]/(1 + I / K_I)$	$K_m/(1 + I / K_I)$

4）底物抑制

酶促反应中，高浓度的底物或产物也会对酶促反应产生抑制作用。例如，过量的底物丁酸乙酯可抑制羧基酯酶；产物葡萄糖-6-磷酸会抑制己糖激酶。符合米氏方程的酶促反应中，r_P 对底物的依赖关系是单调增的函数关系。也有酶促反应不存在这种依赖关系，当底物浓度较高时，r_P 呈下降的趋势，这种反应被称为高浓度底物抑制或底物抑制（substrate inhibition）型反应。底物抑制的反应机制为

$$
\begin{array}{c}
E + S \rightleftharpoons ES \rightarrow E + P \\
ES + S \rightleftharpoons ES_2
\end{array}
\tag{3-53}
$$

如果复合体 ES_2 为非活性，并采用稳态法建立反应动力学方程，可得如下式子：

$$r_{\mathrm{P}} = \frac{k_{\mathrm{cat}}[\mathrm{E}]}{1+\dfrac{K_{\mathrm{m}}}{[\mathrm{S}]}+\dfrac{[\mathrm{S}]}{K_1}} \tag{3-54}$$

式中，K_1——底物抑制的解离常数。

上面仅考虑了两分子底物与酶活性中心结合的情况，当 n 个底物分子与之结合，应用与前述相同的方法，可得相应的动力学表达式，即

$$r_{\mathrm{P}} = \frac{k_{\mathrm{cat}}[\mathrm{E}]}{1+\dfrac{K_{\mathrm{m}}}{[\mathrm{S}]}+\sum_{i=1}^{n}\left(\dfrac{[\mathrm{S}]}{K_i}\right)^i} \tag{3-55}$$

【例题 3-6】酶促反应中，有时随产物浓度提高，产物与酶形成复合物，阻碍了底物与酶的合成，从而降低了酶促反应的速率。基于此，试建立产物抑制时的酶促反应动力学方程。

【解】假设产物抑制时的酶促反应机制如下

$$\mathrm{E}+\mathrm{S} \underset{k_{-1}}{\overset{k_{+1}}{\rightleftharpoons}} \mathrm{ES} \underset{k_{-2}}{\overset{k_{\mathrm{cat}}}{\rightleftharpoons}} \mathrm{E}+\mathrm{P}$$

$$[\mathrm{E}]_{\mathrm{free}}[\mathrm{S}] \qquad x \qquad [\mathrm{E}]_{\mathrm{free}}[\mathrm{P}]$$

$$\mathrm{E}+\mathrm{P} \underset{k'_{-1}}{\overset{k'_{+1}}{\rightleftharpoons}} \mathrm{EP}$$

$$[\mathrm{E}]_{\mathrm{free}}[\mathrm{P}] \qquad d$$

式中，k_{+1}、k_{-1}、k_{cat}、k_{-2}、k'_{+1} 和 k'_{-1}——相应的反应速率常数；

EP——无活性的端点复合物。

又设酶的总浓度为[E]，则

$$[\mathrm{E}] = [\mathrm{E}]_{\mathrm{free}} + x + d \tag{3-56}$$

由反应机制表达式，当复合物 ES 处于稳态时，有如下相关式子：

$$\frac{([\mathrm{E}]-x-d)[\mathrm{S}]}{x} = \frac{k_{-1}+k_{\mathrm{cat}}}{k_{+1}} = K_{\mathrm{m}} \tag{3-57}$$

$$\frac{([\mathrm{E}]-x-d)[\mathrm{P}]}{d} = \frac{k'_{-1}}{k'_{+1}} = K_{\mathrm{P}} \tag{3-58}$$

式中，K_{P}——产物与酶反应的平衡常数。

由（3-57）式和（3-58）两式消去 d，得

$$x = \frac{[\mathrm{E}][\mathrm{S}]K_{\mathrm{P}}}{K_{\mathrm{m}}K_{\mathrm{P}}+K_{\mathrm{m}}[\mathrm{P}]+K_{\mathrm{P}}[\mathrm{S}]} \tag{3-59}$$

产物抑制时的酶促反应动力学方程为

$$r_{\mathrm{P}} = k_{\mathrm{cat}}x = \frac{k_{\mathrm{cat}}[\mathrm{E}][\mathrm{S}]}{K_{\mathrm{m}}(1+[\mathrm{P}]/K_{\mathrm{P}})+[\mathrm{S}]} \tag{3-60}$$

将上式与无产物抑制的米氏方程比较，可知最大反应速率没有变化，但 K_{m} 增加

（1+$[P]/K_P$）倍。

【例题 3-7】某酶的 K_m 值为 6×10^{-5}mol/L，如果 r_{max} 值为 3×10^{-5}mol/（L·min），在底物浓度为 3×10^{-4}mol/L 和在（1）竞争性抑制剂和（2）非竞争性抑制剂的浓度均为 6×10^{-4}mol/L 情况下，其反应速率分别为多大？（3）假定在上述情况下 K_I 值均为 3×10^{-4}mol/L，则在上述两种抑制情况下的抑制程度各有多大？

【解】（1）对竞争性抑制，由表 3-4 中的竞争性抑制方程式，可列出下式

$$r_I=\frac{k_{cat}[E][S]}{K_m\left(1+\frac{i}{K_I}\right)+[S]}=\frac{r_{max}[S]}{K_m\left(1+\frac{i}{K_I}\right)+[S]}=\frac{3\times10^{-5}\times3\times10^{-4}}{6\times10^{-5}\times\left(1+\frac{6\times10^{-4}}{3\times10^{-4}}\right)+3\times10^{-4}}$$

$=1.875\times10^{-5}$mol/（L·min）

（2）对非竞争性抑制，由表 3-4 中的非竞争性抑制方程式，可列出下式

$$r_I=\frac{k_{cat}[E][S]}{\left(1+\frac{i}{K_I}\right)(K_m+[S])}=\frac{r_{max}[S]}{\left(1+\frac{i}{K_I}\right)(K_m+[S])}=\frac{3\times10^{-5}\times3\times10^{-4}}{\left(1+\frac{6\times10^{-4}}{3\times10^{-4}}\right)(6\times10^{-5}+3\times10^{-4})}$$

$=8.33\times10^{-6}$mol/（L·min）

（3）求抑制程度

当无抑制剂存在时的反应速率

$$r_S=\frac{k_{cat}[E][S]}{K_m+[S]}=\frac{r_{max}[S]}{K_m+[S]}=\frac{3\times10^{-5}\times3\times10^{-4}}{6\times10^{-5}+3\times10^{-4}}$$

$=2.5\times10^{-5}$mol/（L·min）

所以上述两种抑制的抑制程度应分别为

竞争性抑制 $$i=1-\frac{r_I}{r_S}=1-\frac{18.75\times10^{-6}}{25\times10^{-6}}=1-0.75=0.25$$

非竞争性抑制 $$i=1-\frac{r_I}{r_S}=1-\frac{8.33\times10^{-6}}{25\times10^{-6}}=1-0.33=0.67$$

3.3 固定化酶促反应动力学

固定化酶（immobilized enzyme）的性质不同于原游离酶的性质的原因是：①是在酶的固定化过程中产生的；②是实际使用中由于传递阻力等的变化引起的。要预测固定化酶反应进行中的实际状态，就必须了解固定化酶反应动力学特征及其相关参数与反应速率的关系。以微胶囊包埋法固定化酶促反应（图 3-9）为例，假设微胶囊固定化酶为球形，半径为 R，其酶促反应历程由如下 5 步组成：①底物由流体主体传递到固定化酶载体的外表面；②底物由外表面向载体内扩散；③进行酶促反应；④产物由内部扩散到载体外表面；⑤产物传递到流体主体。当酶固定化于载体的外表面时，没有②和④两个阶段。可以看出，固定化酶的催化反应受到了物质传递和酶促反应两方面的影响。

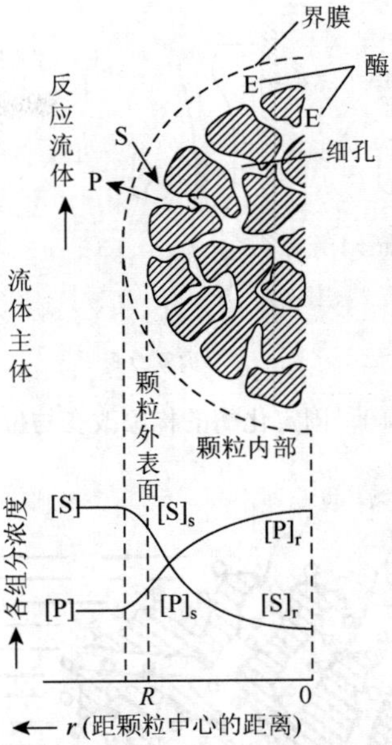

图 3-9　固定化酶剖面图及浓度分布图

3.3.1　固定化酶促反应动力学基础

1. 影响固定化酶促反应的主要因素

进行固定化酶促反应的首要条件是有已制备好的固定化酶，这就需要考虑其来源的经济性（包括使用寿命），还需考虑选用适当的反应器，以充分发挥固定化酶的效率。固定化酶反应速率和传递特性与多种因素（如酶自身的性质、酶所处环境、载体的特性等）有关，下面作一简要介绍。

（1）分子构象的改变

酶分子构象（molecular conformation）的改变（图 3-10）是指固定化过程中酶和载体的相互作用引起酶的活性中心或调节中心的构象发生了变化，导致酶与底物的结合活力下降的一种效应。这种效应多出现于吸附法和共价偶联法的固定化酶中，难以定量描述与预测。

（2）位阻效应

位阻效应（steric hindrance）又称屏蔽效应（图 3-10），是载体的遮蔽作用（如载体的空隙太小，或固定化位置或方法不当，给酶的活性中心或调节中心造成空间障碍，使底物和效应物无法与酶接触等）引起的。选择适宜的载体与固定化方法，可消除这种不利因素的影响。但这种效应难以定量描述。

（3）微扰效应

由于载体的亲水性、疏水性及介质的介电常数等，紧邻固定化酶的环境区域（微环境，图 3-11）发生变化，改变了酶的催化能力及酶对效应物做出调节反应的能力，即微扰效应（perturbation effect）。这种效应难以定量描述和预见，但可以通过改变载体与介质的性质而做出判断与调节。

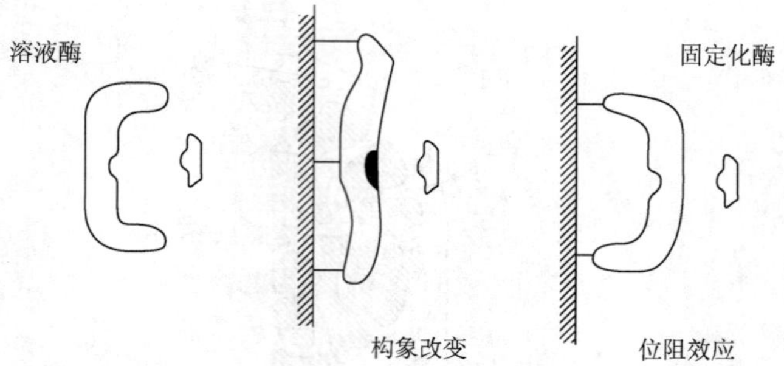

图 3-10 固定化酶的构象改变与位阻效应

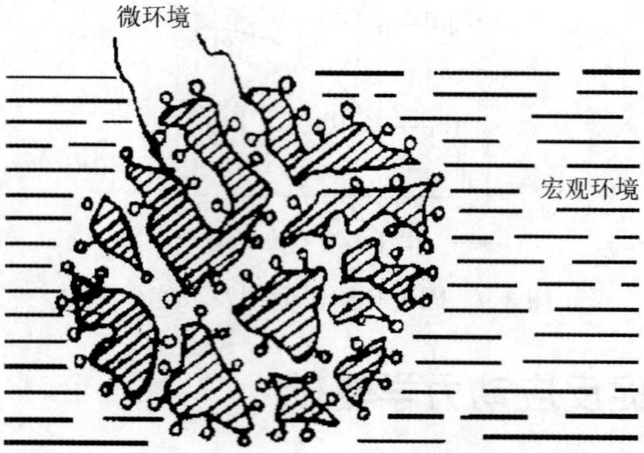

图 3-11 固定化酶反应体系中的微环境与宏观环境

（4）分配效应

分配效应（distribution effect）是由于固定化载体与底物或效应物之间的疏水性、亲水性及静电作用所引起微环境（固定化酶紧邻的微观局部环境）和宏观环境之间物质的不等分配，改变了酶反应系统的组成平衡，从而影响酶反应速率的一种效应。分配效应可以通过分配系数 K_p 来定量描述，K_p 的定义是载体内外底物（或其他物质）浓度之比。底物的 K_p 可通过如下方法测定：在已知浓度和体积的底物溶液中，放入不含底物的一定体积的载体，并保持适宜条件，当达到平衡时，测定载体外溶液中的底物浓度。

（5）扩散限制

扩散限制（diffusion limitation）是指底物、产物及其他效应物的迁移和传递速度所受到的一种限制。一般水溶液及凝胶中的物质扩散系数很低，当酶的催化活性很高时，在固定化酶的周围形成浓度梯度，造成微环境和宏观环境之间底物和产物的浓度有差别。扩散限制的大小可通过引入相应的参数进行定量分析。作为一般规律，如果酶的催化反应速率很小，扩散限制的影响小或没有，此时的酶促反应阶段成为整个反应的限速阶段。

扩散限制效应分为外部扩散效应和内部扩散效应两种类型。外部扩散限制与内部扩散限制不同：外部扩散限制发生于固定化酶颗粒周围的处于停滞状态的液膜层（Nernst 层），是指底物从宏观体系转移向酶颗粒表面运转过程中的一种扩散限制效应；而内部扩散则发生在多孔性的载体内部，是指底物从固定化酶颗粒表面运转到酶活性部位的一种扩散限制效应。对于外部扩散来说，由于催化反应是在底物到达酶活性部位以后才进行的，因此，底物在液膜层中呈线性梯度形式的变化；而对于内部扩散限制来说，由于催化反应与扩散过程几乎是同时发生的，因此底物在多孔介质内形成的是非线性梯度。对这种扩散效应必须用不同的处理方法进行理论分析。

2. 固定化酶反应动力学参数

固定化酶的催化反应中反应速率是通过测定宏观环境中底物和产物的浓度而获得，它代表所有局部速率总和的平均值。反应总速率与宏观环境中相关浓度的关系，不同于其与微环境中相关浓度的关系。反应总速率为多种因素所影响，如果不能准确把握反应总速率与底物或产物在固定化酶颗粒内外的传递特性，就不可能得到正确的反应动力学方程。例如，一定条件下，外部扩散速率比较慢，可认为其是总反应过程的限制性阶段，如果要改善这一过程，提高外部扩散速率，就可明显提高总反应速率。当考虑到固定化后酶分子的结构改变、底物作用及位阻效应等诸因素后，固定化酶的反应速率称为本征速率（intrinsic rate）。本征速率及本征动力学参数描绘了酶的真实动力学特性。游离酶所反映的就是它的本征行为；但对固定化酶而言，如果底物和产物在微环境和宏观环境中的浓度均相同，那么这时所观察到的动力学行为也是它的本征行为。但酶经固定化后，其结构变化及屏蔽效应等诸因素，都会改变酶的行为，因此，固定化酶的本征行为与游离酶的本征行为并非一致。

固定化酶反应的固有速率（inherent rate）是假定底物和产物在酶的微环境及宏观环境之间的传递是无限迅速，也就是在没有扩散阻力情况下的反应速率，如固定化酶膜厚度极薄，酶活性低，以及主体溶液得到充分混合时所呈现出的反应速率。由于分配效应或各物质之间的静电作用，会导致微环境与宏观环境之间的浓度差异，因此，固有速率及其动力学参数与固定化酶的本征动力学不同。

无论分配效应存在与否，由于受扩散限制，所得到的反应速率就是有效速率。反应的有效速率及有关参数，一般可在实验条件下由测定总速率而获得。存在扩散限制时，扩散阻力影响多相反应体系的酶活性，反应不再遵循米氏规律。

不同反应速率和参数及它们之间的关系如图 3-12 所示。

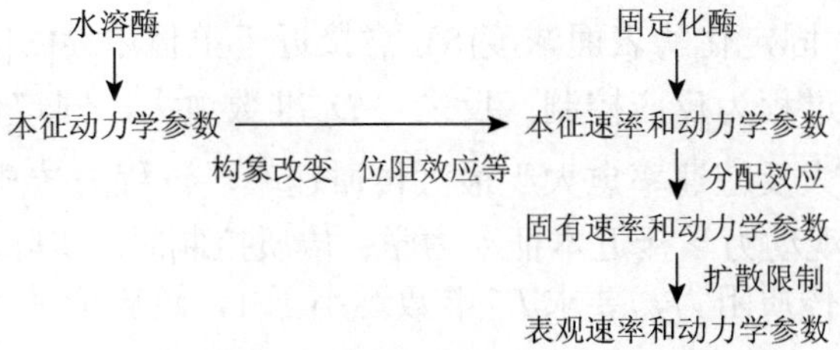

图 3-12　不同的反应速率与参数及其相互关系

3.3.2　固定化酶促反应中的过程分析

固定化酶促反应过程中，需考虑扩散传质与催化反应的相互影响，注意外部与内部扩散的不同传质方式。内部扩散与催化反应有时是同时进行的，两者相互影响。外部扩散通常先于反应。在分析固定化酶的反应与外部或内部物质传递之间的相互关系时，采用的数学方法不同。

为简化起见，在讨论外部扩散时，忽略固定化酶颗粒内部的扩散问题；讨论内部扩散时，假定固定化酶颗粒外部传质阻力小，颗粒外表处的底物浓度与主体液体中底物浓度相等。

1. 外部扩散过程

由于固定化酶颗粒外的液膜厚度远远小于颗粒半径（图 3-11），这样，可以认为液膜层两面的底物浓度同为$[S]_s$。当底物由液相主体向固定化酶颗粒表面的扩散速率 N_s 正比于传质表面及传质推动力，即

$$N_s = k_L a([S]-[S]_s) \tag{3-61}$$

式中，k_L——液膜传质系数；

a——传质比表面积；

$[S]$——液相主体中的底物浓度；

$[S]_s$——固定化酶表面处底物浓度。

稳定状态下，传质速率等于酶促反应速率。当反应遵循米氏方程规则时，则

$$N_s = k_L a([S]-[S]_s) = \frac{r_{max}[S]_s}{K_m + [S]_s} \tag{3-62}$$

当$[S]_s \to [S]$时，说明主体传递阻力可以忽略。若$[S] \gg [S]_s$，意味着整个反应速率由外部扩散控制，反应速率可简化为$k_L a[S]$。若$([S]-[S]_s)$的值介于上述两极限值之间时，应考虑传质和反应两方面的影响。

利用$c^* = [S]_s/[S], K = K_m/[S]$，并令$D_a = r_{max}/(k_L a[S])$，将（3-62）式写成无因次形式，则

$$D_a = \frac{(K+c^*)(1-c^*)}{c^*} \tag{3-63}$$

式中，D_a（Damkohler）准数是c^*的函数，它的物理意义是最大反应速率与最大传质速率之比。

当D_a准数愈小，固定化酶表面浓度$[S]_s$愈接近于主体浓度$[S]$，表明最大传质速率愈大于最大反应速率，过程为反应控制；反之，D_a准数愈大，固定化酶表面浓度$[S]_s$愈小，愈趋近于零，表明最大反应速率愈大于最大传质速率，过程为传质控制。

反应控制时，表观动力学接近本征动力学；传质控制时，实际动力学接近于扩散动力学。有时为降低外部传质阻力，要求D_a准数远小于 1，这就应使$k_L a$值较大。$k_L a$中的a值取决于固定化酶颗粒的直径，减小固定化酶颗粒的直径，有助于提高$k_L a$值，但颗粒直径的减少会伴随流动阻力（压力降等）的增加，所以，在实际使用中，要兼顾这两个方面的因素。

化工上引用效率因子（effectiveness factor）来描述固体催化剂颗粒催化反应进行的有效程度。固定化酶同为固体催化剂，所以，在固定化酶的反应体系中效率因子（外部扩散）的定义为

$$\eta_{\text{out}}=\frac{\text{有外部扩散影响时的实际反应速率}}{\text{无外部扩散影响时的固定化酶外表面处的反应速率}}=\frac{r_{\text{out}}}{r_0}\tag{3-64}$$

由效率因子定义可知

$$r_{\text{out}}=\eta_{\text{out}}\cdot r_0=\eta_{\text{out}}\cdot r_{\max}\tag{3-65}$$

所以

$$\eta_{\text{out}}=\frac{\dfrac{r_{\max}[\text{S}]_{\text{s}}}{K_{\text{m}}+[\text{S}]_{\text{s}}}}{r_{\max}}=\frac{c^*}{K+c^*}=\varphi(D_a)\tag{3-66}$$

由此可知 D_a 准数是决定效率因子 η_{out} 和比浓度 c^*的唯一参数，是表征传质过程对反应速率影响的基本准数。

2. 内部扩散过程

对于具有大量内孔的球形固定化酶颗粒，其内部是酶促反应的主要场所。底物通过孔口向内扩散，达到不同深度，产物沿反方向从内部向孔口外部扩散。颗粒内部各处底物和产物的浓度不同，导致各处的反应速率和选择性的差异。这就是说，在同样的流体主体浓度下，内部各处是不等效的，这就提出了内部传递效率的问题。与外部传递不同，内部传递和反应多数不是串联的过程，是平行的过程。即底物一边向内扩散，一边进行反应。所以，对于内部扩散过程的效率因子 η_{in}，可定义为单位时间内实际反应效率与按颗粒外表面底物浓度计算而得到的反应效率之比。为获得实际反应速率，需求知内部扩散效率因子 η_{in}，这就要首先确定内部各物质的浓度分布。对于球形固定化酶颗粒（图 3-13）来说，令其半径为 R，距中心为 r 处取一厚度为 dr 的微元壳体，在微元壳体内，底物浓度为$[\text{S}]_r$，稳定状态下，对底物[S]进行物料衡算，则单位时间内扩散进入微元壳体的底物的量为

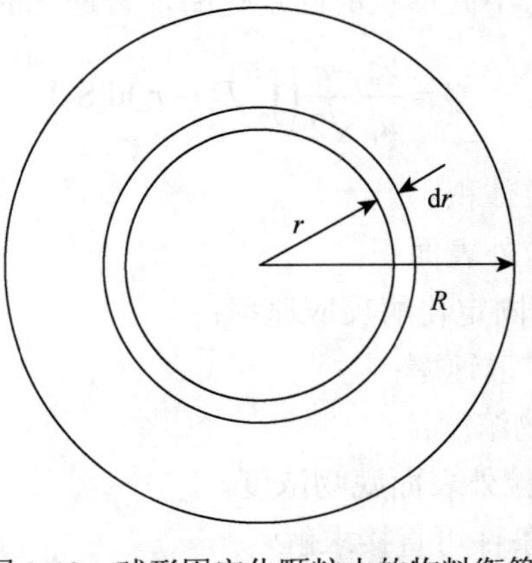

图 3-13　球形固定化颗粒内的物料衡算

$$\text{流入量}=4\pi(r+\text{d}r)^2D_{\text{e}}\left(\frac{\text{d}[\text{S}]_r}{\text{d}r}\right)_{r+\text{d}r}\tag{3-67}$$

式中，D_{e}——载体内部底物的扩散系数。

单位时间扩散离开壳体的底物量为

$$流出量 = 4\pi r^2 D_e \left(\frac{d[S]_r}{dr}\right)_r \tag{3-68}$$

当反应遵循米氏方程规则时

$$反应量 = 4\pi r^2 \frac{r'_{max}[S]_r}{K_m + [S]_r} dr \tag{3-69}$$

稳定状态下，

$$流入量-流出量=反应量$$

$$4\pi(r+dr)^2 D_e \left(\frac{d[S]_r}{dr}\right)_{r+dr} - 4\pi r^2 D_e \left(\frac{d[S]_r}{dr}\right)_r = 4\pi r^2 \frac{r'_{max}[S]_r}{K_m + [S]_r} dr \tag{3-70}$$

整理变形为

$$\frac{d^2[S]_r}{dr^2} + \frac{2}{r} \cdot \frac{d[S]_r}{dr} = \frac{r'_{max}[S]_r}{D_e(K_m + [S]_r)} \tag{3-71}$$

（3-71）式为球形颗粒内底物浓度分布的微分方程。

若令

$$c_x = \frac{[S]_r}{[S]_s}; \quad l = \frac{r}{R}; \quad \beta = \frac{[S]_s}{K_m}; \quad \phi^2 = \frac{R^2 r'_{max}}{9D_e K_m}$$

将（3-71）式转化为无因次形式，得

$$\frac{d^2 c_x}{dl^2} + \frac{2}{l} \cdot \frac{dc_x}{dl} = 9\phi^2 \frac{c_x}{1 + c_x \beta} \tag{3-72}$$

式中，ϕ——西勒（Thiele）准数，其物理意义是表面浓度下的反应速率（即以固定化酶外表面处的浓度为基准反应速率）与内部扩散速率之比。

对于各类反应动力学与不同形状的固定化酶，普遍化的ϕ的定义式为

$$\phi = \frac{V_P}{A_P} \frac{-r_S}{\sqrt{2}} \left(\int_0^{S_i} D_e(-r_S) d[S]\right)^{-0.5} \tag{3-73}$$

式中，V_P——固定化酶颗粒体积；

A_P——固定化酶颗粒外表面积；

$-r_S$——$[S]=[S]_s$时的固定化酶反应速率；

D_e——底物的有效扩散速率；

$[S]$——平衡时的底物浓度；

$[S]_s$——固定化酶颗粒外表面底物浓度。

（3-72）式由下列边界条件可直接求解

$$\begin{aligned} l = 0; \quad dc_x = 0 \\ l = 1; \quad c_x = 1 \end{aligned} \tag{3-74}$$

根据（3-73）式，可以求出不同反应动力学与不同形状的固定化酶反应的西勒准数ϕ的计算公式，具体见表 3-5。

表 3-5　不同反应动力学与不同形状的固定化酶反应时 ϕ 的计算公式

反应动力学	固定化酶形式	西勒准数计算式	
零级反应动力学	普通式	$\phi_0=\dfrac{V_P}{\sqrt{2}A_P}\sqrt{\dfrac{k_0}{D_e[S]_s}}$	(1)
	球形	$\phi_0=\dfrac{R}{3\sqrt{2}}\sqrt{\dfrac{k_0}{D_e[S]_s}}$	(2)
	片状	$\phi_0=\dfrac{L}{\sqrt{2}}\sqrt{\dfrac{k_0}{D_e[S]_s}}$	(3)
一级反应动力学	普通式	$\phi_1=\dfrac{V_P}{A_P}\sqrt{\dfrac{k_1}{D_e}}$	(4)
	球形	$\phi_1=\dfrac{R}{3}\sqrt{\dfrac{k_1}{D_e}}$	(5)
	片状	$\phi_1=L\sqrt{\dfrac{k_1}{D_e}}$	(6)
M-M 反应动力学	普通式	$\phi_m=\dfrac{R}{\sqrt{2}A_P}\sqrt{\dfrac{r_{max}}{D_e[S]_s}}\left(\dfrac{\beta}{1+\beta}\right)\left[1+\dfrac{1}{\beta}\ln\left(\dfrac{\beta}{1+\beta}\right)\right]^{-\frac{1}{2}}$	(7)
	球形	$\phi_m=\dfrac{R}{3\sqrt{2}}\sqrt{\dfrac{r_{max}}{D_e[S]_s}}\left(\dfrac{\beta}{1+\beta}\right)\left[1+\dfrac{1}{\beta}\ln\left(\dfrac{\beta}{1+\beta}\right)\right]^{-\frac{1}{2}}$	(8)
	片状	$\phi_m=\dfrac{L}{\sqrt{2}}\sqrt{\dfrac{r_{max}}{D_e[S]_s}}\left(\dfrac{\beta}{1+\beta}\right)\left[1+\dfrac{1}{\beta}\ln\left(\dfrac{\beta}{1+\beta}\right)\right]^{-\frac{1}{2}}$	(9)

对于球形固定化酶颗粒的内部扩散效率因子 η_{in} 可写成

$$\eta_{in}=\frac{\text{颗粒的实际有效反应速率}}{\text{颗粒内无浓度梯度时的反应速率}}=\frac{r_{in}}{r_0} \tag{3-75}$$

稳定状态下，球形固定化酶颗粒内的实际有效反应速率应等于从颗粒外表面向微孔内的扩散速率，即

$$r_{in}=4\pi R^2 D_e\left(\frac{d[S]_r}{dr}\right)_{r=R} \tag{3-76}$$

颗粒内无浓度梯度影响的反应速率为

$$r_0=\frac{4}{3}\pi R^2\frac{r_{max}[S]_r}{K_m+[S]_s} \tag{3-77}$$

所以，

$$\eta_{in}=\frac{3}{R}\cdot\frac{D_e\left(\dfrac{d[S]}{dr}\right)_{r=R}}{\dfrac{r_{max}\cdot[S]_s}{K_m+[S]_s}} \tag{3-78}$$

引入无因次参数，上式为

$$\eta_{in}=\frac{\left(\dfrac{dc_x}{dl}\right)_{l=1}}{3\phi^2\left(\dfrac{1}{1+\beta}\right)} \tag{3-79}$$

因此，η_{in} 效率因子是 ϕ 和 β 的函数。

图 3-14 表明了以ϕ为参变量，效率因子η_{in}与ϕ准数的关系。由图 3-14 可知，β对η_{in}的影响不大，影响内部传递效率因子的主要参数是西勒准数ϕ。如果$\phi \ll 0.3$，则η_{in}不随ϕ变化，近似等于 1，也就是没有内部传质阻力。若$\phi \gg 0.3$，则有$\eta_{in} < 1$，反应为内传质所限制。因此，为克服内传质阻力，有必要减小ϕ值，由ϕ的定义可知，减小ϕ值有三条出路：一是减小颗粒直径，但R有一定下限值；二是降低r'_{max}，但由于$r'_{max} \propto k_{cat}[E]$，降低[E]会影响生产效率；三是通过温度等条件调节r'_{max}与D_e的比值。一般酶促反应体系的主要变量是r'_{max}和R，在给定条件下，K_m与D_e为定值，所以，在不影响操作的条件下，尽量减小颗粒半径，以减小ϕ值。

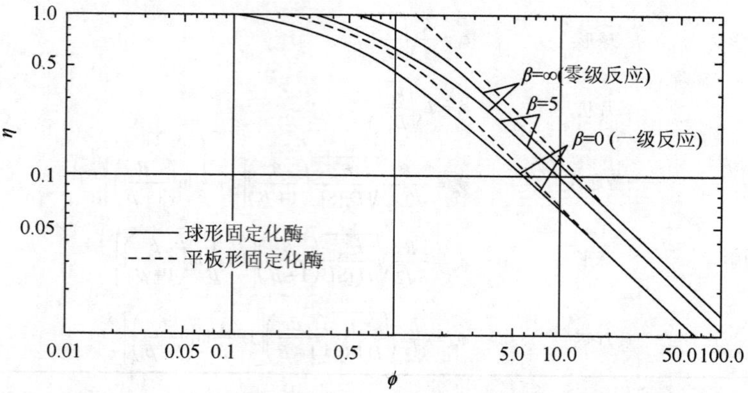

图 3-14　η_{in} 效率因子与ϕ准数的关系（以β为参变量）

【例题 3-8】底物通过分子扩散方式进入采用凝胶固定化酶的平板中，边扩散，边反应。如果酶促反应符合一级反应，反应常数为k，底物浓度为[S]。自平板表面距离x处[S]的分布（稳定状态下）可由下式求得

$$\frac{d^2[S]}{dx^2} = \left(\frac{k}{D}\right)[S]$$

请给出底物的浓度分布关系式（平板表面处底物浓度计为$[S]_0$）。

【解】由常数系数线性微分方程的基本解法，有

$$\frac{d^2[S]}{dx^2} - \left(\frac{k}{D}\right)[S] = 0$$

由于特征方程为：$\xi^2 - \frac{k}{D} = 0$

$$\xi = \pm\left(\frac{k}{D}\right)^{1/2}$$

$$[S] = [S]_1 \exp\left[\left(\frac{k}{D}\right)^{1/2} x\right] + [S]_2 \exp\left[\left(-\frac{k}{D}\right)^{1/2} x\right]$$

$$x \to \infty\text{时}, [S]\text{为有限值}, [S]_1 = 0$$

因此

$$[S] = [S]_0 \exp\left[\left(-\frac{k}{D}\right)^{1/2} x\right]$$

这说明底物浓度分布随远离固定化酶平板呈指数减少。

3. 扩散限制效应的判断

上述对固定化酶促反应中外部扩散过程和内部扩散过程动力学的讨论都是基于简化的情况进行的分析，实际反应过程都要复杂得多。因此对于实际固定化酶促反应过程中的扩散限制效应，可以采用以下两种方法进行判断。

1）直接法

如果固定化酶的实际反应速率随溶液的混合程度或溶液通过反应器的流速而改变，说明外部扩散限制效应在起主导作用；如果实际反应速率因酶膜厚度或颗粒的直径而改变，则预计主要是内部扩散限制的影响。

2）Eadie-Hoftsee 作图法

在扩散限制效应影响下，这种作图法得到的动力学图形明显地偏离线性，其中，外部扩散限制使曲线上拱成拱形，而内部扩散控制使之成为 S 形。

3.4 酶的失活动力学

酶的失活作用是指物理或化学因素部分或全部破坏了酶的三维结构，引起酶的变性，导致酶部分或全部丧失活性。造成酶失活的因素有很多，如物理因素中加热、冷却和机械力等，化学因素中酸、碱、盐、溶剂和重金属等。酶的使用寿命对酶的应用过程非常重要，决定了过程的经济可行性。

如果酶在保存过程中而不是在反应过程中，由于时间原因而使其失活，该失活类型称为酶的静态稳定性；如果酶在参与反应过程中发生了失活，则该失活过程被称为酶的操作稳定性（operation stability）。下面将对这两种类型的酶失活过程分别进行讨论。在酶的失活作用中，表示酶发生变性过程的模式有两种，一种称为双状态模型（two-state-model），即酶分子的高级结构只有两种状态，自然活性状态（N，nature）和变性状态（D，denaturation），又称“全或无”（all-or-none）型变性。如果高级结构的被破坏经历了多个不同阶段，则称这种变性模式为多状态模型（multi-state-model）。

3.4.1 未反应时酶的热失活动力学

1. 一步失活模型

具有活性的酶记为 N，失活的酶记为 D，反应机理式为

$$\underset{[E]}{N} \underset{k_r}{\overset{k_d}{\rightleftharpoons}} \underset{[E]_d}{D} \tag{3-80}$$

式中，k_d，k_r——正、逆反应的速率常数；

$[E]$，$[E]_d$——N、D 的浓度。

如果反应体系中酶的总浓度记为$[E]_0$，初始条件 t=0 时，$[E]_t$=$[E]_0$，且反应为不可逆

失活反应，$k_r=0$，则有

$$[E]_t = [E]_0 \exp(-k_d t) \quad (3\text{-}81)$$

多数酶的热失活反应服从（3-81）式，k_d 称为一级失活常数（first order deactivation constant）或衰变常数（decay constant）。k_d 倒数称为时间常数 t_c（time constant）。另外，$[E]_t$ 降至$[E]_0$ 值 1/2 的时间称为半衰期 $t_{1/2}$（half life）。k_d、t_c 和 $t_{1/2}$ 之间有如下关系：

$$k_d = \frac{1}{t_c} = \frac{\ln 2}{t_{1/2}} \quad (3\text{-}82)$$

2. 多步失活模型

多步失活模型（multi step deactivation model）分为多步串联失活模型（series model）和同步失活模型（parallel model）。前者认为失活过程不是一步完成，而是经过中间状态失活的。同步失活模型认为全部酶分子可划为若干个热稳定性不同的组分，每个组分又均符合一级失活模型，全部酶$[E]_0$ 中残存活性酶的比例 $\phi(t)$ 为

$$\phi(t) = \frac{[E](t)}{[E]_0} = \sum_i x_i \exp(-k_i t) \quad (3\text{-}83)$$

式中，x_i——失活速率常数为 k_i 的酶组分的百分率。

因此，

$$\sum_i x_i = 1 \quad (3\text{-}84)$$

如果可划为两个组分时，则有

$$\phi(t) = x_i \exp(-k_1 t) + (1 - x_i) \exp(-k_2 t) \quad (3\text{-}85)$$

这是一个三参数模型。由于多步串联失活模型略为复杂，这里就不再叙述。

3. 温度对酶失活的影响

温度对酶失活速率的影响体现在失活速率常数上。对于一级失活模型，有与（3-39）式相同的式子：

$$k_d = A_d \exp(-\frac{E_d}{RT}) \quad (3\text{-}86)$$

式中，A_d——失活反应 Arrhenius 方程中的指前因子；

E_d——失活反应活化能。

由（3-81）式和（3-86）式，可得同时考虑温度和时间对失活影响的关系式：

$$A(t,T) = \frac{[E]_t}{[E]_0} = \exp\left[-A_d t \exp\left(-\frac{E_d}{RT}\right)\right] \quad (3\text{-}87)$$

该式为温度和时间的二元函数（图 3-15）。

一般蛋白质的变性或失活的活化能在 125kJ/mol 以上，高于一般化学反应的活化能（20～83kJ/mol）。这意味着温度对变性和失活速率的影响十分敏感。图 3-8 中的曲线（b）

表明了在低温和高温条件下温度对过氧化氢酶（catalase）反应速率的影响，应注意的是高温一侧直线斜率较大。

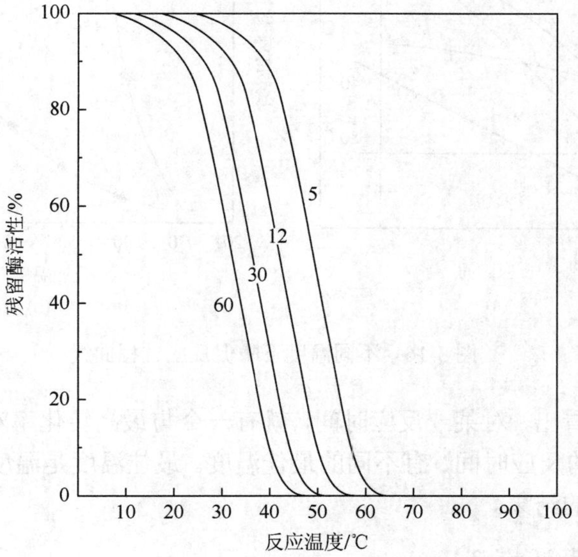

图 3-15 酶的热稳定性

图中数字为恒温失活时间（min），是将 $A=4\times10^{17}[s^{-1}]$，$E_d=12.55$（kJ/mol）和 $R=8.37$[J/（mol·K）]代入（3-87）式计算得出

k_d 也受$[E]_0$的影响，即酶的纯度不同，k_d 值发生变化。一般酶在稀溶液中较不稳定。在常用的酶制剂制品中，多含有不纯的物质，有时为增加稳定性，需添加一些无活性的蛋白质类物质。

3.4.2 反应中酶的热失活动力学

反应中酶的稳定性与酶的使用寿命直接关联，因此至关重要。酶在反应中的稳定性称为操作稳定性（operation stability）。其测定方法有如下三种。

（a）分批测定法，适用于游离酶和固定化酶，与连续法相比，适用于评价在高温条件下短时间内酶的热失活特性研究。

（b）连续测定法，当采用管式反应器或搅拌式反应器时，仅适用于固定化酶的热失活特性研究，若采用超滤膜型反应器也可用于游离酶热失活特性的测定。

（c）利用圆二色性分析方法直接跟踪失活酶的结构变化。

引起酶失活的原因有多种，实际上一定的酶促反应都是正向的酶促反应与酶的失活反应的复合。温度 40℃时，按零级反应规律进行（活化能 E_0=83.7kJ/mol）的酶促反应与按一级反应规律的酶的失活反应（活化能 E_0=167.5kJ/mol）的复合，即不同温度下酶促反应历程如图 3-16 所示。从图中可以看出，当时间一定，随温度的升高，反应速率增大，转化率提高，但当温度高于某一数值时，由于酶的热失活速率加快，当其快于酶促反应速率上升的速度时，酶的总反应速率下降，最终降为零。

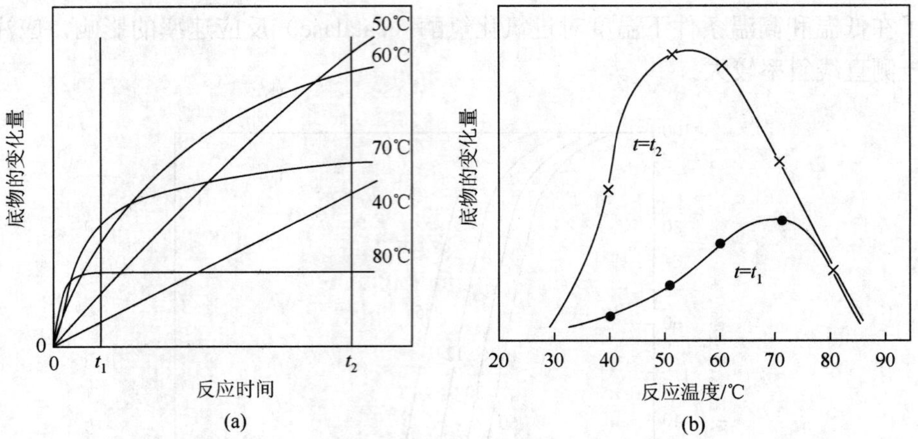

图 3-16　不同温度下酶促反应过程曲线

从上图还可以看出，对某一反应时间，就有一个与最高转化率对应的温度，该温度称为最佳温度。不同的反应时间，有不同的最佳温度。最佳温度是温度对酶促反应速率和酶失活速率双重作用的结果。

1. 反应中酶失活模型

酶促反应时，由于底物和产物的存在，可增强或减弱酶的稳定性。针对底物浓度变化对酶稳定性的影响，可提出如下模型。

$$\begin{array}{ccccc} \mathrm{E+S} & \underset{k_{-1}}{\overset{k_{+1}}{\rightleftharpoons}} & \mathrm{ES} & \xrightarrow{k_{cat}} & \mathrm{E} + \mathrm{P} \\ \downarrow k_d & & \downarrow \delta k_d & & \\ \mathrm{D} & & \mathrm{D} + \mathrm{S} & & \end{array} \tag{3-88}$$

其失活动力学方程可表示为

$$-\frac{de}{dt} = k_d \frac{K_m + \delta[S]}{K_m + [S]}[E] \tag{3-89}$$

式中，K_m——（$k_{-1}+k_{cat}$）/k_{+1}；[E]——$[E]_{free}+x$；δ——底物对酶稳定性的影响系数。

由上述模型可知：

（a）$\delta=1$ 时，底物对酶失活无影响；

（b）$0<\delta<1$ 时，底物对酶有部分保护作用，能在一定程度上抑制酶的失活；

（c）$\delta>1$ 时，底物加速酶的失活；

（d）$\delta=0$ 时，酶完全为底物所保护，复合物完全不失活，此时只有游离酶失活。

若只有游离酶失活时，其分批反应的动力学方程为

$$-\frac{d[S]}{dt} = \frac{k_{cat}[S]}{K_m + [S]}\left([E]_0 - \frac{k_d K_m}{k_{cat}} \ln \frac{[S]_0}{[S]}\right) \tag{3-90}$$

2. 分批反应中温度对酶热稳定性的影响

如果酶促反应中温度对酶失活的影响符合零级反应范围，则$[S]\to\infty$时，有

$$-\frac{d[S]}{dt}=k_{cat}[E] \tag{3-91}$$

积分（3-91）式，得

$$[S]_0-[S]_t=k_{cat}\int_0^t[E]dt \tag{3-92}$$

当[S]足够大时，（3-89）式可简化为

$$-\frac{d[E]}{dt}=k_d\delta[E]=k_d'[E] \tag{3-93}$$

积分（3-93）式，得

$$[E]_t=[E]_0\exp(-k_d't) \tag{3-94}$$

将（3-94）式代入（3-92）式中并积分可得

$$[S]_0-[S]_t=(\frac{k_{cat}[E]_0}{k_d'})[1-\exp(-k_d't)] \tag{3-95}$$

式中，k_{cat}及k_d'均为温度的函数。

由 Eyring 的动力学理论，有

$$\begin{aligned}k_{cat}&=A\cdot T\cdot\exp(-\Delta H^*/RT)\\k_d'&=A_d\cdot T\cdot\exp(-H_d^*/RT)\end{aligned} \tag{3-96}$$

将（3-96）式代入（3-95）式中

$$[S]_0-[S](t,T)=\frac{A[E]_0}{A_d}\{\exp[-(\Delta H^*-\Delta H_d^*)/RT]\}\{1-\exp[-A_d+\exp(\Delta H_d^*/RT)]\} \tag{3-97}$$

式中，k_d'——酶失活速率常数；

A_d——失活反应的修正指前因子；

ΔH_d^*——失活反应的标准化焓变；

其余符号同前。

（3-97）式给出了温度与时间为函数时的底物量变化情况，当时间一定，底物转化率或产物量最高时所对应的温度，即为最适温度（optimum temperature）。

3.5　多底物酶促反应动力学

以上讨论了单底物反应生成单一产物的酶促反应，实际所进行的酶促反应比其要复杂得多。一般的酶促反应可看成是

$$A+B+C+\cdots\cdots=P+Q+R+\cdots\cdots$$

由于式中包含有 A、B、C 等多种底物和 P、Q、R 等多种产物，反应动力学方程式很复杂，含有的速率参数也增加了。这里就双底物酶促反应生成两种产物和多底物酶促反应两种情况分别进行分析。

3.5.1　双底物酶促反应

设计双底物酶促反应动力学模型时会提出这样一个问题，即哪一个底物先与酶结合。

根据双底物反应机制，提出了两种机制，即连续机制和乒乓机制。其中连续机制又分为有序连续机制和随机机制。

随机机制的特点是两个底物分子中，哪一个底物先与酶结合是不固定的，哪种产物先被释放出来也是不固定的。即

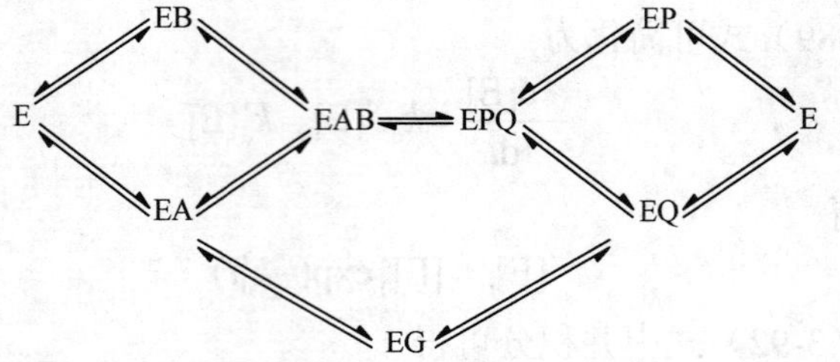

(3-98)

如果 B 先与酶结合，则 A 就必须随后结合上去以形成三元复合物 EAB，而后转化变成 EPQ，EPQ 再按照两种顺序中的一种顺序释放出产物。如果 A 先与酶结合，则 B 达到酶表面时便可形成三元复合物 EAB。此外，还有一种可能性，即在释放出产物 P 后，基团 G 仍保留在酶分子上，在酶分子上的 G 再与 B 结合生成 Q。(3-98）式中最下面的一条路径代表的就是这种可能性，这里没有形成三元复合物，但出现了一种“修饰过的酶”EG。

有序连续机制与随机机制相比要简单得多，其特点是底物与酶的结合和产物的释放都是按照一定顺序进行的。其反应机制如下

$$\mathrm{E} \rightarrow \mathrm{EA} \rightarrow \mathrm{EAB} \rightarrow \mathrm{EPQ} \rightarrow \mathrm{EP} \rightarrow \mathrm{E} \tag{3-99}$$

对于连续机制的反应来说，其反应速率方程如下：

$$r_{\mathrm{P}} = \frac{r_{\mathrm{P,max}}[\mathrm{S_1}][\mathrm{S_2}]}{K_{\mathrm{m1}}K_{\mathrm{m2}} + [\mathrm{S_1}][\mathrm{S_2}] + K_{\mathrm{m2}}[\mathrm{S_1}] + K_{\mathrm{m1}}[\mathrm{S_2}]} \tag{3-100}$$

式中，K_{m1} 和 K_{m2} 分别为另一种底物大大过量条件下，$r_{\mathrm{P}} = r_{\mathrm{P,max}}/2$ 时，底物 $\mathrm{S_1}$ 和 $\mathrm{S_2}$ 的浓度，即 $\mathrm{S_1}$ 和 $\mathrm{S_2}$ 的米氏常数。

乒乓机制的特点是酶与一种底物结合后，先释放其相应的产物，然后再结合另一底物，并释放另一产物。对于乒乓机制的反应来说，其反应速率方程如下：

$$r_{\mathrm{P}} = \frac{r_{\mathrm{P,max}}[\mathrm{S_1}][\mathrm{S_2}]}{[\mathrm{S_1}][\mathrm{S_2}] + K_{\mathrm{m2}}[\mathrm{S_1}] + K_{\mathrm{m1}}[S_2]} \tag{3-101}$$

当 $\mathrm{S_2}$ 一定时，（3-100）式和（3-101）式可写成米氏方程的形式：

$$r'_{\mathrm{P}} = \frac{r'_{\mathrm{P,max}}[\mathrm{S_1}]}{K'_{\mathrm{m}} + [\mathrm{S_1}]} \tag{3-102}$$

式中，$r'_{\mathrm{P,max}} = \dfrac{r_{\mathrm{P,max}}[\mathrm{S_2}]}{K_{\mathrm{m2}} + [\mathrm{S_2}]}$ $K'_{\mathrm{m}} = \dfrac{K_{\mathrm{m1}}[\mathrm{S_2}]}{K_{\mathrm{m2}} + [\mathrm{S_2}]}$。

$r'_{\mathrm{P,max}}$ 和 K'_{m} 与 $r_{\mathrm{P,max}}$ 和 K_{m} 不同，它们随 $\mathrm{S_2}$ 的浓度而变化；但当[$\mathrm{S_2}$]远远大于 K_{m2} 时，$r_{\mathrm{P,max}}$ 和 K'_{m} 与 $r_{\mathrm{P,max}}$ 和 K_{m} 接近，即双底物反应中一种底物浓度远远大于其米氏常数时，其反应可转变为类似单底物反应，其反应速率可以用米氏方程描述。

3.5.2　多底物酶促反应

多底物反应可看成是一组反应，类似这样的反应有多糖类或蛋白质等高分子化合物的酶促反应。生物大分子（如蛋白质、多糖等）的酶促反应类型以酶解为主，这些反应中，最初，底物是具有一定的聚合度分布，由于水解作用，生成一系列聚合度不同的化合物，此时，底物的种类（以分子质量计）甚多。一般，高分子底物的聚合度越大，酶促反应速率越快。工程上是将所有的不同聚合度的底物假定为一种易于测定的底物群，得到的动力学方程式仅适用于以这种底物混合物为对象的实验式。

生物大分子的酶促水解反应是一个非常复杂的反应体系，其反应具有高度的组成多样性和动态行为复杂性等特点，表现为：①反应组分多样（部分水解得到的肽片、糖链既是产物又是进一步酶解的反应物）；②反应种类多元（大量不同敏感程度的肽键、糖苷键平行或连串降解，并发生转肽、转糖基反应）；③反应网络庞杂（酶失活与各种抑制现象相互制约、高度偶联）；④反应影响因素繁多（如组分浓度、pH、温度、离子强度等），因此相关动力学模型的建立是生物反应工程领域研究的热点与难点，而常规米氏方程中以恒定动力学参量K_m、k_{cat}来建模的传统方法又很难真实地表征整个反应历程，因此迫切需要建立具有一定普适性的反应过程研究方法，并对复杂酶促反应系统建模分析，同时深入探讨酶解转化过程机制，这将有助于理解生物大分子结构与功能之间的内在联系，并为调控反应过程、定向和定量地获取目标产物提供理论依据。下面简要介绍多底物酶促反应动力学方面的内容。

1. 生物大分子——蛋白质的复杂酶促反应

1）蛋白质酶解体系本征动力学模型

（1）模型的建立

蛋白质酶解（enzymatic hydrolysis of protein）体系动力学行为较为复杂，本征动力学建模时需在米氏方程的基础上同时考虑酶失活及底物与产物抑制（product inhibition）等多种因素，其反应机制可简示为（齐崴等，2001）：

$$\mathrm{E+S} \xrightleftharpoons{K_m} \mathrm{ES} \xrightleftharpoons{k_{cat}} \mathrm{E+P}$$

底物反竞争性抑制：$\mathrm{S+ES} \xrightleftharpoons{K_s} \mathrm{SES}$

产物竞争性抑制：$\mathrm{E+P} \xrightleftharpoons{K_P} \mathrm{EP}$

酶一级不可逆失活：$E_a \xrightarrow{k_d} E_i$

由拟稳态假设推得酶解反应速率方程为

$$r_S = r_P = -\frac{d[S]}{dt} = \frac{d[P]}{dt} = k_{cat}[ES] = \frac{r_{max}\exp(-k_d t)}{1+\dfrac{[S]}{K_S}+\dfrac{K_m}{[S]}\left(1+\dfrac{[P]}{K_P}\right)} \tag{3-103}$$

进一步，由物料恒算可得分批式搅拌罐（BSTR）中相应的酶解反应动力学模型：

$$\frac{r_{max}}{k_d}[1-\exp(-k_d t)] = [S]_0 X - \frac{[S]_0^2}{K_S}\left[\frac{(1-X)^2}{2}-0.5\right] - K_m\ln(1-X) - \frac{[S]_0 K_m}{K_P}\left[X+\ln(1-X)\right] \tag{3-104}$$

（2）动力学参数的求取

酶解体系本征动力学模型（instinct kinetic model）近似遵循米氏方程，参数的求取方法为：在最适酶解条件下进行水解反应，利用半 L-B 及 L-B 作图法，分别求算 K_m、k_{cat}、K_S 及 K_P（齐崴等，2001）。

a. K_m、k_{cat} 算图

当底物浓度较低时，

由 $$r=\frac{k_{cat}[E]_0[S]}{K_m+[S]}\Rightarrow\frac{1}{r}=\frac{1}{k_{cat}\to[E]_0}+\frac{K_m}{k_{cat}\to[E]_0}\times\frac{1}{[S]} \tag{3-105}$$

以 $1/r$ 与 $1/[S]$作图，可求得 K_m 及 k_{cat}。

b. K_S 算图

当底物浓度较高时，

由 $$r_{SS}=\frac{k_{cat}[E]_0}{1+\frac{K_m}{[S]}+\frac{[S]}{K_S}}\Rightarrow r_{SS}\approx\frac{k_{cat}[E]_0}{1+\frac{[S]}{K_S}}\Rightarrow\frac{1}{r_{SS}}=\frac{1}{k_{cat}[E]_0}+\frac{1}{k_{cat}[E]_0K_S}\cdot[S] \tag{3-106}$$

以 $1/r_{ss}$ 与[S]作图，可求得 K_S。

c. K_P 算图

底物浓度恒定时，

由 $$r_{SP}=\frac{k_{cat}[E]_0}{1+\frac{K_m}{[S]}\left(1+\frac{[P]}{K_P}\right)}\Rightarrow\frac{1}{r_{SP}}=\frac{1}{k_{cat}[E]_0}+\frac{K_m}{k_{cat}[E]_0[S]}+\frac{K_m}{[S]K_Pk_{cat}[E]_0}\cdot[P] \tag{3-107}$$

以 $1/r_{SP}$ 与[P]作图，可求得 K_P。

综上可得酶解反应各表观动力学常数计算表（表 3-6）。

表 3-6　蛋白质酶解体系本征动力学模型表观动力学常数计算表

常数名称	K_m（g/L）	k_{cat}（min^{-1}）	K_S（g/L）	K_P（g/L）
算图坐标	$1/r$ 与 $1/[S]$	$1/r$ 与 $1/[S]$	$1/r_{ss}$ 与[S]	$1/r_{sp}$ 与[P]

通常，蛋白质酶解体系的 K_P 值比较小，说明产物抑制在整个酶解过程中极易发生，而且起抑制作用的产物正是水解过程中不断形成的中、小肽段。因此，在设计反应器时如采用酶促水解-膜分离耦合工艺，将反应产物及时从体系中分离出来，移动化学平衡，继而消除产物抑制，使酶解反应在较高的有效底物浓度及酶浓度下进行，将会有效提高反应的转化率与选择性，同时还可控制产物多肽组成，使分子质量分布集中，功能特性相近（齐崴等，2005a）。

2）蛋白质酶解体系指数形式半经验动力学模型

本征动力学模型拟合效果并不十分理想，因此新的建模方法可采用从酶解反应机制出发，并结合实验分析的建模策略，即同时考虑蛋白质水解、蛋白酶失活及底物或产物抑制等多种因素，并基于酶解实验数据，构建一套适用于不同反应机制和不同反应体系的指数形式半经验动力学模型（He et al.，2002），以表征水解曲线，模拟反应进程，借

此求算动力学常数，可为深入理解酶解机制，优化水解条件，设计生物反应器提供理论基础。

（1）模型的建立

酶促水解机制可简示为

$$\mathrm{E+S \rightleftharpoons ES \xrightarrow{k_2} E+P}$$

其反应速率决定于不可逆步骤，且当处于稳定状态下：

$$r=[\mathrm{S}]_0\frac{\mathrm{d(DH)}}{\mathrm{d}t}=k_2[\mathrm{ES}] \tag{3-108}$$

蛋白酶在反应中的失活机制可简示为

$$\mathrm{E+ES \xrightarrow{k_3} E_a+E_i+P}$$

其失活速率方程可表示为

$$-\frac{\mathrm{d[E]}}{\mathrm{d}t}=k_3[\mathrm{E}][\mathrm{ES}] \tag{3-109}$$

（3-108）式除以（3-109）式得

$$-[\mathrm{S}]_0\frac{\mathrm{d(DH)}}{\mathrm{d[E]}}=\frac{k_2}{k_3[\mathrm{E}]} \tag{3-110}$$

考虑底物与产物抑制作用，酶解反应简示为

$$\mathrm{S+ES \underset{}{\overset{K_S}{\rightleftharpoons}} SES};\quad \mathrm{E+P \overset{K_P}{\rightleftharpoons} EP};$$

式中，$K_\mathrm{S}=\frac{k_{-4}}{k_{+4}}$，$K_\mathrm{P}=\frac{k_{-5}}{k_{+5}}$。

酶解反应达平衡时，由拟稳态假设得

$$\frac{\mathrm{d}[\overline{\mathrm{E}}]}{\mathrm{d}t}=k_{-1}[\overline{\mathrm{ES}}]-k_{+1}[\overline{\mathrm{E}}][\overline{\mathrm{S}}]+k_{+2}[\overline{\mathrm{ES}}]+k_{-5}[\overline{\mathrm{EP}}]-k_{+5}[\overline{\mathrm{P}}][\overline{\mathrm{E}}]\approx 0$$

$$\frac{\mathrm{d}[\overline{\mathrm{ES}}]}{\mathrm{d}t}=k_{+1}[\overline{\mathrm{E}}][\overline{\mathrm{S}}]-k_{-1}[\overline{\mathrm{ES}}]-k_{+2}[\overline{\mathrm{ES}}]-k_{+4}[\overline{\mathrm{S}}][\overline{\mathrm{ES}}]+k_{-4}[\overline{\mathrm{SES}}]\approx 0$$

$$\frac{\mathrm{d}[\overline{\mathrm{SES}}]}{\mathrm{d}t}=k_{+4}[\overline{\mathrm{S}}][\overline{\mathrm{ES}}]-k_{-4}[\overline{\mathrm{SES}}]\approx 0$$

$$\frac{\mathrm{d}[\overline{\mathrm{EP}}]}{\mathrm{d}t}=k_{+5}[\overline{\mathrm{E}}][\overline{\mathrm{P}}]-k_{-5}[\overline{\mathrm{EP}}]\approx 0$$

即

$$[\overline{\mathrm{SES}}]=\frac{[\overline{\mathrm{S}}][\overline{\mathrm{ES}}]}{K_\mathrm{S}}=\frac{[\overline{\mathrm{S}}]^2[\overline{\mathrm{E}}]}{K_\mathrm{m}K_\mathrm{S}} \tag{3-111}$$

$$[\overline{\mathrm{EP}}]=\frac{[\overline{\mathrm{E}}][\overline{\mathrm{P}}]}{K_\mathrm{P}}=\frac{K_\mathrm{m}[\overline{\mathrm{ES}}][\overline{\mathrm{P}}]}{K_\mathrm{P}[\overline{\mathrm{S}}]} \tag{3-112}$$

$$[\overline{\mathrm{ES}}]=\frac{[\overline{\mathrm{E}}][\overline{\mathrm{S}}]}{K_\mathrm{m}} \tag{3-113}$$

$$[\overline{\mathrm{E}}]=\frac{K_\mathrm{m}[\overline{\mathrm{ES}}]}{[\overline{\mathrm{S}}]} \tag{3-114}$$

酶总浓度可表示为

$$[\mathrm{E}]=[\overline{\mathrm{E}}]+[\overline{\mathrm{ES}}]+[\overline{\mathrm{SES}}]+[\overline{\mathrm{SP}}] \tag{3-115}$$

将（3-111）式～（3-114）式代入（3-115）式得

$$[\overline{\mathrm{E}}]=\frac{[\mathrm{E}]}{1+\dfrac{[\overline{\mathrm{S}}]}{K_{\mathrm{m}}}+\dfrac{[\overline{\mathrm{S}}]^2}{K_{\mathrm{S}}K_{\mathrm{m}}}+\dfrac{[\overline{\mathrm{P}}]}{K_{\mathrm{P}}}} \tag{3-116}$$

$$[\overline{\mathrm{ES}}]=\frac{[\mathrm{E}]}{\dfrac{K_{\mathrm{m}}}{[\overline{\mathrm{S}}]}+1+\dfrac{[\overline{\mathrm{S}}]}{K_{\mathrm{S}}}+\dfrac{K_{\mathrm{m}}[\overline{\mathrm{P}}]}{K_{\mathrm{P}}[\overline{\mathrm{P}}]}} \tag{3-117}$$

因为$[\overline{\mathrm{S}}]\approx[\mathrm{S}]_0$，$[\overline{\mathrm{P}}]\approx[\mathrm{P}]$，所以（3-116）式和（3-117）式简化为

$$[\overline{\mathrm{E}}]=\frac{[\mathrm{E}]K_{\mathrm{m}}K_{\mathrm{S}}K_{\mathrm{P}}}{K_{\mathrm{S}}K_{\mathrm{P}}[\mathrm{S}]_0+K_{\mathrm{P}}[\mathrm{S}]_0^2+K_{\mathrm{m}}K_{\mathrm{S}}[\mathrm{P}]} \tag{3-118}$$

$$[\overline{\mathrm{ES}}]=\frac{[\mathrm{E}][\mathrm{S}]_0K_{\mathrm{S}}K_{\mathrm{P}}}{K_{\mathrm{S}}K_{\mathrm{P}}[\mathrm{S}]_0+K_{\mathrm{P}}[\mathrm{S}]_0^2+K_{\mathrm{m}}K_{\mathrm{S}}[\mathrm{P}]} \tag{3-119}$$

将（3-118）式代入（3-110）式，得

$$-\frac{\mathrm{d(DH)}}{\mathrm{d[E]}}=\frac{k_2(K_{\mathrm{S}}K_{\mathrm{P}}[\mathrm{S}]_0+K_{\mathrm{P}}[\mathrm{S}]_0^2+K_{\mathrm{m}}K_{\mathrm{S}}[\mathrm{P}])}{k_3K_{\mathrm{m}}K_{\mathrm{S}}K_{\mathrm{P}}[\mathrm{S}]_0}\cdot\frac{1}{[\mathrm{E}]} \tag{3-120}$$

对（3-120）式积分得

$$\int_0^{\mathrm{DH}}-\mathrm{d(DH)}=\frac{k_2(K_{\mathrm{S}}K_{\mathrm{P}}[\mathrm{S}]_0+K_{\mathrm{P}}[\mathrm{S}]_0^2+K_{\mathrm{m}}K_{\mathrm{S}}[\mathrm{P}])}{k_3K_{\mathrm{m}}K_{\mathrm{S}}K_{\mathrm{P}}[\mathrm{S}]_0}\int_{e_0}^{e}\frac{\mathrm{d[E]}}{[\mathrm{E}]}$$

$$\Rightarrow[\mathrm{E}]=[\mathrm{E}]_0\exp[-\frac{k_3K_{\mathrm{m}}K_{\mathrm{S}}K_{\mathrm{P}}[\mathrm{S}]_0}{k_2(K_{\mathrm{S}}K_{\mathrm{P}}[\mathrm{S}]_0+K_{\mathrm{P}}[\mathrm{S}]_0^2+K_{\mathrm{m}}K_{\mathrm{S}}[\mathrm{P}])}\cdot\mathrm{DH}] \tag{3-121}$$

由（3-108）式、（3-119）式和（3-121）式得到总反应速率依赖于$[\mathrm{E}]_0$及$[\mathrm{S}]_0$值的指数形式动力学方程：

$$r=[\mathrm{S}]_0\frac{\mathrm{d(DH)}}{\mathrm{d}t}=a[\mathrm{S}]_0\exp[-b(\mathrm{DH})];\quad\frac{\mathrm{d(DH)}}{\mathrm{d}t}=a\exp\left[-b(\mathrm{DH})\right] \tag{3-122}$$

（3-122）式中的参数 a、b 对于不同反应机制具有相应的表达形式（表 3-7），对于不同酶解体系则具有确定的数值结果（齐崴等，2005a）。

表 3-7　蛋白质酶解体系指数形式半经验动力学模型参数 *a*、*b* 表达式

反应机制	a	b
无抑制	$\dfrac{k_2[\mathrm{E}]_0}{[\mathrm{S}]_0}$	$\dfrac{k_3K_{\mathrm{m}}}{k_2}$
底物抑制	$\dfrac{k_2K_{\mathrm{S}}[\mathrm{E}]_0}{[\mathrm{S}]_0K_{\mathrm{S}}+[\mathrm{S}]_0^2}$	$\dfrac{k_3K_{\mathrm{m}}K_{\mathrm{S}}}{k_2(K_{\mathrm{S}}+[\mathrm{S}]_0)}$
产物抑制	$\dfrac{k_2[\mathrm{E}]_0K_{\mathrm{P}}}{[\mathrm{S}]_0K_{\mathrm{P}}+[\mathrm{P}]K_{\mathrm{m}}}$	$\dfrac{k_3K_{\mathrm{m}}K_{\mathrm{P}}[\mathrm{S}]_0}{k_2([\mathrm{S}]_0K_{\mathrm{P}}+[\mathrm{P}]K_{\mathrm{m}})}$
底物和产物抑制	$\dfrac{k_2[\mathrm{E}]_0K_{\mathrm{S}}K_{\mathrm{P}}}{K_{\mathrm{S}}K_{\mathrm{P}}[\mathrm{S}]_0+K_{\mathrm{P}}[\mathrm{S}]_0^2+K_{\mathrm{m}}K_{\mathrm{S}}[\mathrm{P}]}$	$\dfrac{k_3K_{\mathrm{m}}K_{\mathrm{S}}K_{\mathrm{P}}[\mathrm{S}]_0}{k_2(K_{\mathrm{S}}K_{\mathrm{P}}[\mathrm{S}]_0+K_{\mathrm{P}}[\mathrm{S}]_0^2+K_{\mathrm{m}}K_{\mathrm{S}}[\mathrm{P}])}$

（2）模型参数的解算

以底物抑制(substrate inhibition)时参数 a、b 值的表达形式为例，分别以 $1/a \sim [S]_0/[E]_0$，$1/b \sim [S]_0$ 及 $a/b \sim [E]_0/[S]_0$ 作图，根据线性回归分析结果，由三条直线斜率及截距可得模型参数计算表（表 3-8）。

表 3-8　蛋白质酶解体系指数形式半经验动力学模型动力学常数计算表

常数名称	K_S（g/L）	$k_d = k_3K_m$（min^{-1}）	k_2（min^{-1}）	K_m（g/L）
算图坐标	$1/b \sim [S]_0$	$a/b \sim [E]_0/[S]_0$	$1/b \sim [S]_0$；$1/a \sim [S][S]_0/[E]_0$	$1/b \sim [S]_0$

据此得到底物抑制时蛋白质酶解反应指数形式动力学方程为

$$\frac{d(DH)}{dt} = a\exp[-b(DH)] = \frac{k_2K_s[E]_0}{K_s[S]_0 + [S]_0^2}\exp\left[-\frac{k_3K_mK_s}{k_2(K_s + [S]_0)}\cdot DH\right] \tag{3-123}$$

对（3-123）式积分，可得酶解反应时程关系的积分形式动力学方程：

$$DH = \frac{1}{b}\ln(1 + abt) = \frac{k_2(K_s + [S]_0)}{k_3K_mK_s}\ln\left[1 + \frac{k_3K_mK_s^2}{(K_s + [S]_0)^2}\frac{[E]_0}{[S]_0}\times t\right] \tag{3-124}$$

将各动力学算值代入水解度（degree of hydrolysis，DH）表达式（3-124）式，可得相应酶解条件下的理论水解曲线。同时，由动力学方程还可预测最适 pH 及 T，不同$[S]_0$、$[E]_0$值时酶解反应的时程关系。

该套指数形式动力学模型（exponential kinetic model）是模拟蛋白质酶解过程的通用方程。反应机制不同时，参数 a、b 具有不同的表达形式（表 3-7），因此适用于不同底物浓度及酶浓度时的多种动植物蛋白酶解体系，是预测动力学行为、优化设计反应器的有用工具（Qi and He，2006）。

3）基于分子机制的蛋白质酶解反应经验修饰动力学模型

蛋白质酶解反应动力学行为之所以复杂，关键在于反应体系中底物与产物的多样性，以及由此决定的动力学常数的可变性。应用米氏方程中恒定动力学参量 K_m、k_{cat} 来建模的传统方法很难真实地表征整个反应历程。因此，可采用理论推导与实验分析相结合的建模策略，从分子水平的蛋白质酶解反应机制出发，关联水解实验数据，拟合得到动力学参数 K_m、k_{cat} 与 DH 之间的函数关系式，由此推导出 BSTR 中考虑不同 DH 值时动力学常数变化规律的蛋白质酶促水解反应经验修饰动力学模型（experimentally modified kinetic model），以表征水解曲线，模拟反应进程。相应模型可为深入理解酶解机制、优化水解条件、设计生物反应器，以及高效制备目标多肽产品提供理论基础。

模型的建立如下所示。

a. 原理与假设

分子水平的蛋白质酶解反应机制，简示如下（齐崴等，2005b）：

$$S_T + E \xrightarrow{K_{m,r}} ES_T \xrightarrow{k_{cat,T}} \underbrace{S_{T-i}}_{\{1\}} + E + \underbrace{S_i}_{\{2\}}$$

$$\{1\}: S_{T-i} + E \xrightarrow{K_{m,T-i}} ES_{T-i} \xrightarrow{k_{cat,T-i}} \underbrace{S_{T-i-m}}_{[1]} + E + \underbrace{S_m}_{[2]}$$

$$[1]:\mathrm{S}_{T-i-m}+\mathrm{E}\xrightarrow{K_{\mathrm{m},T-i-m-p}}\mathrm{ES}_{T-i-m}\xrightarrow{k_{\mathrm{cat},T-i-m-p}}\underset{(1)}{\underline{\mathrm{S}_{T-i-m-p}}}+\mathrm{E}+\underset{(2)}{\underline{\mathrm{S}_p}}$$

$$(1):\mathrm{S}_{T-i-m-p}+\mathrm{E}\xrightarrow{K_{\mathrm{m},T-i-m-p}}\mathrm{ES}_{T-i-m-p}\xrightarrow{k_{\mathrm{cat},T-i-m-p}}\underset{1}{\underline{\mathrm{S}_{T-i-m-p-x}}}+\mathrm{E}+\underset{2}{\underline{\mathrm{S}_x}}$$

$$1:\ \cdots\ \cdots\ \cdots\ \cdots$$

$$2:\ \mathrm{S}_x+\mathrm{E}\xrightarrow{K_{\mathrm{m},x}}\mathrm{ES}_x\xrightarrow{k_{\mathrm{cat},x}}\mathrm{S}_{x-y}+\mathrm{E}+\mathrm{S}_y$$

$$\vdots\qquad\vdots$$

$$(2):\mathrm{S}_p+\mathrm{E}\xrightarrow{K_{\mathrm{m},p}}\mathrm{ES}_p\xrightarrow{k_{\mathrm{cat},p}}\mathrm{S}_{p-q}+\mathrm{E}+\mathrm{S}_q$$

$$\vdots\qquad\vdots$$

$$[2]:\mathrm{S}_m+\mathrm{E}\xrightarrow{K_{\mathrm{m},m}}\mathrm{ES}_m\xrightarrow{k_{\mathrm{cat},m}}\mathrm{S}_{m-n}+\mathrm{E}+\mathrm{S}_n$$

$$\vdots\qquad\vdots$$

$$\{2\}:\mathrm{S}_i+\mathrm{E}\xrightarrow{K_{\mathrm{m},j}}\mathrm{ES}_i\xrightarrow{k_{\mathrm{cat},j}}\mathrm{S}_{i-j}+\mathrm{E}+\mathrm{S}_j$$

$$\vdots\qquad\vdots$$

式中，S_T——原始底物；

$[\mathrm{S}]_x$、$K_{\mathrm{m},x}$、$k_{\mathrm{cat},x}$——平均肽链长度（PCL）为 x 的底物浓度、米氏常数和催化常数；

T——原始底物蛋白氨基酸个数；

i——第一次酶剪切后原始蛋白被降解的氨基酸个数；

m——原始底物蛋白被第一次酶切后新生肽段的氨基酸个数；

p——原始底物蛋白被第二次酶切后新生肽段的氨基酸个数；

q——新生肽段 p 再次被剪切后所得肽段的氨基酸个数。

可见，随酶解反应进行，水解度提高，底物平均肽链长度逐渐减小，而且各步酶解速率显著依赖于 DH 及 PCL 值，因此，建模前需首先提出以下几点原理与假设。

（a）任意时刻的底物浓度宏观上可由$[\mathrm{S}]_x$表示（x 为某一时刻的平均肽链长度）。

（b）以氨态氮含量计算，宏观上所有底物的总浓度可近似视为恒定。

（c）蛋白酶对于肽链长度不同的底物具有不同的动力学常数，即 K_m、k_cat 值不同。

（d）每一基元反应仍将遵循米氏方程，即

$$r_{\max}=k_{\mathrm{cat}}[\mathrm{E}]_0,\quad r=\frac{k_{\mathrm{cat}}[\mathrm{E}]_0[\mathrm{S}]_0}{K_\mathrm{m}+[\mathrm{S}]_0},\quad [\mathrm{S}]=[\mathrm{S}]_0(1-\mathrm{DH})\tag{3-125}$$

b. 模型推导

A. 因酶解反应时程曲线（DH～t）与米氏方程（r～$[\mathrm{S}]_0$）具有相同的线形规律，故：

$$\mathrm{DH}=\frac{\mathrm{DH}_{\max}t}{t_{1/2}+t}\tag{3-126}$$

式中，$\mathrm{DH}_{\max}$——理论最大水解度；

$t_{1/2}$——达到最大水解度一半时所需反应时间。

B. 通过 1/DH～1/t 双倒数（L-B）作图法，由直线 $\frac{1}{\mathrm{DH}}=\frac{t_{1/2}}{\mathrm{DH}_{\max}t}+\frac{1}{\mathrm{DH}_{\max}}$ 的斜率及截距可求得 $\mathrm{DH}_{\max}$ 及 $t_{1/2}$。

C. 又由于

$$r=[\mathrm{S}]_0\frac{\mathrm{dDH}}{\mathrm{d}t}=[\mathrm{S}]_0\frac{\mathrm{DH}_{\max}t_{1/2}}{(t_{1/2}+t)^2} \tag{3-127}$$

所以联立（3-126）式和（3-127）式，可求得不同底物浓度和酶浓度时，任意时刻（或任意 DH 值）的反应速率 r。

D. 再通过 1/r～1/[S]双倒数作图法，由直线 $\frac{1}{r}=\frac{K_{\mathrm{m}}}{r_{\max}[\mathrm{S}]}+\frac{1}{r_{\max}}$ 的斜率及截距即可求出相应 DH 值时的 K_{m} 及 k_{cat}。

E. 分别以 $K_{\mathrm{m,\,DH}}$～DH 及 $k_{\mathrm{cat,\,DH}}$～DH 作图，经非线性拟合得到相应函数关系，即

$$K_{\mathrm{m,\,DH}}=f_1(\mathrm{DH}) \tag{3-128}$$

$$k_{\mathrm{cat,\,DH}}=f_2(\mathrm{DH}) \tag{3-129}$$

F. 由实验原理及假设可知，酶解反应速率符合下述修饰的米氏动力学方程：

$$r=[\mathrm{S}]_0\frac{\mathrm{dDH}}{\mathrm{d}t}=\frac{k_{\mathrm{cat,DH}}[\mathrm{E}]_0[\mathrm{S}]_0}{K_{\mathrm{m,DH}}+[\mathrm{S}]_0} \tag{3-130}$$

（3-130）式中的 $k_{\mathrm{cat,\,DH}}$ 及 $K_{\mathrm{m,\,DH}}$ 为 DH 的函数，将（3-128）式和（3-129）式代入（3-130）式，积分后即可求出 DH、t、$[\mathrm{S}]_0$、$[\mathrm{E}]_0$ 四者间的函数关系式：

$$[\mathrm{E}]_0t=\int_0^{\mathrm{DH}}\frac{f_1(\mathrm{DH})+[\mathrm{S}]_0}{f_2(\mathrm{DH})}\mathrm{dDH} \tag{3-131}$$

由此经验修饰动力学模型可预测不同底物浓度和酶浓度时，达到指定水解度值所需时间或不同时刻对应的水解度值。

4）动力学常数的求取

依据模型推导中所述方法，可求得不同水解度时，各动力学参数与 DH 之间的图线关系。通常，与假设（c）一致即动力学常数在反应过程中不断变化，其规律为：随 DH 值增加，K_{m} 增大，k_{cat} 减小，$k_{\mathrm{cat}}/K_{\mathrm{m}}$ 减小，这意味着：蛋白酶与底物蛋白质的亲和力随肽键断裂、肽链长度缩短而减小，即高分子质量多肽为蛋白酶的适宜底物；而酶解催化效率与酶解专一性则随反应进行而逐渐降低。

为了定量表示各动力学参数与 DH 之间的变化关系，可对数据点进行非线性拟合，求得函数关系式：

$$K_{\mathrm{m,\,DH}}（或 k_{\mathrm{cat,\,DH}} 或 k_{\mathrm{cat,\,DH}}/K_{\mathrm{m,\,DH}}）=a\exp（b\mathrm{DH}） \tag{3-132}$$

将（3-132）式代入（3-131）式，积分后即可求得经验修饰动力学方程。

$$[\mathrm{E}]_0t=p_1\cdot[\exp(p_2\mathrm{DH})-1]+p_3[\mathrm{S}]_0\cdot[\exp(p_4\mathrm{DH})-1] \tag{3-133}$$

式中，p_1、p_2、p_3、p_4——方程经验参数，可由积分计算求取。

上述模型为经验关联方程，适用范围有一定限制，但平均相对误差很小，通常＜5%，且建模中包含的动力学常数随水解进行而变化的思想，在一定程度上体现了多样性产物分布对酶解行为的影响规律，并为定量表征复杂酶解历程及高效制备活性多肽（active peptides）提供了理论基础。

以上三类模型采用了不同的建模策略：本征动力学模型表征了酶解反应的固有速率；指数形式半经验动力学模型在考虑反应机制的基础上结合实验数据进行模拟，拟合精度较高，应用范围较宽；基于分子机制（molecular mechanism）的经验修饰动力学模型虽为经验关联方程，适用范围较窄，但其所包含的动力学常数随水解进行而变化的思想，在一定程度上体现了多样性产物分布对酶解行为的影响规律。实际应用中可依据不同目的选择使用相应模型。

此外，借鉴石油化工中处理复杂反应系统的集总思想，建立生物体系，特别是蛋白质酶解体系的集总动力学模型（lumping kinetic model）也是解决多底物酶促反应中复杂性问题的有效方法之一。根据酶解体系 3-D 曲面图中特征多肽曲线变化规律（齐崴等，2005b），通过超滤膜截分方法将酶解物系按分子质量大小分段集总，变复杂酶解体系为若干虚拟多肽集总组分间构建的简单反应网络，而实现合理简化以便于数学处理（何志敏等，2005）。实验证明（Shi et al.，2005a；史德青等，2002）：模拟酶解全过程的集总动力学机制模型能有效预测水解产物质量分布，且动力学常数具有明确的物理意义，是评价与筛选酶解体系的重要依据之一，相应模型还可阐明酶解反应过程的微观机制，并为反应器设计与优化提供指导，同时也可为生物体系中复杂性、多样性与非线性动力学问题的研究提供一种新方法；而简化的拟一级集总动力学模型（Shi et al.，2005b）形式简单，待测参数少，实验工作量小，且误差与机制模型在同一水平，因此在指导多肽的规模制备中更为实用。

上述蛋白质酶解反应动力学模型的构建，可进一步拓展应用于许多酶解体系的研究，例如，基于酶解多肽的液质联用鉴定、释放规律确定、动力学行为分析、水解速率计算等宏观反应过程的解析与预测，可完成牛血红蛋白（bovine hemoglobin）变性与天然状态下“拉链”与“顺次”酶解模式的机制比对、α 链和 β 链在胃蛋白酶（pepsin）作用下不同酶解行为的特点比较，实现活性多肽之间酶法转化历程的剖析与反应网络的构建，并对活性多肽构效关系进行计算分析（Qi et al.，2007a；Su et al.，2007a；Su et al.，2007b）；又如，基于 RPLC-MS^n、SEC-MALLS 等不同色质联用分离模式，可实现酪蛋白-胰酶（casein-pancreatin）或酪蛋白-胃蛋白酶体系反应过程中多样性酶解产物的直观表征与复杂性酶解动力学行为的定量模拟，同时还可对具有特殊生物活性功能的酪蛋白磷酸肽进行序列鉴定与释放规律研究，为高效制备酪源活性多肽提供理论指导（Qi et al.，2003；Qi et al.，2007b；Su et al.，2007c；Su et al.，2008）。

2. 生物大分子——多糖的复杂酶促反应

多糖酶解（enzymatic hydrolysis of polysaccharides）动力学的研究有助于阐明其反应机制，以进行过程模拟和优化，并可指导相关反应器的设计和操作，以完成由实验室向工业生产规模的放大。目前，对多糖酶解动力学的研究，多为简单米氏常数的拟合回归和关联动力学模型的建立，这是因为：该类反应的产物为具有不同分子质量和不同结构的多组分体系；大部分产物作为反应底物继续水解；现有手段难以对水解过程中产生的各种物质进行定性及定量测定；且该复杂体系的酶解机制尚未完全阐明。有鉴于此，就多糖（如纤维素、半纤维素、淀粉等）的酶解反应过程动力学研究进展进行简要介绍。

1）基于初速度法建立的多糖酶解动力学模型

（1）初速度确定的方法

初速度的测定方法主要有以下两种：①将底物与酶液混合，反应3～5min后立即终止反应，通过测定产物生成量或底物减少量来确定反应的初速度。一般，多糖酶解反应底物消耗应<5%；②将酶解反应持续进行下去，每隔一定时间取出适量反应液测定产物生成量，做产物生成量对时间的分布图，从图中找出斜率为直线的一段，求得反应初速度。

由于大多数多糖在刚加入反应体系时未能充分溶胀，胶体糖链没有充分伸展，影响了酶对多糖的全方位水解。因此，采用短时反应测得的初速度比长时检测后分析回归得出的初速度偏小。

（2）初速度与动力学参数的求取

采用（3-134）式拟合反应过程中还原糖浓度随时间的变化：

$$[\mathrm{P}]=\frac{At}{C+t} \tag{3-134}$$

对（3-134）式两边取倒数得

$$\frac{1}{[\mathrm{P}]}=\frac{1}{A}+\frac{C}{A}t \tag{3-135}$$

用（3-135）式线性关联[P]-t数据，即可得到不同底物浓度下的常数A和C。

对（3-134）式微分得

$$\frac{\mathrm{d}[\mathrm{P}]}{\mathrm{d}t}=\frac{(A-t)^2}{AC} \tag{3-136}$$

令t=0，根据回归所得A、C值，即可求出反应的初速度：

$$r_0=\left.\frac{\mathrm{d}[\mathrm{P}]}{\mathrm{d}t}\right|_{t=0}=\frac{A}{C} \tag{3-137}$$

进一步可以初速度值为基准，通过算图求得包含底物和产物抑制的米氏方程（3-138）式中的动力学参数$r_{\max}$、K_{m}、K_{S}和K_{P}（董春华，2001）。

$$r=\frac{r_{\max}}{1+\dfrac{K_{\mathrm{m}}}{[\mathrm{S}]}+\dfrac{[\mathrm{S}]}{K_{\mathrm{S}}}+\dfrac{K_{\mathrm{m}}[\mathrm{P}]}{K_{\mathrm{P}}[\mathrm{S}]}} \tag{3-138}$$

2）基于整个水解过程建立的多糖酶解动力学模型

（1）简化和假设

a. 起始底物浓度$[\mathrm{S}]_0$为多糖含量（以总糖残基计）。

b. 水解度DH=生成的还原糖浓度$[\mathrm{P}]/[\mathrm{S}]_0$。

c. 水解过程中底物浓度$[\mathrm{S}]=[\mathrm{S}]_0\times$（1–DH）。

d. 反应速率$r=\mathrm{d}[\mathrm{P}]/\mathrm{d}t$。

e. 最大反应速率$r_{\max}=k_{\mathrm{cat}}[\mathrm{E}]$。

f. 水解过程中产物抑制常数的测定采用将一定截留分子质量的膜透液低聚糖反加入酶解体系后再测定抑制常数的方法获得，产物浓度按生成的还原糖浓度计算。

（2）基本模型

结合上述假设，把（3-138）式应用于整个水解过程并积分得（董春华，2001）

$$t=\frac{[\mathrm{S}]_0}{k_{\mathrm{cat}}[\mathrm{E}]}\left\{\mathrm{DH}-\frac{K_{\mathrm{m}}}{[\mathrm{S}]_0}\ln(1-\mathrm{DH})-\frac{[\mathrm{S}]_0}{2K_{\mathrm{S}}}(1-\mathrm{DH})^2-\frac{K_{\mathrm{m}}}{K_{\mathrm{P}}}\left[\mathrm{DH}+\ln(1-\mathrm{DH})\right]+\frac{[\mathrm{S}]_0}{2K_{\mathrm{S}}}\right\} \quad (3\text{-}139)$$

（3）修正模型

当用一个指数项修正（3-139）式时，将获得比较理想的拟合效果，方程如下：

$$t=\frac{[\mathrm{S}]_0}{k_{\mathrm{cat}}[\mathrm{E}]}\left\{\mathrm{DH}-\frac{K_{\mathrm{m}}}{[\mathrm{S}]_0}\ln(1-\mathrm{DH})-\frac{[\mathrm{S}]_0}{2K_{\mathrm{S}}}(1-\mathrm{DH})^2-\frac{K_{\mathrm{m}}}{K_{\mathrm{P}}}\left[\mathrm{DH}+\ln(1-\mathrm{DH})\right]+\frac{[\mathrm{S}]_0}{2K_{\mathrm{S}}}\right\}\times e^{(B\cdot\mathrm{DH})} \quad (3\text{-}140)$$

（3-140）式中指数项 B 为常数，添加该参数的模型，可对基本模型产生的偏差进行较好修正，拟合效果更佳，实际应用价值更高。

（4）参数求取

借助 MATLAB 工具箱，通过非线性最小二乘法，利用整个水解过程的实验数据拟合方程（3-139）式和（3-140）式，可得到各个动力学常数（董春华，2001）。

基于整个水解过程建立多糖酶解动力学模型的方法在以下研究中也有报道。

Law 等（1993）在研究淀粉酶水解麦芽糖糊精动力学时，假设酶不失活、D-葡萄糖存在产物竞争抑制，积分米氏方程，得到动力学模型：

$$[\mathrm{E}]_0 k_2 t=\left(1-\frac{K_{\mathrm{m}}}{K_{\mathrm{p}}}\right)\left(\frac{[\mathrm{P}]-[\mathrm{P}]_0}{1.1}\right)-K_{\mathrm{m}}\left(1+\frac{[\mathrm{S}]_0}{K_{\mathrm{p}}}\right)\ln\left\{\frac{1.1[\mathrm{S}]_0-([\mathrm{P}]-[\mathrm{P}]_0)}{1.1[\mathrm{S}]_0}\right\} \quad (3\text{-}141)$$

式中，e_0——初始酶浓度；

k_2——反应速率常数；

K_{m}——米氏常数；

K_{p}——产物抑制常数；

$[\mathrm{S}]_0$——初始底物浓度；

$[\mathrm{P}]_0$——初始产物浓度；

$[\mathrm{P}]$——时间 t 时的产物浓度。

根据（3-141）式，拟合整个水解过程的实验数据，得到各动力学常数。

Gonzalez-Tello 等（1996）通过数学分析，并拟合淀粉酶水解淀粉系统整个过程的实验数据，得出水解速率（r）与初始酶浓度（$[\mathrm{E}]_0$）、初始底物浓度（$[\mathrm{S}]_0$）、水解度（DH）和温度（T）的函数关系式：

$$r=[\mathrm{S}]_0\frac{\mathrm{d(DH)}}{\mathrm{d}t}=[\mathrm{S}]_0\left[A\exp\left(-\frac{E_a}{R\times T}\right)[\mathrm{E}]_0^{1.5}\right]\mathrm{DH}\exp(-8.75\mathrm{DH}) \quad (3\text{-}142)$$

其中 $A=4.3\times10^9$（$\mathrm{g\cdot dm^{-3}}$）$^{-1.5}\mathrm{min^{-1}}$，E_a=56 225$\mathrm{J\cdot mol^{-1}}$。

研究表明（董春华，2001），虽然基于整个水解过程建立的多糖酶解动力学模型和实验曲线可达到很高的拟合度，但拓展应用效果并不理想，原因是：一步拟合模型的建立，关联系数从实验中获得，再应用于实验中，对实验数据的拟合度必然理想，但要模拟实验条件以外的反应过程，偏差将会很大，甚至出现错误；而通过初速度法逐步求取动力学常数建立的模型普适性更强，是研究多糖酶解动力学行为的一种有效方法。可见动力学建模时不能只借助数学软件一步求成，否则会与实验结果相违背。

3）基于分子机制的多糖酶解动力学模型

（1）原理与假设

a. 多糖酶解分子水平的反应机制推测如下：

$$S_n + E \underset{}{\overset{K_n}{\rightleftharpoons}} ES_n \xrightarrow{k_{+2,n}} S_{n-m} + E + S_m \ (m < n) \tag{3-143}$$

$$S_{n-m} + E \underset{}{\overset{K_{n-m}}{\rightleftharpoons}} ES_{n-m} \xrightarrow{k_{+2,n-m}} S_{n-m-q} + E + S_q, \ [q < (n-m),(n-m) > p] \tag{3-144}$$

$$S_m + E \underset{}{\overset{K_m}{\rightleftharpoons}} ES_m \xrightarrow{k_{+2,m}} S_{m-r} + E + S_r \ (r < m, m > p) \tag{3-145}$$

……

$$S_p + E \underset{}{\overset{K_p}{\rightleftharpoons}} ES_p \ (p \leqslant 4) \tag{3-146}$$

其中，$S_i(i = n,m,n-m,q,n-m-q,r,m-r,p)$——平均聚合度（dp）为 i 的底物；

K——可逆反应的平衡常数；

k_{+2}——相应的反应速率常数。

b. 由（3-143）式～（3-146）式可知（He et al.，2001），随内切酶水解反应的进行，底物多糖聚合度迅速降低，聚合度较高的产物又是下一轮酶解的底物，直到生成低聚合度（dp≤4）的寡糖。根据内切酶随机水解的特性及高聚合度底物较低聚合度底物易水解的现象，假设任一时刻底物的聚合度均呈正态分布，即宏观上任一时刻底物可由 S_i 表示（i 为对应于 t 时刻底物的平均聚合度），则反应可看作由 $S_n \to S_i \to S_p (p \leqslant 4)$。因此，尽管反应过程中底物不断发生变化，底物的种类及物质的量浓度难以测定，但宏观上所有底物的浓度若以总糖计可近似视为不变。

c. 不同聚合度底物的动力学参数 k_{cat}、K_m 不同。

（2）模型的建立

多糖酶解时程曲线（[P]-t）与米氏方程曲线（r-[S]）形状类似，因此[P]与 t 的关系可由（3-147）式表示：

$$[P] = \frac{[P]_{max} t}{t_{1/2} + t} \tag{3-147}$$

式中，$[P]_{max}$——理论上可获得的最大产物浓度，g/L；

$t_{1/2}$——产物浓度达到理论最大值一半时所需的反应时间，min。

因此，反应速率可表示为

$$r = \frac{d[P]}{dt} = \frac{([P]_{max} - [P])^2}{[P]_{max} t_{1/2}} \tag{3-148}$$

（3-147）式变换后得

$$\frac{1}{[P]} = \frac{1}{[P]_{max}} + \frac{t_{1/2}}{[P]_{max}} \cdot \frac{1}{t} \tag{3-149}$$

以 1/[P]对 $1/t$ 作双倒数图，可求出$[P]_{max}$和 $t_{1/2}$，进而可由（3-148）式算出不同水解度时对应的反应速率 r。例如，当 t=0 时，[P]=0，DH=0，起始反应速率

$$r_0 = \frac{[P]_{max}}{t_{1/2}} \tag{3-150}$$

又由于起始反应速率与酶浓度呈正比，因此可认为反应速率的表达式符合下述经修饰的米氏方程：

$$r=\frac{\mathrm{d}[\mathrm{P}]}{\mathrm{d}t}=\frac{k_{\mathrm{cat,DH}}[\mathrm{E}][\mathrm{S}]_0}{K_{\mathrm{m,DH}}+[\mathrm{S}]_0} \quad (3\text{-}151)$$

式中，$K_{\mathrm{m,DH}}$及$k_{\mathrm{cat,DH}}$——不同DH时的表观米氏常数及反应速率常数；

$[\mathrm{S}]_0$——起始底物浓度，在反应过程中维持恒定。

根据假设，$K_{\mathrm{m,DH}}$及$k_{\mathrm{cat,DH}}$是水解度DH的函数，即

$$K_{\mathrm{m,DH}}=f_1(\mathrm{DH}) \quad (3\text{-}152)$$

$$k_{\mathrm{cat,DH}}=f_2(\mathrm{DH}) \quad (3\text{-}153)$$

将（3-152）式和（3-153）式代入（3-151）式，即可求出DH与$[\mathrm{E}]$、$[\mathrm{S}]_0$、t之间的关联式，由此关联式可以预测在一定水解条件下，不同时间的水解度值或要达到某一水解度所需的反应时间。

4）基于产物重均分子质量变化规律的多糖酶解动力学模型

多糖的酶解主要由两步反应完成：①游离酶E与底物S作用生成中间络合物ES，这一步是快速可逆反应，且不发生化学键变化；②中间络合物糖苷键断裂，加水分解生成产物P，同时释放出游离酶，这一步是整个反应的限速步骤。按照米氏模型，其反应过程可简示为

$$\mathrm{E}+\mathrm{S}\xrightleftharpoons{K_{\mathrm{m}}}\mathrm{ES}\xrightarrow{k_{\mathrm{cat}}}\mathrm{E}+\mathrm{P}$$

当把反应底物看作体系中可剪切的糖苷键，根据米氏模型可得如下酶解动力学方程（苏荣欣等，2006）：

$$\frac{\mathrm{d}l}{\mathrm{d}t}=-\frac{k_{\mathrm{cat}}C_{\mathrm{e}}l}{K_{\mathrm{m}}+l} \quad (3\text{-}154)$$

式中，$k_{\mathrm{cat}}, K_{\mathrm{m}}$——反应速率常数和米氏常数；

C_{e}——酶的物质的量浓度；

l——反应体系中可被剪切的糖苷键物质的量浓度。

当$l \ll K_{\mathrm{m}}$时，（3-154）式可简化为动力学一级反应

$$\frac{\mathrm{d}l}{\mathrm{d}t}=-\frac{k_{\mathrm{cat}}C_{\mathrm{e}}l}{K_{\mathrm{m}}} \quad (3\text{-}155)$$

而当$l \gg K_{\mathrm{m}}$时，（3-154）式则简化为动力学零级反应

$$\frac{\mathrm{d}l}{\mathrm{d}t}=-k_{\mathrm{cat}}C_{\mathrm{e}} \quad (3\text{-}156)$$

为确定反应级数n，较简便的方法是将酶解动力学方程表达为

$$\frac{\mathrm{d}l}{\mathrm{d}t}=-kl^n \quad (3\text{-}157)$$

式中，n——反应级数；

k——表观速率常数；

l——可由下式计算

$$l=c(\overline{M}/m-1) \quad (3\text{-}158)$$

式中，c——反应体系中各水解度多糖的总物质的量浓度；

$\overline{M}$——各水解度多糖的平均分子质量；

m——构成多糖的糖残基分子质量。

当$n\neq1$时，对（3-157）式进行积分，可得

$$l^{1-n}-l_0^{1-n}=k(n-1)t \tag{3-159}$$

将（3-158）式代入（3-159）式可得

$$\left[c(\frac{\overline{M_t}}{m}-1)\right]^{1-n}-\left[c_0(\frac{\overline{M_0}}{m}-1)\right]^{1-n}=k(n-1)t \tag{3-160}$$

由于各水解度多糖的总质量浓度w在反应过程中基本不变，因此

$$c\overline{M_t}\approx c_0\overline{M_0}=w_0 \tag{3-161}$$

联立（3-160）式和（3-161）式，整理可得

$$\frac{1}{\overline{M_t}}\cong\frac{1}{\overline{M_0}}+(\frac{w_0}{m})^{n-1}\frac{k}{m}t \tag{3-162}$$

当n=1时，由（3-157）式、（3-158）式和（3-161）式可得

$$\frac{1}{\overline{M_t}}=\frac{1}{\overline{M_0}}+\frac{kt}{m} \tag{3-163}$$

因此，由（3-162）式和（3-163）式可知：不管反应级数n为何值，$\frac{1}{\overline{M_t}}$均与t呈线性关系。

由（3-162）式可知，反应动力学级数可通过改变w_0来确定：在不同w_0条件下以$\frac{1}{\overline{M_t}}$对t作图，求出其直线斜率：

$$k_{\rm s}=\frac{k}{m^n}w_0^{n-1} \tag{3-164}$$

由于m、k、$\overline{M_0}$为常数，可得$k_{\rm s}\propto {w_0}^{n-1}$。一般水溶性多糖的$\lg k_{\rm s}$与$\lg w_0$成直线关系，且其斜率$n-1\cong-1$，即$n$=0，从而可确定在通常酶解实验的底物浓度范围内多糖的酶解过程应为零级降解。这是因为，当底物浓度适量而酶浓度十分低时，对于酶分子，反应体系中有足够多的底物能与之结合，底物浓度的提高并不能增加中间络合物的数量，因此酶解速率与底物浓度呈零级动力学关系，即

$$\frac{1}{\overline{M_t}}=\frac{1}{\overline{M_0}}+k\frac{1}{w_0}t \tag{3-165}$$

$$\frac{1}{\overline{M_t}}=\frac{1}{\overline{M_0}}+k_{\rm cat}C_{\rm e}\frac{1}{w_0}t \tag{3-166}$$

分子质量（尤其是重均分子质量）是决定天然高分子理化特性的重要参数，根据以上基于重均分子质量（weight-average molecular weight）变化规律而建立的酶解过程动力学模型，可用于调节底物浓度及酶解反应时间以调控酶解产物分子质量，从而获得特定流变学性质的水溶性多糖溶液。

3.6 非水介质中的酶促反应

一般，人们常将含水量少的有机溶剂+水的反应体系称为非水介质（non-aqueous media）或有机溶剂中酶催化反应体系。广义的非水介质反应体系是指：①含微量水的有机溶剂；②与水混溶的有机溶剂和水形成的均相体系；③水与有机溶剂形成的两相或多相体系；④胶团与反向胶团体系；⑤超临界相态下的反应体系；⑥气相反应体系等。其中气相体系的生物反应内容已超出本书范围。

3.6.1 双液相酶促反应

双液相生物反应（two-liquid phase bioreaction）是指在互不相溶的两种液体（无论两者的构成比例为多少）构成的反应体系中的生物催化反应。根据所使用生物催化剂的不同，可分为双液相酶促反应和双液相微生物反应或发酵等。以烷烃类为底物的酶促反应是典型的双液相酶促反应。

1. 微量水分

传统认为，酶分子存在于水溶液中，当某种与水不互溶的有机溶剂与水构成双液相酶促反应体系时，酶只作用于溶解于水中的底物，因此，当底物仅溶于有机溶剂时，就会限制酶促反应速率。但实际上，只要条件合适，酶也可在有机溶液中进行催化反应。在有机溶剂中进行的酶（包括微生物）催化反应已实际应用于肽类物质或旋光性物质的合成、不溶于水的化学物质的酶法分析、酯水解和酯合成、酯交换、甾体转化、脱氢反应、酚类聚合反应等。有机溶剂中的酶促反应，具有如下优点：①可使许多不溶于水或在水中不稳定的产品或难以进行的反应能在有机溶剂中被酶催化获得生产或得以顺利进行；②可改变酶的选择性；③有机溶剂能减少生物催化剂与水相关的副反应；④有机溶剂能保护酶免受有毒反应物和反应条件及微生物的伤害；⑤有机溶剂能提高酶的耐热性；⑥氧在有些有机溶剂中的溶解度比在水中的高，这对于需氧反应可能是有好处的；⑦有利于某些产物提取或简化反应过程等。

事实上，在绝对无水的条件下酶是不可能有催化活力的，也就是说，在一个完全“干”的双液相酶促反应体系中酶基本上是无活力的。酶的催化活力与其空间结构紧密相关，维持酶分子立体结构的力主要有氢键、疏水键和范德华引力等，反应体系中的水分子直接或间接地通过这些力来维持酶分子催化活力所需的构象，确保其柔性。已有文献表明，有机溶剂中酶的催化活力与系统的含水量密切相关。维持酶催化活力所需的最少量的水称为“必需水”（essential water），只要这层“必需水”存在，反应体系中其他大部分水都被有机溶液替代，酶的催化活力也不会受影响。实际酶促反应系统中的含水量包括与酶分子水合的结合水或称为“必需水”、溶于有机溶剂中的自由水，以及固体载体和其他杂质的结合水，与酶结合的水量是影响酶的活力、稳定性及专一性的决定因素。

就酶本身而言，当其周围含有足够的水分子来维持其天然构象时，这些“必需水”以外是什么介质并不重要。但是，水含量的微小差别会导致酶催化活力的较大改变。不同的酶，在有机溶剂中的催化反应所需要的含水量有很大差异。脂肪酶只需几个水分子；胰凝乳蛋白酶在辛烷中需要50个水分子；乙醇脱氢酶需要几百个水分子；多酚氧化酶所需水分子数量达到10^7。当酶达到最适水含量时，酶蛋白质结构的动力学刚性（kinetic rigidity）和热力学稳定性（thermodynamic stability）之间达到最佳平衡点，酶催化活力最大。最适水含量是保证酶的极性部分水合，表现活力所必需的，也就是所说的“必需水”。当然，水也与一些酶的失活过程有关。

“必需水”的量是由多种因素决定的，一般说来，在极性越小（疏水性强）的有机溶液中酶催化所需“必需水”越少。例如，醇脱氢酶在己烷中的催化反应必须有不少于0.1%的水存在，而在疏水性较小的乙腈中进行催化反应则含水量不能低于5%。这是因为亲水性强的溶剂更容易破坏酶分子外的必需水层，这样就必须增加“必需水”的量以有助于保护酶分子外层的水分子层。

一般认为有机溶剂中缺少了使酶热失活的水分子，使得酶的热稳定性和储存稳定性都比水溶液中的高。但是，没有水的反应体系，不会有酶的催化活力，催化反应也无法进行。此时宏观上反应体系已成为一种有机相生物催化体系，但微观上仍是水相（常规的）生物反应体系。

有机溶剂中酶的催化特性方面，主要有底物特异性（substrate specificity）、对映体特异性（enantioselectivity）、位置选择性（regioselectivity）和化学键选择性（chemo selectivity）等。酶在有机溶剂中对底物的化学结构和立体结构有严格的选择性。酶与底物结合受溶剂的影响，当介质改变时，酶的底物特异性（k_{+2}/K_m）和催化效率会发生变化。有机溶剂中酶对底物的对映体特异性是由于介质的亲（疏）水性的变化而发生改变，一般酶的对映体特异性随介质的疏水性的增加而降低。位置选择性是指酶能够选择性地催化底物中某个区域的基团发生反应。化学键选择性这一特性有助于在催化反应过程中简化反应体系，不需要基团保护的情况下直接进行目的反应。

不是所有的酶悬浮于任何有机溶剂中都能够维持其天然构象，保持酶活力。酶分子在有机溶剂中的蛋白质骨架的构象与水中相比没有明显的变化。导致酶活性变化的原因可能是酶分子结构的动态变化。一般，有机溶剂中酶分子的水合作用、蛋白质柔性和酶活力之间的关系是非常复杂的。

2. 有机溶剂

山根恒夫总结了以酶或微生物为生物催化剂进行双液相生物催化反应时使用的有机溶剂。根据有机溶剂与水的互溶性，可将有机溶剂分为以下三类。

1）与水互溶的有机溶剂

如甲醇（methanol）、乙醇（ethanol）、乙二醇（ethylene glycol）、甘油（glycerol）、*N*，*N*-二甲基甲酰胺（*N*，*N*-dimethylformamide）、二甲亚砜（dimethyl sulfoxide）、丙酮（acetone）、甲醛（formaldehyde）、乙腈（acetonitrile）、二恶烷（dioxane）等。

2）与水不互溶的有机溶剂

①醇类（alcohols），如丙醇［(n-，iso-，propyl alcohol)］、丁醇［(n-，s-，t-) butyl alcohol］、戊醇［(n-，s-，t-) amyl alcohol］、辛醇（n-octanol）等；②酯类（esters），

如乙酸甲酯（methy acetate）、乙酸乙酯（ethyl acetate）、乙酸丁酯（n-butyl acetate）、乙酸己酯（hexyl acetate）等；③烷基卤类和芳族卤化物（alkyl halides and aromatic halides），如一氯甲烷（methylene chloride）、氯仿（chloroform）、四氯化碳（carbon tetrachloride）、二氯乙烷（1，2-dichloroethane）、三氯乙烷（trichloroethane）、氯苯（chlorobenzene）、二氯代苯［（o-，m-，p-）dichlorobenzene］等；④醚类（ethers），如乙醚（diethyl ether）、丙醚（dipropyl ether）、二异丙醚（diisopropyl ether）、二丁醚（dibutyl ether）、二苯醚（dipentyl ether）、四氢呋喃（tetrahydrofuran）等；⑤酮类（ketones），如甲乙酮（methyl ethyl ketone）等。

3）不溶于水的有机溶剂（碳氢化合物）

如脂族烃类（aliphatic hydrocarbons）、芳香烃类（aromatic hydrocarbons）和脂环烃类（alicyclic hydrocarbons）。

有机溶剂的选择，可依据：①应看有机溶剂对底物或产物的溶解能力；②底物或产物的分配系数；③是否对酶活力有阻遏作用或使之失活，即对酶稳定性的影响；④对人是否有毒性；⑤是否可燃；⑥回收方法与使用成本等。从反应动力学角度看，第②和③更为重要。从对酶促反应负面影响来看，第三类碳氢化合物更显优越。

进行双液相生物反应体系的酶有：酯酶（esterase）（由猪肝脏中获得），脂肪酶（lipase）（由猪肝脏或微生物中获得），蛋白酶（protease），如胰凝乳蛋白酶（chymotrypsin），过氧化氢酶（peroxidase），乙醇脱氢酶（alcohol dehydrogenase）（由酵母等中获得）等。

有机溶剂极性的大小，可采用疏水性参数（hydrophobic parameter）$\lg P$ 来衡量，P 是分配系数（partition coefficient），其定义式为

$$P=\frac{\text{在正辛烷中该有机溶剂的溶解度}}{\text{水中该有机溶剂的溶解度}} \tag{3-167}$$

有机溶剂根据其在水中的溶解度分为三类（表 3-9）。酶在不同性质有机溶剂中的催化反应研究表明，酶活力与 $\lg P$ 之间存在如下相关性：在 $\lg P$ 的值小于 2 的溶剂中，酶的催化活力较低；在 $\lg P$ 的值大于 4 的非极性溶剂中有较高的催化活力；在 $2<\lg P<4$ 范围的有机溶剂中酶表现出中等酶活力。

表 3-9 有机溶剂的分类

$\lg P$	在水中的溶解度（w%）（20℃）
$\lg P\leqslant 2$	>0.4
$2<\lg P<4$	0.04～0.4
$\lg P\geqslant 4$	<0.04

理化性质与酶功能的相关性的指标有：Hildebrandt（希尔德不兰德）溶解度参数（δ）；介电常数（ε）；偶极矩（μ）。

已有研究表明，一些相对亲水性的有机溶剂能够夺取酶表面的必需水，导致酶失活。而失水的情况与有机溶剂的介电常数（ε）和疏水性参数（$\lg P$）有关。在介电常数值较小

的有机溶剂中酶分子稳固，但活性降低。

3. 反向胶团酶催化体系

反向胶团（reverse micelle，又称“逆向胶囊”）酶催化体系是将酶溶解在表面活性剂与少量水存在的有机溶液中。表面活性剂分子由疏水性尾部和亲水性头部两部分组成，在含水的有机溶液中，它们的疏水性基团与大部分溶液（有机相）接触，它们的亲水性头部聚集成极性核（polarcore），内核中有一小水池（water pool），里面容纳着酶，这样酶分子被限制在这一含水的微环境中，而底物和产物可自由出入胶团，达到在有机溶液中催化的目的。

反向胶团中水的性质（包括酸度、黏度和极性等）与主体水有较大差别。当结合水程度较低时，由丁二酸-2-乙基己酸酯磺酸钠（Aerosol OT，AOT）形成的胶团中水的黏度约为主体水的200倍，其极性与氯仿相当。随水化程度的增加，这种差异越来越不明显。反向胶团中酶转化底物的速率常数与系统的传质状况有关。另外，对酶稳定性有利的反向胶团组成和最适酶活力的胶团组成并不一致，刚性的环境有利于酶的稳定性，要确保高酶活力，就要提供一定量水。

反向胶团体系的酶催化适用于：底物和产物在水溶液中不溶或难溶；所需反应在水溶液中很易发生平衡转移；大量的水存在会引起某些副反应等情况。另外，将酶限制在反向胶团中，能完成那些在水溶液中不易进行的反应。并且反向胶团中的酶与有机相接触的比表面积大，这样在水池中的酶与底物的距离就很短，因此催化效率高。由于反向胶团具有上述特点，因此其在有机合成、甾体化合物转化及油脂水解等方面应用广泛。

3.6.2　超临界相态下的酶促反应

1. 超临界流体的特性

超临界流体（supercritical fluid，SCF）是指流体的温度和压力处于临界温度及临界压力以上的流体，其超临界点是气液共存曲线的交点。表3-10列出了一些常用的超临界流体、气体和液体的性质比较（朱自强，2000）。

表3-10　超临界流体、气体和液体的性质比较

项目	液体	超临界流体	气体
相对密度/（g/cm^3）	1	0.1～0.5	10^{-3}
黏度/（Pa·s）	10^{-3}	10^{-5}～10^{-4}	10^{-5}
扩散系数/（cm^2/s）	10^{-5}	10^{-3}	10^{-1}

CO_2、乙烷、乙烯等流体的超临界温度基本为10～35℃，超临界压力一般在8MPa以下，属于温度和压力较低的超临界流体。其中，超临界二氧化碳（supercritical carbon dioxide，SC-CO_2）的超临界温度为31.1℃，超临界压力为7.38MPa。SC-CO_2作为一种

反应介质，既适合于热敏性物质（如酶）的反应与提取，又能保持酶的催化活性；在临界点附近，SC-CO_2 的溶解能力和介电常数对温度和压力敏感，有利于控制反应速率、反应平衡和提高反应的选择性；SC-CO_2 无毒、不燃、价格低廉，目前被人们广泛应用于超临界萃取和催化反应等领域。SC-CO_2 还具有溶解度高的特性。常规条件下一些难溶解的物质，在 SC-CO_2 中则往往具有较大的溶解度。介电常数是表征 SC-CO_2 中溶剂极性的参数，SC-CO_2 体系中加入一定量的极性有机溶剂如甲醇、乙醇、水等，能改变 SC-CO_2 的极性，提高对极性物质的溶解度。另外，SC-CO_2 为单一的均相体系，与传统的双液相反应介质相比，可提高生物反应、化学反应等各种反应的界面面积，对提高反应速率有利。

2. 超临界二氧化碳下的酶促反应

由于 SC-CO_2 作为反应介质具有许多优点，因此，SC-CO_2 酶催化反应的研究与应用越来越多。在 35℃、20MPa 的超临界条件下作用一定时间，α-淀粉酶、脂肪酶、葡萄糖氧化酶等酶的活力损失不大，酶具有稳定的活性。在 40℃、13MPa 的 SC-CO_2 中将固定化的脂肪酶处理 6d，酶的活力损失仅为 10%。利用脂肪酶进行酯化反应，脂肪酶反复利用 5 次后，仍有 50%的活力。超临界相态对水解酶活力的影响较小，当超临界相态发生改变时，酶的稳定性也没有明显降低。高压下，二氧化碳分子会大量溶解于酶周围的水膜中，使局部 pH 降低，因此一些酶的活力会有部分下降。此外，二氧化碳分子还能与蛋白质表面的氨基发生反应，也会改变酶的活性。

Vermue 和 Tramper 研究了 SC-CO_2 条件下压力、溶解度参数和水含量对酯基转移酶催化反应的影响。当溶解度参数增大时，酯基转移酶的活性略有下降；随着压力的逐渐升高，酶的活性也会有所减小，水含量从 0.05%增加到 0.2%（体积百分数），酯基转移酶催化反应的速率也逐渐下降。这表明，虽然酶在催化转化时需要水分保持活性，但需要量非常少。曾健青等考察了反应温度、压力和催化剂用量等因素对酶催化反应的影响，在 9.0MPa、36～70℃温度范围内，反应速率随温度的升高而增大；反应压力在 CO_2 的临界压力附近，反应速率有最大值。Dumont 等报道了比较以 SC-CO_2 和有机溶剂（正己烷）为反应介质的酶催化反应动力学，肉豆蔻酸酯化反应的速率受水含量和反应介质的影响，在 SC-CO_2 中，酶催化反应的最大速率为在正己烷中的最大速率的 1.5 倍。表 3-11 列出了部分 SC-CO_2 中的酶催化反应。

表 3-11　部分 SC-CO_2 中的酶催化反应

反应类型	底物	生物催化剂	反应条件
酯化	三月桂酸甘油酯、豆蔻酸	脂肪酶	308K、14MPa
酸解	甘油三辛酸酯、油酸 油酸、乙醇 肉豆蔻酸、乙醇	脂肪酶 脂肪酶 脂肪酶	333K、10MPa
转酯	甘油三酸酯、硬脂酸	脂肪酶	323K、30MPa
醇解	乙酸乙酯、异戊醇 *N*-乙酰-L-苯基丙氨酸-氯酯、乙醇	脂肪酶 枯草菌溶素	

续表

反应类型	底物	生物催化剂	反应条件
水解	*P*-硝化苯基磷酸酯	碱性磷酸酶	308K、10MPa
氧化	*P*-甲酚/*P*-氯酚 胆固醇	多酚氧化酶 胆固醇氧化酶	309K、34MPa 308K、10MPa

[韩培培（3.1～3.5.1），齐崴（3.5.2），贾士儒（3.6），pphan@tust.edu.cn]

复　习　题

1. 简述酶促反应的特征及其与化学反应的主要区别是什么。
2. 简述酶的催化特性与调节功能。
3. 酶在应用过程中有哪些不同于化学催化剂和微生物作为生物催化剂的地方？
4. 为什么要固定化酶或微生物细胞？
5. 进行生物催化剂（酶或微生物细胞）催化机制研究时，采用固定化酶或微生物细胞是否更有利于清楚了解催化过程机制？
6. 在一个实际的生物催化过程中如何确保生物催化剂（如酶）的稳定性，并提高催化效率？
7. 依据稳态法三点假设，写出建立米氏方程的推导过程。
8. 应用直线作图法（Lineweaver-Burk 法、Haneswoolf 法、Eadie-Hofstee 法和积分法）求取米氏方程中的动力学参数 K_s 和 r_{max}，并比较由各种方法所得结果的误差大小。
9. 利用稳态法建立可逆反应酶促反应的动力学方程。
10. 在 pH 对酶促反应速率影响的研究中，试证明对任一底物浓度[S]，产物生成速率 r_P 与 pH 的相关性为一左右对称的钟形曲线。
11. 某酶反应机制为 $E+S\underset{k_{-1}}{\overset{k_{+1}}{\rightleftharpoons}}E\cdot S\xrightarrow{k_{cat}}E+P$，若假定上述反应机理式中，$k_{+1}\ll k_{cat}$，$k_{-1}\ll k_{cat}$，试推导其速率方程。
12. 利用稳态法建立竞争性抑制动力学方程。设酶促反应机理式为

$$E+S\underset{k_{-1}}{\overset{k_{+1}}{\rightleftharpoons}}ES\xrightarrow{k_{cat}}E+P$$

$$E+I\underset{k_{-3}}{\overset{k_{+3}}{\rightleftharpoons}}EI$$

I 为抑制剂，EI 为非活性复合物。

13. 许多酶催化水解反应的机理式为 $\begin{matrix}E+S\underset{k_{-1}}{\overset{k_{+1}}{\rightleftharpoons}}ES\xrightarrow{k_{cat}}ES'+P_1\\ ES'+H_2O\xrightarrow{k_{+3}}E+P_2\end{matrix}$ 整个反应分两个阶段进行，分别采用快速平衡法和稳态法建立反应动力学方程，均可写成如下形式：$-r_s=\dfrac{k_{cat}[E][S]}{K_m+[S]}$，试比较采用上述两种方法所获得的反应方程中的 k_{cat} 和 K_m 与 k_{+1}、k_{cat}、k_{+3} 和 k_{-1} 与$[H_2O]$有何关系，写出相关式子。
14. 有人研究了不同温度对酶的稳定性与酶活力的影响，得到如图 3-17 所示结果。基于

此，他得到的结论是：该酶在 50℃以下是稳定的，并且最适反应温度为 30℃。这一结论正确与否，请说明。

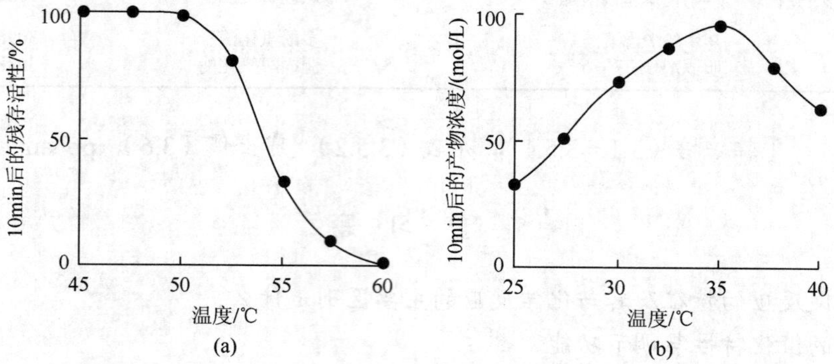

图 3-17　实验结果

（a）无底物存在时，保温 10min 后残存活力；（b）在 0.5mol/L 底物存在下，保温 10min 后产物生成量

15. 一般对于同一种酶促反应，在进行连续反应时的实际操作温度比分批实验所求得的最适温度要低。请从实际反应时间较长来说明，并说明原因。
16. 某种酶以游离酶形式进行酶促反应时所得动力学参数 $K_m = 0.05\text{mol/L}$ 和 $r_{max} = 10\text{mol/(L}\cdot\text{min)}$。该酶在某种载体颗粒表面固定化后进行同一酶促反应，所得动力学参数为 $K'_m = 0.10\text{mol/L}$ 和 $r'_{max} = 6\text{mol/(L}\cdot\text{min)}$。求底物浓度为 1mol/L 时，该固定化酶的效率因子 η。
17. 试举例说明评价酶的固定化效率。
18. 实验测得分配系数 K_P 分别为①$K_P > 1$，②$K_P=1$，③$K_P < 1$，试从概念上说明载体颗粒与反应液之间的固液界面处底物浓度的变化情况。
19. 本书中在讨论内扩散对固定化酶促反应影响时，是以酶促反应符合米氏反应规律为基准的，试讨论如果酶促反应以一级或零级反应规律进行时，底物的稳态浓度分布与 ϕ 的计算方法。
20. 已知酶的失活过程为两步串联方式：$\underset{}{E} \xrightarrow{k_1} \underset{\phi_1}{E_1} \xrightarrow{k_2} \underset{\phi_2}{E_2}$，式中 k_1 和 k_2 分别为失活常数，ϕ_1 和 ϕ_2 分别为 E_1 和 E_2 在总酶活中所占百分比。试求时间 t 时酶的残存活性比例 ϕ（t）为多少？
21. 根据以下反应及其反应常数，建立酶促反应的底物抑制动力学方程。

$$E + S \rightleftharpoons ES \qquad ES + S \rightleftharpoons ESS \qquad ES \longrightarrow E + P$$

22. 酶促反应机理式为 $E + S \underset{k_2}{\overset{k_1}{\rightleftharpoons}} ES' \xrightarrow{k_3} ES'' \xrightarrow{k_4} E + P$，证明采用稳态法获得反应速度为 $r = \dfrac{r_{max}[S]}{K + [S]}$，式中，$r_{max} = \dfrac{[E]_0 \cdot k_3 \cdot k_4}{k_3 + k_4}; K = \dfrac{k_4(k_3 + k_2)}{k_1(k_3 + k_4)}$；[S]为底物浓度；$[E]_0$ 为酶总浓度；[E]为酶浓度；[P]为产物浓度；k_1、k_2、k_3、k_4 分别为反应速率常数。
23. 一酶促反应，其米氏常数 K_m 为 1mmol，底物初始浓度为 3mmol/L。2min 后，5%的底物被转化，试求 10min、30min、60min 后，底物转化率分别为多少？

24. 底物$[S]_0$=2mol/L 和酶$[E]_0$=0.001mol/L 加到分批式生物反应器中，反应至 4.1min 时底物的转化率为 90%，试证明此反应的动力学方程是$-r_S=10^3[E]_0[S]/(1+[S])$。若制造和操作一连续进料的全混式生物反应器，已知$[S]_0$=2mol/L，$[E]_0$=0.001mol/L，为使 90% 的底物转化，空时τ应为多少？
25. 基于表 3-5 中的公式，试探讨影响ϕ西勒（Thiele）准数的主要因素。
26. 蔗糖酶固定在直径为 1mm 的球形离子交换树脂上，反应器中酶量为 $0.05kg/m^3$，在一小的柱形反应器中装有 $20cm^3$ 固定化酶颗粒。浓度为 16mmol/L 的 75ml 蔗糖溶液快速流过固定化酶层。在另一个反应器等量的游离酶与同体积蔗糖溶液相混合，并假定游离酶和固定化酶的动力学特征是相同的，即 $K_m=8.8mol/m^3$，$k_{cat}=2.4\times10^{-3}mol/(g\cdot s)$，蔗糖在离子交换树脂中有效扩散系数 D_e 为 $2\times10^{-6}cm^2/s$。试求：①游离酶的反应速率是多少？②固定化酶的反应速率是多少？
27. 多底物酶解反应的特点有哪些？研究多底物酶解反应有何意义？
28. 比较三类蛋白质酶解反应动力学模型的特点。
29. 多糖酶解反应动力学与蛋白质酶解反应动力学的主要区别是什么？
30. 牛血清白蛋白（bovine serum albumin，BSA）-胰蛋白酶（trypsin）模型体系各实验条件下的酶解曲线按指数形式方程$\frac{d(DH)}{dt}=a\exp[-b(DH)]$进行非线性回归分析，求得的 a、b 值如下：

$[S]_0$/（$g\cdot L^{-1}$）	$[E]_0$/（$g\cdot L^{-1}$）	T/℃	a	b
2.439	0.489	40	6.068	0.223
2.439	0.099	40	3.273	0.224
2.439	0.050	40	1.141	0.221
2.439	0.024	40	0.375	0.228
0.256	0.024	40	4.674	0.234
0.972	0.024	40	1.162	0.217
1.745	0.024	40	0.527	0.204
2.440	0.024	40	0.371	0.184
0.244	0.024	35	3.602	0.290
0.244	0.024	40	4.664	0.237
0.244	0.024	45	6.540	0.234
0.244	0.024	55	16.493	0.197

请根据 a、b 值变化规律并结合表 3-7 中模型参数表达式，判断该体系的反应机制；进一步，根据表 3-8 中的算图坐标，分别以 $1/a\sim[S]_0/[E]_0$，$1/b\sim[S]_0$ 及 $a/b\sim[E]_0/[S]_0$ 作图，根据线性回归分析结果，由三条直线斜率及截距求取该体系模型参数 K_S、k_d、k_2、K_m；并根据公式$[S]_{opt}=\sqrt{K_m K_S}$求算对应于 r_{max} 值的最适底物浓度。

31. 根据酪蛋白（casein）-胰蛋白酶（trypsin）体系不同酶浓度及不同底物浓度时的水解

时程曲线，按 3.5.2 多底物酶促反应中基于分子机制的蛋白质酶解反应经验修饰动力学模型推导中所述双倒数作图法，由实验数据可求得相应的 DH_{max}、$t_{1/2}$及 r_0 值如下：

$[S]_0$/（$g·L^{-1}$）	$[E]_0$/（$g·L^{-1}$）	DH_{max}	$t_{1/2}/min^{-1}$	r_0/（$g·L^{-1}·min^{-1}$）
0.6288	0.1300	0.3047	3.8086	0.05031
1.5835	0.1300	0.2195	5.9034	0.05888
2.7183	0.1300	0.2167	8.1922	0.07190
3.7540	0.1300	0.2044	9.2332	0.08310
6.2858	0.1300	0.1913	14.1201	0.08516
2.5000	0.0163	0.1637	37.5367	0.01090
2.5000	0.0325	0.1784	21.8845	0.02038
2.5000	0.0533	0.2053	22.5323	0.02278
2.5000	0.1265	0.2194	12.3412	0.04444

注：pH=8，T=40℃

请根据模型推导所述方法：联立（3-125）式和（3-126）式，求算不同底物浓度和酶浓度时，任意 DH 值对应的反应速率 r；再通过 $1/r \sim 1/[S]$双倒数作图法，由直线 $\frac{1}{r}=\frac{K_m}{r_{max}[S]}+\frac{1}{r_{max}}$的斜率及截距求出相应 DH 值时的 K_m及 k_{cat}值；进一步，经非线性拟合建立各动力学常数与 DH 之间的函数关系式［方程形式参考（3-131）式］；最终根据（3-130）式经积分计算建立对应于该体系的 DH、t、$[S]_0$、$[E]_0$四者间的函数关系式［方程形式参考（3-132）式］。

32. 简述广义的非水介质反应体系包含哪几个方面的内容。
33. 双液相酶促反应的特点有哪些。
34. 为什么说有机溶剂和水的含量是影响双液相酶促反应的主要因素？
35. 何为反向胶团，其应用特点是什么？
36. 何为超临界相态？简述其有何特性。
37. 超临界相态下进行酶促反应是否可行？
38. 试设计一个多相体系的酶促反应系统。

参 考 文 献

岑沛林，关怡新，林建平. 2005. 生物反应工程. 北京：高等教育出版社

陈启民，王金忠，耿运琪. 2001. 分子生物学. 天津：南开大学出版社

董春华. 2001. β-甘露聚糖酶（β-mannanase）水解葡萄甘露聚糖动力学及过程模拟. 天津：天津大学硕士学位论文

杜春绵，周红艺. 1997. 超临界 CO_2 中脂肪酶活性的研究. 浙江工业大学学报，25：188～191

郭勇. 1996. 酶工程. 北京：中国轻工业出版社

何志敏，齐崴，于艳军. 2005. 基于蛋白质结构知识解析活性多肽的酶解制备反应行为：II. 酶解反应过程的集总动力学模型. 化工学报，56（12）：2392～2397

贾士儒. 1990. 生物反应工程原理. 天津：南开大学出版社

贾士儒. 2003. 生物反应工程原理. 2 版. 北京：科学出版社

贾士儒. 2008. 生物反应工程原理. 3 版. 北京：科学出版社

居乃琥. 2011. 酶工程手册. 北京：中国轻工业出版社

罗贵民. 2002. 酶工程. 2 版. 北京：化学工业出版社
戚以政，汪叔雄. 1998. 生化反应动力学与反应器. 北京：化学工业出版社
戚以政，汪叔雄. 2007. 生物反应动力学与反应器. 北京：化学工业出版社
齐崴，何志敏，何明霞. 2005a. 蛋白质酶促水解反应机理与动力学模型. 天津大学学报（自然科学与工程技术版），38（9）：769～773
齐崴，何志敏，何明霞. 2005b. 基于蛋白质结构知识解析活性多肽的酶解制备反应行为：I. 酶解反应动态特性的 3-D 图形表征. 化工学报，56（12）：2387～2391
齐崴，何志敏，何明霞. 2006a. 酶解反应与膜分离耦合连续制备酪蛋白磷酸肽. 化学工程，34（4）：43～46，54
齐崴，何志敏，史德青. 2001. 酪蛋白酶解制备酪蛋白磷酸肽研究. II. 产物分析及反应动力学模型. 食品科学，22（8）：37～40
齐崴，何志敏. 2006b. 基于分子机制的蛋白质酶解反应经验修饰动力学模型. 分子催化，20（6）：477～482
齐崴. 2002. 蛋白质酶解反应动力学建模及产物表征与活性多肽制备的研究. 天津：天津大学博士学位论文
山根恒夫. 2006. 生物反应工程. 3 版. 邢新会，译. 北京：化学工业出版社
史德青，何志敏，齐崴. 2002. 蛋白质酶促水解集总动力学研究. 化学反应工程与工艺，18（4）：29～35
苏荣欣，齐崴，何志敏. 2006. 水溶性多糖酶解过程分子量变化与动力学模型. 高校化学工程学报，20（4）：565～570
孙志浩. 2004. 生物催化工艺学. 北京：化学工业出版社
徐惠娟，朱自强，杨应荣. 1996. 超临界流体中的酶催化反应. 化学反应工程与工艺，12：232～237
俞俊棠，唐孝宣，邬行彦，李友荣，金青萍. 2003. 新编生物工艺学. 北京：化学工业出版社
袁勤生，赵健. 2005. 酶与酶工程. 上海：华东理工大学出版社
曾健青，张耀谋，刘莉玫，张镜澄. 2000. 高压二氧化碳介质中酶促油酸甲酯茅酚的酯交换反应的研究. 化学通报，2：44～45
朱自强. 2000. 超临界流体技术——原理和应用. 北京：化学工业出版社
川瀬义矩. 1993. 生物反応工学の基礎. 東京：化学工業社株式会社
德重正信. 1984. 酵素機能の多样性とのそ变换. バイオテクノロジーの新展開. 化学增刊 103. 日本京都: 化学同人株式会社. 29～44
廣海啓太郎. 1978. 酵素反応解析の実際 . 日本東京：講談社株式会社
合葉修一，永井史郎. 1975. 生物化学工程——反应速度論. 東京：科学技術社
合葉修一. 1989. バイオテクノロジ—Q & A. 東京：科学技術社
千畑一郎. 1975. 固定化酵素. 東京：講談社株式会社
Altonen O，Rantakyla M. 1991. Biocatalysis in supercritical. Chemtech，21：240～248
Bailey J E，Ollis D F. 1986. Biochemical Engineering Fundamentals. 2nd ed. New York：McGraw-Hill
Dordick J S，Khmelnitsky Y L，Sergeeva M V. 1998. The evolution of biotransformation technologies. Current Opinion In Microbiology，1：311～318
Dumont T，Barth D. 1992. Enzymatic reaction kinetic：Comparison in an organic solvent and in supercritical carbon dioxide. Biotechnology and Bioengineering，40（39）：329～333
Giebauf I，Magor W，Steinberger D J，Nurr R. 1999. A study of hydrolases stability in supercritical carbon dioxide（SC-CO_2）. Enzyme and Microbial Technolgy，（24）：577～583
Gonzalez-Tello P，Camacho F，Jurado E. 1996. A simple method for obtaining kinetic equations to describe the enzymatic hydrolysis of biopolymers. Journal of Chemical Technology and Biotechnology，67：286～290
He Z M，Qi W，He M X. 2002. A novel exponential kinetic model for casein tryptic hydrolysis to prepare active peptides. Chinese Journal of Chemical Engineering，10（5）：562～566
He Z M，Zhang J，Huang D P. 2001. A kinetic correlation for konjac powder hydrolysis by β-mannanase from *Bacillus licheniformis*. Biotechnology Letters，23：389～393
Laane C. 1987. Medium-engineering for bio-organic synthesis. Biocatalysis，1：17～25
Law C S R，Webb C，Williams R A. 1993. Kinetic studies on glucoamylase with maltodextrin as substrate. Biochemical and Engineering，71：296～298

Lilly M D，Harbron S，Narendranathan T J. 1987. Methods in Enzymology. Vol. 136. Part. C. Orlando FL：Academic Press：138～149

Marty A，Chulaksanaukul W. 1990. Comparison of lipase-catalysed esterification in supercritical carbon dioxide and in n-Hexane. Biotechnolgy Letters，12：11～16

Nakamura K，Chi H Y，Yano T. 1990. Supercritical fluid. Ann N Y Acad Sci，Enzyme Engineering，37：643

Nakamura K. 1990. Biochemcal reactions in supercritical fluids. Tibtech，8：288～295

Nielsen J，Viiladsen J，Liden G. 2002. Bioreaction Engineering Princiles. 2nd ed. New York：Plenum Press

Phillip E S，Sudhama G. 1995. Reactions at supercritical conditions：Application and fundamentals. AICHE Journal，41：1723～1778

Qi W，He Z M，Shi D Q. 2003. Product distribution of casein tryptic hydrolysis based on HPSEC analysis and molecular mechanism. Chemical Engineering Science，58：767～775

Qi W，He Z M. 2006. Enzymatic hydrolysis of protein：Mechanism and kinetic model. Frontiers of Chemistry in China，1（3）：232～237

Qi W，Su R X，He Z M. 2007a. Transformation of antimicrobial into bradykinin-potentiating peptides during peptic hydrolysis of bovine hemoglobin：Identification，release kinetics and reaction network of peptides. Journal of the Science of Food and Agriculture，87（3）：461～469

Qi W，Su R X，He Z M. 2007b. Pepsin-induced changes in the size and molecular weight distribution of bovine casein during enzymatic hydrolysis. Journal of Dairy Science，90：5004～5011

Shi D Q，He Z M，Qi W. 2005a. Lumping kinetic study on the process of tryptic hydrolysis of bovine serum albumin. Process Biochemistry，40（5）：1943～1949

Shi D Q，Qi W，He Z M. 2005b. A simplified kinetic model for enzymatic hydrolysis of bovine serum albumin. Chemical and Biochemical Engineering Quarterly，19（2）：173～178

Shuler M L，Kargi F. 2008. 生物过程工程：基本概念. 2 版. 陈涛，赵学明，等译. 北京：化学工业出版社

Sonnet P E，Mcneill G P，Jun W. 1994. Lipase of *Geotrichum candidum* immobilized on silica gel. W Journal of the American Oil Chemists'society，71：1421～1423

Su R X，He Z M，Qi W. 2008. Pancreatic hydrolysis of bovine casein：Changes in the size and molecular weight distribution. Food Chemistry，107：151～157

Su R X，Liang M，Qi W，Liu R，Yuan S X，He Z M. 2012. Pancreatic hydrolysis of bovine casein：Peptide release and time-dependent reaction behavior. Food Chemistry，133：851～858.

Su R X，Qi W，He Z M. 2007a. Time-dependent nature in peptic hydrolysis of native bovine hemoglobin. European Food Research and Technology，225（5-6）：637～647

Su R X，Qi W，He Z M. 2007b. Identification and release kinetics of peptides from the process of peptic hydrolysis of bovine hemoglobin by LC-ESI-MS/MSU. Preparative Biochemistry & Biotechnology，37：1～16

Su R X，Qi W，He Z M，Yuan S X，Zhang Y B. 2007c. Pancreatic hydrolysis of bovine casein：Identification and release kinetics of phosphopeptides. Food Chemistry，104：276～286

Taniguchi M，Kamihira M，Kobayashi T. 1987. Effect of treatment with supercritical carbon dioxide on enzymatic activity. Agricultural and Biological Chemistry，51：593～594

Vermue M H，Tramper J. 1992. Enzymic transesterification in near-critical carbon dioxide：Effect of pressure，Hildebrand solubility parameter and water content. Enzyme and Microbial Technology，14（8）：649～655

Villadsen J，Nielsen J，Lidén G. 2011. Bioreaction engineering princiles（3rd Edition）国外化学经典教材系列（影印版）. 北京：科学出版社

Wu S F，Qi W，Li T H，Lu D，Su R X，He Z M. 2013. Simultaneous production of multi-functional peptides by pancreatic hydrolysis of bovine casein in an enzymatic membrane reactor via combinational chromatography. Food Chemistry，141：2944～2951

第四章　微生物反应动力学

学习目的：掌握与生物反应工程相关微生物的基本概念和微生物反应过程中的计量学与能量衡算基本方法；明确微生物反应过程的得率系数概念；掌握Monod方程、细胞生长、基质消耗和产物生成动力学及其应用相关知识。

微生物（microorganism）作为生物工业过程的“主力军”，具有分泌或被诱导分泌有用的生物化学物质、容易筛选出分泌型突变株、生长速率快、代谢产物生产速率较高等特点。

由于微生物反应的特征是以微生物细胞为反应主体，其反应过程是由复杂的酶促反应体系来协调完成，并且，伴随着反应过程，微生物细胞不断生长、繁殖和死亡，呈现自催化反应（autocatalytic）过程，因此，为研究微生物反应过程中所涉及的各种物料和能量的数量关系，以及反应过程速率的问题，就有必要讨论微生物反应过程的反应计量学（stoichiometry）和反应过程动力学。

4.1　微生物的基本概念

4.1.1　微生物的分类与命名

微生物是对那些肉眼不能直接观察到的个体微小、结构简单，但能维持生命并繁殖的生物的通称，包括细菌、放线菌、变形菌、真菌、藻类和原生动物等。根据微生物分类学（microbial taxonomy），其分为界（kingdom）、门（phylum）、纲（class）、目（order）、科（family）、属（genus）、种（species）。种以下有变种（variety）、型（form）、品系（strain）等。

微生物的命名和其他高等生物一样，采用“双名法”。学名由大写字母开头的属名和小写字母开头的种名组成，属名是拉丁语的名词，用以描述微生物的主要特征；种名是一个拉丁语的形容词，用以描述微生物的次要特征。有时在种名后还附有命名者的姓，以避免发生同物异名或同名异物之类的误解。例如，*Staphylococcus aureus*，第一个词是属名，是拉丁语的名词，是“葡萄球菌”的意思。第二个词是种名，是拉丁语的形容词，意思是“金黄色”。所以学名是“金黄色葡萄球菌”。又例如，*Saccharomyces cerevisiae*，第一个词是“酵母菌属”的意思，第二个词是种名，这是“啤酒酵母”的学名。除学名外，有些菌种还有常用名，如米曲霉（*Aspergillus oryzae*）、乳酸菌（*Lactobacillus* 属的细菌）等。

细菌（bacteria）是能独立生活的单细胞原核生物，呈球形、杆状或螺旋形。其大小一般为（1.5～2.0）μm×（0.5～2.0）μm，一个细胞的质量约 10^{-12}g（10亿个细胞也只有1mg）。在自然界，无论是在有氧还是在无氧的环境中细菌都普遍存在。根据革兰氏染色法，将细菌分成能被染色的革兰氏阳性菌与不能被染色的革兰氏阴性菌。另外，根据细菌是否具有鞭毛，分为具有运动能力和无运动能力的细菌。在各属或同属的细菌中，其生物合成能力不尽相同，有些自养菌（autotroph）只需要无机物就能生长，而有些异养菌（heterotroph）只有有限的合成能力或者合成能力极弱而必须提供一种有机物才能生长。与此相仿，细菌的降解能力也相差悬殊。正是由于细菌生物代谢的多样性，其在工业上被用来发酵生产多种生物制品。

霉菌（mould，mold）是丝状真菌（filamentous fungi）的一个通俗名称，在自然界分布很广，其生长所要求的相对温度比细菌低。真菌有核，呈丝状，直径一般为 3～10μm，多分枝，有或无隔膜。霉菌多为腐生菌（saprophytes），也有少数寄生于动物或植物体内。它们具有广泛的降解和合成能力，是发酵生产某些重要物质的主力军。

酵母菌（yeast）是一个通俗名称，是典型的真核生物，多为单细胞，有的也呈丝状。有的酵母通过出芽进行无性繁殖，也有的酵母进行分裂繁殖。酵母既可进行好氧呼吸，又能进行厌氧呼吸。酵母菌在酒类酿造中是不可缺少的。

放线菌（actinomycetes）是一类呈菌丝状生长，主要以孢子繁殖，陆生性强的原核生物。过去认为，放线菌是“介于细菌和真菌之间的微生物”。随着电子显微镜的广泛应用和现代科学技术的发展，越来越多的证据表明放线菌无非就是一类具有丝状分枝细胞的细菌。放线菌细胞较小，宽仅为 0.5～1.4μm；细胞壁含有包括二氨基庚二酸的乙酰黏质酸肽（*N*-acetyl muramic-peptide）；细胞可被溶菌酶裂解。

藻类（alga）可以是单细胞生物，也可以是多细胞生物。有些藻类的生活史很复杂，但都含有叶绿素，能进行光合作用。藻类分为蓝藻、绿藻、红藻、褐藻和硅藻等。藻类是重要的海洋生物资源。另外，有些陆生藻，如发状念珠藻（*Nostoc flagelliforme*），在荒漠化治理中起到重要作用。

原生动物（protozoa）是非常庞杂的一类生物，按照运动的方式可分为：肉足虫纲（Sarcodian），借伪足运动（如变形虫、有孔壳虫）；纤毛虫纲（Ciliophora），利用纤毛运动（如草履虫、衣藻）；鞭毛虫纲（Mastigophore），借助鞭毛运动（如绿眼虫、微波多虫）。另外，还有孢子虫纲（Sporozoa），其不能运动。原生动物与微小后生动物（metazoa）一起在废水的生物法处理中具有重要作用。

病毒（virus）是存在于动物、植物、昆虫、真菌、藻类和细菌细胞内的专性寄生物，是最小的微生物。病毒本身没有或具备最低的合成和代谢能力，只能在寄主细胞内生长繁殖，常导致寄主细胞被破坏和死亡。寄生于细菌细胞内的病毒又称为噬菌体。噬菌体是危害细菌发酵的重要根源。

4.1.2 微生物的化学组成

从化学组成上看，微生物菌体的 80%左右是水分。湿菌体（wet cell mass）所含水分是指菌体在 100℃左右干燥直到恒重时减少的量。除去水分的菌体称为干菌体（dry cell mass）。湿菌体的水分除存在于细胞内，还存在于细胞与细胞之间的空隙中。例如，大肠杆菌湿菌体中的 10%～20%的水分存在于细胞间的空隙中。微生物菌体中除水分外，其余为蛋白质、碳水化合物、脂肪、核酸、维生素和无机物等化学物质。这些成分的含量随培养基的组成、培养时间、生长速率等条件而变化。细菌、酵母和单细胞藻类在蛋白质含量上很相似，约占 50%干重（表 4-1），这些蛋白质大多数是酶蛋白。据估计大肠杆菌约含有 2000 种不同的酶，而且只要在适宜的环境条件下，它所拥有的遗传潜力就能使之合成更多的酶。

表 4-1 微生物干重的化学分析

微生物	化学成分（干重）/%			数量/（个数/ml）	干重/（g/100ml）
	蛋白质	核酸	脂质		
病毒	50～90	5～50	<1①	10^8～10^9	0.0005②
细菌	40～70	13～34	10～15③	2×10^8～2×10^{11}	0.02～2.9
丝状真菌	10～25	1～3	2～7④		3～5
酵母	40～50	4～10	1～6⑤	（1～4）$\times10^8$	1～5
小单胞藻类	10～（50）60⑥	1～（3）5	4～（10）80	（4～8）$\times10^7$	0.4～0.9

注：①在具有脂蛋白外壳的病毒中脂质含量可达 25%；
②该病毒的直径为 200nm；
③分枝杆菌可含 30%脂质；
④某些曲霉及青霉含 50%脂质；
⑤某些红酵母及假丝酵母含 50%脂质；
⑥括号内是常见的数值，但成分含量因培养条件而异

结构更为复杂的微生物，如真菌和藻类，它们所含有的具有代谢活性的蛋白质及核酸较少，而多糖类却在全部干重中占有较大比例。另外，脂质是微生物（除病毒外）的基本成分之一，组成细胞壁和膜所必需的成分，但在细胞干重中占有较小的分量。

由微生物细胞的元素分析可知，细胞中某些元素（除碳、氧、氮和氢外）的含量，一般以磷、钾为多，其次是钙、镁、硫、钠、氯、铁、锌、硅等。另外，还含有微量的铝、铜、锰、钴等。在微生物培养中，这些元素必须保证供应。

4.1.3 生长特性

由于微生物种类各异，不同微生物的生长特性也有很大差别。

细菌以分裂方式进行繁殖。就形态而言，细菌有球形和杆状之分。生长繁殖中，母细胞合成细胞壁与膜，然后分裂成为两个完全相同的子细胞，子细胞与母细胞完全相同。在适宜的生长条件下，某些细菌的世代时间可达 10～20min。然而，比较典型的世代时间为 40～60min。当细菌为二分裂时，世代时间等于倍增时间（菌体量增加一倍所需的时间）。

酵母菌的生长方式有出芽繁殖、裂殖和芽裂（如同菌丝生长）三种。在最适条件下，酵母在 45min 内就可以完成分裂，比较典型的分裂时间为 90～120min。

霉菌的生长特性是菌丝伸长和菌丝分枝。从菌丝体（顶端生长）的顶端细胞间形成隔膜进行生长，一旦形成一个细胞，它就保持其完整性。菌丝体的形态取决于物理、化学环境。菌落和菌丝团对于霉菌生长是极其重要的，因为它们本身也影响各个菌落和菌丝团细胞的局部物理、化学环境。霉菌的倍增时间可短至 60～90min，但典型的霉菌倍增时间为

4～8h。

病毒能在活细胞内繁殖，但不能在一般培养基中繁殖。病毒是通过复制方式进行繁殖，即感染细胞后“接管”寄主细胞的生物合成机构，按病毒的遗传特性，合成病毒的核酸和蛋白质，并且以指数方式进行复制，幂大于 2。

藻类含有丰富的脂肪和蛋白质，在其培养中，需要足够的光、必需的无机盐及适量的 CO_2。以微藻为例，其培养难度较大，个体小（约十几微米），细胞密度低（一般为 0.1g/L），生长速率较慢。另外，产物提取有一定困难。

原生动物细胞的分裂方式多是沿纵轴一分为二，一个世代时间大约为 10h。

微生物多以单细胞形式存在，有些也会形成絮凝物（floccule）或菌丝凝块（pellet），如某些酵母，形成这种状态的原因是多方面的。实际生物反应系统中，必须重视絮凝物或菌丝凝块的形成及大小对生物反应系统的影响。

4.1.4 微生物反应的特点

相比于化学反应，微生物反应具有以下优点。

a. 微生物反应通常是在常温常压下进行。微生物反应的本质是酶促反应，通常在常温常压下进行，不像化学反应多需要加热、加压，因此生物反应设备对耐热耐压要求多比化学反应器低。而且，工业上多采用好氧微生物生产目的产物，设备多采用通气搅拌罐反应器，可以用相同或类似的反应器生产多种产品，设备通用性好。

b. 原料多为农产品，来源丰富。主要生产原料是作为碳源的淀粉、糖蜜、蔗糖等碳水化合物，主要来源于玉米、甜菜、甘蔗等农产品；常用的有机氮源主要有黄豆饼粉、花生饼粉、棉籽饼粉、玉米蛋白粉、玉米浆、酵母粉、蛋白胨，其中很大一部分也来源于农作物。因此，只要有太阳和土地就不会缺乏原料。

c. 易于生产复杂的高分子化合物和光学活性物质。微生物含有复杂的酶系统，可生产复杂的高分子化合物，同时由于酶具有专一性也可生产光学活性物质。

d. 除产生产物外，细胞自身也可是一种产物。微生物本身也是一种蛋白质、维生素、酶等含量丰富的有用产品。如酵母细胞可作为单细胞蛋白在养殖等行业有广泛用途。

e. 通过菌种改良，有可能使同一生产设备的生产能力提高。通过诱变、基因工程及现代合成生物学技术对微生物菌种进行改良，能够大幅度提高细胞的生产效率，进而提高设备的生产能力。

同时，相较于化学反应，微生物反应也具有以下缺点。

a. 基质不可能全部转化成目的产物，副产物的产生也不可避免。在微生物反应过程中有相当大的一部分基质用于微生物的生长繁殖，只有部分基质被转化成产物，从物料有效利用角度来说是一种浪费。由于微生物存在多种代谢途径，反应中除了目的产物，一般都或多或少地生成一些副产物，这就给后续的产品分离纯化带来了困难，也会提高生产成本。

b. 微生物反应是利用活的生物体进行目的产物生产的反应，因此，实际控制有一定难度。微生物反应过程十分复杂，易受到多种环境因素的影响，内在调控机制也复杂多样，特别是以中间代谢产物为目的产物时，代谢情况的变化常常影响产品的质量和产量。

c. 因为原料是农副产品，所以受价格变动影响大。农产品生产易受到天气变化的影响，市场供求状况也会影响到原料价格。

d. 生产前的准备工作（开发新菌种、扩大培养等）量大，且花费高，相对化学反应器而言，反应器效率低。对于好氧反应，需氧，生产成本增加，且氧的利用率不高。

e. 一般所产生废水的生化需氧量（BOD）值较高，需进行处理后排放。

由于微生物反应存在上述一些缺点，在生产中可采用固定化细胞等方法来尽量减少这些不足，但目前还存在一些技术问题，很多生产工艺还是需要利用微生物悬浮培养方法来生产目的产物。

4.1.5　影响微生物反应的环境因素

1. 营养物质

微生物同其他生物一样，为了生存必须从环境中获取各种物质，以合成细胞物质、提供能量及在新陈代谢中起调节作用。这些物质称为营养物质。营养物质分为碳源、氮源、无机元素、微量营养素或生长因素等。

碳源是指可构成微生物细胞和代谢产物中碳架来源的营养物质。碳源的主要作用是构成细胞物质和供给微生物生长发育所需的能量。大多数微生物以有机含碳化合物作为碳源和能源，如糖类、淀粉、油脂等。有些微生物，如光能自养微生物（photoautotroph）是利用光为能源，二氧化碳为主要碳源。

氮源对微生物的生长发育有重要的作用，它主要是提供合成原生质和细胞其他结构的原料，一般不提供能量。在微生物工业中，硫氨、尿素、豆饼和玉米浆等是较为常用的氮源。

无机元素也是微生物生长不可缺少的营养物质，它的主要功能是：构成细胞的组成成分；作为酶的组成成分；维持酶的作用；调节细胞渗透压、氢离子浓度和氧化还原电位等。需要量较大的无机元素是磷、硫、镁、铁、钾、钙等，还需要几种微量的金属元素，如锰，钴，铜，锌等。

有些有机物是微生物维持正常生活所不可缺少的，但其需要量又不大，一般称为生长因子（growth factor）。根据化学结构和代谢功能可将其分为三类，即维生素、氨基酸和嘌呤、嘧啶。工业生产中，常利用玉米浆等作为生长因子。

2. 温度

温度是影响微生物生长和繁殖的最重要的因素之一。在一定范围内，微生物的代谢活动与生长繁殖随着温度的上升而增加，温度上升到一定程度，开始对机体产生不利影响，如温度继续提高，细胞功能急骤下降，以致死亡。各种生物有其最适生长温度、最高生长温度与最低生长温度（图 4-1），并且，最适、最高和最低温度会因环境条件变化而变化。

一般微生物工业使用的菌株属于中温菌。利用高温菌发酵，从节省能源、防止污染与特殊用途等角度看是很有前途的。

微生物的生长温度
- 最低生长温度 (一般为-5～-10℃，极端为-30℃)
- 最适生长温度
  - 嗜冷菌 (psychrophiles) (<20℃)
  - 中温菌 (mesophiles) (20～45℃)
  - 嗜热菌 (thermophiles) (>45℃)
- 最高生长温度 (一般为80～95℃，极端为105～300℃)

图 4-1　微生物细胞生长繁殖的温度范围

3. 溶解氧与氧化还原电位

根据微生物对氧需求性的不同，可将微生物分为厌氧型、好氧型和兼性厌氧型三类。第一类指不能利用氧，氧对于菌体的生长繁殖有害的一类微生物（如产甲烷菌）；第二类是指生长繁殖必须有氧存在的一类微生物（如霉菌）；第三类是指既可利用氧，无氧也能生长繁殖的一类微生物（如酵母）。

氧是在溶解状态下被微生物利用的，当溶解氧的浓度较低时，氧电极无法检测出，此时，可以使用以培养基的氧化还原电位 Eh 来定量表示厌氧程度的方法。氧化还原电位 Eh 的测定既可以采用铂电极直接测定法，又可采用氧化还原电位去极化法以自动测定仪测定。除与氧分压有关外，Eh 还受 pH 的影响。pH 低时，氧化还原电位高；pH 高时，氧化还原电位低。当 pH 一定时，溶氧水溶液的 Eh 与溶解氧浓度（DO）的对数成正比，而 Eh 的检测下限可达到大气压下饱和水溶液中溶解氧浓度的万分之一以下。所以，由所测得的 Eh 可求得所需的 DO 值。

好氧微生物在 Eh 值为+0.1V 以上均可生长，以 Eh 等于+0.3～+0.4V 时为宜。厌氧微生物只能在 Eh 值小于+0.1V 以下生长。兼性厌氧微生物在+0.1V 以上或以下均能生长。

4. pH

不同微生物有其最适生长的 pH 范围。大多数自然环境的 pH 为 5～9，许多微生物的最适生长 pH 也在此范围内，只有少数种类可生长在 pH 低于 2 或高于 10 的环境中。大多数酵母与霉菌在微酸性（pH5～6）环境中生长最好，而细菌、放线菌则在中性或弱碱性条件下生长最好。

5. 湿度

微生物固态培养（如白酒、酱油、食醋、某些酶类等的生产）中，湿度是非常重要的参数。一般，细菌要求水活度（湿料饱和蒸汽压/相同温度下纯水饱和蒸汽压）为 0.90～0.99；大多数酵母菌为 0.80～0.90；真菌及少数酵母菌要求为 0.60～0.70。因此，固态发酵常用真菌的原因就是其对水活度要求低，可以防止其他杂菌的污染。

6. 其他因素

除上述因素外，渗透压、压力等对微生物反应也有影响。适宜微生物生长的渗透压范围比较广，而且微生物往往对渗透压有一定的适应能力。如果渗透压过高，微生物是难以生存的。一般微生物在水压力达几十个大气压下也不会有影响。所以，在一般情况下，上述两种因素可不必考虑。

4.2　微生物反应过程的物量和能量衡算

4.2.1　微生物反应过程的物量衡算

微生物反应过程与一般化学反应过程的主要区别是：微生物反应中参与反应的培养基成分多，反应途径复杂。微生物的生长、产生代谢产物的过程中，用有正确系数的反应方程式来表达由基质转化为目的产物的反应过程是非常困难的。但是，如果将微生物反应看成是生成多种产物的复合反应，那么，从概念上讲可写成如下形式：

$$碳源+氮源+氧+其他营养物质=细胞+代谢产物+CO_2+H_2O$$

当然，此式不是计量关系式。发酵工业中，有些行业，如酵母生产，只要求产生细胞，不希望产生其他产物，此时等号后代谢产物项就不存在；又如乙醇工业，由于是厌氧发酵，因此，氧和水项等于零。而另一些行业，如氨基酸、酶制剂、抗生素和有机酸等生产，上式各项均不可少。为了表示出微生物反应过程中各物质和各组分之间的数量关系，最常用的方法是对各元素进行衡算。如果碳源由C、H、O组成，氮源为NH_3，细胞的分子式定义为$CH_xO_yN_z$，忽略其他微量元素P、S和灰分等，此时用碳的定量关系式表示微生物反应的计量关系是可行的。

$$CH_mO_n + aO_2 + bNH_3 \rightarrow cCH_xO_yN_z + dCH_uO_vN_w + eH_2O + fCO_2 \tag{4-1}$$

式中，CH_mO_n——碳源的元素组成；

$CH_xO_yN_z$——细胞的元素组成；

$CH_uO_vN_w$——产物的元素组成；

下标m、n、u、v、w、x、y、z——与一个碳原子相对应的氢、氧、氮的原子数。

对各元素做元素平衡，得到如下方程：

$$\begin{aligned}&C:1=c+d+f\\&H:m+3b=xc+ud+2e\\&O:n+2a=yc+vd+e+2f\\&N:b=zc+wd\end{aligned} \tag{4-2}$$

方程（4-1）中有a、b、c、d、e和f这6个未知数，需6个方程才能解。

【例题 4-1】以葡萄糖为基质进行面包酵母（*S. cerevisiae*）培养，培养的反应式可用下式表达，求计量关系中的系数a、b、c和d。

$$C_6H_{12}O_6 + 3O_2 + aNH_3 \rightarrow bC_6H_{10}NO_3(面包酵母) + cH_2O + dCO_2$$

【解】根据元素平衡式（4-2）有

$C:6=6b+d$

$H:12+3a=10b+2c$

$O: 6+2\times3=3b+c+2d$

$N: a=b$

以上方程联立求解，得

$a=b=0.48$

$c=4.32$

$d=3.12$

所以上述反应的计量关系式为

$$C_6H_{12}O_6+3O_2+0.48NH_3 \to 0.48C_6H_{10}NO_3+4.32H_2O+3.12CO_2$$

配平微生物反应方程式时，一部分系数是通过实验获得，另一部分系数需计算获得。一般基质和产物的分子式是已知的。微生物细胞的元素组成可通过元素分析方法测定。需要指出的是，处在不同生长阶段的同一种细胞，其组成是有差别的，人们所获得微生物细胞元素的组成，一般是细胞元素的平均组成。表 4-2 给出了几种微生物细胞的元素组成和经验分子式。

当微生物反应中培养基成分以变化量 $\Delta s_1, \Delta s_2 \cdots \Delta s_m$ 减少，细胞以 Δx 增加，代谢产物成分以 $\Delta p_1, \Delta p_2 \cdots \Delta p_n$ 增加，碳元素平衡为

$$\sum_{i=1}^{m}\Delta s_i \gamma_{S_i}=\Delta x \gamma_X+\sum_{j=1}^{n}\Delta p_j \gamma_{P_j} \tag{4-3}$$

式中，γ——不同化合物和细胞的含碳量；

i 和 j——分别表示含碳元素的化合物。

同样的方法也可以获得氮元素的衡算式。

另外，通过测定 O_2 的消耗速率与 CO_2 的生成速率来确定好氧培养中评价微生物生物代谢机能的重要指标之一的呼吸商（respiratory quotient，RQ），其定义式为

$$RQ=\frac{CO_2\text{生成速率}}{O_2\text{消耗速率}} \tag{4-4}$$

RQ 表示细胞反应中每消耗 1mol O_2 所产生的 CO_2 物质的量，根据（4-1）式则有

$$RQ=\frac{f}{a}$$

RQ 可通过实验测定，f、a 为需求计量系数。

表 4-2　几种微生物细胞的元素组成和经验分子式

微生物	限定性基质	比生长速率 μ/(1/h)	组成（按质量的百分数计）/%							经验分子式	分子式相对“分子”质量
			C	H	N	O	P	S	灰分		
细菌			53.0	7.3	12.0	19.0			8	$CH_{1.666}N_{0.20}O_{0.27}$	20.7
			47.1	7.8	13.7	31.3				$CH_2N_{0.25}O_{0.5}$	25.5
产气气杆菌			48.7	7.3	13.9	21.1			8.9	$CH_{1.78}N_{0.24}O_{0.33}$	22.5
产气克雷伯	甘油	0.1	50.6	7.3	13.0	29.0				$CH_{1.74}N_{0.22}O_{0.43}$	23.7
氏菌		0.85	50.1	7.3	14.0	28.7				$CH_{1.73}N_{0.24}O_{0.43}$	24.0
酵母			47.0	6.5	7.5	31.0			8	$CH_{1.66}N_{0.13}O_{0.49}$	23.5
			50.3	7.4	8.8	33.5				$CH_{1.75}N_{0.15}O_{0.5}$	23.9

续表

微生物	限定性基质	比生长速率 μ/(1/h)	组成（按质量的百分数计）/%							经验分子式	分子式相对"分子"质量
			C	H	N	O	P	S	灰分		
			44.7	6.2	8.5	31.2	1.08	0.6		$CH_{1.64}N_{0.16}O_{0.52}P_{0.01}S_{0.005}$	26.9
产朊假丝酵母	葡萄糖	0.08	50.0	7.6	11.1	31.3				$CH_{1.82}N_{0.19}O_{0.47}$	24.0
		0.45	46.9	7.2	10.9	35.0				$CH_{1.84}N_{0.2}O_{0.56}$	25.6
	乙醇	0.06	50.3	7.7	11.0	30.8				$CH_{1.82}N_{0.19}O_{0.46}$	23.9
		0.43	47.2	7.3	11.0	34.6				$CH_{1.84}N_{0.2}O_{0.55}$	25.5

【例题 4-2】乙醇为基质，好氧培养酵母，反应方程为

$$C_2H_5OH + aO_2 + bNH_3 \rightarrow c\,CH_{1.75}N_{0.15}O_{0.5} + dCO_2 + eH_2O$$

呼吸商 RQ=0.6。求各系数 a、b、c、d、e。

【解】根据元素平衡式（4-2）有

$$C:2 = c + d \tag{1}$$

$$H:6 + 3b = 1.75c + 2e \tag{2}$$

$$O:1 + 2a = 0.5c + 2d + e \tag{3}$$

$$N:b = 0.15c \tag{4}$$

已知 RQ=0.6，即

$$d=0.6a \tag{5}$$

用（1）式～（5）式联立求解

$$a = 2.394$$
$$b = 0.085$$
$$c = 0.564$$
$$d = 1.436$$
$$e = 2.634$$

所以，反应式为

$$C_2H_5OH + 2.394\,O_2 + 0.085\,NH_3 \rightarrow 0.564\,CH_{1.75}N_{0.15}O_{0.5} + 1.436\,CO_2 + 2.634\,H_2O$$

【例题 4-3】葡萄糖为碳源，NH_3 为氮源进行酵母厌氧培养。培养中分析结果表明，消耗 100mol 葡萄糖和 12mol NH_3 生成了 57mol 细胞、43mol 甘油、130mol 乙醇、154mol CO_2 和 3.6mol H_2O，求酵母的经验分子式。

【解】由题意写出相应的反应方程式为

$$100C_6H_{12}O_6 + 12NH_3 \rightarrow 57C_wH_xN_zO_y + 43C_3H_5(OH)_3 + 154CO_2 + 130C_2H_5OH + 3.6H_2O$$

各元素平衡式为

$C:600 = 57w + 43\times3 + 154 + 130\times2$，则$w = 1$

$H:1200 + 12\times3 = 57x + 43\times8 + 130\times6 + 3.6\times2$，则$x = 1.84$

$O:600 = 57y + 43\times3 + 154\times2 + 130 + 3.6$，则$y = 0.52$

$N:12 = 57z$，则$z = 0.21$

由以上结果可知，酵母细胞的化学组成为 $CH_{1.84}N_{0.21}O_{0.52}$。

4.2.2 微生物反应过程的得率系数

得率系数是对碳源等物质生成细胞或其他产物的潜力进行定量评价的重要参数。例如，消耗 1g 基质生成细胞的克数称为细胞得率或称生长得率 $Y_{X/S}$（cell yield 或 growth yield）。其定义式为

$$Y_{X/S}=\frac{\text{生成细胞的质量}}{\text{消耗基质的质量}}=\frac{\Delta X}{-\Delta S} \tag{4-5}$$

细胞得率的单位是（以细胞/基质计）g/g 或 g/mol。这里的细胞是指干细胞（除特殊说明外，以下细胞的质量均指干细胞质量）。实际生产中，细胞得率是一个较重要的概念，例如，在单细胞蛋白（single cell protein，SCP）生产中，选用相对于基质细胞得率高的菌株是必要的。

分批培养时，细胞浓度和基质浓度会随反应时间而发生变化，$Y_{X/S}$ 一般不为常数。某一瞬间的细胞得率称为微分细胞得率（或瞬时细胞得率），其定义式为

$$Y_{X/S}=\frac{\mathrm{d}X}{\mathrm{d}[\mathrm{S}]}=\frac{r_X}{-r_S}\left(=\frac{\mathrm{d}X/\mathrm{d}t}{\mathrm{d}[\mathrm{S}]/\mathrm{d}t}\right) \tag{4-6}$$

式中，r_X——微生物细胞的生长速率；

r_S——基质的消耗速率。

同一菌种，同一培养基，好氧培养的 $Y_{X/S}$ 比厌氧培养的大得多（表 4-3）。另外，同一菌株在基本培养基、合成培养基和复合培养基中培养所得 $Y_{x/s}$ 的大小顺序为复合培养基、合成培养基、基本培养基。这是由于基本培养基中的碳源同时用作构成细胞的材料和能量，只有一部分转化为细胞，其余部分则形成代谢产物、ATP 和热量，生成同样质量的细胞，在基本培养中要消耗更多的碳源。复合培养基和合成培养基中含有丰富的蛋白质、氨基酸等物质，可直接用于细胞合成，碳源主要用于生产代谢产物、ATP 和热量，即碳源主要作为能源物质而不用于细胞的结构材料，因此使用复合培养基和合成培养基的细胞得率高于使用基本培养基。

表 4-3 几种微生物的细胞得率

微生物	培养基	培养条件	碳源	产物	$Y_{X/S}$/（g 细胞/mol 基质）
干酪乳杆菌（*Lactobacillus casei*）	复合	厌氧	葡萄糖	乳酸、乙酸、乙醇、甲酸	62.08
无乳链球菌（*Streptococcus agalactiae*）	复合	厌氧	葡萄糖	乳酸、乙酸、乙醇	21.4
	复合	需氧	葡萄糖	乳酸、乙酸、甲酸、3-羟基丁酮	51.6
运动发酵单胞菌（*Zymomonas mobilis*）	复合	厌氧	葡萄糖	乙醇、乳糖	7.95
	合成	厌氧	葡萄糖	乙醇、乳糖	4.98
	基本	厌氧	葡萄糖	乙醇、乳糖	4.09
产气气杆菌（*Aerbacter aerogenes*）	基本	需氧	葡萄糖	乙醇、乳糖	72.7
	基本	需氧	果糖	乙醇、乳糖	76.1
	基本	需氧	核糖	乙醇、乳糖	53.2
	基本	需氧	琥珀酸	乙醇、乳糖	29.7
	基本	需氧	乳糖	乙醇、乳糖	16.6

当基质为碳源，无论是好氧培养还是厌氧培养，碳源的一部分被同化（assimilate or anabolism）为细胞的组成成分，其余部分被异化（dissimilate or catabolism）分解为 CO_2 和代谢产物。如果从碳源到细胞的同化作用看，与碳元素相关的细胞得率 Y_C 可由下式表示

$$Y_C = \frac{\text{细胞生产量} \times \text{细胞含碳量}}{\text{基质消耗量} \times \text{基质含碳量}} = Y_{X/S}\frac{X_C}{S_C} \tag{4-7}$$

式中，X_C 和 S_C——单位质量细胞和单位质量基质中所含碳元素量；

Y_C 值，一般为 0.4～0.9。由于 Y_C 只考虑了基质和细胞的共同项——碳，可以说，Y_C 比 $Y_{X/S}$ 更合理。

（4-1）式中的系数 c 实际就是 Y_C。

【例 4-4】 求例题 4-2 中酵母细胞（$CH_{1.75}N_{0.15}O_{0.5}$）培养过程中的 $Y_{X/S}$ 和 $Y_{X/O}$。

【解】 由（4-5）式与例题 4-2 中数据，有

$$Y_{X/S} = \frac{0.564\times(1\times12+1.75\times1+0.15\times14+0.5\times16)}{2\times12+6\times1+1\times16}$$

$$= \frac{0.564\times23.85}{46} = 0.292(\text{kg/kg})(\text{以细胞 / 乙醇计})$$

$$Y_{X/O} = \frac{0.564\times\text{细胞的分子质量}}{2.394\times\text{氧的分子质量}} = \frac{0.564\times23.85}{2.394\times32} = 0.176(\text{kg/kg})(\text{以细胞 / 氧计})$$

由于不能够直接从所消耗的基质推算出所期待的细胞得率，因此，不妨将不同基质（如碳源）的细胞得率，换算成同一基准的能量来评价，并且，考虑将微生物异化代谢途径中从基质获得的能量。前者有以有效电子（available electron）为基准的细胞得率 Y_{ave^-} 和以总有效能为基准的细胞得率 Y_{kJ}；后者是以生成的 ATP 为基准的细胞得率 Y_{ATP}。

微生物反应的特点之一是通过呼吸链（电子传递）氧化磷酸化生成 ATP。在氧化过程中，可通过有效电子数来推算碳源的能量。当 1mol 碳源完全氧化时，所需要氧的摩尔数的 4 倍称为该基质的有效电子数。例如，碳源为葡萄糖，其完全燃烧时每摩尔葡萄糖需要 6mol 氧，所以有效电子数=6×4=24。

Y_{ave^-} 定义为每消耗基质中 1mol 有效电子生成的干细胞质量，基于有效电子数的细胞得率的定义式为

$$Y_{ave^-} = \frac{\Delta X}{\text{基质的有效电子数}} = \frac{Y_{X/S}}{Y_{ave^-/S}} \tag{4-8}$$

$Y_{ave^-/S}$ 为 1mol 基质的有效电子数。

由表 4-3 可知，以葡萄糖为碳源，产气气杆菌的 $Y_{X/S}$=72.7g 细胞/mol 葡萄糖，葡萄糖的有效电子数为 24ave⁻/mol 葡萄糖，所以产气气杆菌的 Y_{ave^-} =72.7/24≈3g 细胞/ave⁻。

微生物反应中另一种能量得率为 Y_{kJ}，其表示微生物细胞与所释放的热量相关联。

$$Y_{kJ} = \frac{\Delta X}{\Delta E} = \frac{\Delta X(\text{细胞生产量})}{E_a(\text{细胞储存的自由能}) + E_b(\text{分解代谢所释放的自由能})} \tag{4-9}$$

式中，E——消耗的总能量，包括同化过程，即细胞所保持的能量 E_a 和分解代谢的能量 E_b；

X——细胞生成量。

E_a 可采用干细胞的燃烧热 $\Delta H_a = -22.15\text{kJ/g}$细胞，$E_b$ 可采用所消耗的碳源和代谢产物各自的燃烧热之差来计算。多数微生物在好氧培养时的 Y_{kJ} 值为 0.028g 细胞/kJ，在厌氧培养时 Y_{kJ} 的平均值为 0.031g 细胞/kJ。对于光能自养型微生物，如藻类的 Y_{kJ} 约等于 0.002g 细胞/kJ。

微生物进行细胞合成、物质代谢、能量输送等活动中，所需能量是由基质的氧化而获得的，但这些能量并不能全部被利用，在基质氧化所产生的自由能中仅以 ATP 形式回收储存的能量才可作为生命活动的能量，其余作为反应热（代谢热）排出反应系统。因此，应以基质异化代谢产生的 ATP 作为细胞得率的基准，以 ATP 为基准的细胞得率 Y_{ATP} 的定义式为

$$Y_{ATP} = \frac{\Delta X}{\Delta ATP} = \frac{Y_{X/S} M_S}{Y_{ATP/S}} \tag{4-10}$$

式中，$Y_{ATP/S}$——相对于基质的 ATP 生成得率，mol ATP/mol 基质；

M_S——基质的分子质量。

一些微生物的 $Y_{ATP/S}$ 和 Y_{ATP} 值见表 4-4，这些值都是使用复合培养基，以厌氧途径能量代谢产生的 ATP 为基准计算的。

表 4-4 部分微生物细胞的 $Y_{ATP/S}$ 和 Y_{ATP}

微生物	底物	分解途径	$Y_{ATP/S}$（mol ATP/mol 基质）	Y_{ATP}（g 干细胞/mol ATP）
粪链球菌 *Streptococcus faeclis*	葡萄糖	同型乳酸发酵	2.0	9.3～11.5
	核糖	五碳糖途径和 EMP 途径	1.67	12.6
酿酒酵母 *Saccharomyces cerevisiae*	葡萄糖	EMP 途径	2.0	10.5
运动发酵单胞菌 *Zymomonas mobilis*	葡萄糖	Entner-Doudroff 途径	1.0	8.3

好氧反应中，除底物水平磷酸化生成 ATP（厌氧反应）外，还通过氧化磷酸化生成大量 ATP，因此，好氧的 $Y_{X/S}$ 值大于厌氧时的 $Y_{X/S}$（表 4-3 中的第二、三行）。

表 4-5 汇集了部分得率系数。其中 $Y_{X/S}$ 与化学需氧量（chemical oxygen demand，COD）的关系为

$$Y_{X/S} = K \cdot COD \tag{4-11}$$

式中，K——比例系数（以细胞/氧计，单位为 g/g），当基质为活性污泥或糖类或三羧酸循环中的代谢物之一时，K=0.38；当基质为芳香酸或脂肪酸类物质时，K=0.34。

表 4-5　部分细胞得率与产物得率

得率	定义及单位
$Y_{X/S}$	消耗 1g 或 1mol 基质所得干细胞的克数，g/g 或 g/mol
$Y_{P/S}$	消耗 1g 或 1mol 基质所得产物的克数，g/g 或 g/mol
$Y_{CO_2/S}$	消耗 1g 或 1mol 基质所产生的二氧化碳克数，g CO_2/g 基质或 g CO_2/mol 基质
Y_{ave^-}	消耗 1mol 有效电子所获得干细胞的克数，g 细胞/ave^-
Y_{kJ}	消耗 1kJ 热量所获得干细胞的克数，g 细胞/kJ
Y_{ATP}	消耗 1mol ATP 所获得干细胞的克数，g 细胞/mol ATP
$Y_{X/O}$	消耗 1g 氧所获得干细胞的克数，g 细胞/g 氧
Y_{X/NO_3^-}	消耗 1mol NO_3^-所获得干细胞的克数，g 细胞/molNO_3^-
$Y_{X/H}$	1mol 氢受体所产生干细胞的克数，g 细胞/mol 氢受体
$Y_{X/N}$	消耗 1g 氮所产生干细胞的克数，g 细胞/g 氮
$Y_{CO_2/O}$	消耗 1mol 氧所产生二氧化碳的摩尔数，mol CO_2/mol 氧
$Y_{ATP/S}$	消耗 1mol 基质所产生 ATP 的摩尔数，mol ATP/mol 基质

Y_{kJ}与Y_{ave^-}的关系为

$$Y_{kJ}=\frac{Y_{ave^-}}{109.0} \tag{4-12}$$

式中，109.0——氧化 1mol 有效电子所伴随的焓变。

【例题 4-5】葡萄糖为碳源，NH_3为氮源，进行某种细菌好氧培养，消耗的葡萄糖中有 2/3 的碳源转化为细胞中的碳。反应式为

$$C_6H_{12}O_6+aO_2+bNH_3 \longrightarrow c\,C_{4.4}H_{7.3}N_{0.86}O_{1.2}+dH_2O+eCO_2$$

计算上述反应中的得率系数$Y_{X/S}$和$Y_{X/O}$。

【解】1mol 葡萄糖中含有碳 72g，转化为细胞内的碳为

$$72\times2/3=48\text{（g）}$$

所以

$$c=48/（4.4\times12）=0.91$$

转化为CO_2的碳量为

$$72-48=24(g)$$

所以

$e=24/12=2$

N 平衡 $14b=0.86c\times14$

$b=0.78$

H 平衡 $12+3b=7.3c+2d$

$d=3.85$

O 平衡 $6\times16+2\times16a=1.2\times16c+2\times16e+16d$

$a=1.47$

消耗 1mol 葡萄糖生成的细胞量

0.91×（4.4×12+7.3×1+0.86×14+1.2×16）=83.1（g）

所以

$Y_{X/S}$=83.1/180=0.46（g/g）（以细胞/葡萄糖计）

$Y_{X/O}$=83.1/（1.47×32）=1.77（g/g）（以细胞/氧计）

微生物反应过程中的代谢产物得率（metabolite yield）可采用与细胞得率相同的方法而获得，但通常以基质消耗为基准来定义，即

$$Y_{P/S}=\frac{\text{生成代谢产物的质量}}{\text{消耗基质的质量}}=\frac{\Delta P}{-\Delta S} \tag{4-13}$$

式中，$Y_{P/S}$——消耗 1g 或者 1mol 基质所获得的代谢产物量；

ΔP，−ΔS——分别为代谢产物量和基质的消耗量。

利用只含有一种碳源的合成培养基生成菌体和多种代谢产物时，根据（4-3）式有

$$\Delta S\gamma_S=\Delta x\gamma_X+\sum_{j=1}^{n}\Delta p_j\gamma_{P_j} \tag{4-14}$$

因此

$$Y_{X/S}\gamma_X+\sum_{j=1}^{n}\Delta p_j Y_{P_j/S}=\gamma_S \tag{4-15}$$

根据（4-15）式可知，在以获得某种代谢产物为目的的发酵过程中，最理想的状态是基质的消耗完全用于产物的合成，而不生成菌体（即 $Y_{X/S}$=0）。这时，微生物反应的代谢产物得率可达到最大值，该值被称为理论代谢产物得率 $Y_{P/S}^{theor}$。

例如，酵母菌利用葡萄糖进行乙醇发酵时，如果葡萄糖全部转化为乙醇，反应平衡式：

$$C_6H_{12}O_6 \longrightarrow 2C_2H_5OH+2CO_2 \tag{4-16}$$

可得

$$Y_{P/S}^{theor}=\frac{2\times 46}{180}=0.51(\text{g/g})(\text{以乙醇/葡萄糖计}) \tag{4-17}$$

通常情况下，微生物的代谢途径是很难掌握的，理论得率 $Y_{P/S}^{theor}$ 一般难以直接通过计算求出。可通过相关实验，将理论得率作为常数求出；或者根据碳源衡算和反应动力学参数计算出得率的最大值，以作为理论得率的上限。

4.2.3 微生物反应过程的能量衡算

微生物反应是放热反应。储存于碳源中的能源，在好氧反应中有40%～50%的能量转化为 ATP，供微生物的生长、代谢之需，其余的能量作为热量被排放。进行微生物优化培养时，必须进行适宜的温度控制，为此，有必要从反应热的角度考虑反应过程中的能量代谢，并进行微生物反应过程的能量衡算。

微生物反应中的反应热，也称代谢热，图 4-2 中给出了同化代谢和分解代谢与产生热量之间的关系。

采用复合培养基时，一方面，营养组分通过分解代谢，在生成能量（ADP→ATP）的同时，生成产物。另一方面，培养基中的组分通过同化代谢在合成微生物细胞的同时利用

了能量（ATP→ADP）。这就是说能量可以从呼吸（如糖在氧存在下被氧化、分解为 CO_2 和 H_2O）和发酵（厌氧进程中糖分解为中间代谢物和 CO_2）中获得。

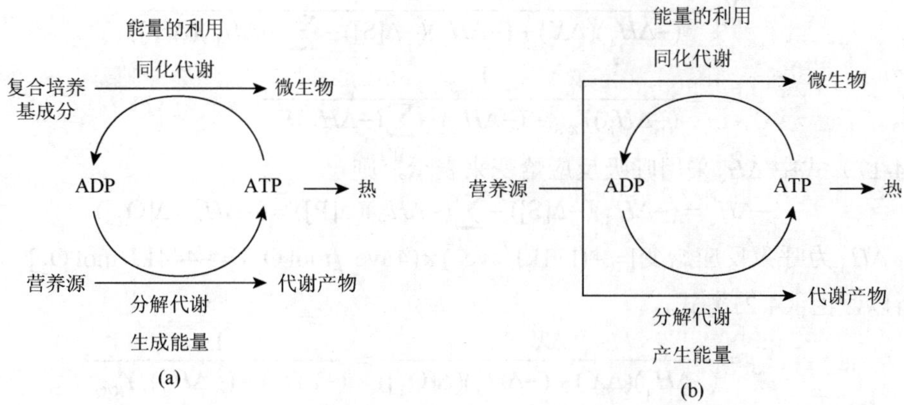

图 4-2　同化与分解代谢过程的能量变化

（a）复合培养基；（b）基本培养基

葡萄糖作为营养源，其完全燃烧时，

$$C_6H_{12}O_6+6O_2 \rightarrow 6CO_2+6H_2O+2871kJ \tag{4-18}$$

如果代谢产物分别为乙醇和乳酸，它们的燃烧热分别为

$$C_2H_5OH+3O_2 \rightarrow 2CO_2+3H_2O+1368kJ \tag{4-19}$$

$$CH_3CHOHCOOH+3O_2 \rightarrow 3CO_2+3H_2O+1337kJ \tag{4-20}$$

1mol 葡萄糖在乙醇发酵或乳酸发酵中产生的反应热分别为 136kJ 和 197kJ。葡萄糖燃烧中有 2871kJ–136kJ=2735kJ[=1368（乙醇燃烧热）×2]转移到乙醇中保留。乙醇发酵中酵母菌将所产生能量的一部分转化为 ATP。在标准状态下 1mol ATP 加水分解为 ADP 和磷酸的同时，放出 31kJ 的热量。已知在乙醇发酵或乳酸菌发酵中相对于 1mol 葡萄糖产生 2mol ATP。基于此，在乙醇发酵中有 45%（2×31/136=0.46）的能量以 ATP 的形式储存起来。

好氧反应中，1mol 葡萄糖完全氧化生成 38mol 的 ATP，31×38/2871=0.41，也就是说 41%的能量以 ATP 的形式储存起来。乳酸发酵（厌氧时）的能量效率为 31×2/2871=0.022，即 2.2%。一般厌氧培养中 Y_{ATP} 约为 10.5g/mol，好氧培养中为 6～29g/mol。

利用 Y_{kJ} 表示微生物反应过程对能量的利用，有

$$Y_{kJ} = \frac{\Delta X}{(-\Delta H_a)(\Delta X) + (-\Delta H_c)} \tag{4-21}$$

式中，ΔH_a——以细胞 X 的燃烧热为基准的焓变，其因细胞的不同有所不同，一般取值 ΔH_a=–22.15kJ/g 细胞；

ΔH_c——所消耗基质的焓变与代谢产物的焓变之差，其由下式给出

$$-\Delta H_c = (-\Delta H_S)(-\Delta[S]) - \sum(-\Delta H_P)(\Delta[P]) \tag{4-22}$$

式中，ΔH_S——碳源氧化的焓变，kJ/mol；

ΔH_P——产物氧化的焓变，kJ/mol。

这样，（4-21）式可写为

$$\begin{aligned} Y_{kJ} &= \frac{\Delta X}{(-\Delta H_a)(\Delta X)+(-\Delta H_S)(-\Delta[S])-\sum(-\Delta H_P)(\Delta[P])} \\ &= \frac{Y_{X/S}}{(-\Delta H_a)Y_{X/S}+(-\Delta H_S)-\sum(-\Delta H_P)Y_{P/S}} \end{aligned} \quad (4\text{-}23)$$

（4-17）式中 ΔH_c 采用呼吸反应焓变来表示，则

$$-\Delta H_c = (-\Delta H_S)(-\Delta[S])-\sum(-\Delta H_P)(\Delta[P]) = (-\Delta H_0^*)(\Delta[O_2]) \quad (4\text{-}24)$$

式中，ΔH_0^* 为呼吸反应焓变 $[=-(111\,kJ/ave^-)\times(4\,ave^-/mol\,O_2)=-444\,kJ/mol\,O_2]$。

所以，由（4-21）式，

$$Y_{kJ} = \frac{\Delta X}{(-\Delta H_a)(\Delta X)+(-\Delta H_0^*)(\Delta[O_2])} = \frac{1}{(-\Delta H_a)+(-\Delta H_0^*)/Y_{X/O}} \quad (4\text{-}25)$$

一些物质的燃烧焓见表 4-6。

表 4-6　常见物质的标准摩尔燃烧焓（298.15K）

化合物	ΔH/（kJ/mol）	化合物	ΔH/（kJ/mol）
甲烷	−890.3	葡萄糖	−2815.8
甲醇	−726.5	蔗糖	−5640.9
乙醇	−1366.8	乙酸	−870.7
甘油	−1664.4	甲酸	−254.6
丙酮	−1802.9	正丁醇	−2765.8

当采用葡萄糖为唯一碳源的基本培养基进行微生物的好氧培养时，葡萄糖既作为能源，又作为构成细胞的材料。反应过程中碳源的衡算式可表示为

$$-\Delta[S]+\Delta[O_2] \rightarrow \Delta X+\sum\Delta[P]+\Delta[CO_2] \quad (4\text{-}26)$$

与（4-24）式相似，下式应成立

$$-\Delta H_c = (-\Delta H_S)(-\Delta[S])-\sum(-\Delta H_P)(\Delta[P])-(-\Delta H_a)(\Delta X) = (-\Delta H_0^*)(\Delta[O_2]) \quad (4\text{-}27)$$

所以 Y_{kJ} 可利用（4-25）求得。

厌氧培养中，

$$-\Delta[S] \rightarrow \Delta X+\sum\Delta[P]+\Delta[CO_2] \quad (4\text{-}28)$$

式中，$-\Delta[S]$——消耗的能量，如葡萄糖；

$\Delta[P]$——代谢产物。

假设生成细胞 ΔX 所消耗的碳源为 $-\Delta[S]_c$，则

$$-\Delta[S]_c = \frac{\alpha_1}{\alpha_2}\Delta X(mol/ml) \quad (4\text{-}29)$$

式中，α_1——细胞内所含碳元素的量；

α_2——碳源中所含碳元素的量。

这样构成细胞以外的碳源消耗为

$$-\Delta[\mathrm{S}]-(-\Delta[\mathrm{S}]_{\mathrm{c}})=-\Delta[\mathrm{S}]-\frac{\alpha_1}{\alpha_2}\Delta X \tag{4-30}$$

基于（4-27）式，

$$-\Delta H_{\mathrm{c}}=(-\Delta H_{\mathrm{S}})\left(-\Delta[\mathrm{S}]-\frac{\alpha_1}{\alpha_2}\Delta X\right)-\sum(-\Delta H_{\mathrm{P}})(\Delta[\mathrm{P}]) \tag{4-31}$$

这样（4-21）式可写成

$$\begin{aligned}Y_{\mathrm{kJ}}&=\frac{\Delta X}{(-\Delta H_{\mathrm{a}})(\Delta X)+(-\Delta H_{\mathrm{S}})\left(-\Delta[\mathrm{S}]-\dfrac{\alpha_1}{\alpha_2}\Delta X\right)-\sum(-\Delta H_{\mathrm{P}})(\Delta[\mathrm{P}])}\\&=\frac{Y_{X/S}}{-\Delta H_{\mathrm{a}}Y_{\mathrm{X/S}}-\Delta H_{\mathrm{S}}\left(1-\dfrac{\alpha_1}{\alpha_2}Y_{\mathrm{X/S}}\right)-\sum(-\Delta H_{\mathrm{P}})Y_{\mathrm{P/S}}}\end{aligned} \tag{4-32}$$

一般能量偶联型生长（即生成 ATP 的分解代谢途径是细胞生长的限制因素），Y_{kJ} 值较大；能量非偶联型生长 Y_{kJ} 值较小，能量利用效率比较差。

微生物反应中不可避免地要产生热，这种热称为反应热或代谢热、发酵热。由于反应热 ΔH_{h} 是由培养基生成细胞 ΔX 和代谢产物 $\Delta[\mathrm{P}]$的反应过程中形成，因此可由下式计算。

$$\Delta H_{\mathrm{h}}=\Delta H_{\mathrm{S}}\Delta[\mathrm{S}]-\Delta H_{\mathrm{X}}\Delta X-\sum\Delta H_{\mathrm{P}}\Delta[\mathrm{P}] \tag{4-33}$$

基质和产物的燃烧热可从物化手册中查到，细胞的燃烧热可由热量计测得，CO_2、O_2 和 H_2O 的燃烧热为零。在基质、产物和细胞燃烧热的测量过程中，假定氮源为 NH_3，那么，燃烧时，基质、产物和细胞中的氮源仍看作氨态，因此，微生物反应中 NH_3 的燃烧热计为零。

当培养基为基本培养基时，构成细胞碳架的物质来源于同时作为能源的基质 S，即基质部分用于合成代谢，则可由下式表示：

$$\begin{aligned}\Delta H_{\mathrm{h}}&=(-\Delta H_{\mathrm{S}})\left[(-\Delta[\mathrm{S}])-\frac{\alpha_1}{\alpha_2}(\Delta X)\right]-\sum(-\Delta H_{\mathrm{P}})(\Delta[\mathrm{P}])\\&=(-\Delta H_{\mathrm{S}})\left[(-\Delta[\mathrm{S}])-(\Delta[\mathrm{S}])_{\mathrm{c}}\right]-\sum(-\Delta H_{\mathrm{P}})(\Delta[\mathrm{P}])\end{aligned} \tag{4-34}$$

当使用复合培养基，由于其含有丰富的构成细胞的物质，如蛋白胨等，因此碳源不再是构成细胞碳组分的来源，而只是用于合成产物。此时，反应热为

$$\begin{aligned}\Delta H_{\mathrm{h}}&=(-\Delta H_{\mathrm{S}})(-\Delta[\mathrm{S}])+(-\Delta H_{\mathrm{SN}})(-\Delta[\mathrm{S}]_{\mathrm{SN}})-\left[(-\Delta H_{\mathrm{X}})(\Delta X)+\sum(-\Delta H_{\mathrm{P}})(\Delta[\mathrm{P}])\right]\\&=(-\Delta H_{\mathrm{S}})(-\Delta[\mathrm{S}])-\sum(-\Delta H_{\mathrm{P}})(\Delta[\mathrm{P}])\end{aligned} \tag{4-35}$$

已知

$$(-\Delta H_{\mathrm{SN}})(-\Delta[\mathrm{S}]_{\mathrm{SN}})=(-\Delta H_{\mathrm{X}})(\Delta X) \tag{4-36}$$

式中，$-\Delta H_{\mathrm{SN}}$——用于合成细胞的基质（如某些氮源）的焓变；

$-\Delta[\mathrm{S}]_{\mathrm{SN}}$——与$-\Delta H_{\mathrm{SN}}$相对应的物质浓度。

由（4-34）式和（4-35）式，

$$\begin{aligned}\Delta H_{\mathrm{h}} &= (-\Delta H_{\mathrm{S}})(-\Delta[\mathrm{S}]) - \left[(-\Delta H_{\mathrm{X}})(\Delta X) + \sum(-\Delta H_{\mathrm{P}})(\Delta[P])\right] \\ &= (-\Delta H_{\mathrm{S}})[(-\Delta[\mathrm{S}]) - \beta(-\Delta[\mathrm{S}])_{\mathrm{c}}] - \sum(-\Delta H_{\mathrm{P}})(\Delta[\mathrm{P}])\end{aligned} \tag{4-37}$$

β 的取值范围为 0～1，当采用基本培养基时 β=1，采用复合培养基时 β=0。

【例题 4-6】 葡萄糖为唯一碳源进行酵母培养，反应式为

$$1.11\mathrm{C_6H_{12}O_6} + 2.10\mathrm{O_2} \rightarrow \mathrm{C_{3.92}H_{6.5}O_{1.94}} + 2.75\mathrm{CO_2} + 3.42\mathrm{H_2O}$$

求：（1）$Y_{\mathrm{X/S}}$；（2）生成 1kg 细胞量时的 ΔH_{h}。已知酵母细胞和葡萄糖的燃烧热分别为 1.50×10^4^kJ/kg 和 1.59×10^4^kJ/kg。

【解】

$$Y_{\mathrm{X/S}} = \frac{\text{酵母细胞分子质量}}{1.11\times\text{葡萄糖分子质量}} = \frac{3.92\times12 + 6.5\times1 + 1.94\times16}{1.11\times180} = \frac{84.58}{199.8} = 0.42(\mathrm{kg/kg})$$

每生成 1kg（1/84.58=0.0118kg/mol）酵母细胞，要消耗葡萄糖 1.11×0.0118=0.0131（kg/mol），0.0131×180=2.36（kg），所以，

$$\Delta H_{\mathrm{h}} = \Delta H_{\mathrm{S}}\Delta[\mathrm{S}] - \Delta H_{\mathrm{X}}\Delta X = 1.59\times10^4\times2.36 - 1.50\times10^4 = 2.25\times10^4(\mathrm{kJ})$$

4.3 微生物反应动力学

单个生物是具体和实际的生命单元，但微生物反应体系的动力学描述宜采用群体（population）来表示。这就是说，描述微生物动力学的方法不是指生物分离成不连续的单个生物，而是指群体的存在。一般，微生物在一定场所中的存在形式是大量聚集。

一般可将微生物群体变化过程分为生长、繁殖、维持、死亡、溶胞、能动性、形态变化及物理的群体变化等过程。生长是微生物群体吸收其周围活性或非活性物料后，产生新的物质或将吸收的一部分物质转化为细胞自身组成成分的过程。群体中新个体生物的产生称为繁殖，对于单细胞微生物而言，繁殖主要是通过无性方式进行，如由一母细胞分裂成为两个子细胞；由一母细胞发育出一子细胞；或由母细胞产生孢子（有时多于两个）等。生长和繁殖是相互关联的，但这种连接有时并非牢固。维持是指与生长和繁殖具有不同目的而消耗群体自身能量的过程，如细菌鞭毛的运动是典型的维持代谢过程。死亡是指将微生物群体置于适宜条件下，它仍无繁殖能力。当然，细胞死亡后仍进行一定时间的新陈代谢活动。溶胞是细胞的溶解或部分溶解。能动性是单个生物在空间中的自身推进。因生长引起的运动是没有动力的。许多微生物是不运动的，有一些仅在其生长的特定时期内运动。形态变化是微生物物理结构的重新组合，同时它的活性性质及生长速率发生变化，因此，细胞形态与细胞活性之间具有相关性。由一定细菌的种所形成的孢子和由一定原生动物的种所形成的孢囊是形态变化的实例。物理的群体变化过程包括生物依附在固体表面或其他生物体上，并随其运动而运动。生物的运动是由力场（电力、重力、离心力及黏性等）、细胞的机械破坏及其他因素所引起的。所以，从宏观上微生物反应是上述几种过程的综合表现，或简化为微生物消耗基质，获得细胞的同时获

得代谢产物。实际上，由于微生物细胞内部生物代谢与基因调节的复杂性，还难以建立起包含内部影响因素的动力学方程式。

4.3.1 细胞生长速率

微生物细胞生长速率是群体生物量的生产速率，并不是群体生物量变化的速率。在某些场合（如在连续培养的稳定状态下，见第五章）尽管群体明显地迅速生长，但群体生物量的变化速率仍为零。一般，细胞量是指微生物细胞的干重。深层培养中微生物群体的生长速率常以单位容积计，单位是指单位体积、单位时间里生长的细胞量。在表面上生长的群体，其生长速率以单位表面积计。

微生物生长中存在着细胞大小的分布。由于单细胞的生长速率与细胞的大小直接相关，因此，也存在生长速率的分布。下面讨论的微生物群体的生长速率，是指具有这种群体分布的平均值。微生物细胞的生长是其所有成分有秩序地增加。当然，细胞中一定储藏性物质的单纯性增加也是有的，但此时细胞质量的增加并不具有生长的实际意义。

在微生物细胞的生长过程中，当所有细胞组分呈彼此相对稳定速率合成时，称为平衡生长（balanced growth）。对数期生长是平衡生长。假如营养水平或其他环境条件变化，将导致不平衡生长，进行这种生长时，不同细胞的相应成分的合成速率是相对变化的。

根据上述讨论，平衡生长条件下，在封闭体系中微生物细胞的生长速率 r_x 的定义式为

$$r_x = \frac{dX}{dt} = \mu X \tag{4-38}$$

式中，X——微生物的质量浓度；

μ——微生物的比生长速率，其除受细胞自身遗传信息支配外，还受环境因素所影响。

需要指出，r_x 是以细胞质量为基准的细胞生长速率，而不是以数量为基准。细胞在生长过程中逐渐长大但可能并未分裂，即数量可能没有增加，但质量会增加。从工程应用角度讲，采用以单位体积的细胞干重来计量细胞浓度并建立动力学方程比数量浓度更为方便。r_x 表示的是细胞群体的实际生长速率，而 $\frac{dX}{dt}$ 则表示的是反应体系中细胞浓度随时间的变化，可能受到进料、出料、细胞循环等操作因素的影响。因此只有封闭体系，即分批操作时才存在 $r_x = \frac{dX}{dt}$，而对于连续操作反应体系，由于存在进料出料，因此 $r_x \neq \frac{dX}{dt}$。

由（4-38）式可知，μ 与倍增时间（doubling time）t_d 的关系为

$$\mu = \frac{\ln 2}{t_d} = \frac{0.693}{t_d} \tag{4-39}$$

应注意，倍增时间与世代时间是两个不同的概念。表 4-7 列举了某些微生物及培养细

胞的世代时间。

表 4-7 某些微生物及培养细胞的世代时间

微生物或细胞	温度/℃	世代时间/min	微生物或细胞	温度/℃	世代时间/min
嗜热脂肪芽孢杆菌	60	8.4	片形螺旋藻	35	120
产氮假单胞菌	30	10	啤酒酵母	30	120～240
大肠杆菌	40	21	球形红极毛杆菌	30	132
枯草杆菌	40	26	绿色木霉	30	300
恶臭假单胞杆菌	30	45	海拉细胞	37	1800～3000
黑曲霉	30	120			

【例题 4-7】以乙醇为唯一碳源进行产气气杆菌培养，细胞初始浓度 X_0=0.1kg/m³，培养至 3.2h，细胞浓度为 8.44kg/m³，如果不考虑延迟期，比生长速率 μ 一定，求倍增时间 t_d。

【解】由（4-38）式，有

$$\frac{\mathrm{d}X}{\mathrm{d}t}=\mu X \tag{1}$$

当 t=0，X=X_0，积分上式有

$$\ln X=\mu t+\ln X_0 \tag{2}$$

变形为

$$\ln(X/X_0)=\mu t \tag{3}$$

倍增时间是指 X/X_0=2 所需时间，因此

$$\ln 2=\mu t_\mathrm{d} \tag{4}$$

由（3）式和（4）式，

$$t_\mathrm{d}=\frac{3.2\times\ln 2}{\ln\dfrac{8.44}{0.1}}=0.5(h)$$

4.3.2 细胞生长的非结构模型

早在 20 世纪初，Kendrick 和 Pai（1911 年）指出：一个现代化学者应注意微生物群体生长的合理数学模型。他们认识到群体的生长改变了群体所处的环境，反之，群体所处的环境又促进群体的生长速率发生变化。对于这些变化，他们又假设一定数量的营养成分（培养基）用来合成新群体的组成，并进一步假定群体数量的繁殖速率与细胞密度和培养基中营养成分的浓度乘积呈正比。显然，后一假设是难以成立的，因为不可能通过无限增大生长用培养基的浓度来无限地增大生长速率。在随后的年代，微生物生理学学者和生物化学工程师提出了许多关于微生物生长动力学的数学模型。这些生长模型根据 Tsuchiya 理论可分为以下几类。

（a）确定论的非结构模型，是一种理想状况，不考虑细胞内部结构，每个细胞之间无差别，细胞群体作为一种溶质。

（b）确定论的结构模型，每个细胞之间无差别，细胞内部有多个组分存在。

（c）概率论的非结构模型，不考虑细胞内部结构，每个细胞之间有差别。

（d）概率论的结构模型，细胞内部结构有差别，每个细胞之间也有差别。

一般人们提到的微生物生长动力学模型指的是确定论模型。在确定论模型的基础上，不考虑细胞内部结构的不同，即认为细胞为单一组分，在这种理想状况下建立起的动力学模型称为非结构模型。由于细胞的组成复杂，当考虑微生物细胞内部所含有的蛋白质、脂肪、碳水化合物、核酸、维生素等的含量随环境条件的变化而变化时，建立起的动力学模型称为结构模型。虽然结构模型能从机制上描述细胞的动态行为，但由于细胞生长过程的复杂性与检测手段的限制，结构模型的应用受到限制。

从工程角度看，理想的微生物生长模型应具备下列条件。

（a）首先，要明确建立模型的目的。使用模型的目的，与其说是对微生物生长增殖的复杂现象有一统一、深刻的理解，不如说是为了进行微生物反应器的设计，找到最佳操作条件和确定出反应过程的合理管理方法。

（b）明确给出建立模型的假定条件，这样才能明确模型的适用范围。

（c）希望所含有的参数，能够通过实验逐个确定。

（d）模型应尽可能地简单。

目前，常使用的确定论非结构模型是 Monod 方程

$$\mu = \frac{\mu_{max}[S]}{K_s + [S]} \tag{4-40}$$

式中，μ——微生物的比生长速率；

μ_{max}——微生物的最大比生长速率；

K_s——饱和常数，代表当微生物细胞的 μ 等于 μ_{max} 一半时的基质浓度。

当基质浓度很小，即 $[S] \ll K_s$ 时，$\mu \approx \frac{\mu_{max}}{K_s}[S] \propto [S]$，$\mu$ 与[S]为一级动力学关系，提高基质浓度可以提高比生长速率。

当基质浓度较大，即 $[S] \gg K_s$ 时，$\mu \approx \mu_{max}$，μ 与[S]为零级动力学关系，提高基质浓度对比生长速率没有影响。

μ_{max} 为最大比生长速率，可视为当基质过量时的比生长速率，数值还与细胞种类和环境条件（pH、温度、离子强度等）相关。

K_s 为饱和常数，是细胞对限制性基质亲和性的一种度量，K_s 越小细胞越能在低浓度限制性基质条件下快速生长，数值与微生物种类和基质类型都有关系。K_s 值一般较小，对糖类基质，微生物的 K_s 一般在 100mg/L 以下，而实际工业生产中基质浓度一般很高，这时比生长速率接近最大比生长速率。

μ 为比生长速率，除受基质浓度、微生物种类等因素影响外，在生长的不同时期也不同。工业生产中生长衰退期的比生长速率会受到培养基中各种组分浓度的影响。

一些常见微生物的 K_s 见表 4-8。

表 4-8 常见微生物的 K_s

微生物	底物	K_s/（mg/L）	微生物	底物	K_s/（mg/L）
大肠埃希氏菌	葡萄糖	6.8×10^2	假单胞菌	甲醇	0.7
大肠埃希氏菌	甘露醇	4.0	假单胞菌	甲烷	0.4
大肠埃希氏菌	乳糖	2.0	酵母菌	葡萄糖	25.0
大肠埃希氏菌	色氨酸	20.0	曲霉	葡萄糖	5.0

Monod 方程在形式上与米氏方程相似，但米氏方程是机制方程，而 Monod 方程是一个经验性方程，其建立的基本假设是：微生物生长中，生长培养基中只有一种物质的浓度会影响其生长速率（其他组分过量），这种物质被称为限制性（生长）基质，并且认为微生物为均衡生长且为简单的单一反应。根据这些假说，μ 仅取决于限制性基质的浓度[S]，此时，微生物比生长速率随着限制性基质的浓度的变化而呈抛物线形变化（图 4-3）。

另外，由（4-40）式可知，当 $\mu=\mu_{max}/2$ 时，有 K_s=[S]。

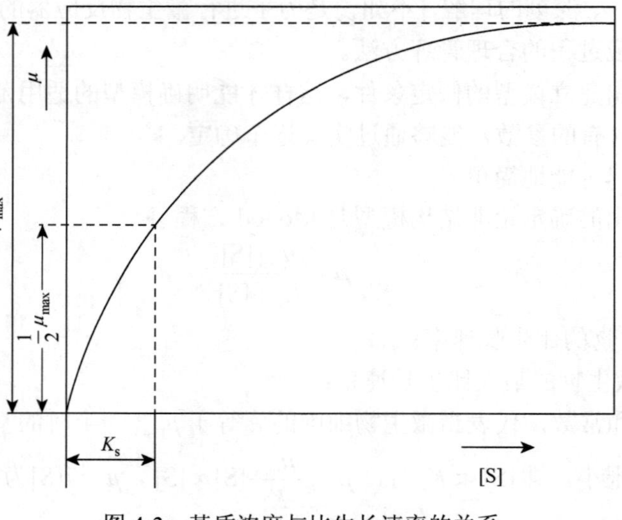

图 4-3 基质浓度与比生长速率的关系

与米氏方程类似，可将 Monod 方程转化为线性方程式的形式：

$$\frac{1}{\mu}=\frac{1}{\mu_{max}}+\frac{K_s}{\mu_{max}}\frac{1}{[S]} \tag{4-41}$$

或

$$\frac{[S]}{\mu}=\frac{[S]}{\mu_{max}}+\frac{K_s}{\mu_{max}} \tag{4-42}$$

在不同基质浓度时，测量细胞比生长速率，按 L-B 法作图，根据斜率和截距可求出 μ_{max} 和 K_s。

【例题 4-8】乙醇为唯一碳源进行面包酵母培养，获得如下数据：

[S]/（g/L）	0.40	0.33	0.18	0.10	0.071	0.049	0.038	0.020	0.014
μ/h^{-1}	0.161	0.169	0.169	0.149	0.133	0.135	0.112	0.0909	0.0735

求 μ_{max} 和 K_s。

【**解**】将（4-37）式变形为

$$\frac{1}{\mu}=\frac{1}{\mu_{max}}+\frac{K_s}{\mu_{max}}\frac{1}{[S]}$$

由所给数据，以 1/[S]为横坐标，$1/\mu$ 为纵坐标，作图（图 4-4），得一条直线。由直线与 X 轴和 Y 轴相交，分别求得

$$K_s=0.02(kg/m^3);\mu_{max}=0.18(h^{-1})$$

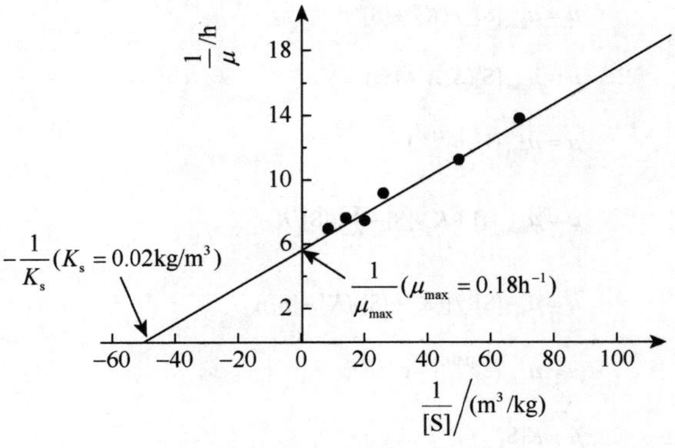

图 4-4 μ_{max} 和 K_s 的求解

Monod 方程的特点是简单，是细胞生长动力学最重要的方程之一。但是，Monod 方程仅适用于细胞生长较慢和细胞密度较低的环境下，因为只有这时，细胞的生长才能与基质浓度成一简单关系式。很多情况下，它不足以完整地说明复杂的生物过程。例如，当某些细菌的生长为葡萄糖的传递速率所限制时，传递速率随细胞外部营养成分的浓度而变化，这和酶促反应速率变化的过程相似，Monod 方程中，μ 随[S]的变化正是如此。

许多学者发现，有些情况下 Monod 方程并不完全符合微生物的生长规律，例如，由于初始基质浓度过高而造成的细胞生长过快的细胞反应，可采取下述方程：

$$\mu=\frac{\mu_{max}[S]}{K_s+K_0[S]_0+[S]} \tag{4-43}$$

此外，常常发现当基质浓度低于某一数值，细胞停止生长。这是由于细胞维持代谢所致，细胞为了维持正常生理活动需要消耗少量基质。当细胞生长旺盛时，维持代谢所消耗的基质所占比例很小；如果在稳定期，比生长速率小，而细胞密度又很大，就需要考虑消耗的这部分维持代谢能。如果基质进一步降低到不足以满足维持代谢能对基质的需要，细胞会消耗一部分细胞内含物以满足细胞生理活动的需要，此时称为细胞的内源代谢（endogeneous metabolism）。

对于上述两种情况，细胞的比生长速率方程可表示为

$$\mu=\frac{\mu_{max}[S]}{K_s+[S]}-b \tag{4-44}$$

对维持代谢，b 值与维持系数有关系；对内源代谢，b 为内源代谢速率常数，单位为

“时间$^{-1}$”。

另外，人们还提出一些可代替 Monod 方程的表达式，如表 4-9 所示。

表 4-9 微生物生长速率模型

提出者	微生物生长速率模型	
Teissier	$\mu=\mu_{\max}(1-e^{-[S]/K_s})$	（1）
Moser	$\mu=\mu_{\max}/(1+K_s[S]^{-c})$	（2）
Mosen	$\mu=\mu_{\max}[S]^n/(K_s^n+[S]^n)$	（3）
Contois	$\mu=\mu_{\max}[S](K_sX+[S])$	（4）
Spicer	$\mu=\mu_{\max}(1-e^{-L[S]})$	（5）
Yano	$\mu=\mu_{\max}/[1+K_s/[S]+\sum_{i=1}^{n}([S]/K_i)^i$	（6）
Jost	$\mu=\mu_{\max}[S]^2/[(K_s+[S])(K_s'+[S])]$	（7）
Edwards	$\mu=\mu_{\max}(e^{-[S]/K_j}-e^{-[S]/K_s})$	（8）
Manago	$\mu=K[S]^n$	（9）
Yakuda	$\mu^2/K-(K_s+[S])\mu-\mu_{\max}[S]=0$	（10）
Mahler Cordes	$\mu=\mu_{\max}[S]_a[S]_b/[(K_a+[S]_a)(K_b+[S]_b)]$	（11）
Bertalanffy	$dm/dt=a/(m^{-2/3}+cm^{-1})-rm$	（12）
Logistic *	$\mu=a(X_{\max}-X)$	（13）
Aiba	$\mu=\dfrac{\mu_{\max}[S]}{K_s+[S]}\cdot\dfrac{K_P}{K_P+[P]}$	（14）
Blackman	$[S]\geqslant 2K_s$，$\mu=\mu_{\max}$	（15）
	$[S]<2K_s$，$\mu=\mu_{\max}\left(1-\dfrac{X}{K_x}\right)$	（16）

注：表中 m 和[P]分别表示细胞质量和产物浓度，a、c、n、r、L 等为试验系数或指数

* 逻辑方程

Teissier 方程是一个纯经验方程。Moser 方程表示了具有高级反应级数的基质消耗，当 n=1 时即为 Monod 方程。Contois 方程描述了高密度时的细胞生长，它有一个与细胞浓度成比例的饱和常数，当细胞浓度增大时，由于产生了有毒副产物或由于基质进入细胞速率下降，最终导致细胞比生长速率 μ 减小，甚至变为与细胞浓度成反比。

上述模型讨论的都是单一基质限制下比生长速率与该基质浓度的关系。但在某些情况下，多种基质对生长都是必需的，它们同时作为限制性基质对细胞生长起限制作用；也有的基质之间可以相互替代，且可以同时被利用；有的是数种基质依次被消耗。描述多基质细胞生长的动力学模型，主要有下面几种形式。

（1）乘积的形式

如果两种基质同时影响比生长速率，并采用 Monod 方程表示，则其比生长速率可采用单基质比生长速率乘积表示：

$$\mu = \mu_{max} \cdot \frac{[S_1]}{K_{s1} + [S_1]} \cdot \frac{[S_2]}{K_{s2} + [S_2]} \tag{4-45}$$

μ_{max} 为两种基质同时过量时的最大比生长速率，K_{s1} 和 K_{s2} 分别为基质 S_1 和 S_2 的饱和常数。例如，对好氧微生物生长，很多情况下限制性基质和氧同时对细胞生长速率起限制作用。

（2）加和的形式

如果两种基质可以同时被利用，又可以相互替代，则总的比生长速率可表示为

$$\mu = \frac{\mu_{max,1}[S_1]}{K_{s1} + [S_1]} + \frac{\mu_{max,2}[S_2]}{K_{s2} + [S_2]} \tag{4-46}$$

式中，$\mu_{max,1}$、$\mu_{max,2}$——分别为细胞在基质 S_1 和 S_2 上生长的最大比生长速率。

当培养基中的两种限制性基质被顺序利用时，可表示为

$$\mu = \frac{\mu_{max,1}[S_1]}{K_{s1} + [S_1]} + \frac{\mu_{max,2}[S_2]}{K_{s2} + [S_2]} f([S_1]) \tag{4-47}$$

式中，$f([S_1])$ 为基质 S_1 对 S_2 利用的影响系数。

细胞生长过程中，某些物质的存在也会使细胞的比生长速率下降，对细胞生长起到一定抑制作用。

某些基质（如醇类、苯酚等）如果过量，会抑制微生物生长，降低比生长速率。基质抑制的模式有竞争性抑制、非竞争性抑制和反竞争性抑制等。

对于基质竞争性抑制，有

$$\mu = \frac{\mu_{max}[S]}{K_s(1 + [S]/K_{SI}) + [S]} \tag{4-48}$$

对于基质非竞争性抑制，有

$$\mu = \frac{\mu_{max}[S]}{(K_s + [S])(1 + [S]/K_{SI})} \tag{4-49}$$

上述式中 K_{SI} 均为基质的抑制常数。

细胞生长过程中，某些代谢产物，如乙醇、乳酸、乙酸等会对生长有抑制作用。在此情况下同样可以采用与抑制酶反应形式相同的生长动力学方程。但方程与实测数值不能较好地吻合，因此人们又提出一些经验公式，如 Hinsdhelwood 方程：

$$\mu = \mu_{max}(1 - k_P[P]) \tag{4-50}$$

4.3.3　基质消耗动力学

以细胞得率为媒介，可确定基质的消耗速率与生长速率的关系。基质的消耗速率 r_S 可表示为

$$-r_S = \frac{d[S]}{dt} = \frac{r_X}{Y_{X/S}} \tag{4-51}$$

基质的消耗速率被细胞量除称为基质的比消耗速率（specific substrate consumption rate），以希腊字母 γ 来表示，即

$$\gamma=\frac{r_S}{X} \tag{4-52}$$

根据（4-38）式、（4-51）式和（4-52）式，有

$$-\gamma=\frac{\mu}{Y_{X/S}} \tag{4-53}$$

细胞生长符合 Monod 方程时，（4-53）式可变形为

$$-\gamma=\frac{\mu_{max}}{Y_{X/S}}\cdot\frac{[S]}{K_s+[S]}=(-\gamma_{max})\cdot\frac{[S]}{K_s+[S]} \tag{4-54}$$

微生物反应过程中消耗的基质主要用于合成新的细胞物质、合成代谢产物和提供能量三方面。对于不生成代谢产物的细胞反应，当以氮源、无机盐类、维生素等为基质时，由于这些成分只能组成细胞的构成成分，不能成为能源，$Y_{X/S}$ 近似一定，因此（4-54）式能够成立。但当基质既作为能源又作为碳源时，就应考虑维持代谢所消耗的能量。维持能用于细胞维持其渗透压，修复 DNA 和 RNA 及其他大分子，维持细胞的结构等生命活动。此时

碳源总消耗速率=用于生长的消耗速率+用于维持代谢的消耗速率

$$-r_S=\frac{r_X}{Y_G}+mX \tag{4-55}$$

式中，Y_G——无维持代谢时的最大细胞得率系数；

m——细胞的维持系数。

细胞维持系数 m 为单位质量细胞在单位时间内因维持代谢所消耗的底物数量。其大小与培养基组成、pH、温度等环境因素有关，一般为 0.02～4g 底物/（g 细胞·h）。表 4-10 列出了一些 m 的实测值。

表 4-10 葡萄糖为碳源时细胞维持系数 *m*

微生物	培养条件	细胞维持系数 m/[g 底物/（g 细胞·h）]
维氏固氮菌 *Azotobacter vinelandii*	固氮 溶解氧分压 0.2atm	1.5
	固氮 溶解氧分压 0.02atm108	0.15
产黄青霉菌 *Penicillium chrysogenum*	好氧	0.022
阴沟气杆菌 *Aerobacter cloacae*	好氧，葡萄糖限制	0.094

（4-55）式两边间除以 X，则

$$-\gamma=\frac{\mu}{Y_G}+m \tag{4-56}$$

（4-56）式作为连接 γ 和 μ 的关联式，也可看作含有两个参数的线型模型。进一步讨论（4-56）式，γ 对 μ 的依赖关系可一般化为

$$-\gamma = g(\mu) \tag{4-57}$$

由于 μ 是[S]的函数，因而 γ 也是[S]的函数。（4-56）式也间接表明了 γ 对环境的依赖关系。

氧是微生物细胞的成分之一，同时，也是一种基质，氧的消耗速率与生长速率有如下关系

$$r_{O_2} = \frac{dc}{dt} = -\frac{r_X}{Y_{X/O}} \tag{4-58}$$

式中，c——溶解氧浓度。

在好氧微生物发酵过程中对于氧的衡算式为

$$\frac{dc}{dt} = k_L a(c^* - c) - Q_{O_2} X \tag{4-59}$$

式中，k_L——液膜传质系数；

a——气液比表面积（即单位体积液体中的总气液接触面积）；

c^*——饱和溶解氧浓度；

Q_{O_2}——氧的比消耗速率，常称为比呼吸速率（specific respiration rate）。

Q_{O_2} 也可以（4-56）式的形式来表达。

$$Q_{O_2} = \frac{\mu}{Y_{GO}} + m_0 \tag{4-60}$$

式中，Y_{GO}——相对氧的生长得率常数（以细胞/O_2 计），g/mol；

m_0——氧维持常数，h^{-1}。

相对氧消耗的细胞得率 $Y_{X/O}$ 的定义式为

$$Y_{X/O} = \Delta X / \Delta[O_2] = \mu / Q_{O_2} \tag{4-61}$$

基于（4-61）式，（4-60）式可变形为

$$1/Y_{X/O} = m_0/\mu + 1/Y_{GO} \tag{4-62}$$

【例题 4-9】某种微生物培养过程中，基质消耗速率与细胞生长速率（含细胞的死亡期），可由下式求出。

$$-r_S = -d[S]/dt = \mu_{max}[S]X/(K_s + [S]) \quad [kg/(m^3 \cdot h)] \tag{1}$$

$$r_X = dX/dt = Y_{X/S}(-r_S) - k_d X \quad [kg/(m^3 \cdot h)] \tag{2}$$

其中 $\mu_{max} = 0.5h^{-1}; K_s = 0.006kg/m^3; Y_{X/S} = 0.45$，死亡速率常数 $k_d = 0.015h^{-1}$。当基质初始浓度为 $10kg/m^3$，细胞初始浓度为 $0.01kg/m^3$，延迟期为 2h，请模拟该结果。

【解】采用 Runge-Kutta 法求解上述微分方程，所得结果如图 4-5 所示。为便于比较，将忽略细胞死亡情况下所得结果同时给出。

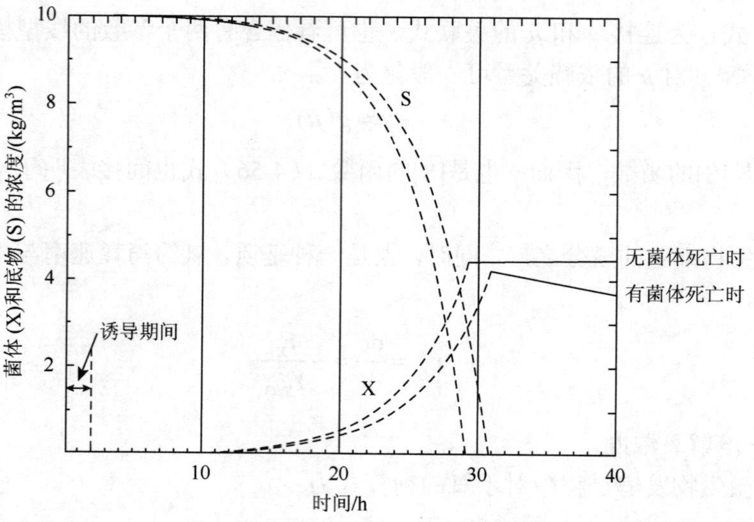

图 4-5　细胞浓度与基质浓度随时间的变化

【例题 4-10】乙醇为碳源，进行酵母好氧培养，结果如下：

μ/h^{-1}	0.020	0.055	0.095	0.115	0.119
$Q_{O_2}/[g/(g\cdot h)]$	0.0278	0.0589	0.0909	0.111	0.115

求 Y_{GO} 和 m_0。

【解】由已知结果，利用式 $Q_{O_2}=\dfrac{\mu}{Y_{GO}}+m_0$，以 μ 对 Q_{O_2} 作图（图 4-6），由 X 轴和 Y 轴得截距可求出

$$Y_{GO}=1.19g/g;\qquad m_0=0.0106g/(g\cdot h)$$

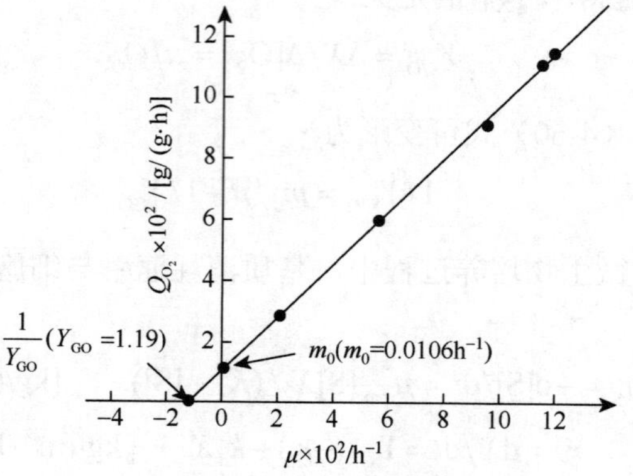

图 4-6　比生长速率与比呼吸速率作图

4.3.4　代谢产物的生成动力学

利用微生物生产的代谢产物种类很多，并且微生物细胞内的生物合成途径与代谢调节

机制各有特色，因此代谢产物的生成动力学很难用统一的式子表达。

代谢产物有的分泌于培养液中，也有的保留在细胞内，因此，探讨产物生成速率的数学模型时有必要区分这两种情况。与生长速率和基质消耗速率相同，当以单位体积为基准时，称为代谢产物的生成速率，记为 r_P；当以单位质量为基准时，称为产物的比生成速率，记为 π。生物反应器设计中，常使用到 r_P。但是，在 $S \rightarrow P$ 的转化过程中，当微生物作为催化剂使用时，用 π 更为合理些。可以认为 π 表达了细胞在 $S \rightarrow P$ 的转化过程中的转化活性。

Gaden 根据产物生成速率与细胞生成速率之间的关系，将其分成三种类型（图 4-7）。

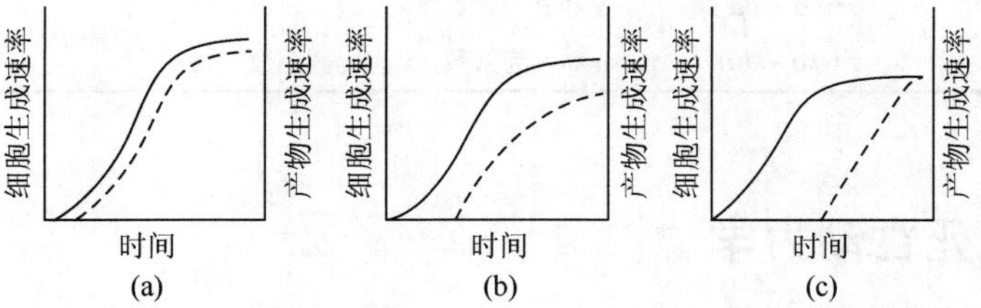

图 4-7 分批培养中细胞繁殖与产物生成的关系

—表示细胞生成速率曲线；---表示产物生成速率曲线

其一是相关模型。它是指产物生成与细胞生长呈相关的过程。产物是细胞能量代谢的结果。此时产物通常是基质的分解代谢产物。如乙醇、葡萄糖酸等。其动力学方程式可表示为

$$r_P = Y_{P/X} r_X = Y_{P/X} \mu X \tag{4-63}$$

$$\pi = Y_{P/X} \mu \tag{4-64}$$

式中，$Y_{P/X}$——单位质量细胞生成的产物量，g/g 或 mol/g。

其二是部分相关模型。反应产物生成与基质消耗仅有间接的关系，产物是能量代谢的间接结果。在细胞生长期内，有产物生成，细胞停止生长后仍有产物生成。这类反应的途径复杂，代谢产物的生成与碳水化合物的利用之间存在关联，但又不像相关模型那样简单，属于这类的有柠檬酸和氨基酸的生产等。

其动力学方程为

$$r_P = \alpha r_X + \beta X \tag{4-65}$$

式中，α、β 为常数，αr_X 与细胞生长有关，βX 与细胞浓度有关。

$$\pi = \alpha \mu + \beta \tag{4-66}$$

其三是非相关模型。产物的生成与细胞的生长无直接关系。在微生物生长阶段，无产物积累，当细胞停止生长，产物却大量生成。属于这类的有青霉素等次级代谢产物的生产。此时的产物生成速率可表示为

$$r_P = \beta X \tag{4-67}$$

$$\pi = \beta \tag{4-68}$$

作为一般形式，产物生成动力学模型也可认为是二次方程式，即

$$\pi = A + B\mu + C\mu^2 \tag{4-69}$$

式中，A、B 和 C 为常数。

某些酶和氨基酸的生物合成属于这种类型。

还有一些微生物反应的产物生成动力学模型如表 4-11 所示。

表 4-11 一些符合 π 为 μ 的一次函数关系的微生物反应

反应类型	方程	注释
葡萄糖→乳糖	$\pi = k_1 + k_2\mu$	k_1 和 k_2 分别为与 m_A 和 $1/Y_{ATP}$ 相对应的常数
乙醇→乙酸	$\pi = k_1 + k_2\mu$	k_1 是包含维持常数的常数；k_2 是包含生产得率常数的常数
葡萄糖→谷氨酸	$\pi = k_A + k_B\mu$	k_A 和 k_B 为实验常数
萘→水杨酸	$\pi = \alpha + \beta\mu$	α 和 β 为常数
葡萄糖→金霉素	$\pi = ka - kb\mu$	a 和 b 为常数，k 为比例系数

4.3.5 细胞死亡动力学

现代发酵工业与传统的酿造生产的一个主要差别在于是否纯种培养（单一菌种的培养），纯种培养过程都要求在没有杂菌污染的条件下进行，这需要对发酵培养基进行灭菌，通入的空气要除菌，并进行环境卫生的管理。

培养基中含有丰富的营养物质，培养过程中很容易受到杂菌的污染，进而产生各种不良结果。对培养基的灭菌比较经济、可靠的方法是热杀菌，可以杀死有生活能力的细菌营养体及其孢子。然而热杀菌也容易造成培养基中有效成分的破坏，因此对培养基的灭菌必须要合理地设计。

培养基热杀菌过程的目的是将一定数量的杂菌数 X_0 杀灭到可以接受的总数 X，需要考虑杀菌的温度和时间，而这取决于杂菌孢子的热死亡动力学、反应器的形式和操作方法。

1. 细胞死亡的对数残留定律

微生物细胞受热死亡的原因是受热时细胞的蛋白质发生了变性。实验证明，蛋白质的受热变性符合一级动力学规律。因此，活细胞在一定温度下受热致死的过程，其数量减少的速率与任一瞬间残存的菌数呈正比，属于一级反应。根据这一假设，有

$$-\frac{dX}{dt} = k_d X \tag{4-70}$$

式中，X——活细胞的浓度，个细胞/ml 或 g/ml；

k_d——细胞的比死亡速率，即细胞死亡的速率常数，1/min。

对（4-70）式积分

$$\int_{X_0}^{X} \frac{dX}{X} = -k_d \int_0^t dt \tag{4-71}$$

得

$$\ln\frac{X}{X_0} = -k_d t \tag{4-72}$$

或

$$X = X_0 \exp(-k_d t) \tag{4-73}$$

（4-72）式、（4-73）式称为细胞死亡的对数残留定律（the logarithmic remained theory of cell death）。可以根据残留活菌数 X 的要求来计算灭菌时间 t。根据公式（4-72），则灭菌时间为

$$t = \frac{1}{k_d} \cdot \ln \frac{X_0}{X} \tag{4-74}$$

式中，X_0——培养基中初始活菌数；

X——灭菌至 t 时刻的残留活菌数。

（4-74）式很好地诠释了图 4-8 大肠杆菌细胞受热死亡的情形。

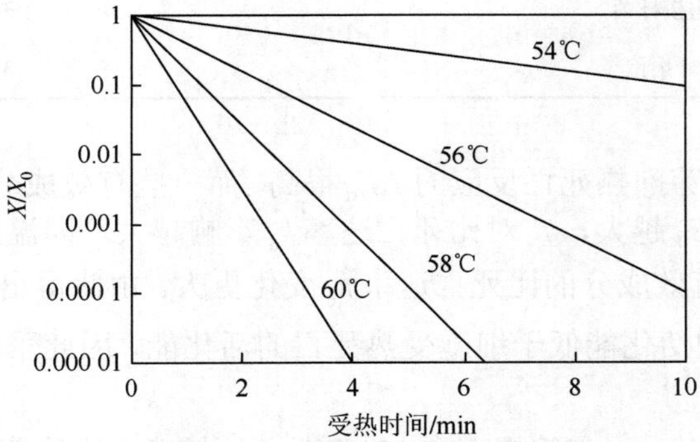

图 4-8　大肠杆菌细胞受热死亡曲线

工程上培养基灭菌通常会从经济和生产的安全上考虑达到合理的水平。因此，对于培养基的污染程度，一般只考虑芽孢细菌和细菌芽孢数之和作为培养基中初始活菌数 X_0；对于灭菌程度，即残留活菌数 X，根据（4-74）式，如果要达到 X=0，则灭菌时间趋于无穷大，实际灭菌过程不需要，一般采用 X=0.001，即 1000 次灭菌中有 1 个活菌数。

实验表明，细胞的比死亡速率 k_d 是灭菌温度 T 的函数，其函数关系可用 Arrhenius 方程的对数形式表示为

$$\ln k_d = \ln A_d - \Delta E_d / RT \tag{4-75}$$

式中，ΔE_d——细胞死亡的活化能，J/mol；

A_d——细胞死亡的 Arrhenius 因子，1/min；

R——气体常数，8.314J/（mol·K）；

T——灭菌温度，K。

从（4-75）式看出，k_d 是 ΔE_d 和 T 的函数，k_d 对 T 的变化率与 ΔE_d 有关。其他条件相同时，ΔE_d 越大，k_d 越小，细胞热死亡速率越慢。对（4-75）式两边取 T 的导数，则

$$\frac{d \ln k_d}{dT} = \Delta E_d / RT^2 \tag{4-76}$$

由此得出反应的 ΔE_d 越高，$\ln k_d$ 对 T 的变化率越大，即 T 的变化对 k_d 的影响越大的结论。

在培养基灭菌过程中，杂菌细胞受热死亡的同时，培养基中部分有效成分也受到损失，细胞受热死亡和有效成分受热损失的活化能 ΔE_d 如表 4-12。

表 4-12 微生物细胞受热死亡和有效成分受热损失的活化能

受热物质	ΔE_d/（kJ/mol）
葡萄糖	100.5
维生素 B_{12}	96.6
维生素 B_1	92.1
维生素 B_6	92.0
嗜热脂肪芽孢杆菌孢子	287.2
肉瘤梭杆菌	343.1
枯草杆菌孢子	318.0

实验表明，细菌芽孢热死亡反应的 ΔE_d 很高，而一些有效成分受热破坏的 ΔE_d 较低。根据（4-76）式，ΔE_d 越大，T 对比死亡速率 k_d 影响越大，即温度升高过程中，细菌芽孢比死亡速率 k_d 比有效成分的比死亡速率 k_d 变化更大。由此得出一个结论：由于培养基有效成分受热损失的活化能低于细胞受热死亡的活化能，因此采用高温短时间的灭菌是有利的。

例如，当灭菌温度由 100℃提高到 121℃时，比较嗜热脂肪芽孢杆菌灭菌速率常数和维生素 B_1 受热损失的速率常数，已知嗜热脂肪芽孢杆菌灭菌的活化能约为 280kJ/mol；维生素 B_1 受热损失的活化能为 92kJ/mol。气体常数 8.314J/（mol·K），代入（4-75）式，则灭菌温度由 100℃提高到 121℃时，嗜热脂肪芽孢杆菌灭菌速率常数 k_d 由 0.036min^{-1} 升高到 4.477min^{-1}，提高了 123 倍；维生素 B_1 受热损失的速率常数由 0.073min^{-1} 提高到 0.355min^{-1} 提高到原来的 4.9 倍。速率常数 k_d 和灭菌温度 T 的关系如图 4-9。

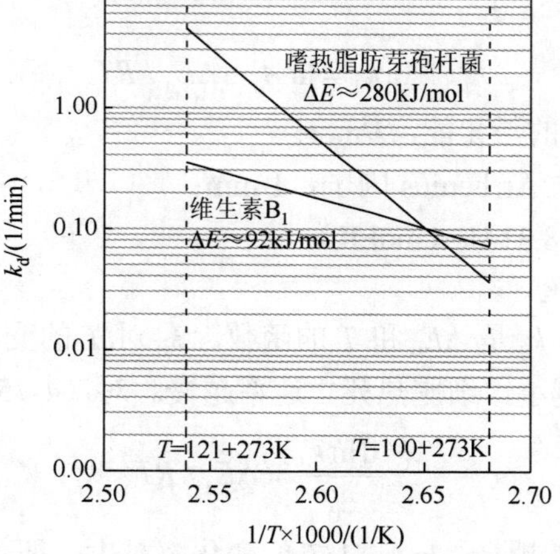

图 4-9 嗜热脂肪芽孢杆菌灭菌、维生素 B_1 受热损失的速率常数和灭菌温度的关系

2. 微生物细胞热死亡的非对数残留定律

热死亡的非对数行为常见于芽孢的受热死亡。有关这一类型的受热死亡的动力学描述有多种模型，但循序死亡模型最为人们所接受。微生物受热循序死亡模型认为：其死亡不是突然的，而是经历一个中间过程的，即

$$N_R \xrightarrow{k_s} N_s \xrightarrow{k_d} N_D$$

(活芽孢) (中间状态的芽孢) (死芽孢)

则可得到

$$\frac{X}{X_0}=\frac{k_s}{k_s-k_d}[\exp(k_d t)-\frac{k_d}{k_s}\exp(-k_s t)] \tag{4-77}$$

式中，X——具有活力的芽孢的浓度；

X_0——初始的芽孢的浓度；

k_s——芽孢失活速率常数，1/min；

k_d——中间状态芽孢失活速率常数，1/min。

[谭之磊（4.1～4.3.4），韩培培（4.3.5），tanzhilei@tust.edu.cn]

复 习 题

1. 微生物反应的特点是什么？其与化学反应的主要区别有哪些？
2. 简要回答微生物反应与酶促反应的最主要区别。
3. 进行微生物反应过程的物量衡算有何意义？请举例说明。
4. Monod 方程建立的几点假设是什么？Monod 方程与米氏方程的主要区别是什么？
5. 举例简要说明何为微生物反应的结构模型。
6. 以葡萄糖为单一碳源，进行某种微生物好氧或厌氧培养。已知此菌的比生长速率 μ，葡萄糖的比消耗速率 γ，细胞、葡萄糖、二氧化碳和各产物中的碳元素含量 α_1、α_2、α_3 和 α_i，利用这 6 个常数给出此菌与生长相关的物量衡算式。
7. 葡萄糖为碳源的复合培养基进行干酪乳杆菌（*Lactobacillu caset*）的厌氧培养，1mol 葡萄糖可生成乳酸或乙酸或乙醇或甲酸分别为 0.05mol、1.05mol、0.94mol 和 1.76mol，试讨论各分解代谢的碳元素的衡算及生成 ATP 的摩尔数。
8. 荧光假单胞菌（*Psenudomonas fluorescens*）好氧培养，已知：$Y_{X/S}=180$g/mol，$Y_{X/O}=30.4$g/mol，每消耗 1mol 葡萄糖可生成 2mol ATP，氧化磷酸化的 P∶O 比为 1，求 Y_{ATP}？
9. 在啤酒酵母的生长试验中，消耗了 0.2kg 葡萄糖和 0.0672kg O_2，生成 0.0746kg 酵母菌和 0.121kg CO_2，请写出该反应的质量平衡式，并计算酵母得率 $Y_{X/S}$ 和呼吸商 RQ。
10. 微生物繁殖过程中分裂一次生成两个子细胞，也有 4 分裂或 8 分裂的，试证明当 n 分裂时，有如下式子：$t_d/t_g=\ln 2/\ln n$，式中 t_d 为倍增时间，t_g 为世代时间。
11. 分别采用含有蛋白胨和酵母膏的复合培养基、含有 20 余种氨基酸的合成培养基和基本培养基进行运动发酵单胞菌厌氧培养，碳源为葡萄糖，获得如下表所示结果。已知

菌体的含碳量为 0.45g 碳源/g 菌体，求采用不同培养基时的 Y_{kJ}。

培养基	$Y_{X/S}$/（g/mol）（以菌体/葡萄糖计）	$Y_{P/S}$/（mol/mol）（以乙醇/葡萄糖计）	$Y_{P/S}$/（mol/mol）（以乳酸/葡萄糖计）	菌体中由葡萄糖所来碳元素的量
基本	4.1	1.5	0.2	1.0
合成	5.0	1.5	0.2	0.62
复合	8.0	1.6	0.2	0.48

12. 葡萄糖为碳源进行酿酒酵母培养，呼吸商为 1.04，氨为氮源。消耗 100mol 葡萄糖和 48mol 氨，生成菌体 48mol、二氧化碳 312mol 和水 432mol。求氧的消耗量和酵母菌体的化学组成。
13. 以葡萄糖为唯一碳源的基本培养基进行某种微生物培养，$Y_{X/S}$=91.8g 菌体/mol 葡萄糖，求 Y_{kJ}。已知葡萄糖的燃烧热为 2830kJ/mol。
14. 以葡萄糖为碳源，对绝对好氧菌进行好氧培养。通过氧的恒算，已知：$m_0 = 5.5\times 10^{-3}\text{mol/(g}\cdot\text{h)}$；$Y_{GO} = 13\text{g/mol}$。当 Y_{ATP}^{max} 分别为 5g/mol 和 10g/mol 时 P/O 各为多少？并求出各自的 ATP 维持常数 m_A。
15. 以葡萄糖为唯一碳源的基本培养基厌氧培养产气气杆菌，$Y_{x/s}$=26.1g 菌体/mol 葡萄糖，试求分解代谢消耗葡萄糖的量占总消耗量的百分率。已知每克细胞含 0.45g 碳，每摩尔葡萄糖含 72g 碳，且 $\Delta S = \Delta S_{合成} + \Delta S_{分解}$。
16. 一个新发现的微生物在每一次细胞分裂时，可产生三个新细胞，由下列生长数据求：①此微生物的比生长速率 μ(h^{-1})；②两个细胞分裂的平均间隔时间；③此微生物细胞的平均世代时间。

时间/h	0	0.5	1.0	1.5	2.0
细胞干重/（g/L）	0.10	0.15	0.23	0.34	0.51

17. 在一连续稳定进出料的搅拌罐中进行以葡萄糖为碳源生成乙醇的动力学研究中，反应方程式可表示为：$\text{S(葡萄糖)} \xrightarrow{\text{酵母}} \text{P(乙醇)} + \text{X(酵母)}$，试验结果见下表。

$[X]_0 = 0$ $[P] = 0$			$X_0 = 0$ $[P] = 20\text{g/L}$		
τ/h	[S]/(g/L)	1/[S]/(L/g)	τ/h	[S]/(g/L)	1/[S]/(L/g)
11.90	0.054	18.52	11.90	0.070	14.29
10.00	0.079	12.66	10.00	0.095	10.53
6.25	0.138	7.25	6.25	0.182	5.49
5.05	0.186	5.38	5.05	0.250	4.00
4.13	0.226	4.42	4.13	0.384	2.60

已知 $P_{max} \approx 120\text{g/L}$，求葡萄糖消耗及乙醇抑制酵母生长的速率方程式。

18. 以甲醇为基质，进行某种微生物好氧分批培养，获得如下数据：

时间/h	0	2	4	8	10	12	14	16	18
X/(g/L)	0.2	0.211	0.305	0.98	1.77	3.2	5.6	6.15	6.2
[S]/(g/L)	9.23	9.21	9.07	8.03	6.8	4.6	0.92	0.077	0

求：μ_{max}；$Y_{X/S}$；倍增时间 t_d；饱和常数 K_s 和 t=10h 时微生物菌体的比生长速率。

19. 通过实验测定，已知反应底物十六烷烃和葡萄糖中有 2/3 的碳转化为菌体中的碳。

（1）计算下述反应的计量系数，

十六烷烃：

$$C_{16}H_{34} + aO_2 + bNH_3 \rightarrow cC_{4.4}H_{7.3}O_{0.86}N_{1.2} + dH_2O + eCO_2$$

葡萄糖：

$$C_6H_{12}O_6 + aO_2 + bNH_3 \rightarrow cC_{4.4}H_{7.3}O_{0.86}N_{1.2} + dH_2O + eCO_2$$

（2）计算上述两反应的得率系数 $Y_{X/S}$（g 干菌体/g 底物）和 $Y_{X/O}$（g 干菌体/g 氧）。

参考文献

岑沛霖，关怡新，林建平. 2005. 生物反应工程. 北京：高等教育出版社

贾士儒. 1990. 生物反应工程原理. 天津：天津南开大学出版社

贾士儒. 2003. 生物反应工程原理. 2 版. 北京：科学出版社

贾士儒. 2008. 生物反应工程原理. 3 版. 北京：科学出版社

伦世仪，堵国成. 2008. 生化工程. 2 版. 北京：中国轻工业出版社

戚以政，汪叔雄. 1998. 生化反应动力学与反应器. 北京：化学工业出版社

戚以政，夏杰，王炳武. 2009. 生物反应工程. 2 版. 北京：化学工业出版社

孙志浩. 2004. 生物催化工艺学. 北京：化学工业出版社

俞俊棠，唐孝宣，邬行彦，李友荣，金青萍. 2003. 新编生物工艺学. 北京：化学工业出版社

川瀬义矩. 1993. 生物反応工学の基礎. 東京：化学工業社株式会社

合葉修一，永井史郎. 1975. 生物化学工程——反应速度論. 東京：科学技術社

合葉修一. 1989. バイオテクノロジー Q & A. 東京：科学技術社

山根恒夫. 2006. 生物反应工程. 3 版. 邢新会，译. 北京：化学工业出版社

Aiba S，Humphrey A E，Millis S. 1973. Biochemical Engineering. 2nd ed. Tokyo：Unit. of Tokyo Press

Aiba S. 1987. Horizons of Biochemical Engineering. Tokyo：Unit. of Tokyo Press

Atkinson B，Mavituna F. 1983. Biochemical Engineering and Biotechnology Handbook. Surrey：Macmillan Publishers Ltd

Shuler M L，Kargi F. 2008. 生物过程工程：基本概念. 2 版. 陈涛，赵学明，等译. 北京：化学工业出版

Viiladsen J，Nielsen J，Liden G. 2011. Bioreaction engineering princiles（3nd Edition）国外化学经典教材系列（影印版）. 北京：科学出版社

第五章　微生物反应器操作

学习目的：了解不同反应器操作的基本特点。掌握分批、流加和连续操作的方法及不同操作方式中各参变量的基本变化规律，能够依据目标产物与工艺要求选择培养方法。掌握不同操作方式下微生物生长、基质消耗和产物生成的规律。了解高密度培养、界面培养和双液相培养等的基本概念。

按照培养基状态的不同，微生物培养过程可分为固体培养和液体培养两种操作方式。固体培养方法具有悠久的历史，其培养特点有培养基水分含量低，废水排放少，产物浓度通常远高于液体培养，可直接利用农副产品为原料，因此，微生物发酵饲料、制备菌肥及一些传统的发酵食品，如酒、醋、酱油等仍广泛采用固体培养的方法。最初的液体培养方法可能是浅盘发酵法，在固体培养过程中，由于发酵热的高效去除，氧的有效供给，以及杂菌污染的有效防控等十分复杂的原因，一些原来采用固体培养生产的生物制品逐渐被液体培养方法取代。液体深层培养的操作方法成为微生物培养过程的主流。

根据培养过程是否需要供氧，微生物培养可分为厌氧和好氧培养。前者采用不通氧的厌氧培养；后者可采用以下几种方法。

（a）表面培养（如使用浅盘）。

（b）通风固态培养。

（c）通氧深层培养。

就操作方式而言，深层培养可分为以下几类。

（a）分批（间歇）式操作（batch operation）。

（b）反复分批式操作（repeated batch operation）。

（c）半分批（流加）式操作（semi-batch operation，fed-batch operation）。

（d）反复半分批式操作（repeated semi-batch operation，repeated fed-batch operation）。

（e）连续式操作（continuous operation）。

分批式操作是指基质一次性加入反应器内，在适宜条件下接入微生物菌种，反应完成后将反应物料全部取出的操作方式。操作过程中基质体积变化曲线如图 5-1（a）所示。

反复分批式操作是指分批式操作完成后，部分取出反应物料，剩余部分作下一批培养的种子，重新加入一定量的基质，再按照分批式操作方式，反复进行。其培养过程中基质体积变化曲线如图 5-1（b）所示。

半分批式操作又称流加式操作或半连续式培养，是指先将一定量基质加入反应器内，在适宜条件下将微生物菌种接入反应器中，反应开始，反应过程中将特定的限制性基质按照一定要求加入反应器内，以控制限制性基质浓度保持一定，当反应终止时取出反应物料的操作方式［图 5-1（c）］。由于流加基质溶液，培养液的体积增加。酵母、淀粉酶、某些氨基酸和抗生素等采用这种方式进行生产。

反复半分批式操作是指流加式操作完成后，不全部取出反应物料，剩余部分留作下一批培养的种子，重新加入一定量的基质，再按照半分批式操作方式进行，随后反复进行。其培养过程中基质体积变化曲线如图 5-1（d）所示。

连续式操作是指在分批式操作进行到一定阶段，一方面将基质连续不断地加入反应器内，另一方面又把反应物料连续不断地取出，使反应条件（如反应液体积等）不随时间变化的操作方式。活性污泥法处理废水、固定化微生物反应等多采用连续式操作。连续培养过程中基质体积变化曲线如图 5-1（e）所示。

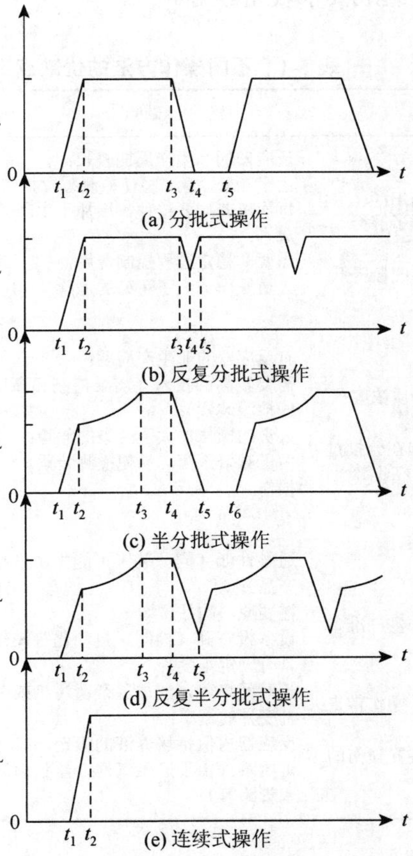

图 5-1　培养过程中基质体积变化

（a）0～t_1 为辅助时间，t_1～t_2 为流加培养基时间，t_2～t_3 为培养时间，t_3～t_4 为放料时间，t_4～t_5 为辅助时间；（b）t_4～t_5 为再次加料时间，其余同（a）；（c）t_2～t_3 为边流加培养基，边培养时间，t_3～t_4 为培养时间，t_4～t_5 为放料时间，其余同（a）；（d）同（c）；（e）t_2 以后一直为培养时间

除以上操作方式外，当生物反应的目标产物或副产物对生物催化剂（酶或细胞）产生抑制作用或导致生物反应效率下降，可采取生物反应与分离耦合式操作（integrated bioreaction-separation process）的方法，即在生物反应过程中，采取分离工程手段及时地将有抑制作用的产物或副产物从反应体系移除，以确保生物反应的顺利进行。另外，针对

有些微生物，可以采取界面培养或多相态或高密度的培养方法，以及高压下的微生物培养等。对于藻类的培养，还可以就能量获得方式的不同，分为光自养培养、异养培养和混养培养（细节见第八章）。

5.1 分批式操作

分批式操作（分批培养）是发酵工业中广泛采用的方法之一，与连续操作相比，分批操作的特点（表 5-1）是：微生物所处的环境是不断变化的；可进行少量多品种的目的产物的发酵生产；若发生杂菌污染能够很容易中止操作；当运转条件变化或转产新产品时，易改变处理对策；对原料组成要求较粗放等。

表 5-1 不同操作方法的优缺点

	优点	缺点	应用的场合
分批式操作	设备制作费用低； 同一设备可进行多种产品生产； 高收率（若能对培养过程了解得深入）； 发生杂菌污染或菌种变异的概率低	反应器的非生产周期较长； 由于频繁杀菌，易使检测装置损伤； 每次培养均要接种，增加了生产成本； 需要非稳定过程控制费用； 人员操作加大了污染的危险	进行少量产品生产； 使用同一种反应器，可进行多种产物生产； 易发生杂菌污染或菌种变异； 从培养液中提取产物采取分批操作
流加式操作	高通融性； 可任意控制反应器中的基质浓度； 可确保微生物所需的环境； 如果能够了解微生物细胞在分批过程中的性质，可获得产物高收率	有反应器的非生产周期； 需要较高的投入（需要控制和高价的检测装置）； 人员的操作加大了污染的危险； 由于频繁杀菌，易使检测装置损伤	不能进行连续式操作； 分批操作生产效率低； 希望延长反应时间； 出现基质抑制； 使用缺陷型变异株； 一定培养基成分的浓度是菌体收率或代谢产物生产速率的影响因素； 需要高细胞浓度
连续式操作	易机械化、自动化； 节约劳动力； 反应器体积小（由于无非生产准备时间）； 可确保产品品质稳定； 由于机械化操作，减少了操作带来的污染； 几乎没有因杀菌使检测装置损伤的可能	通融性低（同一装置不能生产多种产品）； 需要原料的品质均一； 设备投资高（控制、自动化等操作具有一定难度）； 长时间培养，增加了杂菌污染或菌种变异的概率； 反应器内保持培养液的恒定，有一定困难（由于产生气泡、丝状菌堵塞管路等）	需生产速率高的场合（对于同一品质，大量生产的产品）； 基质是气体、液体和可溶性固体； 不易发生杂菌污染或菌种变异

5.1.1 生长曲线

分批式培养中微生物菌体的生长曲线如图 5-2。随着培养的进行，基质浓度下降，菌体量增加，产物量相应增加。分批式培养过程中，微生物的生长可分为：①迟缓期（lag phase），也称延迟期或延滞期；②加速期（accelerated phase）；③对数生长期（lagarithmic growth phase）；④减速期（fransient phase）；⑤静止期（stationary phase）；⑥衰退期（decline phase）6 个阶段。

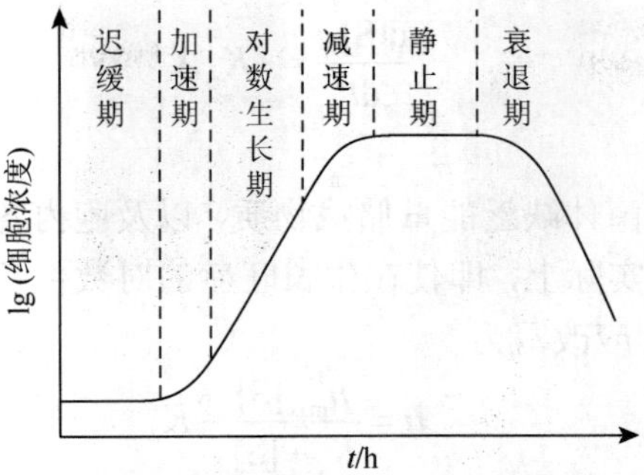

图 5-2　分批式培养过程中微生物生长曲线

迟缓期的长短依培养条件不同而异，且受菌种种龄及其培养条件的影响。一般认为，微生物菌体的迟缓期是其分裂繁殖前的准备时期。此时期内，细胞内某些活性物质未能达到细菌分裂所需的最低浓度，因此出现了对数期前的“静止期”。另外，新环境的物理和化学条件的不同，也会影响到迟缓期。工业生产中有时选用对数期末期的种子接种，正是为了缩短迟缓期。

在迟缓期到指数生长期之间常常会出现一个过渡期，称为加速期。有时加速期包含在迟缓期内。当准备工作结束，菌体便开始迅速繁殖，进入对数生长期（也称指数生长期）。此时，菌体以其可能的遗传潜力在一定的培养基和培养条件下，以其可能的潜力速率进行生长和分裂，菌体量随时间呈指数函数形式增长，故又称指数生长期。在此时间段，菌体的比生长速率 μ 值一定，有

$$\mu = \frac{1}{X} \cdot \frac{\mathrm{d}X}{\mathrm{d}t} \text{或} \frac{\mathrm{d}X}{\mathrm{d}t} = \mu X \tag{5-1}$$

式中，X——菌体浓度；

t——时间。

上式为菌体比生长速率 μ 的定义式。当 $t = t_{\mathrm{lag}}$ 时，令 $X = X_0$，积分上式，有

$$\ln\left(\frac{X}{X_0}\right) = \mu(t - t_{\mathrm{lag}}) \text{ 或 } X = X_0 \exp[\mu(t - t_{\mathrm{lag}})] \tag{5-2}$$

式中，t_{lag}——迟缓期所需时间；

X_0——初始菌体浓度。

应指出的是，μ 为定值是对给定条件而言。当环境条件与培养基组成发生变化时，μ 值也将发生变化。生产中，应根据目的产物的不同，通过选择环境条件和培养基组成，以达到适宜的 μ 值，使生产高效率进行。

随着菌体的生长，如果出现某种营养物被消耗或某种代谢产物出现抑制作用，此时菌体比生长速率 μ 逐渐下降，就会进入减速期。当然，实际的微生物培养过程中，总会受到各方面因素的限制。此时，如果只有一种限制性基质影响到菌体比生长速率 μ 时，就可采用 Monod 方程来描述菌体的生长变化。经过减速期到达静止期的原因，一般认为是：①必需的营养物质不足；②氧的供应不足；③抑制物的积累；④生长因子不足；⑤生物的生长空间不够等。若假定直至静止期特定基质 A 的消耗速率 $\mathrm{d}[\mathrm{S}]_{\mathrm{A}}/\mathrm{d}t$ 与反应系统中活菌体量 X 成正比，则

$$\frac{d[S]_A}{dt} = -K_A X \tag{5-3}$$

式中，K_A——比例系数。

进入衰退期后，由于菌体缺乏能量储藏物质，以及胞内各种水解酶的作用，引起细胞自身的自溶（autolysis）。实际上，即使在生长旺盛的对数生长期，也有一部分微生物菌体死亡。因此，Monod 方程应改写为

$$\mu = \frac{\mu_{max}[S]}{K_s + [S]} - K_d \tag{5-4}$$

即

$$\frac{dX}{dt} = \frac{\mu_{max}[S]}{K_s + [S]} X - K_d X \tag{5-5}$$

式中，K_d——微生物菌体死亡速率常数。

在衰退期，由于底物已全部耗尽，因此，

$$\frac{dX}{dt} = -K_d X \tag{5-6}$$

当 t=0 时，X=X_{st}，积分上式，则

$$X = X_{st} \exp(-K_d t) \tag{5-7}$$

一般在适宜的生长环境中，K_d 值较小，随着培养的进行，K_d 值增大，进入衰退期后达到最大值。

5.1.2 状态方程式

微生物培养过程是指基质在微生物的作用下转变为产物（或细胞）的过程。这一过程是由物质转换过程，即微生物的生物代谢活动，简称生物代谢过程，以及环境过程，即外部因素影响微生物代谢活动的过程两部分所组成。前一个过程发生在细胞内部，后一过程则发生在细胞外部。

培养过程中，与生物代谢过程相关的主要参数有：基质的比消耗速率 γ、氧的比消耗速率 Q_{O_2}、比生长速率 μ、产物的比生成速率 π 和 CO_2 比生成速率 Q_{CO_2} 等，以及微观参数如基因表达（转录、转译）效率，代谢过程中关键酶及其调节效率等。除上述参数外，还有溶解氧浓度（好氧反应时）DO、反应液中的 CO_2 的浓度 DCO_2、代谢产物的浓度[P]、菌体浓度 X、基质浓度[S]及操作条件，如 pH、温度、压力等。

分批培养过程的状态方程式（环境过程的状态方程式）可表示为

基质：

$$\frac{d[S]}{dt} = -\gamma X \tag{5-8}$$

菌体：

$$\frac{dX}{dt} = \mu X \tag{5-9}$$

产物：

$$\frac{d[P]}{dt} = \pi X \tag{5-10}$$

O_2：

$$Q_{O_2} X = \frac{F}{V}\left[\frac{\left(P_{O_2}\right)_{in}}{P_{all} - \left(P_{O_2}\right)_{in} - \left(P_{CO_2}\right)_{in}} - \frac{\left(P_{O_2}\right)_{out}}{P_{all} - \left(P_{O_2}\right)_{out} - \left(P_{CO_2}\right)_{out}}\right] \tag{5-11}$$

$$CO_2:\qquad Q_{CO_2}X=\frac{F}{V}\left[\frac{\left(P_{CO_2}\right)_{out}}{P_{all}-\left(P_{O_2}\right)_{out}-\left(P_{CO_2}\right)_{out}}-\frac{\left(P_{CO_2}\right)_{in}}{P_{all}-\left(P_{O_2}\right)_{in}-\left(P_{CO_2}\right)_{in}}\right]\tag{5-12}$$

式中，F——惰性气体流速；

V——反应液总容积；

P_{all}——气体总压力；

（P_{CO_2}）$_{out}$——排气中氧的分压；

（P_{O_2}）$_{in}$——进气体中氧的分压；

（P_{CO_2}）$_{in}$——进气体中 CO_2 的分压；

（P_{CO_2}）$_{out}$——排气中 CO_2 的分压。

当 t=0 时，

$$[S]=[S]_0;\ X=X_0;\ [P]=0;\ \gamma=\gamma_0;$$

$$\mu=\mu_0;\ \pi=\pi_0;\ Q_{O_2}=(Q_{O_2})_0;\ Q_{CO_2}=(Q_{CO_2})_0$$

一般微生物的生长及合成目的代谢产物的最适温度、最适 pH 的范围较窄。研究温度对产黄青霉（*Penicillum chrysogenum*）生长速率和青霉素生成速率的影响时，发现最适生长温度为 30℃，进行呼吸的最适温度为 21.7～28.6℃，产物青霉素的最适生成温度为 24.7℃。一般可采用定值控制。在这样的条件下，可以认为分批培养过程中的动态特性取决于基质与微生物浓度（接种量）及微生物培养过程中的诸比速率的初始值，因此，支配分批式培养的主要因素是基质与微生物菌体浓度的初始值。

微生物分批培养过程分析中，需观察 X、[S]和[P]等随时间的变化情况。由于不可能研究所有培养液成分随时间的变化，因此应选择与产物 P 关系最为密切的基质 S 作为观察对象。必要时，可观察两种基质浓度的变化。好氧培养中，溶解氧浓度（DO）随时间的变化也是很重要的参数。

分批培养中的 r_X、r_S、r_P、μ、γ 和 π 等变量的值，可从分批培养中的相应时间变化曲线中求得。

【例题 5-1】 以甘油为基质进行白色链霉菌（*Streptomyces albus*）分批培养。初始 t=0 时，$X_0=0.1\text{g/L}$，$[S]_0=50\text{g/L}$。菌体的生长变化可以 Monod 方程来表示，$\mu_{max}=0.5\text{h}^{-1}$，$K_s=1.23\times10^{-2}\text{g/L}$，$Y_{X/S}=0.5\text{g/g}$（以菌体量/葡萄糖计），若不考虑迟缓期、加速期和静止期等，求培养至 6h 的菌体浓度。

【解】 由菌体得率的定义式，代入已知数值，有

$$Y_{X/S}=\frac{X-X_0}{[S]_0-[S]}=\frac{X-0.1}{50-[S]}=0.5\tag{1}$$

因此，基质浓度与菌体浓度有如下关系

$$[S]=-2X+50.2\tag{2}$$

由（1）式变形可得

$$[S]=[S]_0-\frac{X-X_0}{Y_{X/S}}\tag{3}$$

因为
$$r_X = \frac{dX}{dt} = \mu X = \frac{\mu_{max}[S]}{K_s + [S]} X \tag{4}$$

将（3）式代入（4）式中，积分，得
$$(t - t_0) = \frac{1}{\mu_{max}}\left[\left(\frac{Y_{X/S}K_s}{K_s[S]_0 + X_0} + 1\right)\ln\frac{X}{X_0} - \left(\frac{Y_{X/S}K_s}{K_s[S]_0 + X_0}\right)\ln\frac{[S]}{[S]_0}\right] \tag{5}$$

将已知条件代入（5）式，
$$6 = \frac{1}{0.5}\left[\left(\frac{0.5\times1.23\times10^{-2}}{1.23\times10^{-2}\times50+0.1} + 1\right)\ln\frac{X}{0.1} - \left(\frac{0.5\times1.23\times10^{-2}}{1.23\times10^{-2}\times50+0.1}\right)\ln\left(\frac{-2X+50.2}{50}\right)\right]$$

得
$$X = 2.01(\text{g/L})$$

【例题 5-2】采用合成培养基，在一生物反应器中进行某种细菌分批培养，菌体的生长变化可利用 Monod 方程描述，已知 $\mu_{max} = 0.8\text{h}^{-1}, K_s = 0.6\text{kg/m}^3$，基质初始浓度为 50kg/m^3，菌体初始浓度 $X_0 = 0.1\text{kg/m}^3, Y_{X/S} = 0.5\text{kg/kg}$（以菌体量/基质计），求当 80%的基质已消耗时所需时间。

【解】当 80%的基质已消耗时的基质浓度为 $[S] = 50 - (50\times0.8) = 10\text{kg/m}^3$。由于在整个培养过程中，$[S] \gg K_s = 0.6\text{kg/m}^3$，因此，Monod 方程可写为
$$r_X = \frac{dX}{dt} = \mu_{max}X = 0.8X \tag{1}$$

此时，菌体的生长过程近似一级反应，由于在培养时间内每立方米培养液中消耗基质量为 40kg，此期间 $Y_{X/S}$=0.5，生成的菌体量为
$$([S]_0 - [S])Y_{X/S} = 40\times0.5 = 20(\text{kg}) \tag{2}$$

所以，时间从 t=0 至 t=t 时，菌体量由 0.1kg 增至 20.1kg。（1）式积分，所需时间为
$$t = \int_{0.1}^{20.1}\frac{dX}{0.8X} = \frac{1}{0.8}\ln(\frac{20.1}{0.1}) = 6.63(\text{h})$$

5.1.3 反复分批式培养

反复分批式培养（图 5-3）具有不需要种子培养过程，节省反应器的清洗和杀菌操作，由于培养初期菌体浓度高，可有效缩短迟缓期和加速期等优点。当然，反复进行过程中应特别注意防止杂菌的污染，以及随循环次数的增加所用菌株活力下降等问题。在实际生产中采取的分割发酵，就是一种反复分批式培养过程。

反复分批式培养系统中培养液体积为 V，培养液取出率为 α'，滤液取出率为 β'，由于 V 一定，因此培养液加入量为 $(\alpha' + \beta')V = F$。

为确保菌体初始浓度 X_i 一定，某些情况下有必要将流出液中部分含菌体的培养液取出，此时菌体量的衡算式为
$$X_iV = X_fV - \alpha' X_fV \tag{5-13}$$

由（5-13）式可知

$$\alpha' = 1 - \frac{X_i}{X_f} \tag{5-14}$$

产物浓度的衡算为

$$[P]_i V = [P]_f V - \left(\alpha'[P]_f V + \beta'[P]_f V\right) \tag{5-15}$$

由（5-15）式，滤液取出率为 β'

$$\beta' = \left(1 - \alpha'\right) - \frac{[P]_i}{[P]_f} = \frac{X_i}{X_f} - \frac{[P]_i}{[P]_f} \tag{5-16}$$

产物的生产能力

$$[P]_{RB} = \frac{[P]_f - [P]_i}{t_{RB}} = \frac{\left(\alpha' + \beta'\right)[P]_f}{t_{RB}} \tag{5-17}$$

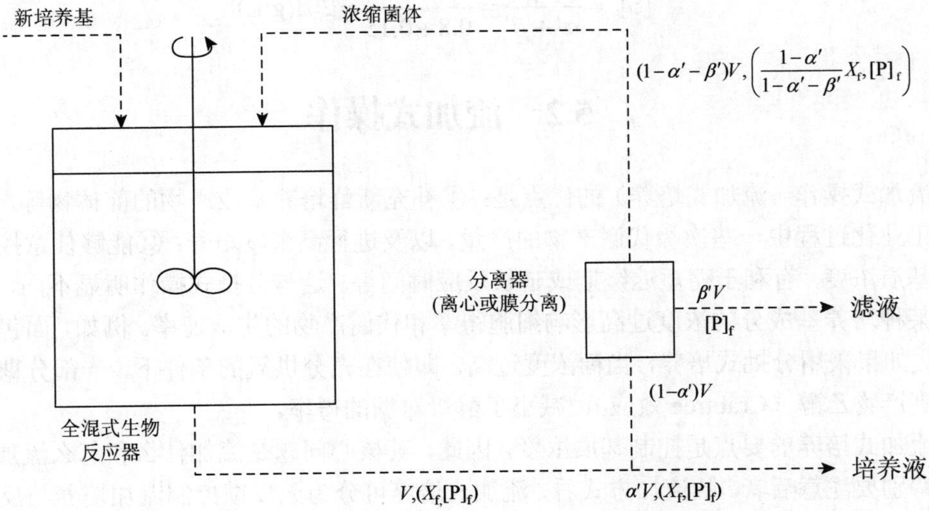

图 5-3　反复分批式培养示意图

由（5-17）式可知，为提高产物生产能力，可采取提高 $(\alpha' + \beta')$ 或减少 t_{RB} 的方法。

【例题 5-3】以葡萄糖为限制性基质，采用酿酒酵母进行反复分批式培养，以获取目的产物。培养液 V=1000L，菌体初始浓度 $X_i = 3.0\text{g/L}$，初始目的产物浓度 $[P]_i = 1.3\text{g/L}$，最终菌体浓度与目的产物浓度分别为 $X_f = 15\text{g/L}$，$[P]_f = 26\text{g/L}$。试计算初始基质浓度 $[S]_i$；新鲜培养液供给量 F 及基质浓度 $[S]_0$；培养液与滤液分离取出率各为多少？已知 $Y_{P/S} = 0.35$；$Y_{X/S} = 0.1$。

【解】由（5-14）式可知

$$\alpha' = 1 - \frac{3.0}{15} = 0.8$$

由（5-16）式可知

$$\beta' = \frac{3.0}{15} - \frac{1.3}{26} = 0.15$$

反应初始 $[S]_f = 0$，求基质浓度 $[S]_i$

$$V[\mathrm{S}]_{\mathrm{i}}=\frac{([\mathrm{P}]_{\mathrm{f}}-[\mathrm{P}]_{\mathrm{i}})V}{Y_{\mathrm{P/S}}}+\frac{(X_{\mathrm{f}}-X_{\mathrm{i}})V}{Y_{\mathrm{X/S}}}$$

即

（基质需要量）=（产物生成所需基质消耗量）+（菌体增加所需基质消耗量）

所以

$$[\mathrm{S}]_{\mathrm{i}}=\frac{26-1.3}{0.35}+\frac{15-3}{0.1}=191(\mathrm{g/L})$$

再次分批式培养开始，新培养基加入量为

$$F=(\alpha'+\beta')V=(0.8+0.15)\times1000=950(\mathrm{L})$$

基质流加浓度$[\mathrm{S}]_0$为

$$[\mathrm{S}]_0=\frac{[\mathrm{S}]_{\mathrm{i}}}{\alpha'+\beta'}=\frac{191}{0.8+0.15}=201(\mathrm{g/L})$$

5.2 流加式操作

流加式操作（流加式培养）的优点是：①补充新鲜培养基或产物的前体物等，可有效提高工业化过程中一些次级代谢产物的产量，以及进行高密度培养；②能够任意控制反应液中基质浓度，有利于缩短迟缓期或延长反应时间等。这与分批式操作明显不同，它不会出现某种培养基成分的浓度过高影响细胞得率和代谢产物的生成速率。例如，面包酵母生产中，如果采用分批式培养，当糖浓度过高，即使在充分供氧的条件下，一部分糖也会转化为副产物乙醇（Crabtree 效应），减小了酵母对糖的得率。

流加式培养的要点是控制基质浓度，因此，其核心问题是流加什么和怎么流加。在工程上特别要注意后者。从流加方式看，流加式培养可分为无反馈控制流加培养与反馈控制流加培养。前者是指基质的流量按事先设置好的条件进行，包括定流量流加（constantly fed-batch operation）、指数流加（exponentially fed-batch operation）和最优流加量流加培养等。后者分间接控制、直接控制、定值控制和智能控制等。流加培养过程中有关参数的变化如图 5-4 所示。

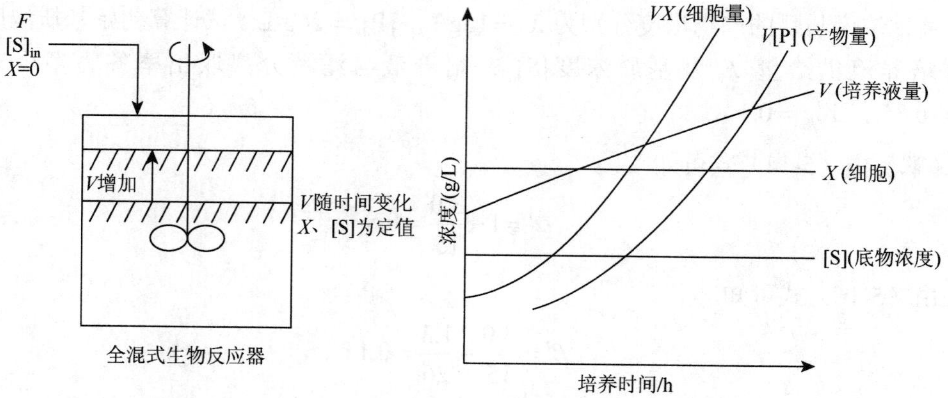

图 5-4 流加培养操作

无论采用哪一种流加方式，一旦特定基质加入反应器后，培养液体积就会发生变化，状态变量的估算与质量衡算都以总量的变化来进行，这时 μ、γ 和 π 可定义如下：

$$\mu = \frac{1}{XV} \cdot \frac{\mathrm{d}(XV)}{\mathrm{d}t} \tag{5-18}$$

$$\gamma = \frac{1}{XV}\left[F[\mathrm{S}]_{\mathrm{in}} - \frac{\mathrm{d}(V[\mathrm{S}])}{\mathrm{d}t}\right] \tag{5-19}$$

$$\pi = \frac{1}{VX} \cdot \frac{\mathrm{d}(V[\mathrm{P}])}{\mathrm{d}t} \tag{5-20}$$

式中，V——反应器内培养液的体积；

F——流加培养液的体积流量；

$[\mathrm{S}]_{\mathrm{in}}$——流加液中的基质浓度；

$F[\mathrm{S}]_{\mathrm{in}}$——基质的质量流量。

5.2.1　无反馈控制的流加式操作

采用无反馈控制的流加式操作时，基质的流加按预先设置好的条件进行。假定反应器中为理想的全混合状态，培养液中只有一种基质限制菌体生长，菌体的得率系数恒定不变。此时，对培养液中的菌体量、限制性基质量和产物量进行物料衡算，

菌体的平衡式

$$\frac{\mathrm{d}(VX)}{\mathrm{d}t} = \mu VX \tag{5-21}$$

限制性基质的平衡式

$$\frac{\mathrm{d}(V[\mathrm{S}])}{\mathrm{d}t} = F[\mathrm{S}]_{\mathrm{in}} - \frac{1}{Y_{\mathrm{G}}} \cdot \frac{\mathrm{d}(VX)}{\mathrm{d}t} - mVX \tag{5-22}$$

产物平衡式

$$\frac{\mathrm{d}(V[\mathrm{P}])}{\mathrm{d}t} = \pi VX \tag{5-23}$$

培养液的体积变化式为

$$\frac{\mathrm{d}V}{\mathrm{d}t} = F - K_{\mathrm{vap}} + F_{\mathrm{A}} \tag{5-24}$$

式中，K_{vap}——单位时间里由于通气，随排出气体而失去的水分；

F_{A}——调节 pH 需要添加酸或碱，以及消泡剂等的加入量。

如果流加的基质能够迅速并完全被培养的菌体所消耗，并且维持代谢为零时，可得到最大的菌体浓度 $X_{\max}$。当单位时间的基质流加量与基质消耗量相等时，可以认为 $\mathrm{d}[\mathrm{S}]/\mathrm{d}t \approx 0$，这样由（5-22）式，有

$$\frac{F}{V}[\mathrm{S}]_{\mathrm{in}} \approx \frac{1}{Y_{\mathrm{X/S}}}\mu X \tag{5-25}$$

此时，对于所供给的一定浓度的基质，菌体总量不断增加，而菌体浓度近似一定，即 $\mathrm{d}X/\mathrm{d}t=0$。由（5-24）式，可认为 $\mu \approx F/V$。应注意，流加式培养中 V 是一变量，因此，

F/V 与连续式培养中的稀释率 D 意义不同。在连续式培养过程中，$F/V=D$，称为稀释率（细节见 5.3 连续式操作一节），当 $\mu = D$ 时，在连续培养过程中称为稳定状态。而在此时的流加培养过程中，称为拟稳定状态。

拟稳定状态下，限制性底物浓度虽然很低，但并不等于 0，其浓度为

$$[\mathrm{S}] = \frac{K_{\mathrm{s}} F/V}{\mu_{\max} - F/V} \tag{5-26}$$

1. 定流量流加式操作

定流量流加式操作是指基质的流加速度保持一定的流加式培养。此时 $\mathrm{d}V/\mathrm{d}t = F =$ 定值。时间 $t=0$ 时，$[\mathrm{S}]=[\mathrm{S}]_0, X = X_0, V = V_0$，时间 t 时，菌体量的恒算式为

$$XV = Y_{\mathrm{X/S}}(F[\mathrm{S}]_{\mathrm{in}} t + V_0[\mathrm{S}]_0) + X_0 V_0 \tag{5-27}$$

式中，X、V 分别是时间 t 时的菌体浓度和反应液体积，时间 t 时的菌体浓度为

$$X = \frac{Y_{\mathrm{X/S}} F[\mathrm{S}]_{\mathrm{in}} t + V_0(Y_{\mathrm{X/S}}[\mathrm{S}]_0 + X_0)}{Ft + V_0} \tag{5-28}$$

这种流加方式培养的最大特点是微生物呈线性生长（linear growth），即

$$\frac{\mathrm{d}(VX)}{\mathrm{d}t} = K_{\mathrm{L}}\text{（一定）} \tag{5-29}$$

式中，K_{L}——线性生长速率常数。

通过实验可以验证，在定流量流加操作过程中，达到拟稳定状态后菌体的比生长速率是逐步减小的，限制性基质浓度处于相当低的水平。

2. 指数流加式操作

通过采用随时间呈指数性变化的方式流加基质，维持微生物细胞的对数生长的操作方法称为指数流加式操作。此时，以满足 μ 等于定值为基础，流加基质，由 Monod 方程可获得[S]=常数。此时，由于 $\mathrm{d}X/\mathrm{d}t=0$，结合前述的拟稳定状态条件，有如下方程式

$$\mu = \frac{F}{V} = \frac{1}{V}\cdot\frac{\mathrm{d}V}{\mathrm{d}t} \tag{5-30}$$

培养液体积 V

$$V = V_0 \exp(\mu t) \tag{5-31}$$

当 μ 值保持恒定，并基于（5-31）式，菌体量为

$$XV = X_0 V_0 \exp(\mu t) \tag{5-32}$$

式中，X_0 和 V_0 分别为流加操作开始时的菌体浓度和培养液的体积，流加基质的流量为

$$F = F_0 \exp(\mu t) \tag{5-33}$$

从以上结果可知，采用这种方式操作，不仅能保证微生物呈指数生长，而且能保持基质浓度一定。流加基质浓度 $[\mathrm{S}]_{\mathrm{in}}$ 与反应器内培养液最终体积 V_{f}、最终细胞量 X_{f} 和细胞得率 $Y_{\mathrm{X/S}}$ 有如下关系：

$$[\mathrm{S}]_{\mathrm{in}} = \frac{X_{\mathrm{f}} V_{\mathrm{f}} - X_0 V_0}{Y_{\mathrm{X/S}}(V_{\mathrm{f}} - V_0)} \tag{5-34}$$

拟稳定状态下初始流加速度 F_0 可由（5-25）式给出。

$$F_0 = \frac{\mu V_0 X_0}{[S]_{in} Y_{X/S}} \tag{5-35}$$

随着流加式操作的进行，当所要控制的限制性基质的浓度[S]与流加基质浓度$[S]_{in}$相比可以忽略（$[S] \ll [S]_{in}$）时，或者流加引起的培养液体积变化可以忽略时，（5-33）式和（5-35）式可写成

$$F = \frac{\mu V_0 X_0 \exp(\mu t)}{[S]_{in} Y_{X/S}}$$

另外，根据需要也可采用恒速流加，但流加液中限制性基质浓度随时间线性增加的方法进行流加操作。由于微生物每次培养都可能有微妙的变化，因此，无反馈控制的流加培养适用范围很窄。实用上多考虑反馈控制条件下的流加培养。

5.2.2　有反馈控制的流加式操作

根据控制方式，反馈控制的流加式操作可分为间接（确定与过程密切相关的、可以测定的参数为控制指标，如 pH、DO、Q_{CO_2} 等）和直接（连续或间断地测定培养液中流加的基质浓度，以此作为控制指标）两类。另外，根据流加基质浓度的情况，可分为保持一定浓度值（定值控制）和浓度随时间变化（程序控制）两类控制方法。

甘油为基质进行阴沟肠杆菌（*Enterobacter cloacae*）定流量流加培养的实验结果与计算机模拟结果如图 5-5。图 5-5（a）是甘油水溶液为流加基质的结果，如图 5-4 所示的那样，细胞浓度一定，XV 以直线方式增加。图 5-5（b）甘油直接为流加基质，与甘油水溶液为流加基质不同，流加的基质全部被消耗，培养液的体积 V 一定，细胞浓度 X 按照线性方式增加。此时，确保了高浓度培养的成功。

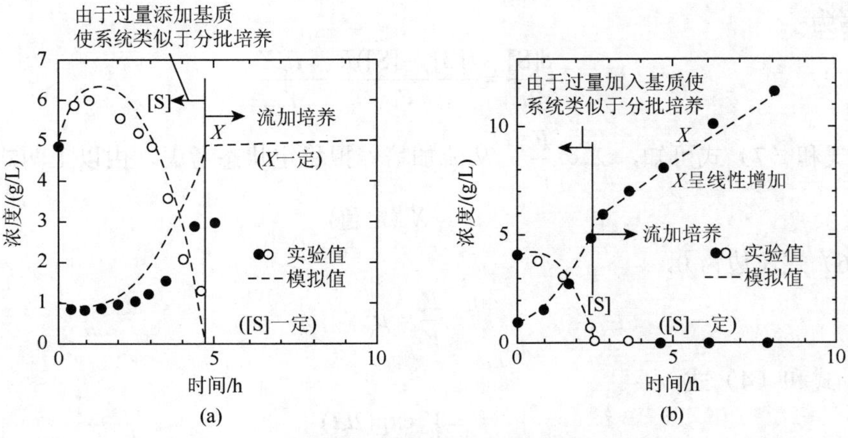

图 5-5　阴沟肠杆菌定流量流加培养

（a）甘油水溶液为流加基质时（V 增加）；（b）甘油为流加基质时（V 一定）

无论采用何种流加方式，都应兼顾当时的经济技术情况和提高产率的程度等。另外，为提高微生物发酵生产效率，有时还会采用反复补料流加式培养。也就是如前所述随着补

料的进行，培养液体积不断增大，达到一定程度时，将部分培养液从反应器中取出，剩余部分继续进行补料分批式培养。

【例题 5-4】一培养体系中某种微生物细胞以一定的比生长速率进行生长繁殖，如果能够以确保微生物细胞的生长速率不变为目标，确定新鲜培养液的流加方式，此时应采取何种方式流加新鲜培养液？

【解】由题意可知，

$$\mu = \mu_c(\text{定值}) \tag{1}$$

菌体的生长速率可由 Monod 模型来表达，有

$$\mu = \frac{\mu_{max}[S]}{K_s + [S]} \tag{2}$$

由于 μ 值一定，因此（2）式中的[S]值为一定，即

$$[S] = [S]_c \tag{3}$$

由题意可知，流加培养过程中，新鲜反应液的流加量

$$F = \frac{dV}{dt} \tag{4}$$

关于菌体量的衡算式，有

$$\frac{d(XV)}{dt} = \mu_c XV \tag{5}$$

所以，

$$\frac{dX}{dt} = \left(\mu_c - \frac{F}{V}\right)X \tag{6}$$

关于基质的衡算式，有

$$\frac{d([S]V)}{dt} = F[S]_0 - \frac{VX\mu_c}{Y_{X/S}} \tag{7}$$

还可以写为

$$\frac{d[S]}{dt} = \frac{([S]_0 - [S])F}{V} - \frac{\mu_c X}{Y_{X/S}} \tag{8}$$

由（3）式和（7）式可知，$X \propto \frac{F}{V}$。从流加培养拟稳定状态考虑，由以上两式，有

$$X = X_c(\text{定值}) \tag{9}$$

所以，（6）式左边为 0，

$$\frac{F}{V} = \mu_c \tag{10}$$

由（10）式和（4）式，

$$V = V_0 \exp(\mu_c t) \tag{11}$$

流加培养的起始点，即 t=0 时，$V = V_0$。所以

$$F = F_0 \exp(\mu_c t) \tag{12}$$

式中

$$F_0 = V_0 \mu_c \tag{13}$$

所以，新鲜培养液以（12）式的指数流加量流加就可以满足题目的要求。

【例题 5-5】流加基质为葡萄糖，培养大肠杆菌。流加培养开始时的 V_0=1.0L，$[S]_{in}$=80g/L，F=0.2L/h，反应方程式可以用 Monod 方程来表示，其中 $\mu_m = 0.2h^{-1}$，$K_s = 1.0g/L$，$Y_{X/S} = 0.6g/g$（以细胞/葡萄糖计）。流加培养 2h 后，求：①此时的培养液体积 V；②拟稳定状态下反应器中的葡萄糖浓度；③培养完成时反应器中的菌体浓度。

【解】当 t=0 时，以 V=V_0 为边界条件，对 $dV/dt = F$ 式积分，得反应终止时的培养液体积为 $V = V_0 + Ft = 1.0 + 0.2 \times 2 = 1.4(L)$，所以

$$\frac{F}{V}(= D = \mu) = \frac{0.2}{1.4} = 0.143(h^{-1})$$

Monod 方程变形，拟稳定状态下的基质浓度（葡萄糖浓度）为

$$[S] = \frac{DK_s}{\mu_m - D} = \frac{0.143 \times 1}{0.2 - 0.143} = 2.5(g/L)$$

由（5-25）式，培养终止时的菌体浓度是

$$X = Y_{X/S}[S]_{in} = 0.6 \times 80 = 48(g/L)$$

【例题 5-6】青霉菌流加培养中，为确保比生长速率 $\mu = 0.2h^{-1}$，按照指数式流加葡萄糖。$[S]_{in} = 0.3kg/m^3$。菌体的生长可以用 Monod 方程表达，$\mu_{max} = 0.30h^{-1}, K_s = 0.1kg/m^3$。流加开始时培养液体积 $V_0 = 0.005m^3$，菌体浓度为 $X_0 = 0.1kg/m^3$，细胞得率 $Y_{X/S} = 0.3kg/kg$（以细胞/葡萄糖计）。求流加培养至 10h 时反应器内的基质浓度和培养液体积，流加开始与 10h 时的流加速度。

【解】Monod 方程变形后，可得基质浓度

$$[S] = \frac{\mu K_s}{\mu_{max} - \mu} = \frac{0.2 \times 0.1}{0.3 - 0.2} = 0.2(kg/m^3)$$

10h 后培养液体积，可由（5-31）式获得

$$V_f = V_0 \exp(\mu t) = 0.005 \exp(0.2 \times 10) = 0.037(m^3)$$

（5-34）式变形，可得

$$X_f = \frac{1}{V_f}[[S]_{in} Y_{X/S}(V_f - V_0) + X_0 V_0] = \frac{1}{0.037}[0.3 \times 0.3(0.037 - 0.005) + 0.1 \times 0.005] \approx 0.1(kg/m^3)$$

由于 $X_0 = 0.1kg/m^3$，说明流加操作处于拟稳定状态下。

由（5-35）式，流加操作开始时的流量为

$$F_0 = \frac{0.2 \times 0.005 \times 0.1}{0.3 \times 0.3} = 0.0011(m^3/h)$$

由（5-31）式，流加 10h 后的基质流量为

$$F_f = 0.0011 \exp(0.2 \times 10) = 0.008(m^3/h)$$

5.3　连续式操作

连续式操作（连续培养）与分批式培养相比具有很多优点（表 5-1）。但是，由于菌种变

异和杂菌污染的可能性较大等原因，在工业生产上实施连续培养较少。除了在活性污泥法处理污水中应用外，只在单细胞蛋白、面包酵母、小球藻（chlorella）和如乙醇这样的（能量产生机制和细胞增殖密切相关的）代谢产物及固定化微生物细胞的培养等方面得到使用。

虽然连续式操作在工业上的应用不像分批式操作那么普遍，但在科学研究中有广泛的用途。另外，由于环境因素的影响，不能够直接依据分批式操作的结果预测连续式操作的结果。

连续培养有两大类型，即连续操作搅拌式反应器（continuous stirred tank reactor，CSTR）型和连续操作活塞式反应器（continuous plug flow tulular reactor，CPFR）型。在CSTR中，只要反应器内含有一定量的细胞，在一定进料流量范围内，就可以实现稳态操作；但是在CPFR中，若流入物料中不含有微生物，就不能实现连续操作。因此，微生物纯培养的连续操作主要采用CSTR，而CPFR不能在培养微生物时单独使用，必须与其他形式反应器串联使用。因CPFR更多地应用于酶促反应过程，相关内容将在反应器一章中介绍。下面介绍CSTR型连续培养。

根据达成稳定状态的方法不同，CSTR型连续培养可分为无反馈控制的连续式操作和反馈控制的连续式操作两类。前者是指恒化器法（chemostat）；后者包括恒浊器法（turbidstat）、营养物恒定法（nutristat）和恒速器法（auxostat）。恒化器法是指在连续培养过程中，维持基质流加速度恒定，以调节微生物细胞的生长速率与恒定流量相适应的方法。恒浊器法是指预先规定细胞浓度，通过基质流量控制，以适应细胞的既定浓度的方法。营养物恒定法是指通过流加一定成分，使培养基中的营养成分恒定的方法。恒速器法是指对流加液流量进行自动控制，使与微生物菌体生长间接有关的参数（如pH、DO、氧化还原电位等）保持在给定值，从而保证微生物恒速生长。实际应用中多采用恒化器法，因此这里主要就其加以叙述。

5.3.1　恒化器法连续操作

（1）单级连续培养

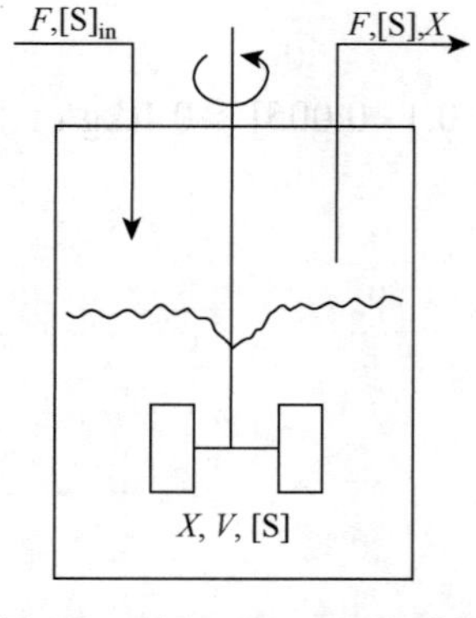

图 5-6　单级 *CSTR* 培养系统

图5-6所示的单级CSTR培养系统中，流入液中仅一种成分为微生物生长的限制性因子，其他成分在不发生抑制的条件下充分存在。

以恒定的流量 F 将新鲜的培养液送入反应器的同时，将培养液以同样的流量抽出，因此，反应器中的培养液体积 V 保持不变。当反应器中的培养液处于充分混合的理想状态下时，微生物培养过程中的菌体、限制性基质及产物的物料衡算式为

变化量=流入量+生成量−流出量

由于流入液中菌体与产物的浓度为零，因此，上述衡算式写成数学表达式

菌体：
$$V\frac{\mathrm{d}X}{\mathrm{d}t}=V\mu X-FX \tag{5-36}$$

限制性基质：
$$V\frac{d[S]}{dt}=F([S]_{in}-[S])-V\gamma X \tag{5-37}$$

产物：
$$V\frac{d[P]}{dt}=V\pi X-F[P] \tag{5-38}$$

式中，F——新鲜培养液流入与培养液流出的流量，L/h；

V——反应器内培养液的体积，L；

$[S]_{in}$——流入液中限制性基质的浓度，mol/L；

$[S]$——反应器内培养液和流出液中的限制性基质浓度，mol/L；

其余物理量同前。

（5-36）式～（5-38）式两边同除以 V，则

$$\frac{dX}{dt}=\mu X-DX \tag{5-39}$$

$$\frac{d[S]}{dt}=D([S]_{in}-[S])-\gamma X \tag{5-40}$$

$$\frac{d[P]}{dt}=\pi X-D[P] \tag{5-41}$$

式中，D——稀释率（dilution rate），表示连续反应器中物料更新的快慢程度。

$$D=\frac{F}{V} \tag{5-42}$$

根据菌体得率 $Y_{X/S}$ 和产物得率 $Y_{P/S}$ 的定义式，以及 Monod 方程，（5-39）式～（5-41）式可改写成

$$\frac{dX}{dt}=(\frac{\mu_{max}[S]}{K_s+[S]}-D)X \tag{5-43}$$

$$\frac{d[S]}{dt}=D([S]_{in}-[S])-\frac{X}{Y_{X/S}}\cdot\frac{\mu_{max}[S]}{K_s+[S]} \tag{5-44}$$

$$\frac{d[P]}{dt}=\frac{Y_{P/X}\cdot\mu_{max}}{K_s+[S]}X-D[P] \tag{5-45}$$

其中，

$$Y_{P/X}=\frac{Y_{P/S}}{Y_{X/S}}$$

当菌体与产物得率一定，以上三式表明培养过程中的各变量与比生长速率相关。稳定状态下（一般需要流加 3～5 倍培养液体积所需要的时间），反应器中的菌体浓度、限制性基质浓度和产物浓度不随培养时间而变化，即

$$\frac{dX}{dt}=\frac{d[S]}{dt}=\frac{d[P]}{dt}=0$$

此时的菌体浓度、限制性基质浓度和代谢产物浓度可分别表示为

$$\overline{X}=Y_{X/S}([S]_{in}-\frac{K_sD}{\mu_{max}-D}) \tag{5-46}$$

$$\overline{[S]}=\frac{K_sD}{\mu_{max}-D} \tag{5-47}$$

$$\overline{[\mathrm{P}]} = Y_{\mathrm{P/S}}\left([\mathrm{S}]_{\mathrm{in}} - \frac{K_{\mathrm{s}}D}{\mu_{\max} - D}\right) \tag{5-48}$$

这些式子分别表明了稀释率与各物质浓度之间的关系。

当连续培养达到稳定状态时，由（5-39）式可知

$$\bar{\mu} = D \tag{5-49}$$

由于 $D=F/V$，因此当 V 一定时，培养液供给的流量 F 的变化可以控制 μ 的大小。这也是恒化器法又被称为外部控制方法（external control method）的原因。

连续培养的特点是在稳定状态下，培养液中各种组分的浓度保持恒定，因此可以定量地解析环境因子在生理学、生物化学等方面对微生物生理学方面的影响。

事实上 D 是有一定限制的，就是要保证 $\overline{X} > 0$，即

$$D < D_{\mathrm{cri}} = \frac{\mu_{\max}[\mathrm{S}]_{\mathrm{in}}}{K_{\mathrm{s}} + [\mathrm{S}]_{\mathrm{in}}} \tag{5-50}$$

式中，D_{cri}——临界稀释率。

微生物培养一般是在 $[\mathrm{S}]_{\mathrm{in}} \gg K_{\mathrm{s}}$ 条件下进行的，所以根据（5-50）式，可以认为

$$D_{\mathrm{cri}} \approx \mu_{\max} \tag{5-51}$$

当 D 值接近 $\mu_{\max}$ 时，$\overline{X} \to -\infty$，实际上 X 为零，此时 $\overline{[\mathrm{S}]}$ 转变为 $[\mathrm{S}]_{\mathrm{F}}$［此时称为冲出（wash out）点，$[\mathrm{S}]_{\mathrm{F}}$ 称为冲出基质浓度］。由于基质流加速度过快，而微生物的生长速率一定，微生物菌体的浓度不断降低，最终微生物菌体全部被排出。当然，这已无连续培养的意义，但这一过程可用来确定此条件时微生物的 $\mu_{\max}$。

另外，由（5-46）式和（5-48）式给出稳定状态下菌体生长速率和产物生成速率，即

$$D\overline{X} = Y_{\mathrm{X/S}}D([\mathrm{S}]_{\mathrm{in}} - \frac{K_{\mathrm{s}}D}{\mu_{\max} - D}) \tag{5-52}$$

$$D\overline{[\mathrm{P}]} = Y_{\mathrm{P/S}}D([\mathrm{S}]_{\mathrm{in}} - \frac{K_{\mathrm{s}}D}{\mu_{\max} - D}) \tag{5-53}$$

由（5-53）式可知，获得最高产物产率时的稀释率为

$$D_{\max} = \mu_{\max}[1 - \sqrt{K_{\mathrm{s}}/(K_{\mathrm{s}} + [\mathrm{S}]_{\mathrm{in}})}] \tag{5-54}$$

此时，最高代谢产物浓度为

$$[\mathrm{P}]_{\max} = Y_{\mathrm{P/S}}[[\mathrm{S}]_{\mathrm{in}} + K_{\mathrm{s}} - \sqrt{K_{\mathrm{s}}(K_{\mathrm{s}} + [\mathrm{S}]_{\mathrm{in}})}] \tag{5-55}$$

同理，最高产率时的菌体浓度为

$$X_{\max} = Y_{\mathrm{X/S}}[[\mathrm{S}]_{\mathrm{in}} + K_{\mathrm{s}} - \sqrt{K_{\mathrm{s}}(K_{\mathrm{s}} + [\mathrm{S}]_{\mathrm{in}})}] \tag{5-56}$$

面包酵母的连续培养中，最大产率 $D_{\max}X_{\max}$ 的确定是一个优化问题（与求产物的最大产率 $D_{\max}[\mathrm{P}]_{\max}$ 的方法类似）。由（5-54）式和（5-56）式，有

$$D_{\max}X_{\max} = \mu_{\max}Y_{\mathrm{X/S}}(\sqrt{[\mathrm{S}]_{\mathrm{in}} + K_s} - \sqrt{K_{\mathrm{s}}})^2 \tag{5-57}$$

当 $K_S \ll [\mathrm{S}]_{\mathrm{in}}$ 时，

$$D_{\max}X_{\max} = \mu_{\max}Y_{\mathrm{X/S}}[\mathrm{S}]_{\mathrm{in}} \tag{5-58}$$

事实上，最大生产能力 $D_{\max}X_{\max}$ 是在接近最大稀释率 $D_{\max}$ 时达到的，其可能与基质

的利用率存在矛盾。经验表明，$D=0.7D_{cri}$ 时，基质利用率仍可能大于 95%。另外，如果需要在接近临界稀释率的条件下进行连续培养，可采用恒浊器培养的方法，通过培养液的浊度、限制性基质的浓度、产物二氧化碳、培养液的 pH 等参数，控制流加液的加入，使稀释率控制在临界值附近。

上述是以 $Y_{X/S}$ 为定值展开讨论的，实际上，实测的 $Y_{X/S}$ 值在 D 的低值区和高值区常常减小。其中，在低 D 值区域内 $Y_{X/S}$ 的减小可通过维持代谢来说明。

【例题 5-7】 葡萄糖为限制性基质进行呼吸缺陷型酵母突变株的单级连续培养（恒化器法）。请给出存在乙醇抑制和无抑制两种情况下稀释率 D 与菌体浓度 X、基质浓度[S]与产物（乙醇）浓度[P]的关系。已知原料中不含产物乙醇（[P]=0），基质浓度为 $[S]_0=10g/L$。

【解】 稳定状态下，X 的关联式为

$$X=Y_{X/S}\left([S]_0-[S]\right) \tag{1}$$

对于产物（如乙醇）抑制，由表 4-5 中的（14）式，可得非竞争抑制动力学方程为

$$\frac{dX}{dt}=\frac{\mu_{max}X[S]}{K_s+[S]}\cdot\frac{K_P}{K_P+[P]}$$

所以

$$[S]=\frac{DK_s}{\dfrac{\mu_{max}}{1+\dfrac{[P]}{K_P}}-D} \tag{2}$$

产物（乙醇）浓度[P]的关联式为

$$[P]=XY_{P/X} \tag{3}$$

将已知数值代入（1）式～（3）式，计算出相应的 X，[S]和[P]值。结果如图 5-7 所示。无论是否存在产物抑制，当 $D=D_{cri}$ 时，有 X=0；[P]=0，$[S]=[S]_0$，此时具有产物抑制的 D_{cri}=无产物抑制时的 D_{cri}。

【例题 5-8】 求某种霉菌连续发酵的稳定状态下菌体的最大生成速率 $D_{max}X_{max}$ 及此时的稀释率 D_{max}、菌体浓度 X_{max} 和基质浓度[S]。已知（菌体生长可用 Monod 方程表达）$[S]_0$=30g/L，$Y_{X/S}$=0.45g/g，μ_{max}=0.18h^{-1}，K_s=1.0g/L。

【解】 由（5-54）式可求出最大菌体生成速率时的稀释率 D_{max}

$$D_{max}=0.18\left(1-\sqrt{\frac{1.0}{30+1.0}}\right)=0.15(1/h) \tag{1}$$

由（5-57）式可求出 $D_{max}X_{max}$

$$D_{max}X_{max}=0.18\times0.45\times(\sqrt{30+1.0}-\sqrt{1.0})^2=1.69[g/(L\cdot h)] \tag{2}$$

由 Monod 方程可求出基质浓度[S]为

$$[S]=\frac{D_{max}K_s}{\mu_{max}-D_{max}}=\frac{0.15\times1.0}{0.18-0.15}=5.0(g/L) \tag{3}$$

由（1）式和（2）式，有

$$X_{max}=\frac{D_{max}X_{max}}{D_{max}}=\frac{1.69}{0.15}=11.25(g/L)$$

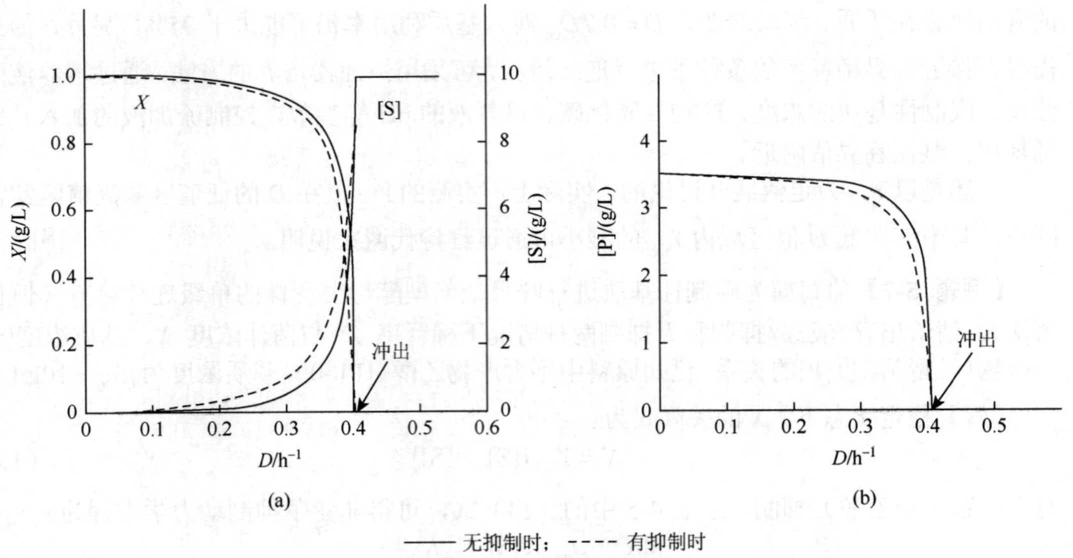

图 5-7 连续培养中稀释率对 X、[S]和[P]的影响

（a）细胞浓度与基质浓度的变化；（b）产物浓度的变化

【例题 5-9】如图 5-8 所示的反应器由两个充分混合的区域（称为罐 1 和罐 2）所组成。罐 1 的体积为 αV，罐 2 的为（$1-\alpha$）V。反应器整体为不完全混合状态，已知菌体的生长可采用 Monod 方程来表达，求发生"冲出"现象时的稀释率。

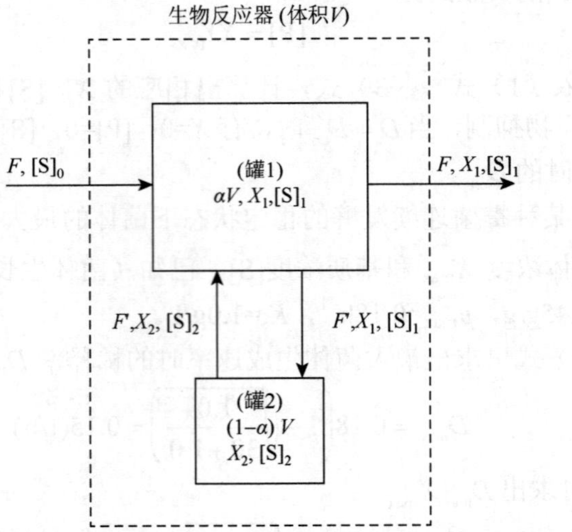

图 5-8 不完全混合反应器模型

【解】以点线所围为反应器系统，基质的变化与菌体浓度之间有如下关系：

$$X_1 = Y_{X/S}\left([S]_0 - [S]_1\right) \quad (1)$$

对于罐 2 的基质与菌体有如下关系式：

$$X_2 - X_1 = Y_{X/S}\left([S]_1 - [S]_2\right) \quad (2)$$

对于罐 1 的菌体衡算式为

$$X_2+\alpha D'\mu X_1=\left(1+D'D\right)X_1 \tag{3}$$

式中，$D'=\dfrac{V}{F'}$；$D=\dfrac{F}{V}$。

另外，罐 2 的菌体衡算式为

$$X_1+\left(1-\alpha\right)D'\mu X_2=X_2 \tag{4}$$

利用（3）式和（4）式，消去 X_1 和 X_2，可得发生“冲出”现象（$[S]_0=[S]_1=[S]_2$）时的稀释率关系式：

$$D=\mu_{\max}\frac{[S]_0}{K_s+[S]_0}\left[1+\frac{(1+\alpha)^2D'\mu_{\max}[S]_0}{K_s+[S]_0-\left(1-\alpha\right)D'\mu_{\max}[S]_0}\right] \tag{5}$$

（5）式表明了反应器内的混合状态距离完全混合状态的差距。完全混合时 α=1，当然此时 D=μ。

发生“冲出”现象时，罐 2 的稀释率为

$$D_2=\frac{F'}{\left(1-\alpha\right)V}=[D'\left(1-\alpha\right)]^{-1}=\frac{\mu_{\max}[S]_0}{K_s+[S]_0} \tag{6}$$

满足上述条件时，由（6）式可知 D_2=∞。可以认为不完全混合下的“冲出”现象是不可能的。

（2）具有反馈的单级连续培养

有时为了增加反应器内的细胞浓度，或者在某种条件下提高发酵产物的产率，对于单级连续培养可以将反应器排出液中的部分微生物重新返回反应器中。这种培养方法可提高系统的稳定性，使连续培养在较高的稀释速率下进行。图 5-9 表示具有反馈的单级连续培养系统，图 5-9 中 g 为回流液中菌体的浓缩系数（＞1），r 为回流比（返回的培养液与供给的新鲜培养液的体积比）。稳定状态时，菌体的物料衡算式为

$$V\frac{\mathrm{d}X}{\mathrm{d}t}=0=V\mu\overline{X}+rFg\overline{X}-(1+r)F\overline{X} \tag{5-59}$$

整理得

$$\mu+rDg-(1+r)D=0 \tag{5-60}$$

由（5-60）式求得稀释率为

$$D=\frac{\mu}{1+r(1-g)} \tag{5-61}$$

在这种情况下，D 为“外部”稀释率，对于反应器本身，还要用一个“内部”稀释率 D'的概念，它等于 D 加上 rD，即 $D'=(1+r)D$。

反馈过程中，必须满足 $g>1$，$r>0$，这样 $[1+r(1-g)]<1$，因此函数值 $\mu/[1+r(1-g)]$ 大于 μ，即 $D>\mu$。

由于 $r(1-g)$ 的绝对值必须小于 1，因此，r 和 g 在一定范围内是互相依存的，不能任意选定。

具有反馈的单级或多级连续培养中，稳态下的稀释率都高于比生长速率。这与常规单级连续培养（保持 $D=\mu$）不同。前者流入反应器的培养液体积要相对多一些。这一方法在生物法废水处理过程之一的活性污泥法中普遍采用，因为其有利于提高除污能力。

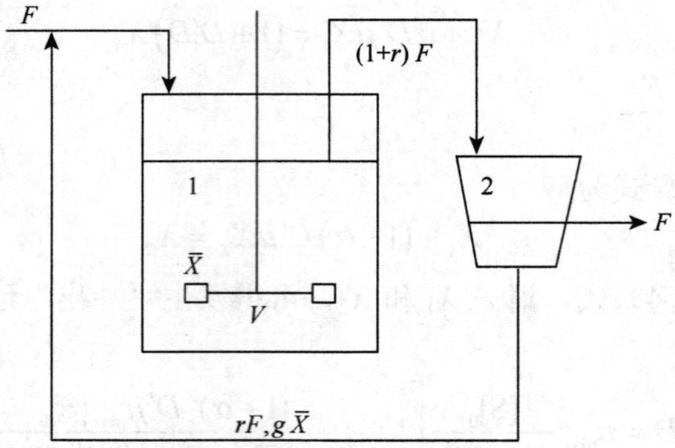

图 5-9 具有反馈的单级连续培养系统

1，2 是指第一和第二个反应器； $\overline{X}$ 是指对应状态时的菌体浓度

对于具有反馈的单级系统来讲，还要考虑排出培养液中菌体的浓度。菌体分离装置处的菌体恒算式为

$$(1+r)F\overline{X} = FX' + rFg\overline{X} \tag{5-62}$$

所以，从菌体分离装置处流出的菌体浓度为

$$X' = (1+r-rg)\overline{X} = [1+r(1-g)]\overline{X} \tag{5-63}$$

所以，

$$DX' = \frac{\mu}{1+r(1-g)}\overline{X}[1+r(1-g)] = \mu\overline{X} \tag{5-64}$$

即菌体产率等于比生长速率与 $\overline{X}$ 的乘积。

由于具有反馈时的 $\overline{X}$ 大于无反馈时的 $\overline{X}$，因此，反馈使反应器的产率增加了 $D(\overline{X}-X')$ 倍。

理论上，反馈培养使菌体产率增大，但实际运用并不尽然。培养液中菌体的浓度取决于收率和基质消耗的数量，即 $X = Y_{X/S}([S]_{in}-[S])$，因此，无其他限制因子时，菌体浓度在一定范围内受基质浓度的制约。如果采用控制基质浓度的方法来控制菌体浓度，可使无反馈反应系统中的菌体浓度达到反馈条件时的菌体浓度的同样数值，此时，反馈对于提高菌体产率并不显示优越性。相反，由于分离后反应液中菌体浓度降低，对菌体生产（如面包酵母生产）反而不利。

另外，基质的恒算式为

$$V\frac{d[S]}{dt} = F[S]_0 + rF[S] - (1-r)F[S] - \frac{V\mu X}{Y_{X/S}} \tag{5-65}$$

稳定状态下，（5-65）式变形，可得反应器内的菌体浓度为

$$\overline{X} = \frac{F}{V}\frac{Y_{X/S}}{\mu}\left[[S]_0 + r[S] - (1+r)[S]\right] = \frac{D}{\mu}Y_{X/S}([S]_0 - [S]) \tag{5-66}$$

利用（5-61）式，整理（5-66）式，有

$$\overline{X} = \frac{Y_{X/S}([S]_0 - [S])}{1+r(1-g)} \tag{5-67}$$

由于(5-67)式中分母小于1，因此具有反馈操作时，反应器内菌体浓度将增大。Monod方程变形有

$$[\mathrm{S}]=\frac{\mu K_{\mathrm{s}}}{\mu_{\max}-\mu} \tag{5-68}$$

将（5-61）式代入（5-68）式

$$[\mathrm{S}]=\frac{K_{\mathrm{s}}D\left[1+r(1-g)\right]}{\mu_{\max}-D\left[1+r(1-g)\right]} \tag{5-69}$$

将（5-69）式代入（5-67）式，可得反应器出口菌体浓度

$$\bar{X}=\frac{Y_{\mathrm{X/S}}}{1+r(1-g)}\left\{[\mathrm{S}]_0-\frac{K_{\mathrm{s}}D\left[1+r(1-g)\right]}{\mu_{\max}-D\left[1+r(1-g)\right]}\right\} \tag{5-70}$$

【例题 5-10】以葡萄糖为基质进行某种微生物具有反馈的连续培养，操作条件如下：V=1m^3；F=0.1m^3/h；$Y_{\mathrm{X/S}}$=0.158g/g（以菌体/葡萄糖计）；$[\mathrm{S}]_0$=10kg/m^3；r=0.8；g=1.5。已知微生物培养可以用 Monod 方程来表示，其中 $\mu_{\max}$=0.41h^{-1}，K_{s}=0.22kg/m^3，求比生长速率 μ，反应器内基质浓度[S]，菌体胞浓度 $\bar{X}$ 和分离装置出口处的菌体浓度 X'。

【解】由（5-61）式

$$\mu=\frac{F}{V}(1+r-rg)=\frac{0.1}{1}(1+0.8-0.8\times1.5)=0.06(\mathrm{h}^{-1}) \tag{1}$$

将（1）式代入（5-68）式

$$[\mathrm{S}]=\frac{0.06\times0.22}{0.41-0.06}=0.038(\mathrm{kg/m^3}) \tag{2}$$

由（6-67）式有

$$\bar{X}=\frac{Y_{\mathrm{X/S}}\left([\mathrm{S}]_0-[\mathrm{S}]\right)}{1+r(1-g)}=\frac{0.158\times(10-0.038)}{0.6}=2.62(\mathrm{kg/m^3}) \tag{3}$$

由（5-63）式，有

$$X'=\left[1+r(1-g)\right]\bar{X}=0.6\times2.62=1.57(\mathrm{kg/m^3}) \tag{4}$$

图 5-10 为活性污泥法处理生物废水流程示意图，其与图 5-9 反馈连续培养系统的不同点是有部分剩余污泥排出反应器系统（也有将剩余污泥全部排出的反应体系）。假设此时的生物反应器内部充分混合，所消耗的基质为生物需氧量 BOD，其衡算式为

$$V\left(\frac{\mathrm{d}[\mathrm{S}]}{\mathrm{d}t}\right)=F[\mathrm{S}]_0+rF[\mathrm{S}]_r-(1+r)F[\mathrm{S}]-\frac{1}{Y_{\mathrm{X/S}}}\mu XV \tag{5-71}$$

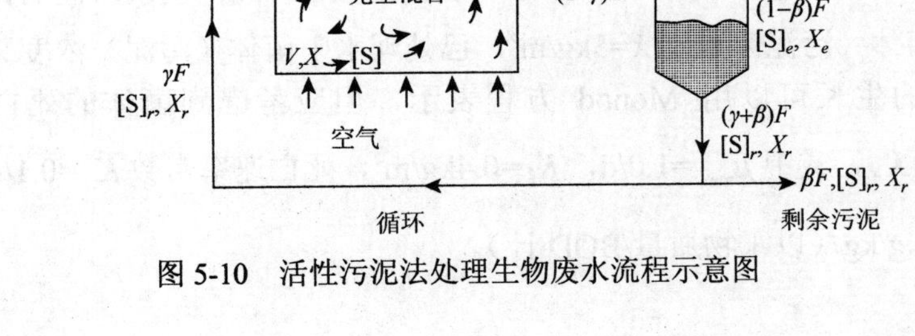

图 5-10　活性污泥法处理生物废水流程示意图

污泥的衡算式为

$$V\frac{\mathrm{d}X}{\mathrm{d}t}=rFX_r-(1+r)FX+\mu XV \tag{5-72}$$

稳定状态下，即 $\mathrm{d[S]}/\mathrm{d}t=0$，$\mathrm{d}X/\mathrm{d}t=0$（实际上，由于废水流入的条件是变化的，难以保证$[\mathrm{S}]_0$值的有效控制，即 $\mathrm{d[S]}/\mathrm{d}t$ 并不等于零），由（5-71）式和（5-72）式，得

$$F[\mathrm{S}]_0+rF[\mathrm{S}]_r=\frac{1}{Y_{\mathrm{X/S}}}\mu\bar{X}V+(1+r)F[\mathrm{S}] \tag{5-73}$$

$$\mu\bar{X}V+rFX_r=(1+r)F\bar{X} \tag{5-74}$$

污水在沉淀池内的停留时间为10～30min，随着基质的消耗，假定在此期间不生成菌体（活性污泥）。这样，沉淀池中的活性污泥衡算式为

$$(1+r)FX=(1-\beta)FX_r+(r+\beta)FX_r \tag{5-75}$$

基质（BOD）的衡算式为

$$(1+r)F[\mathrm{S}]=(1-\beta)F[\mathrm{S}]_0+(r+\beta)F[\mathrm{S}]_r \tag{5-76}$$

当不从污泥池中分离基质，有$[\mathrm{S}]=[\mathrm{S}]_e=[\mathrm{S}]_r$，则（5-76）式不存在。（5-75）式改写为

$$(1+r)FX-rFX_r=(1-\beta)FX_e+\beta FX_r \tag{5-77}$$

将（5-74）式代入（5-77）式中，得下式

$$\mu XV=(1-\beta)FX_e+\beta FX_r \tag{5-78}$$

菌体（污泥固体）的停留时间θ_C

$$\theta_C=\frac{1}{\mu}=\frac{XV}{(1-\beta)FX_e+\beta FX_r} \tag{5-79}$$

另外，由（5-78）式和（5-79）式，流体的停留时间θ_H

$$\theta_H=\frac{V}{F}=\frac{\theta_C\left[(1-\beta)X_e+\beta X_r\right]}{X} \tag{5-80}$$

如果不从沉淀池中分离基质，即$[\mathrm{S}]_r=[\mathrm{S}]$，则由（5-73）式

$$F([\mathrm{S}]_0-[\mathrm{S}])=\frac{1}{Y_{\mathrm{X/S}}}\mu XV \tag{5-81}$$

（5-81）式变形，可求出曝气池的体积 V

$$V=\frac{Y_{\mathrm{X/S}}F([\mathrm{S}]_0-[\mathrm{S}])}{\mu X} \tag{5-82}$$

【例题 5-11】流入废水的BOD（基质）浓度为0.5kg/m^3，流出的已处理水的BOD浓度为0.05kg/m^3，处理量F为1×10^4m^3/d，污泥循环比r=0.5，剩余污泥的排出比率β=0.2。稳定状态下菌体（污泥）浓度X=5kg/m^3，已处理水中菌体（污泥）浓度X_e=0.1kg/m^3，菌体（污泥）的生长可以用 Monod 方程表示，但应考虑到菌体的死亡变化，所以有$\mu=\frac{\mu_{\max}[\mathrm{S}]}{K_\mathrm{s}+[\mathrm{S}]}-K_\mathrm{d}$，式中$\mu_{\max}$=1.0/d，$K_\mathrm{s}$=0.4kg/m^3，死亡速率常数$K_\mathrm{d}$=0.1/d，菌体（污泥）得率$Y_{\mathrm{X/S}}$=0.5kg/kg（以干物质量/BOD计）。

求：（1）曝气池体积；（2）循环液中菌体（污泥）浓度 X_r；（3）若 $Y_{X/O}=0.5\text{kg/kg}$（以干菌体/氧计），求一日的氧需求量。

【解】由（5-82）式，曝气池的体积为

$$V=\frac{Y_{X/S}F\left([S]_0-[S]\right)}{\mu X}=\frac{Y_{X/S}F\left([S]_0-[S]\right)}{\left(\dfrac{\mu_{\max}[S]}{K_s+[S]}-K_d\right)X}=\frac{0.5\times\left(1\times10^4\right)\times\left(0.5-0.05\right)}{\left(\dfrac{1.0\times0.05}{0.4+0.05}-0.1\right)\times5}=40\,500(\text{m}^3)$$

利用（5-78）式求反馈循环菌体（污泥）量 X_r

$$X_r=\frac{1}{\beta F}\left[\mu XV-(1-\beta)FX_e\right]=\frac{1}{\beta F}\left[\frac{\mu_{\max}[S]}{K_s+[S]}XV-K_dXV-(1-\beta)FX_e\right]$$

$$=\frac{1}{0.2\times1\times10^4}\left[\left(\frac{0.1\times0.05}{0.4+0.05}-0.1\right)\times5\times40\,500-(1-0.2)\times1\times10^4\times0.1\right]=0.725(\text{kg/m}^3)$$

由下式可求得单位体积污水的需氧量：

$$\frac{X-X_r}{Y_{X/O}}=\frac{5-0.725}{0.5}=8.55(\text{kg/m}^3)$$

其乘以每日污水处理量，可求出每日的需氧量：

$$8.55\times1\times10^4=8.55\times10^4(\text{kg/d})$$

（3）多级连续培养

多级连续培养系统是一具有 n 个串联反应器的连续培养系统。基质流经这一系统的流量为 F，由物料衡算可得出菌体浓度 X、产物浓度[P]及限制性基质浓度[S]的衡算式。这些方程式成立的基本条件是，限制性基质由 $n-1$ 号反应器流入 n 号反应器中，立即与 n 号反应器内的物料充分混合均匀。其有关衡算式为

$$\frac{\mathrm{d}X_n}{\mathrm{d}t}=D(X_{n-1}-X_n)+\mu_nX_n \tag{5-83}$$

$$\frac{\mathrm{d}[S]_n}{\mathrm{d}t}=D([S]_{n-1}-[S]_n)-\frac{1}{Y_{X/S}}\mu_nX_n \tag{5-84}$$

$$\frac{\mathrm{d}[P]_n}{\mathrm{d}t}=D([P]_{n-1}-[P]_n)+Y_{P/X}\mu_nX_n \tag{5-85}$$

稳定状态下，（5-83）式～（5-85）式左边为零。因此，有

$$X_n=\frac{DX_{n-1}}{D-\mu_n}(n\neq1) \tag{5-86}$$

$$[S]_n=[S]_{n-1}-\frac{\mu_nX_n}{DY_{X/S}} \tag{5-87}$$

$$[P]_n=\frac{D[P]_{n-1}+Y_{P/S}\mu_nX_n}{D} \tag{5-88}$$

从以上式子可以分析得出，从第二级开始，菌体的比生长速率不再与稀释率相等。该系统中各级反应器内的菌体比生长速率顺次减小，菌体浓度顺次增加，基质浓度顺次减小，代谢产物浓度顺次增加。另外，有关具有反馈的多级连续培养操作方程可采用前面所述方

法推导出来。

【例题 5-12】 某微生物的生长过程适用 Monod 方程来描述，并且 $\mu_{max}=0.5h^{-1}$，$K_s=2g/L$。（1）连续培养中，流加基质浓度为$[S]_0$=48g/L，$Y_{X/S}$=0.45g/g，在稳定状态下，菌体的最大生成速率为多少?（2）采用相同容积的发酵罐，且 D=0.2h^{-1}，连续稳定状态下培养，若要保证反应系统的基质流出浓度[S]小于 0.5g/L，问需要几个发酵罐串联?基质分解率为多少?

【解】 依据已知条件，由（5-57）式，得

$$D_{max}X_{max}=\mu_{max}Y_{X/S}(\sqrt{[S]_{in}+K_s}-\sqrt{K_s})^2$$
$$=0.5\times0.45(\sqrt{48+2}-\sqrt{2})^2=7.2[g/(L\cdot h)] \quad (1)$$

由多级连续培养方程（5-83）式～（5-85）式，以及 Monod 方程，可得第二级罐中的有关参数式为

$$\mu_2=D(1-\frac{X_1}{X_2}) \quad (2)$$

$$X_2=Y_{X/S}([S]_0-[S]_2) \quad (3)$$

$$\mu_2=\frac{\mu_{max}[S]_2}{K_s+[S]_2} \quad (4)$$

合并（5-46）式、（2）式、（3）式和（4）式可得

$$(\mu_{max}-D)[S]_2^2-\left(\mu_{max}[S]_0-\frac{K_sD^2}{\mu_{max}-D}+K_sD\right)[S]_2+\frac{K_s^2D^2}{\mu_{max}-D}=0 \quad (5)$$

利用已知条件，求一阶二次方程，可得关于$[S]_2$的解为

$$[S]_2=0.3g/L$$

由于$[S]_2=0.3<0.5g/L$，因此，只要两个发酵罐可满足题目要求。

$$\text{基质分解率为}=\frac{[S]_0-[S]_2}{[S]_0}=\frac{48-0.3}{48}=0.994$$

5.3.2 恒浊器培养

恒浊器培养是在 μ 比 μ_{max} 低得多的范围内进行。μ 接近 μ_{max} 的范围内，操作是不稳定的。此时，为保证培养连续稳定，X 保持一定，应对 F 进行反馈控制。显然，F 为一变量。反应初期，X 是通过光电装置测定浊度（turbidity）的方式实现控制。目前，通过测定 pH、CO_2 和[S]等进行控制的方式也可认为是广义的恒浊培养。在恒浊器式培养中，所供给的反应液中营养成分应该充足。

5.3.3 固定化微生物细胞的连续培养

固定化微生物细胞的连续培养具有如下特点：①由于微生物细胞固定于载体上，因而不受操作上的“冲出”现象所制约，流加基质的流量范围可适当增大；②能够在一定程度上避免悬浮微生物连续培养中最为危险的杂菌污染问题；③单细胞悬浮微生物细胞的反

应速率几乎不受物质传递的影响，但固定化微生物细胞的反应速率却受较强的物质传递的影响。

有关物质传递的影响，其与固定化酶一节中讨论的内容雷同，下面主要对避免杂菌污染的问题进行简要介绍。

固定化微生物细胞连续培养过程中，杂菌或固定于载体内部，或呈膜状固定在载体表面，或自由悬浮于培养液中。第一种情况是固定化操作中混入的，后两种可能是在填充载体或供给液体时带入的。对于第三种情况来说，其在 CSTR 中的生长速率为

$$\frac{dX'}{dt}=(\mu'-\frac{F}{\varepsilon V})X' \tag{5-89}$$

式中，X'——杂菌浓度；

μ'——杂菌的比生长速率；

ε——空隙率。

当 $\mu'>D$ 时，X'将增加，最终杂菌对整个过程有显著的影响。相反，在 CPFR 中，培养液中自由悬浮的杂菌可与培养液一起被冲出，因此不会有严重的污染。但当载体表面形成杂菌膜时，对 CPFR 培养系统会影响很大。

5.3.4 连续培养中的杂菌污染与菌种变异

连续培养的周期愈长，菌种变异的可能性愈大；另外，由于营养成分不断流入反应器中，因此也增加了杂菌污染的概率。减少杂菌污染的途径之一是控制环境条件，例如，有目的地改变 pH、温度、营养成分等，以使适者生存，不适者淘汰。使用高温菌可保证不受常温菌的污染。筛选某些耐特殊条件的菌种也有助于防止杂菌的污染。

连续培养中杂菌污染可分为三种形式，将这三种形式所对应的杂菌记为 W、Y、Z。假定在碳源为限制性基质的连续培养系统中，目的微生物为 X，有关杂菌的物料衡算式为

$$积累量=流入量-流出量+杂菌繁殖量 \tag{5-90}$$

$$\frac{dX'}{dt}=DX'_{in}-DX'_{out}+\mu X'_{生长} \tag{5-91}$$

式中，X'——杂菌 W、Y、Z 的浓度。

如果在限制性基质浓度[S]的条件下，W 仅能以 μ_W 值的比速率生长，这时 W 的积累速率为

$$\frac{dW}{dt}=\mu_W W-DW \tag{5-92}$$

由于 $DW>\mu_W W$，因此 $dW/dt<0$，就是说伴随培养过程，W 逐渐被冲出，污染的杂菌可被排除掉。

对于 Y，如果 $\mu_Y Y>DY$，也就是 Y 的比生长速率大于培养 X 的稀释率 D，

$$\frac{dY}{dt}=\mu_Y Y-DY \tag{5-93}$$

由于 $dY/dt>0$，杂菌 Y 将积累，结果基质浓度[S]下降至[S]′，出现稀释率等于比生长

速率的稳定状态。此时，X 不可能竞争，因为其比生长速率小于稀释率。在下式所经历的某一速率时，微生物 X 将从容器中洗出。

$$\frac{dX}{dt} = \mu_x X - DX \tag{5-94}$$

对于 Z 类杂菌，其繁殖成功与否取决于稀释率。例如，在 $D = 0.25D_{cri}$ 时，Z 不能与 X 竞争，被冲出。当 $D = 0.75D_{cri}$ 时，Z 将同 W 一样具有竞争优势，并能积累，X 被冲出。

连续培养为目的微生物选择了有利的生长环境，提高了竞争的优势，有利于减少杂菌污染的机会。另外，连续培养过程中的菌种变异问题也是不可轻视的。DNA 的复制是一种复杂而精确的过程，虽然出现差错的概率仅为 $1/10^6$，但因每毫升反应液中往往有 10^9 个细胞，所以变异问题显得很重要。当然，在这一数量中，多数突变是不重要的。有人研究了工程菌株连续培养的理论问题，多数情况下，只要保持一定的选择压力，工程菌株一样可以稳定工作。

5.4 其他培养与操作方法

针对具体的微生物发酵过程，在前述操作方法的基础上，人们又开发了以下几种微生物发酵的操作方法。

5.4.1 生物反应与分离耦合操作

生物反应过程是生物技术产品生产的关键环节。生物反应与分离耦合式操作（integrated bioreaction-separation process），又称原位产物分离过程（*in situ* product removal），即将反应系统和分离系统集成于一个系统中，在生物反应发生的同时，利用合适的分离方法及时地将抑制性产物选择性地从反应体系中移除。其优点突出表现在：①在线分离产物并解除生物反应过程中的产物抑制，提高反应强度和产率；②易于实现生产过程的连续化和自动化；③降低产物分离过程的投资和操作成本。

生物反应与分离耦合的关键是选择一种合适的分离技术。通常分离技术的选择应综合考虑以下几个方面。

（a）生物相容性：分离技术应对生物反应无负面影响，即不会造成生物催化剂或细胞的失活、变形和死亡，也不会对细胞的生理代谢造成负面影响。

（b）根据抑制性产物或副产物的理化性质和生物学特性，充分考虑分离方法对抑制性产物的选择性，提高分离效率。

（c）充分考虑生物反应过程的环境如温度、pH 和流体特性等，选择与生物反应过程的环境相匹配的耦合分离过程，保证分离的效率和反应的稳定性，如高黏度的非牛顿型流体容易造成膜污染，不适合用膜分离技术。

（d）考虑产业化的经济性因素。理想的耦合分离技术应该具有分离操作简单、经济性好、性能稳定、寿命长等优点。

常用的与生物反应相耦合的分离方法有膜分离、萃取、气提和吸附等。

1. 膜分离法

膜分离法通常能在温和条件下实现分离，与生物反应的耦合方式可分为与反应装置不在同一装置中和在同一装置中两种。当生物反应器与膜分离装置通过管路连接时，生物反应在反应器（发酵罐、酶反应器）中进行，反应后的产物从生物反应器被移送到膜分离装置中进行分离，抑制性产物可以被分离到膜的另一侧，而截留成分被送回生物反应器继续反应，装置如图 5-11 所示。并且，生物反应器中也可补加一定量的反应物如基质、辅料、酶或细胞等，使反应源源不断地进行。和非耦合生物反应过程相比，该装置的最大优点在于既能解除产物的抑制作用，又可以使细胞、酶或生物催化剂反复使用，还能起到产物分离纯化的作用。例如，利用丙酮丁醇梭菌（*Clostridium acetobutylicum*）的丁醇发酵与渗透汽化膜分离耦合过程，通过渗透汽化膜选择性地移出抑制性产物丁醇，并完全截留菌体细胞和基质葡萄糖，使丁醇的生产强度和产率都显著提高，并且渗透汽化分离操作还具有浓缩纯化丁醇的作用。

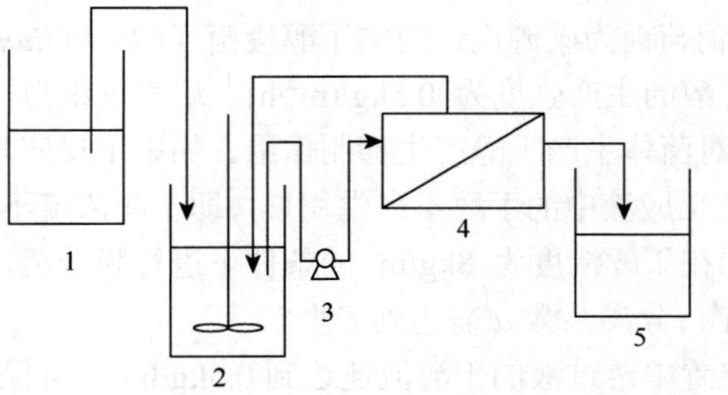

图 5-11　生物反应器与膜分离装置耦合示意图

1. 基质储槽；2. 生物反应器；3. 泵；4. 膜分离装置；5. 膜透过液储槽

另一种耦合方式是将生物催化剂、细胞或酶固定在分离膜上，使反应物和培养基在膜的一侧流动，并与膜上的生物催化剂接触发生反应，产物可以透过膜进入膜的另一侧，进而在膜反应器内实现生物反应和产物分离同时进行，装置如图 5-12 所示。其中，生物催化剂可以通过吸附、包埋和交联等方法固定在膜上。

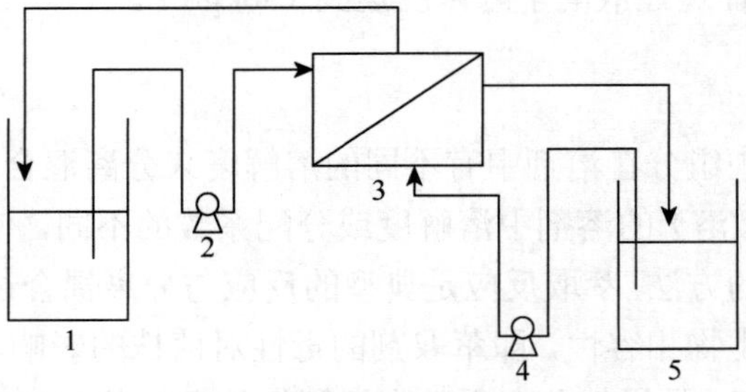

图 5-12　膜生物反应器示意图

1. 基质储槽；2. 泵；3. 膜生物反应器；4. 泵；5. 透过液储槽

膜通量（membrane flux，J）和分离系数（separation factor，α）是考察膜性能的重要指标。膜通量和分离系数通常与膜材料、厚度及操作条件如温度、流速、渗透压差等有关。通常膜通量随温度和渗透压差的增加而增加，随膜厚度的增加而减少。

膜通量 J 和分离系数 α 可由下列表达式计算：

$$J = \frac{W}{At} \tag{5-95}$$

$$\alpha = \frac{y/(1-y)}{x/(1-x)} \tag{5-96}$$

式中，W——透过液的质量，g；

A——膜面积，m^2；

t——时间，h；

x，y——渗余物和透过液的质量分数。

对于简单的酶促反应与分离耦合来说，若保持反应体系内产物不积累，即保证产物的分离速率大于产物的生成速率，就可以确保反应的正常进行。

【例题 5-13】以葡萄糖为碳源进行丙酮丁醇梭菌（*Clostridium acetobutylicum*）培养，反应产物为丁醇。丁醇的生产强度为 0.5kg/(m^3·h)，培养体积为 1m^3，当反应液中丁醇浓度超过 8kg/m^3 时，对菌体生产丁醇产生抑制作用。如采用反应与膜分离耦合装置，膜面积为 0.01m^2，为了使反应液中的丁醇不产生积累（即丁醇浓度不增加），透过丁醇的膜通量需要达到多少？如在丁醇浓度为 8kg/m^3 的条件下进行膜分离，为了保证透过液中的丁醇浓度达到 150kg/m^3，分离系数 α 需达到多少？

【解】当膜分离装置中透过液的丁醇流速达到 0.5kg/h 时，可保证反应液中丁醇不积累，即由（5-95）式可得丁醇：

$$J = \frac{W}{At} = \frac{0.5}{0.01 \times 1} = 50[\text{kg}/(\text{m}^2 \cdot \text{h})]$$

由（5-96）式可得

$$\alpha = \frac{y/(1-y)}{x/(1-x)} = \frac{0.15/(1-0.15)}{0.008/(1-0.008)} = 21.9$$

可知，当膜的丁醇通量大于 50kg/(m^2·h)时，反应液中的丁醇浓度不再增加。当分离系数达到 21.9 时，可保证透过液的丁醇浓度达到 150kg/m^3。

2. 萃取法

萃取是利用系统中组分在溶剂中有不同的溶解度来分离混合物的方法，即利用化合物在两种互不相溶（或微溶）的溶剂中溶解度或分配系数的不同，使化合物从一种溶剂内转移到另外一种溶剂中的方法。萃取反应是典型的反应与分离耦合过程。在萃取反应过程中，主要应考虑萃取剂的生物相容性，即萃取剂的毒性对菌株的影响，以及分配系数，分配系数越大，萃取效率越高。常用的分配系数表示平衡的两个共存相中溶质浓度的关系。对互不混溶的两液相系统，分配系数 k 为

$$k = \frac{y}{x} \tag{5-97}$$

式中，y——平衡时溶质在轻相中的浓度；

x——平衡时溶质在重相中的浓度。

按其性能，萃取剂可分为：中性萃取剂，如醇、酮、醚、酯、醛及烃类，它们能够直接溶解被萃组分；酸性萃取剂，如羧酸、酸性磷酸酯等，萃取时萃取剂用自身的氢离子置换料液中的金属阳离子；螯合萃取剂，也是酸性的萃取剂，有官能团参与反应，与被萃取离子生成具有螯环的化合物，并释放出氢离子。

Eckert 等以癸醇为萃取剂，利用膜生物反应器连续制取丁醇，由于癸醇不溶于反应液，因此，可以避免菌体的中毒，萃余液可返回反应区继续进行反应，从而提高了反应效率。萃取反应过程中，容易在两相之间产生乳化层，降低产品收率。通常可以在反应液与萃取剂之间设置交换膜，以提高传质面积和减少乳化。

【例题 5-14】在丁醇的萃取反应过程中，以油醇作为萃取剂，油醇与反应液的比例为 1∶1，反应液体积为 1L。在 37℃时，油醇对丁醇的分配系数为 4，反应结束时，反应液水相中的丁醇浓度为 8g/L，求反应过程中共产生多少克丁醇？

【解】由（5-97）式可得油相中丁醇浓度，

$$y = kx = 4 \times 8 = 32(\text{g/L})$$

丁醇产量为

$$W = 32 + 8 = 40(\text{g})$$

因此，反应过程中共产生 40g 丁醇。

3. 气提法

气提法是指气泡通过水层时，水层中的挥发性溶解物质向气泡表面和内部扩散，进而从水中分离出来的传质过程。平衡时，溶质在液相和气相中的浓度分配有一定比例关系。因此，该方法可偶联生物反应器，通过向反应器内鼓泡，反应液中的抑制性产物可以进入气相，从反应器内移出，再通过冷凝回收的方式，分离并富集到抑制性目标产物。

气提法具有操作简单、易于产业放大、对细胞不产生毒性等优点。气提分离技术在微生物反应过程中被证实可以减轻挥发性产物对细胞的毒害作用，在乙醇和丁醇生成过程中，可以用气提偶联反应的方式进行产物的分离提纯。并且，在超高浓度乙醇发酵过程中，极易出现产物和细胞的周期性震荡现象，其主要是由于乙醇对酵母细胞的胁迫导致细胞活力下降。利用反应尾气进行气提操作，不断移除乙醇，不但可以有效地弱化震荡行为，而且能够提高乙醇的生产强度。

【例题 5-15】以葡萄糖为基质，利用酿酒酵母生产乙醇的过程中，为了弱化参数震荡行为，通过气提操作将反应液中的乙醇浓度控制在约 50g/L。已知平均葡萄糖消耗速率为 20g/(L·h)，乙醇得率为 0.45（g 乙醇/g 葡萄糖），气提分离得到的冷凝液中乙醇浓度为 200g/L。为保证反应液中的乙醇浓度不增加，气提操作的最低乙醇移除速率为多少？气提装置的分离系数是多少？

【解】乙醇移除速率应大于乙醇生成速率，有

$$r_{\text{P}} = -Y_{\text{P/S}}\gamma = 20 \times 0.45 = 9\text{g/(L} \cdot \text{h)}$$

由（5-96）式可得

$$\alpha = \frac{y/(1-y)}{x/(1-x)} = \frac{0.2/(1-0.2)}{0.05/(1-0.05)} = 4.75$$

因此，乙醇移除速率应大于 9g/(L·h)，分离系数为 4.75。

4. 吸附法

吸附法是利用多孔性的固体吸附剂如活性炭和树脂等将水相中的一种或数种组分吸附于其表面，再用适宜溶剂、加热或吹气等方法将被吸附组分解吸附，达到分离和富集的目的。通常选取生物兼容性好、吸附容量大、吸附选择性强、易于工业化的吸附剂材料。如富马酸发酵与分离耦合过程中，由于富马酸沸点较高且高温下易分解，不易采用基于产物挥发性的方法分离。付永前等利用根霉菌反应与吸附分离耦合生产富马酸，选择吸附量大、对葡萄糖吸附少的离子交换树脂，可以连续将反应液中的富马酸分离出来，从而维持反应所需的 pH。另外，反应与吸附分离耦合可以用于生产附加值较高的产品如肌苷、抗生素等。

当固体吸附剂从溶液中吸附溶质达到平衡时，吸附量与溶质在溶液中的浓度和温度有关。当温度一定时，吸附量与浓度之间的关系为吸附等温线。典型的吸附等温线如图 5-13 所示，图中三种类型吸附等温线在生化产品的吸附分离过程中普遍存在。线性吸附等温线如曲线 1 所示，平衡方程为

$$q = Kc \tag{5-98}$$

式中，q——吸附量，g 溶质/g 吸附剂，即单位质量吸附剂所吸附的溶质质量；

K——平衡常数，L/g 吸附剂；

c——溶液中溶质浓度，g/L。

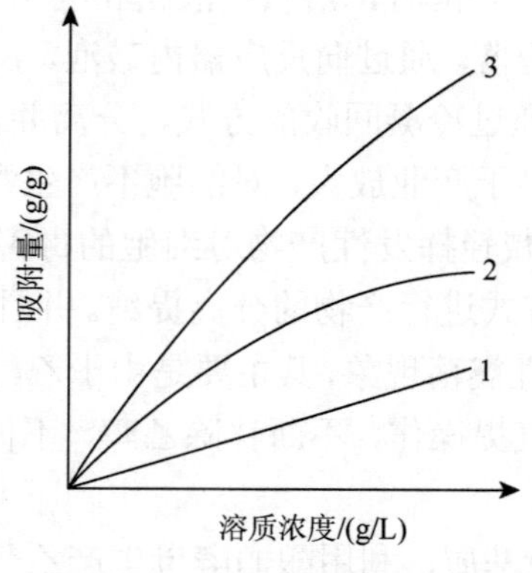

图 5-13　常见的吸附等温线

曲线 2 为 Langmuir（兰格缪尔）吸附等温线，很多生物基产品如酶、蛋白质等适用此吸附方程，即

$$q = \frac{q_m c}{K + c} \tag{5-99}$$

式中，q_m 和 K 是经验常数，可由实验来确定。

曲线 3 为 Freundlich（弗罗因德利希）吸附等温线，通常抗生素、激素等产品的吸附

分离符合此等温线，即

$$q = Kc^n \tag{5-100}$$

式中，n 为在特定温度下的经验常数。

因此，当反应与吸附耦合用于解除产物抑制并富集目标产品时，在单位时间内吸附剂对目标产品的吸附量应大于反应所获产品的产量，才能保证有抑制性的产品不在反应液内积累。并且，通常来说，产品在反应液中的浓度越大，吸附剂富集产品的效果越好。

对于间歇式反应与吸附耦合操作，有下列质量衡算关系：

$$c_0V + q_0W = cV + qW \tag{5-101}$$

式中，c_0 和 c——分别为反应器内初始发酵液和终点残液中的吸附质浓度；

q_0 和 q——分别为初始和最终吸附剂的吸附量；

V——反应器内液体体积；

W——吸附剂量。

【例题 5-16】利用活性炭吸附耦合丁醇发酵，当反应液中丁醇浓度达到 8g/L 时，启动活性炭吸附装置。已知反应液体积为 10L，若活性炭吸附平衡方程符合兰格缪尔吸附方程，K 为 0.4，q_m 为 0.5（g 丁醇/g 活性炭）。假设启动吸附装置后，活性炭可以快速达到吸附平衡，菌株在此期间产生的丁醇可以忽略不计。若使反应液中的丁醇平衡浓度达到 1.6g/L 以下，需要多少干燥的活性炭？

【解】根据兰格缪尔吸附方程，当反应液中丁醇浓度为 1.6g/L 时，即由（5-99）式可得活性炭的吸附量：

$$q = \frac{q_m c}{K + c} = \frac{0.5 \times 1.6}{0.4 + 1.6} = 0.4(\text{g丁醇 / g活性炭})$$

根据反应器内质量平衡方程，即由（5-101）式可得

$$W = \frac{(c_0 - c)V}{q - q_0} = \frac{(8 - 1.6) \times 10}{0.4} = 160(\text{g})$$

所以至少需要 160g 干燥的活性炭，可以使反应液中的丁醇浓度达到 1.6g/L。

另外，耦合分离过程更强调多种分离技术的集成与杂合，为了达到抑制性产物的高效分离与纯化，需要同时对多种分离手段进行匹配与集成，有可能达到最佳的反应与分离纯化效果。

5.4.2　基因工程菌的高密度培养

基因工程产品能否得到高效生产取决于三个层面：①宿主菌的高密度培养（high-cell-density culture）；②目标基因的高效表达；③高效分离制备工艺。在这三个层面中，宿主菌的高密度培养是获得目标产物的前提和保证，也是学术界和工业界一直努力解决的关键问题之一。目前，提高宿主菌密度的方法主要有：①优化培养基的组成和种类；②控制和调节培养条件；③选择合适的底物流加策略；④挑选合适的宿主菌基因型和表达系统；⑤开发适宜的生物反应器。例如，Wang 等采用透析反应器培养重组 *E.coli* K-12 生

产聚羟基丁酸酯（polyhydroxybutyrate，PHB），菌体浓度达到 204.3g/L。

1. 影响基因工程产物高效生产的主要因素

影响基因工程产物高效生产的因素很多，涉及基因水平（产物对应的基因结构、表达系统的元件组成、宿主菌的基因组特性等）、代谢水平（宿主菌的代谢特性、产物的生成途径、副产物的阻遏和反馈抑制等）和细胞水平（环境因子的调控策略、反应器结构和细胞间群体效应等），是一项系统工程，要尽量避免只对单一因素优化和改进，需要对整个系统加以考虑。

1）宿主菌基因型

相同培养条件下不同基因型的宿主菌，其产物表达量往往不同，甚至差异非常明显。Luli 等比较了相同条件下不同基因型的大肠杆菌在分批流加培养中菌体量的积累情况，JM105 的菌体密度较高（30g/L，菌体干重/发酵液体积），而 MC10609 则相对较低（10g/L，菌体干重/发酵液体积）。

2）载体的表达特性

载体的表达特性对目标产物的表达量也会产生显著影响。一般来说，质粒的拷贝数越多，目标产物的产量也就相应越高。表达载体的稳定性也是基因工程产物高表达的必要条件。常用的质粒如 pET、pSC、pBV 等都具有拷贝数高、插入位点多、稳定性强等优点。值得注意的是，菌体的比生长率过高，会引起质粒的丢失，从而影响目标产物的表达。通常情况下，尽管通过增加筛选压力的方法来解决质粒丢失的问题并不一定是最好的方法，但是，其为一种非常有效的方法。

3）诱导系统

在大肠杆菌表达体系中，常用的诱导系统有 λ 噬菌体 P_L 启动子、trp-lac 杂合启动子和 T7 噬菌体启动子等。其中，λ 噬菌体 P_L 启动子是用温度进行诱导的启动子，易于控制，但耗能较多；trp-lac 杂合启动子是较为常用的诱导系统，该系统需加入异丙基-β-D-硫代半乳糖苷（isopropyl-beta-D-thiogalactopyranoside，IPTG）进行诱导，其特点是诱导的专一性强，不易受干扰，但诱导物 IPTG 比较昂贵且有一定的毒性。T7 噬菌体启动子是一种新型诱导系统，可表达一些特殊基因。

4）培养基组成

根据微生物对营养的要求，培养基成分包括水分、碳源、氮源、无机元素和生长素等五大类物质，此外还应有一定的酸碱度和渗透压。一般来讲，不同种类的微生物对培养基的要求是不同的，甚至同一种类的微生物在不同的生长阶段及使用目的不同时，对培养基的要求也不完全相同。有三种类型的培养基：合成培养基、复合培养基和半合成培养基。当营养物浓度可知并且在培养过程中可控时，通常使用合成培养基能够获得较高的细胞密度。复合培养基中的营养物，如蛋白胨（trypton）和酵母粗提物（yeast extract）等，不同生产批次的产品中的成分比例往往会有变化，这使得在发酵过程中使用复合培养基时，可重复性相对较低。实际生产中，往往使用半合成培养基，即在合成培养基中加入少量酵母粉、蛋白胨、淀粉水解物及少量无机盐和氨基酸等，以促进菌体的生长及产物的生成。

对于一种合适的生产用培养基，各成分的量应以满足或略多于菌体生长和产物合成所需为度，不宜过多加入，以免产生抑制效应和浪费原料。

任何发酵培养基的优化，都需要进行大量的实验探索，同时要注意实验方法和技巧。工程菌株高密度培养基的设计原则是：①使用基本培养基以便精确设计营养成分之间的定量关系，同时避免任何不利于细菌生长的限制性因素；②利用限制碳源的方法直接减少抑制性代谢产物的生成；③根据菌体的元素组成确定培养基各成分的精确配比，并在实验过程中进行适当调整。培养基中的碳氮比（C/N）是相当重要的，如果碳氮比偏小，会导致菌体生长旺盛，提前衰老自溶；如果碳氮比偏大，则会易产生副产物，导致反馈抑制，产物的产率下降。另外，发酵过程中的 C/N 比不是一成不变的，是一个动态的、变化的过程。即使碳氮比合适，浓度的高低也会影响菌体的生长和产物的表达。

5）培养操作条件

同一种微生物，由于所处环境的 pH 不同，其代谢活动及其产物的分泌情况也可能不同。实践证明，C/N 比的不当是引起发酵液 pH 不正常变化的重要原因之一。另外，在好氧微生物的高密度培养过程中，可采取第七章中所介绍的方法控制发酵液中的溶解氧浓度。

6）目标产物的特性

产物的特性对高效生产具有重要影响，这些特性包括：①产物的类型，如酶和蛋白质药物、有机酸、醇、维生素、抗生素、氨基酸、疫苗等，甚至包括微生物本身，如益生菌等；②产物的产生途径，如初级代谢产物、次级代谢产物、基因工程产物等；③产物的产生部位，如细胞内产物、周质空间产物、胞外产物等；④产生菌的类型，如放线菌、酵母菌、细菌、病毒等。这些特性，对产物的产率都有显著的影响，需要针对不同的产物特性，设计不同的生产工艺和制备工艺。

2. 底物流加方式的种类及特点

基因工程菌的高密度培养大多采用分批流加技术（fed-batch culture）。

在重组菌株的高密度培养过程中，尤其需要注意对乙酸和溶解氧（DO）的控制。

乙酸是大肠杆菌生长和产物表达过程中的主要代谢副产物之一，尤其在高密度培养过程中，5g/L 的乙酸浓度就足以抑制菌体的生长和外源基因的表达。通过代谢工程手段来改造菌体，如筛选出不产乙酸或耐乙酸菌株，可以有效控制乙酸生成。Brown 等首次报道利用氟乙酸钠筛选到大肠杆菌的磷酸转乙酰化酶（phosphotransacetylase，PTA）和乙酸激酶（acetate kinase，ACK）突变株，其中 PTA 突变株产乙酸很少，而 ACK 突变株产乙酸与出发菌相当。另外，将过量的糖酵解碳代谢流转化为其他低毒副产物也是一种减少乙酸影响的方法。Aristidou 把 *Bacillus substillis* 的乙酰乳酸合成酶（acetolactate synthase，ALS）基因克隆至大肠杆菌中，此酶可催化丙酮酸转化为酸性弱且毒性对大肠杆菌来说比乙酸小 50 倍的物质 3-羟基丁酮，外源 ALS 酶的表达大大地改变了细胞糖酵解代谢流的去向，减少了乙酸的分泌。采用过程控制手段，如控制葡萄糖的初始浓度及菌体的比生长速率、改换碳源种类（如把葡萄糖改为果糖等）、通入纯氧改善溶氧条件、渗透去除培养基中的乙酸等，也能有效避免乙酸的积累。

氧气是需氧微生物生长所必需的。培养液中的 DO 的变化可以反映菌的生理生长状况。对于大肠杆菌来说，通常在对数生长期 DO 会明显下降，从其下降的速率可估计菌体的比生长速率大小。二次生长时 DO 往往会从低谷处上升，到一定高度后又开始下降——这是利用第二种基质的表现。生长衰退或自溶时会出现 DO 逐渐上升的规律。值得注意的是，在培养过程中并不是维持 DO 越高越好，即使是专性好气菌，过高的 DO 由于在细胞内易形成超氧化物基 O_2^-、过氧化物基 O_2^{2-}或羟基自由基 OH^-，也会对菌体的生长不利。

透明颤菌血红蛋白（*Vitreoscilla* hemoglobin，VHb）是由革兰氏阴性专性好氧菌——透明颤菌（*Vitreoscilla*）于微氧条件下合成的一种类似于血红蛋白的胞内可溶物质，它能够从分子水平上提高基因工程菌对氧气的利用率，促进细胞生长和产物生成。Khosla 和 Bailey 测定了氧限条件下 *E.coli* 中几种能量参数与 VHb 的关系，发现表达 VHb 的细胞 H^+/O、跨膜 ΔpH 和 ATP 浓度分别是原大肠杆菌的 1.5、1.6 和 2 倍。利用一系列末端氧化酶 Cyo 和 Cyd 的缺陷型宿主发现，在含有活性 Cyo 而缺失 Cyd 的菌株中 VHb 的促进功能最为显著。在上述研究的基础上吴奕等提出了末端电子受体假说，认为氧合态 VHb 作为末端电子受体参与大肠杆菌呼吸链末端氧化过程，并依据这一假说定量研究了 VHb 对大肠杆菌能量代谢的影响。研究表明，VHb 在低氧代谢状态时的表达大大提高了呼吸链末端电子受体量，促使电子传递过程倾向于能量代谢效率较高的 Cyo 途径，从而使细胞适应贫氧的生活环境。

VHb 已在很多微生物中得到了表达，如假单孢菌（*Pseudomonas*）、固氮菌（*Azotobacter*）、根瘤菌（*Rhizobium*）、酵母（*Saccharomyces*）、欧文氏菌（*Erwinia*）、链霉菌（*Streptomyces*）、霉菌（*Acremonium chrysogenum*）等。VHb 在 α-淀粉酶基因工程菌中的表达可将细胞密度和 α-淀粉酶的产量分别提高 1.4 和 3.3 倍；由于 VHb 在青霉素酰化酶基因（*pac*）工程菌中的表达，在 DO 小于最适通气条件时可明显提高青霉素酰化酶的表达量；于慧敏等将 VHb 引入聚 β-羟基丁酸酯的生产过程，结果表明，重组菌不仅具有溶氧利用能力高、聚 β-羟基丁酸酯产量和收率高的特点，还具有可诱导裂解破壁的功能，大大降低了羟基丁酸酯的生产成本。

3. 基因-发酵-纯化的集成化策略

生物技术涉及的领域包含上游基因/分子生物学、中游发酵工程和下游分离纯化技术。但在实际生产中，往往需要将上、中、下游的技术融合起来，达到高效生产和快速制备目标产物的目的。集成化（integrated）的涵义包括功能层面集成化与技术侧面集成化两个方面。功能层面集成化指同一操作单元中能实现多个单元操作的功能，如高效表达与纯化、纯化与复性等；技术层面集成化指操作单元或方法的偶联与融合，如发酵分离耦合、双水相亲和色谱等。功能层面集成化与技术层面集成化两者常兼而有之。集成化的特点是：上游技术中工程菌构建为中、下游的发酵、分离纯化与复性提供便利的条件，下游反过来促进中、上游生物产品的高效表达、回收及生物活性的保护。主要包括：①上游与中、下游技术的集成化；②中游与上、下游技术的集成化；③下游与上、中游技术的集成化。

例如，Bai 等在研究高效表达人白细胞介素 IL-24 的过程中发现，二硫键的存在使得 IL-24 极易生成致密的包涵体，且非常难以变复性。作者用计算机程序优化了 IL-24 的基因翻译起始区的二级结构，将翻译起始区的 Gibbs 自由能从–22kcal/mol 下降到了–9.07kcal/mol，使得 IL-24 的结构疏松进而提高了翻译效率。最终，IL-24 的表达量提高了 26%。在另一个实例中，Xu 等将谷胱甘肽 S 转移酶（GST）和穿膜肽（TAT）融合在人肿瘤转移抑制因子 RhoGDI2 的 N 端，在大肠杆菌中成功表达了 GST-TAT-RhoGDI2 融合蛋白。该融合蛋白的主要特点是：一方面，GST 对于谷胱甘肽具有极高的特异性，可以在含有 GST • Bind 树脂上快速纯化；另一方面，TAT 又可以引导 RhoGDI2 快速穿透肿瘤细胞，达到细胞内部，抑制肿瘤细胞的生长和转移。通过高密度发酵，GST-TAT-RhoGDI2 最终产率达到了 112mg/L。这两个实例都是将上游基因工程和中游发酵工程、下游纯化策略进行系统化集成，跨领域高效生产和快速制备目标产物的成功案例。

5.4.3 界面微生物培养

1. 界面与微生物

界面（interface）是指两个物体相态接触的分界层。如果两个相态接触紧密，就会有分子间相互作用，形成在组成、密度、性质上和两相有交错并有梯度变化的过渡区域。此分界层也称界面层（interface layer），它不同于两边相态的实体，有独立的相，占有一定的空间，有固定的位置，有相当的厚度和面积，但它的厚度很小，只有零点几纳米到几纳米。例如，两种不互溶的高分子相之间的界面只有 0.5～1.0nm。虽然界面的厚度小，仍存在着组成上和结构上的梯度变化，而且这种梯度变化在有限的界面厚度上显得很陡。界面层虽然是独立存在的，但和两边相态有依存关系。凡是有两相接触的地方，都有界面出现。一定的液体或固体与空气相接触会形成液气界面和固气界面。

由于营养物质在界面上的富集作用及其传质作用，会影响到微生物生长代谢。但与常态下的微生物生长相比较，同样存在生长的延滞期、指数期、稳定期和衰亡期；营养成分限制界面上微生物的生长；温度、氧气、pH、电场、磁场等物理条件也影响到微生物的生长。微生物靠近界面时，受到界面的吸附作用，随着生长代谢的进行，新生的生物体可以受到相同的界面作用，而平铺在表面，形成特定形状的生物膜。微生物菌种不同，其与界面的作用方式、能力、大小也不同，外观表现为菌落形态的不同，以及生长速率的快慢不同等。

传统固态发酵中，常将固态基质发酵（solid substrate fermentation）和固态发酵（solid-state fermentation）两个概念混淆。固态基质发酵是指固态基质充当碳源或能源的生物反应过程，如白酒酿造过程中的发酵过程。固态发酵是利用天然或加工的物质作为微生物发酵的支持物，这些物质在生物反应过程中没有变化。两种发酵方式具有的“界面”，为微生物提供生长繁殖的场所。不同点是，前者的基质会被微生物部分消耗；后者只是提供了微生物生长繁殖的场所。

在界面生长中丝状真菌和酵母分泌出具有黏性的胞外多糖，可促进表面的吸收。真菌拥有假根、吸器等固定结构，它们为界面吸附提供了机械手段。菌丝顶端在所吸附的固体基质表面引起众多的酶解反应，促进了生物反应所需的营养物质传递。干燥土壤颗粒或蒙德土（具有强烈吸附力的黏土矿物之一）对细菌的生存极为有利。有人在麦芽汁发酵中观察啤酒麦芽汁中粗大粒子与微细悬浮物对啤酒酵母生长繁殖能力的影响，发现含粗大悬浮物的麦芽汁中酵母繁殖速度快，乙醇生成量高。

生物污染是指某些微生物在一定的条件下生存、繁殖，进而影响到正常的生产工艺或者对人体及其他生物体带来的毒害现象。其主要原因是界面作用。船体结垢最初是细菌定居于船体所引起的，首先形成微生物膜，进而藤壶和藻类等微生物大量繁殖，形成的结垢影响航速，严重时会发生腐蚀穿孔。

黏土、玻璃等非离子性固体表面，不仅对微生物有附着浓缩作用，而且能够积聚有机物。这种由界面聚积的有机物是界面微生物生长的营养来源之一，对于海水、湖沼等浓度较低环境栖息的微生物有着重要的意义。大肠杆菌培养在稀薄的牛肉汁中难以生育，添加玻璃球后可以正常生长。发状念珠蓝细菌不仅可以在沙粒表层生长，还可以在玻璃碴和尼龙 6（AP6）的表层上生长。发状念珠蓝细菌在生长过程中分泌的多糖将沙粒黏结，形成结皮，从生态学角度看这是很有意义的事情。

2. 界面微生物生长动力学模型

由于界面微生物发酵系统本身的不均匀性，生物量的准确测定非常困难。另外，氧和其他基质浓度梯度的变化、现场温度和界面形状的变化等都使得对界面微生物生长动力学研究变得非常复杂。在沙粒上培养发状念珠蓝细菌过程中，利用计算机视觉技术将沙粒上的细胞藻落的形态图转化为二值图，进行数字化处理后，可换算出藻体量。

如果将固态发酵过程中的固体介质（如大米粒）放大，会看到微生物在米粒表层的生长状况。基于此，可以利用微生物在介质膜（可透过营养物质，但菌体不能透过）面上的生长来模拟界面上微生物生长（图 5-14）。菌体从膜面上许多点同时开始生长，菌丝体不断地向未含菌落区延伸。菌落半径和厚度逐渐变大，并且菌丝体互相碰撞。以米根霉为例，其在界面上的生长可以分为孢子的发芽期、微菌落的扩张期和减速期。孢子的发芽期是从孢子膨胀，然后产生芽管，芽管形成营养菌丝体后开始延长达到分叉为止。在第二个生长时期，由于营养物质充分，菌丝体迅速占领了界面膜表面的未含菌落区，使得微生物呈对数生长。这个时期的长短取决于初期孢子间的距离。菌丝体的顶端之间不可避免地发生作用，因此，所有的菌丝顶端外表上是相同的，但不久从不同菌落生长的菌丝开始接触，界面培养进入了减速期。在减速期，菌丝与菌丝顶端之间发生交互作用，其结果是一些顶端停止延长。营养物的枯竭与抑制剂的积累都会影响菌体的生长。由于基质被菌体全部覆盖，以后的生长只能局限在已生成菌体的表面，从而加大了菌体的厚度。营养菌丝体有可能停止生长，接下来是菌体分化，如气生菌丝的形成和繁殖结构的形成。这些现象与单个菌落的周边生长区观察到的现象相似。

基于以上微生物的生长轮廓，可以以孢子开始伸出芽管为零点，将菌体的生长分为两个生长期，即对数生长期和减速期。

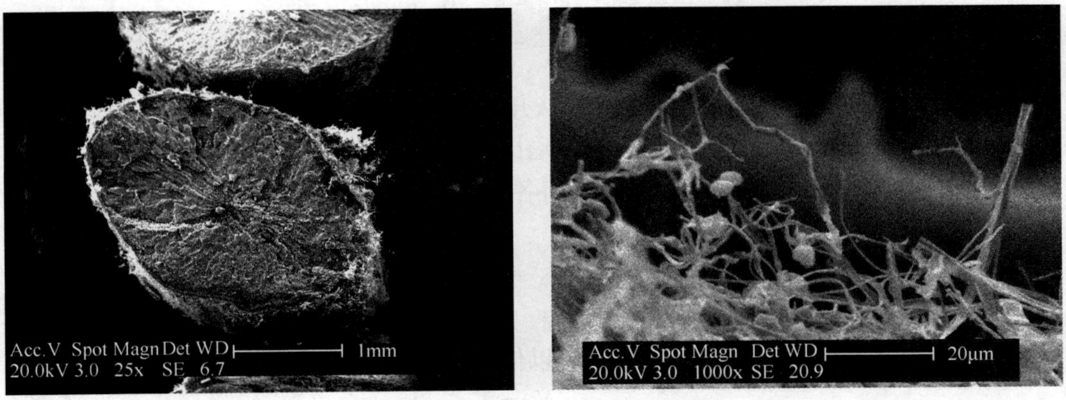

图 5-14　扫描电镜观察微生物在米粒表面的生长情况

对数生长期以孢子开始伸出芽管为起点。微生物菌落的生长采用对称分叉模型（李玉龙 1997）来描述（图 5-15）。当芽管伸长到一定长度时开始对称分叉，两个子菌丝形状相同，并以相同的速率伸长。菌丝的伸长率是一个常数，每根菌丝的长度随时间线性增加。一旦菌丝体长度达到临界尺寸，它们又对称分叉。因此，人们认为界面微生物的生长就是不断重复这一过程。

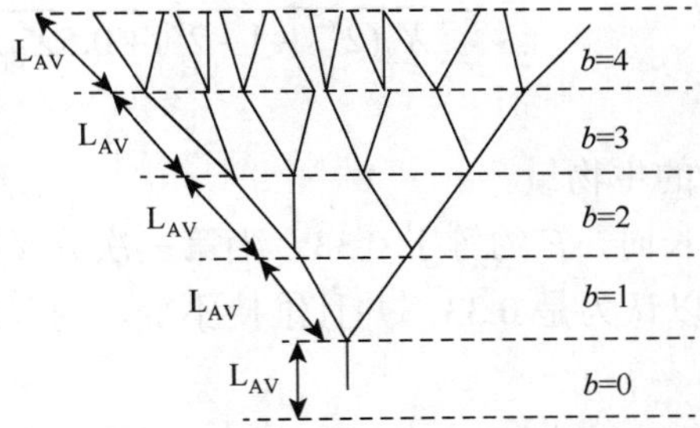

When $b=$	0	1	2	3	4	b
$N_A=$	1	2	4	8	16	2^b
$N_T=$	1	3	7	15	31	$2^{b+1}-1$

图 5-15　米根霉对称分叉模型

一个菌丝节指两个相邻（连续）的分叉点之间或一个分叉点与从此处延长的菌丝的顶端之间的距离。在对称分叉模型中所有的两个分叉点之间的菌丝节长度是相同的，这种菌丝节称为非活性节，但这不表示它们不进行新陈代谢，而只是不再延长。从新的分叉点伸出来的菌节称为活性节，它占有菌丝顶端。一旦活性节达到临界长度就开始分叉，并成为另一个非活性区。菌体仅从活性区生成。在对数生长期内，只要营养物质丰富而且没有生长抑制，所有的顶端都在延长，达到临界长度时又都开始分叉。

由于活性菌丝的增长仅局限在活性节，因此总生物量 X_T 的变化取决于活性生物量 X_A 的增加。真菌生长的宏观生长模型为

$$\frac{dX_T}{dt} = \mu_g X_A \tag{5-102}$$

式中，μ_g 是生物量的平均比生长速率，指从开始生成顶端到下一次分叉时的生长速率。虽然每一活性段以其特定的速率伸长，但平均比生长速率为一常数。

由于活性生物量不能直接测量，因此将各个生长期内的活性生物量从总的生物量中分离出来，这样，二者的关系可表示为

$$X_A = FX_T \tag{5-103}$$

式中，F 是活性菌体占总生物量的百分率。

在对数生长期，利用对称分叉模型可以估算活性节的节数 N_A：

$$N_A = 2^b \tag{5-104}$$

式中，b——分叉次数。

总节数 N_T 与活性段的节数 N_A 之间的关系式为

$$N_T = 2N_A - 1 = 2(2^b) - 1 = 2^{b+1} - 1 \tag{5-105}$$

F 可以用以下方程表示：

$$\begin{aligned} F = \frac{X_A}{X_T} = \frac{X_A}{X_N + X_A} &= \frac{0.5X_S N_A}{X_S(N_T - N_A) + 0.5X_S N_A} \\ &= \frac{0.5X_S 2^b}{X_S(2^{b+1} - 1 - 2^b) + 0.5X_S 2^b} \end{aligned} \tag{5-106}$$

式中，X_S——菌丝节质量；

X_N——总的非活性节的生物量。

当菌丝体迅速分叉并延长时，F 约等于 0.33。当第三次分叉时，F 等于 0.36。因此，在整个对数生长期内，F 可以认为是 0.33，并且维持不变。用（5-103）式取代（5-102）式中的 X_A，得

$$\frac{dX_T}{dt} = \mu_g X_A = \mu_g \frac{X_T}{3} \tag{5-107}$$

根据比生长速率的定义，可从（5-107）式得

$$\mu_X = \frac{1}{X_T} \cdot \frac{dX_T}{dt} = \frac{\mu_g}{3} \tag{5-108}$$

积分，当 t=0，X=X_0 得

$$X_T = X_0 e^{\frac{\mu_g t}{3}} \tag{5-109}$$

从菌落的相互接触开始，菌体生长就进入了减速期。在这期间内仍符合菌体长度达到临界长度时开始分叉这一理论，但是考虑到一些顶端停止伸长和分叉，即它们变为非活性节，这个现象称为顶端死亡（top death）。其实际上并没有停止物质代谢，但却永久失去了延伸能力。当顶端死亡时，活性节变为非活性节，并且活性节所占的百分率减小。

上述模型含有以下两种顶端死亡。

第一，培养进入减速期时顶端的大量死亡。这种衰亡速率以顶端存活因子 L（进入减速期前后的活性节生物量之比）来表示。该因子允许减速期开始时的生长曲线斜率小于对

数生长期终点的曲线斜率。L 的最大值为 1.0，表示所有的顶端全部存活，而且不受到生长年龄的影响。减速期开始时的活性生物量分数 F_i 与在对数生长期维持的 0.33 和存活因子有关

$$F_i = 0.33L \tag{5-110}$$

第二，模型认为在减速期内菌体的衰亡是沿着顶端开始的，这造成了在减速期内活性段的对数衰亡。生物量对数衰亡分数为

$$F_d = F_i e^{-k(t-t_a)} = 0.33L e^{-k(t-t_a)} \tag{5-111}$$

式中，k——对数死亡系数；

t_a——对数生长期的最终时间；

t——时间。

由（5-111）式、（5-102）式和（5-103）式，得

$$\frac{dX}{dt} = \mu_g X_A = \mu_g F_d X_T = \mu_g 0.33L e^{-k(t-t_a)} X_T \tag{5-112}$$

其初始条件是，当 $t=t_a$ 时，X_T 等于对数生长期终点的菌体量 X_E，

$$X_E = X_0 e^{\frac{\mu_g t_a}{3}} \tag{5-113}$$

代入方程（5-112），得

$$\ln\frac{X_T}{X_E} = \frac{\mu_g L}{3k}[1 - e^{-k(t-t_a)}] \tag{5-114}$$

由于菌丝在一个较宽范围内以恒定的速率延伸，因此可以认为在整个减速期内 μ_g 为常数，其大小与对数生长期内的 μ_g 相同，减速仅仅造成了菌体量 X 的降低。这样利用非线性回归可以从减速期内的实验数据确定生长参数 L 和 k。

以逻辑模型为对照，采用界面培养米根霉系统，进行了比较。实验结果表明，上述界面模型将整个对数生长期培养过程分为两段，能够更好地逼近生长曲线。因此，在界面微生物生长过程中，界面模型比逻辑模型模拟能够更真实反映出界面微生物的生长状况。

随着新的相关生物软件的出现与检测技术的进步，有可能测量出某一菌丝体具体的长度，分叉频率及菌体面积、体积等具体、微观的参数。这将有助于人们对界面微生物生长的深入了解。

5.4.4 微生物的双液相发酵

在有些微生物发酵过程中为提高发酵生产效率，在常规发酵液中加入一种与水不相溶的有机相，如油，以其为基质，或为萃取剂，或为氧载体等，这一微生物培养过程称为微生物的双液相发酵（或培养，two-liquid phase fermentation）。20 世纪 60 年代以液态烷烃为基质的 SCP 生产是典型的微生物双液相发酵过程。又如日本早在 1985 年已建立年产 200t 的十三碳二元酸的工业化生产装置。目前，微生物发酵生产中的双液相发酵体系有三

类：第一类是已商品化的以烷烃或油脂为碳源的发酵体系；第二类是氧载体（oxygen-vector）发酵体系，即将对氧有较高溶解度，但又不溶于水的有机溶剂（称为过载体）加入好氧发酵体系中，加快发酵体系的氧传递速率；第三类是在上述两类双液相发酵体系中引入一种固体载体（或乳化剂），利用这种载体所具有的很强的与水和油的双重吸附能力，增加双液相间的接触面积，从而提高传质速率与发酵产率。

1. 油为碳源的微生物发酵

发酵工业中使用油已有较长的历史。由于①油的绝对价格比淀粉质原料的高；②油脂代谢需要消耗大量的氧，使供氧能耗上升；③不同的油或同一种油，生产批次不同可能对发酵造成影响等原因，油在发酵过程中主要作为消泡剂使用。换一种思维考虑，当以油为碳源进行抗生素发酵时，由于不易发生降解物阻遏作用，有利于合成产物代谢的进行；油为碳源，由于表面张力低，不易产生气泡，提高了发酵罐的装填率；如果产物易溶于油中，同时油不抑制代谢产物的合成，则加入过量的油，使产物溶解在其中，以解除产物抑制；如果以热量计算油的价格并不高。从含碳量来看，以猪油为例，其价格比淀粉的低。特别是以油为碳源进行一些高附加值产品生产，并不会出现人们所担心的因油的价格高而提高产品的生产成本。部分油为碳源的发酵产品见表 5-2。另外，油还可作为氧载体，起到强化传氧的作用；作为萃取发酵的萃取剂起到解除产物抑制的作用；作为某些底物的增溶剂，或作为某些代谢过程的激活剂，起到加快反应速率的作用。

表 5-2　部分油为碳源的发酵产品

微生物	碳源	产物	文献
酵母（*Saccharomycete*）	烷烃	SCP（酵母）	Atkinso and Mavituna，1983
弗氏链霉菌（*Streptomyces fradiae*）	菜籽油	泰乐菌素	Choi et al.，1998
金霉素链霉菌（*Streptomyces aureofaciens*）	豆油	四环素	Jia et al.，1999
金霉素链霉菌（*Streptomyces aureofaciens*）	豆油	去甲基金霉素	Jia et al.，1999
棒状链霉菌（*Streptomyces* sp.p6621）	豆油	头霉素 C	Park et al.，1994
肉桂地链霉菌（*Streptomyces cinnamonensis*）	豆油、橄榄油、菜籽油	莫能霉素	Rezanka et al.，1984

由于猪油和鱼油的价格低廉，以其为碳源更有市场竞争力。交沙霉素发酵过程中为降低产物抑制，加入一种有利于交沙霉素溶解其中，又对发酵过程无影响的有机溶剂（油），这样即可解除产物抑制，有效地提高生产能力和简化提取操作。

2. 油或烷烃作为氧载体的微生物发酵

一般将对氧有较高溶解度，但又不溶解于水，且对生物没有毒害作用的有机溶液称为氧载体（oxygen vector）。好氧发酵体系中加入氧载体可有效地提高体系中氧传递速率，除全氟化碳、正十二烷烃（n-dodecane）等可作为氧载体外，有些油，如豆油也可作为氧载体。以油为碳源进行好氧发酵，人们常担心因其代谢活力高，使耗氧量加大，溶解氧浓度过低成为提高生产效率的限制性因素。事实上，有些油，如豆油本身的溶解氧能力比水大得多，16℃，1atm 条件下，豆油中的溶解氧浓度为 1.04mol/m^3，相同条件下，水中溶解氧的浓度仅为 0.313mol/m^3。因此，发酵过程中，加入一定量的油（或维持一定量的油浓度）作为氧载体，可有效地提高氧的传递速率，改善发酵体系中的溶解氧对发酵过程的影响，提高生产能力（表 5-3）。

用作氧载体的油相可分为两类，一类的铺展系数为负值；另一类的铺展系数为正值。具有负铺展系数的氧载体加入发酵系统后，随着油相比例的不断增加，溶液的 k_La 增加到某一最大值后开始下降，甚至可能下降到低于未加氧载体时的值。具有正铺展系数的氧载体加入发酵体系后，k_La 值随溶液中氧载体比例的不断增加而增大。

氧载体提高氧传质速率，关键是氧载体在气液界面上起作用。Li 等和 Rols 等认为全氟化碳、油酸这类具有正铺展系数的氧载体加入水中后，通过搅拌等作用被分散，乳化。由于油水的相互排斥，氧载体最终将集中在气液界面上，形成一覆盖气泡的油膜。由于氧载体相对氧来说具有较强的溶氧能力，而使氧穿过水边界层的渗透力增强，从而有利于氧传递的进行。Ju 等以全氟化碳为氧载体，将全氟化碳乳化到一定程度后观察到：氧在全氟化碳中的渗透率为纯水中的 45～71 倍。像液态烷烃（一种平均为十二碳的烷烃混合物，石油工业的副产物）这类具有负铺展系数的氧载体，在水溶液中以油滴形式而非膜的形式存在，并随通风搅拌作用逐渐集中于气液界面上，由于氧进入氧载体的传质速度超过进入水溶液的传质速度，此外，氧从油液再到水相的传质过程还需克服新的阻力，因此其提高供氧能力的综合效果反映在 k_L 值与 a 值的增减上。

对于氧在双液相中的传质途径，Linek 和 Benes 分析其实验结果后提出：在具有负铺展系数的双液相中，若油相为分散相，水为连续相，则油和气相不直接接触，其传质途径为气→水→油；若水为分散相，油为连续相，则无论其铺展系数为正或负气体均可直接同两相接触，其传质途径为气→油，气→水。

对于体积传氧系数 k_La 而言，传质比面积 a 是左右 k_La 值非常重要的参数。分散相油滴愈小，获得的界面积愈大，其传质效果愈佳。为增加氧载体的乳化程度，可通过增加搅拌，超声雾化，加入表面活性剂等办法来解决。另外，发酵系统中菌体本身的大小及浓度也会影响到氧载体的乳化程度。通过增加搅拌等方式增加氧载体乳化作用的方法很有效，但由于剪切力大会损伤敏感细胞，因此，人们正探寻一种更为理想的增加乳化效果的方法。

表 5-3 氧载体强化传氧的微生物发酵

微生物发酵类型	氧载体	文献
大肠杆菌培养	全氟化碳	Damiano and Wang，1985
产黄青霉生产青霉素	全氟化碳	Ho et al.，1990
产黄青霉生产青霉素	液态烷烃	贾士儒等，1993
产气气杆菌生产 2，3-丁二醇	正十二烷豆油	Rols and Goma，1991
酵母培养	橄榄油	Liu et al.，1994
啤酒酵母培养	液态烷烃	贾士儒等，1995a，b

续表

微生物发酵类型	氧载体	文献
四环素发酵	豆油	Jia et al.，1999a
土曲霉生产衣康酸	正十二烷	贾士儒和冈部满康，1996
黑曲霉生产葡萄糖酸氧化酶	正十二烷、正十六烷、豆油	Li and Chen，1994

采用氧载体的目的之一是减小搅拌所带来的剪切作用，而氧载体加入搅拌罐后，为使其与反应液充分混合，需要较高的搅拌转速，这样难以降低搅拌带来的剪切作用。因此，氧载体的商业化应用，还要走很长的路。

5.4.5 加压下的微生物培养

1. 温和压力下的微生物培养

物理学上，压力是独立于温度、化学组分的重要参量。压力可以有效地使物质的原子间距离缩短、相邻电子的轨道重叠增加，进而改变物质的晶体结构、电子结构和原（分）子间的相互作用，达到高压平衡态，形成全新的物质状态。对于生物催化反应体系，压力不仅是影响化学反应速率、平衡常数的热力学参数，而且可以改变酶的蛋白结构，影响酶的底物专一性和催化活性。

当前，压力与微生物活性之间相互关系的研究，特别是压力对微生物的细胞形态、生理活性及遗传特性产生影响等方面的相关基础数据并不多。根据已有的压力与微生物关系的研究，可将压力对微生物活性的影响分为三类：①高压杀菌，即利用高压杀灭微生物，主要用于食品的冷杀菌，以最大限度地减少由于热杀菌造成的营养损失；②超临界相态下酶的催化反应，其目的是通过提高两相界面传质速率以提高酶促反应速率（请见第三章）；③极端条件下超高压微生物的研究，主要是针对海洋微生物中的深海微生物的研究。需要强调的是，高压杀菌的原理是压力的快速变化，即升降压速率的变化，而不是压力的高低。

如果仅以压力的大小及对微生物活性影响来分类的话，可分为超高压、高压和温和压力三类。超高压所对应的压力范围是 100～1000MPa；温和压力是指压力≤10MPa；高压介于上述两者之间，为 10MPa≤高压≤100MPa。目前，超高压、高压生物技术主要应用于：食品保藏与加工，嗜压或耐压微生物（如海洋微生物）的培养与分离，生物催化（酶或全细胞），以及医药制品生产与加工等方面。而温和压力提高生物催化效率的研究，由于多种原因，还未引起人们的关注。

压力为 0.5～1.0MPa 时微生物活性变化和超临界相态下微生物活性的变化一直未引起人们的重视。其原因主要有：①一般发酵过程压力为常量（0.1～0.15MPa），这样可减少设备投资和简化操作过程；②现有的生产设备不能够进行加压发酵；③一般认为高压一定是杀菌。特别是最后一种观点为工业微生物或食品生物技术领域的人们普遍接受。实际上高压杀菌的主要原因是压力的变化速率大。

利用蓝色犁头霉进行加压发酵工艺生产氢化可的松，是典型的温和压力提高生物转化效率的实例。在皮质激素类药物合成工艺中，用传统的化学方法向甾核的11碳位引入氧原子步骤多、产率低、价格昂贵，难于工业化生产。目前工业上主要采用蓝色犁头霉和新月弯孢霉对底物进行生物转化。由于甾体化合物在水溶液中溶解度为 10^{-6}～10^{-5}mol/L，而11β-羟化酶是一种胞内酶（实际的生物反应是在膜上），同时，微生物仅能在水相中进行生物转化，此时溶液中的底物需要透过细胞膜进入细胞才能进行转化反应。因此，甾体底物与生物酶的接触十分困难。

采用温和压力生物转化，是指在原有生产过程的一定阶段进行加压生物转化。此时，蓝色犁头霉的氢化可的松的转化率提高 10%以上。其原因包括：①温和压力下可以破坏底物去氧氢化可的松乙酸酯（RSA）晶体结构，提高底物的溶解速率；②通过在转化阶段进行温和压力处理，增加了细胞膜的通透性，有助于底物与转化酶的结合；③由于压力的作用，11β-羟化酶的酶活显著提高。

提高反应体系中压力，有利于溶氧水平的提高，这有利于好氧微生物发酵。加压生物氧化法处理有机废水就是很好的例证。谷氨酸的好氧发酵，也有类似结果。另外，以嗜热纤维梭菌发酵纤维素生产乙醇为例，在7MPa压力下，分别以 CO_2、N_2、乙炔等为加压介质，研究温和压力对微生物细胞存活率及乙醇产量的影响，以期实现乙醇的原位分离发酵工艺。该研究利用加压介质将发酵生成的乙醇不断从发酵体系中带出，从而减轻发酵体系的产物抑制现象，进而提高乙醇产量。再有，啤酒发酵也是典型的压力发酵过程。

从应激反应的角度讲，压力作为胁迫因子可以提高胞内应激产物（海藻糖、谷胱甘肽等）含量。海藻糖是一种稳定性好的非还原性天然双糖，当酵母菌体在外部培养条件发生“恶劣”变化时，体内便生成这种应激性产物。研究表明，适当增加压力后，酵母菌体内海藻糖合成酶活显著提高，胞内海藻糖含量提高10%；谷胱甘肽（glutathione，GSH）是由谷氨酸、半胱氨酸和甘氨酸通过肽键缩合而成的三肽化合物，胞内谷胱甘肽含量的变化与动物细胞的凋亡之间存在一定的关系。麦角固醇（ergosterol）也是酵母的“生存因子”之一，它能够延长处于衰减阶段的酵母生存时间。研究表明，温和压力0.5MPa下，压力刺激面包酵母CICC1447和CICC1339，可显著提高面包酵母细胞内谷胱甘肽、麦角固醇的含量。

2. 超临界相态下的微生物活性与培养

当加压介质为 CO_2 时，CO_2 对微生物细胞产生以下三方面影响。第一，CO_2 作为细胞的一种“麻醉剂”吸收进入细胞膜，导致细胞膜磷脂双分子层中的疏水端区域结构改变、临界宽度变宽。另外，高浓度的 CO_2 和酶蛋白中的氨基反应产生的氨基甲酸酯能导致酶蛋白内部的静电吸引或排斥而使其结构改变；CO_2 与蛋白质的氨基基团反应，使得 RNH_3^+ 离子变为 $RNHCOO^-$ 离子，这种变化改变了细胞膜的表面电位差，使阴离子易于透过细胞膜而抑制了阳离子在膜上的运输作用。第二，CO_2 通过膜的渗透作用进入细胞质，导致细胞质的pH的变化，同时 CO_2 与细胞质内的酶蛋白结合也会使酶的催化活性降低。第三，高浓度 CO_2 改变菌体内酶的催化反应速率，导致某种代谢终产物或代谢中间产物的大量积累。

在超临界二氧化碳（SC-CO_2）中的压力、升降压速率、含水量、CO_2 在溶液中的浓度，以及菌体在超临界体系中的时间等因素都对菌体的生理活性有显著影响。不同的菌种对 SC-CO_2 的耐受能力不同。

高压下，CO_2 穿透细胞膜进入细胞内，当突然降压时，CO_2 膨胀使细胞破碎，CO_2 压力的快速下降可以获得最优的破碎细胞的效果。增加温度，有利于 CO_2 气体的扩散，便于 CO_2 分子的穿透，加速了微生物细胞的失活速率。Lin 等研究了 25℃、35℃、55℃三种温度下的高压 CO_2 对酵母细胞破碎率的影响，结果显示，35℃下需 300min，25℃时需 900min，能使酵母细胞的破碎达到最大程度。另外，Lin 等发现酵母细胞对 CO_2 的压力变化非常敏感。在 SC-CO_2 中处理 2min 后，酵母细胞的存活率为 24%。Fabre 等将不同处理时间的酵母液在 30℃下培养 24h 后，得出不同时间的存活率都恒定在 96%左右，但酵母在 SC-CO_2 中处理时间越长，光学密度、生物物质浓度、芳香物质的浓度越低，基质残余浓度越低。

实际上 SC-CO_2 中菌体死亡的主要原因除 CO_2 和压力变化速率对菌体的直接影响外，CO_2 导致反应系统的 pH 下降也是不可忽视的原因。但是，也有相反的结论。以 SC-CO_2 为介质在 7MPa 下分别处理酵母 24h 与 48h，随后在常压下发酵 24h，当发酵罐减压至常压后，发酵速率又恢复到了原来的水平。L'Italien 等研究了加压/减压重复过程对乙醇合成与酵母存活的影响，发现在 10 个加压/减压循环后，酵母细胞的存活率没有变化。Knutson 的研究结果表明，在 0.27MPa 的 N_2 中酵母菌的生长速率基本不变。孙爱友等研究了 SC-CO_2 中梨头霉孢子及菌体的活性变化，由于 pH 和压力的双重影响，梨头霉孢子及菌体的活性变化很大。在 SC-CO_2 中停留 30min，梨头霉孢子的存活率下降 20%，而转化活力下降至 5%。但是，当以高纯空气为加压介质时，一定的压力可以明显提高梨头霉的氢化可的松的转化率。这充分表明适当增加压力可以提高微生物的发酵能力。

[贾士儒（5.1～5.3，5.4.3～5.4.5），孙爱友（5.4.2），薛闯（5.4.1），jiashiru@tust.edu.cn]

复 习 题

1. 请用简图分别给出分批培养、反复分批培养、流加培养、反复流加培养中反应器内培养液体积随时间的变化曲线。
2. 用简图给出分批培养中初始基质浓度与最大菌体浓度之间的相互关系。
3. 请给出分批培养、反复分批培养、流加培养、反复流加培养和连续培养中产物生成速率，并进行比较。
4. 何为连续培养的稳定状态？当 $\frac{dX}{dt}=\frac{d[S]}{dt}=\frac{d[P]}{dt}=0$ 时，一定是稳定状态吗？
5. 在微生物分批培养的诱导期中，菌体接种量 X_0，生成的菌体量为 X_{A0}，此间死亡菌体量为 X_{D0}，已知 $X_{A0}/X_0=f_A$。生成的菌体在接种 t_l 后开始指数型繁殖，t_l 以后的菌体量为 X，请推导出 $X=f(t_l)$ 的关系式。f_A 分别等于 0、0.2、0.4、0.6、0.8，并作图表示出。
6. 一定的培养体系中菌体以一定的比生长速率进行生长繁殖，如果要流加新鲜培养基，同时保证菌体的生长速率不变，请问如何确定新鲜培养基的流加速度。

7. 试比较微生物分批培养与连续培养两种操作中的菌体生长速率。菌体的生长可采用Monod方程表达。
8. 面包酵母连续培养中，菌体浓度为10kg/m^3，菌体生成速率为10kg/h，求流加培养基中基质（乙醇）浓度及培养液的量。稀释率D=0.1h^{-1}，$Y_{X/S}$=0.5kg菌体/kg基质，可采用Monod方程，已知μ_{max}=0.15h^{-1}，K_s=0.05kg/m^3。
9. 恒化器进行具有抑制作用的连续培养，比生长速率可由式$\mu = \dfrac{\mu_{max}[S]}{K_s(1+I/K_I)+[S]}$给出。

其中K_s=1.0g/L，I=0.05g/L，$Y_{X/S}$=0.1g菌体/g基质，K_I=0.01g/L，μ_{max}=0.05h^{-1}，I为抑制物浓度。基质浓度与菌体浓度分别为[S]$_0$=1.0g/L，X_0=0.05g/L，求菌体的最大生产速率与相应的稀释率D_{max}，并与没有抑制时相比较。

10. 一种细菌连续（恒化器）培养中获得如下数据：

μ (=D)/h^{-1}	0.08	0.20	0.25	0.26	0.27
[S]/（g/L）	0.05	0.3	1.0	2.0	3.0

μ为比生长速率；[S]为限制性底物浓度，若反应适用Monod方程，求μ_{max}和K_s。

11. 以碳源为限制基质的连续发酵过程中，有一位研究者在研究温度对菌体得率的影响时，发现当温度高于最适生长温度时，菌体得率下降。对此现象一般的解释是因为菌体细胞内为维持细胞活力所消耗的能量增加。但是，有些研究者提出菌体得率在稳态下下降是因为菌体本身活力降低。这一解释也有道理，因为菌体的死亡率是温度的函数。（1）请你利用连续培养相关理论，解释上述温度对菌体得率影响的两种理由。（2）如何设计一些实验来证明在（1）中所导出的方程式的真实性？实验设计应包括实验步骤、所需的分析方法及数据处理。
12. 连续培养是一个求微生物生长参数的好工具。在一连续培养中，如果稀释率等于0.5h^{-1}时发生“冲出”现象。因此，微生物菌悬液的光密度，在4h中由1.00降到0.60。（1）求此微生物的μ_{max}。（2）当稀释率降至（把流速降低些）0.2h^{-1}后，不再有洗出现象，渐渐达到一稳态；如果此时微生物所用的限制底物的K_s为2g/L，试问在此稳态下，罐内基质浓度为多少？
13. 乙醇分批发酵结果如下：

发酵时间/h	12	15	18	21	27	32	42
乙醇浓度/（g/L）	2.0	4.0	6.2	10.0	16.1	30.5	56.5
发酵时间/h	48	51	54	57	60	66	72
乙醇浓度/（g/L）	75.5	85.0	96.0	103.5	107.5	110.5	113.5

假定这些数据适合于100L的全混罐（单级连续培养），发酵醪的流加速度F=4.0L/h，在稳定状态下运转，试推算发酵罐出口醪液中的乙醇浓度。连续发酵的生产能力与分批发酵的生产能力各是多少？

14. 分批式培养酵母菌（葡萄糖为碳源，好氧，30℃），自对数培养期的中期开始，连续流加新鲜培养基，稀释率为 D=1.0h^{-1}。获得如下结果，已知限制性基质浓度比基质饱和系数大很多，求此条件下酵母菌的 μ_{max}。

时间/h	0	0.5	1.0	1.5	2.0	2.5	3.0	3.5
细胞浓度比（X/X_0）	1.0	0.86	0.67	0.50	0.43	0.33	0.26	0.2

15. 恒化器方法培养中，试证明代谢产物的比生成速率 π 的相关式为 $\pi = \dfrac{Y_{P/S}}{Y_{X/S}} \cdot D$。

16. 某种微生物培养，获得如下结果：

[S]/（g/L）	0.40	0.33	0.18	0.10	0.071	0.049	0.038	0.020	0.014
μ/h	0.161	0.169	0.169	0.149	0.133	0.135	0.112	0.0909	0.0735

求：μ_{max} 和 K_s。

参考文献

岑沛林，关怡新，林建平. 2005. 生物反应工程. 北京：高等教育出版社

高培基，曲音波，钱新民，王泊英，颜望明. 1990. 微生物生长与发酵工程. 济南：山东大学出版社

贾士儒，冈部满康. 1996. 提高供氧能力对土曲霉生产衣康酸的影响. 天津轻工业学院学报，12（1）：6～10

贾士儒，冈部满康. 1996. 添加氧载体提高泰乐菌素发酵得率. 微生物学通报，23（6）：336～338

贾士儒，李波，袁玉华，肖冬光，郭波，赵萌. 1995a. 添加液态烷烃提高塔式反应系统中氧的传递速度. 天津市首届青年学术年会. 天津青年学术精粹. 天津市科学技术学会. 天津：天津大学出版社：908～911

贾士儒，李小明，包志泉. 1993. 双液相系统的青霉素发酵的初步研究. 天津：第五届化学反应工程学术报告会论文集：176～178

贾士儒，袁玉华，包志泉. 1995b. 氧载体强化传氧的研究Ⅱ. 天津轻工业学院学报，11（1）：1～7

贾士儒，赵树欣. 1996. 双液相发酵的进展. 食品与发酵工业，（5）：58～62

贾士儒. 1990. 生物反应工程原理. 天津：南开大学出版社

贾士儒. 2003. 生物反应工程原理. 2 版. 北京：科学出版社

李元广. 1993. 十三碳二元酸双液相发酵体系的研究. 北京：清华大学博士学位论文

戚以政，汪叔雄. 1998. 生化反应动力学与反应器. 北京：化学工业出版社

戚以政，夏杰. 2004. 生物反应工程. 北京：化学工业出版社

山根恒夫. 2006. 生物反应工程. 3 版. 邢新会，译. 北京：化学工业出版社

汪国平. 1999. 船舶涂料与涂装技术. 北京：化学工业出版社

王亮，薛闯，白凤武. 2013. 气提法弱化超高浓度乙醇发酵过程中自絮凝酵母振荡行为. 化工学报，63（10）：3725～3731

王雪根，何若平，欧阳平凯. 1999. 生物反应-分离耦合过程研究综述. 江苏化工，27（1）：7-11

吴奕，杨胜利. 1997. 透明颤菌血红蛋白基因调控与功能的研究. 生物工程学报，13（1）：1～5

叶勤. 2005. 发酵过程原理. 北京：化学工业出版社

于慧敏，尹进，李红旗，杨胜利，沈忠耀. 2000. 透明颤菌血红蛋白基因在产 PHB 重组大肠杆菌中的克隆表达. 清华大学学报（自然科学版），40（2）：32～35

俞俊棠，顾其丰，叶勤. 1991. 生物化学工程. 北京：化学工业出版社

俞俊棠，唐孝宣，邬行彦，李友荣，金青萍. 2003. 新编生物工艺学. 北京：化学工业出版社

郑学翔. 1982. 酒精的固态发酵研究. 酿酒科技，3：19～25

川瀬义矩. 1993. 生物反応工学の基礎. 東京：化学工業社株式会社

合葉修一，永井史郎. 1975. 生物化学工程——反应速度論. 東京：科学技術社

合葉修一. 1989. バイオテクノロジー Q & A. 東京：科学技術社

Altonen O，Rantakyla M. 1991. Biocatalysis in supercritical. Chemtech，21：240～248

Aristidou A A，San K Y，Bennett G N. 1994. Modification of central metabolic pathway in *Escherichia coli* to reduce acetate accumulation by heterologous expression of the *Bacillus subtilis* acetolactate synthase gene. Biotechnol Bioeng，44：944～951

Atkinso B，Mavituna F. 1983. Biochemical Engineering Handbook. Surrey：Macmillan Publishers Ltd

Bai C G，Wang X J，Zhang J，Sun A Y，Wei D Z，Yang S L. 2014. Optimisation of the mRNA Secondary Structure to Improve the Expression of Interleukin-24 in *Escherichia coli*. Biotechnology Letters，36：1711～1716

Bailey J E，Ollis D F. 1986. Biochemical Engineering Fundamentals. 2nd ed. New York：McGraw-Hill

Brown T D K. 1977. The enzymic interconversion of acetate and acetyl-coenzyme A in *Escherichia coli*. J Gen Microb，102：327～336

Choi d，Park Y，Okabe M. 1998. Effects of rapeseed oil on activity of methylmalonyl-CoA carboxyltransferase in culture of *Streptomyces fradiae*. Biosci Biotechnol Biochem，62（5）：902～906

Constantinides A，Spencer J L，Gaden L E. 1970. Optimization of batch fermentation processes，Ⅱ. Optimum temperature profiles for batch penicillin fermentation. Biotechnology and Bioengineering，12：1081～1098

Damiano D，Wang S S. 1985. Novel use of a perfluorocarbon for supplying oxygen to aerobic submerged cultures. Biotechnol Lett，7：81～86

Eckert G，Schügerl K. 1987. Continuous acetone-butanol production with direct product removal . Applled Microbiology and Biotechnology，27：221～228

Eiki H，Gushima H，Saito T，Ishida H，Oka Y，Osono T. 1988. Product inhibition and its removal on josamycin fermentation by *Streptomyces narbonensis var. josamyceticus*. J Ferment Technol，66：559～565

Fabre C E，Condoret J，Marty A. 1999. Extractive fermentation of aroma with supercritical CO_2. Biotech Bioeng，64（4）：392～400

Fass R，Clem T R，Shiloach J. 1989. Use of novel air separation system in a fed-batch fermentative culture of *Escherichia coli*. Appl Environ Microbiol，55：1305～1307

Fieschko J，Ritch T. 1986. Production of human alpha consensus interferon recombinant *Escherichia coli*. Chem Eng Comm，45：229～240

Fu Y Q，Chen Y，Huang H，Li S. 2009. Fixed-bed adsorption study for fumaric acid removal from aqueous solutions by amberlite IRA-400 resin. Chemical Engineering and Technology，32（10）：1625～1629

Ho C S，Ju L K，Baddour R. 1990. Enhancing penicillin fermentation by increased oxygen solubility through the addition of n-hexadecane. Biotechnol Bioeng，36：1110～1118

Holmes W H. 1986. The central metabolic pathways of *Escherichia coli*：Relationship biomass and excretion of acetate. Curr Topics Cell Regul，28：69～105

Imanaka T，Aiba S. 1981. A perspective on application of genetic engineering stability of recombinant plasmid. Annals New York Academy of Sciences，369：1～14

Jia S，Chen G，Kahar P，Choi D，Okabe M. 1999a. Effect of soybean oil on oxygen transfer in the production of tetracycline with an airlift bioreactor. J Biosci Bioeng，87（6）：825～827

Jia S，Zhang Y，Fu Q. 1999b. Production of demethyl-lchlortetracyline by *Streptomycin aureofaciens* in soybean oil medium. The 4th China-Korea Regional Biotechnology Symposium. Korea. 55～56

Ju L K，Lee J F，Armiger W B. 1991. Effects of interfacial surfactant layer on oxygen transfer through the oil/water phase boundary in perfluorocarbon emulsions. Biotechnol Bioeng，37：505～511

Ju L K，Lee J F，Armiger W B. 1991. Enhancing oxygen transfer in bioreactors by perfluorocarbon emulsions. Biotechnol Prog，7：323～329

Khosla C，Bailey J E. 1989. Characterization of the oxygen-dependent promoter of the *Vitreoscilla* Hemoglobin gene in *Escherichia coli*. J Bacteriol，171：5995～6004

Khosravi M，Webster D A. 1990. Stark B. C. Presence of the bacterial hemoglobin gene improves α-amylase production of a recombinant *Escherichia coli* strain. Plasmid，24：190～194

Knutson B L，Strobel H J，Nokes S E，Dawson K A，Berberich J A，Jones C R. 1999. Effect of pressurized solvents on ethanol production by the thermophilic bacterium *clostridium thermocellum*. J Supercritical Fluids，16：149～156

Krelovcova E，Kaumphanzl V，Vanek Z. 1984. Improving the production of monensin by *Streptomyces cinnamonensis*. Folia Microbiol，29：35～42

Li T H，Chen T L. 1994. Enhancement of glucose oxidase fermentation by addition of hydrocarbons. J Fement Bioeng，78：298～303

Lin H，Chen E，Chen L. 1991. Disintegration of yeast cells by pressurized carbon dioxide. Biotechnol Prog，7：201～204

Lin H，Yang Z，Chen L. 1992. An improved method for disruption of microbial cells with pressurized carbon dioxide. Biotechnol Prog，8：165～166

Linek V，Benes P. 1976. A study of mechanism of gas absorption into oil water emulsions. Chem Eng Sci，31：1037～1046

LItalien Y，Thibault J，Leduy A. 1989. Improvement of ethanol fermentation under hyperbaric conditions. Biotech Bioeng，33：471～476

Liu H，Chang W，Wang Y. 1994. Effect of lard oil，olive oil and castor oil on oxygen transfer in an agitated fermentor. Biotechnol Tech，8：17～20

Luli G W，Strohl W R. 1990. Comparison of growth，acetate production，and acetate inhibition of *Escherichia coli* strains in batch and fed-batch fermentation. Appl Environ Microbiol，56：1004～1011

Nielsen J，Viiladsen J，Liden G. 2002. Bioreaction Engineering Princiles. 2nd ed. New York：Plenum Press

Park Y，Momose I，Tsunoda K，Okabe M. 1994. Enhancement of cephamycin C production using soybean oil as the sole carbon source. Appl Microbiol Biotechnol，40：773～779

Rezanka T，Vanek Z，Klanova K，Podojil M. 1984. The use of different oils for the cultivation of *Streptomyces cinnamonensis*. Folia Microbiol，29：306～309

Rols J L，Condoret J S，Fonade C，Goma G. 1990. Mechanism of enhanced oxygen transfer in fermentation using emulsified oxygen vectors. Biotechnol Bioeng，35：427～435

Rols J L，Goma G. 1989. Enhancement of oxygen transfer rates in fermentation using oxygen vectors. Biotech Adv，7：1～14

Rols J L，Goma G. 1991. Enhanced oxygen transfer rates in fermentation using soybean oil-in-water dispersions. Biotechnol Letters，13（1）：7～12

Taniguchi M，Kamibira M，Kobayashi T. 1987. Effect of treatment with supercritical carbon dioxide on enzymatic activity. Agric Biol Chem，51（2）：593～594

Wang F，Lee S Y. 1997. Production of poly（3-hydroxybutyrate）by fed-batch culture of filamentation-suppressed recombinant *Escherichia coli*. Appl Environ Microbiol，34：382～385

Xu R，Dong Y G，Wang L H，Tao X Y，Sun A Y，Wei D Z. 2014. TAT-RhoGDI2，a novel tumor metastasis suppressor fusion protein：expression，purification and functional evaluation. Applied Microbiology and Biotechnology，98：9633～9641

Xue C，Zhao J B，Chen L J，Bai F W，Yang S T，Sun J X. 2014. Integrated butanol recovery for an advanced biofuel：current state and prospects. Applied Microbiology and Biotechnology，98：3463～3474

第六章 动植物细胞培养

学习目的：了解动植物细胞培养的发展现状，掌握动植物细胞培养的基本概念、生长模型与培养操作的基本要点。

动植物细胞培养技术是一项将动植物的组织、器官或细胞在适当的培养基中进行离体培养的技术。组织是指由结构和功能相似的细胞和细胞间质组成，具有一定形态和生理功能的聚集体。器官是指机体中已分化的具有特殊结构和完成特殊功能的部分。组织与器官的培养是指在人工的操作条件下，使它们得以继续生存或发展的一种培养方法。由于组织与器官培养的内容已超出本书的范围，因此，本章仅就动植物细胞培养进行简要介绍。

6.1 动物细胞培养

6.1.1 动物细胞培养的特性

动物细胞培养（animal cell culture）技术是从动物体内分离细胞，模拟体内的生理环境，在无菌、适温和丰富的营养条件下，使离体细胞生存、生长并维持结构和功能的一门技术。由于动物细胞体外培养具有明显的表达产物的优点，为传统微生物发酵所无法取代。因此，生物技术中许多有价值的生物制品需要借助于动物细胞培养获得，这种需求极大地促进了动物细胞培养技术的发展。

早在 1907 年，Harrison 在世界上首次将蛙的神经组织在试管内成功培养，奠定了动物组织体外培养的第一块基石。1912 年，Carrel 将无菌操作技术引入动物细胞培养技术，并在动物体液中发现了对动物细胞生长有强烈促进作用的生长因子（growth factor），确立了无血清培养基研究基础。1950 年前后，Enders 及其同事发表了第一篇关于在培养细胞中生长病毒的报告，开拓了以动物病毒为研究对象的新领域。当时人们已知道在细胞培养物中存在一些有特殊功能的蛋白质，如干扰素、抗生素、疫苗等，但是由于动物细胞的营养要求复杂，培养要求严格，长期以来未能利用动物细胞培养来进行有经济价值的物质生产。1957 年，Graff 用灌注悬浮培养（suspension culture）的方法获得 10^7 个细胞/ml 的高细胞浓度培养液。作为大规模细胞培养技术，Capstick 成功地进行了仓鼠肾细胞（BHK）的大规模悬浮培养。1967 年，Wezel 创立了 EAE-SephadexA50 微载体系统培养动物细胞方法。1972 年，Knazek 等创立的中空纤维细胞培养技术，使体外细胞培养从实验室内的微量或小量培养规模扩展为大规模培养。20 世纪 80 年代初期，世界卫生组织（WHO）明确了哺乳动物传代细胞可用于生物制品生产后，促进了动物细胞培养技术的发展。1986 年，Demo Biotech 公司首次用微囊化技术大规模培养杂交瘤细胞生产单抗获得成功。

随着细胞培养原理和方法的日臻完善，采用在培养液中添加人工合成的小球状惰性聚合体载体，大幅度提高了细胞的产量，并在 10 000L 反应器内成功地进行深层培养。基因工程技术的发展，使人们逐渐认识到有许多基因产物不能在原核细胞内正常表达，它们需要经过真核细胞所特有的翻译后修饰，以及正确的切割、折叠后，才能形成与自然分子一样的功能和抗原性，使得动物细胞一跃成为一种重要的宿主细胞，用以生成多种生物制品，如病毒疫苗（virus vaccine）、淋巴因子（lymphokine）（如 Y 干扰素和白细胞介素等）、单克隆抗体（monoclonal antibody）、红细胞生成素（erythropoietin）、纤维蛋白溶酶原激活剂（plasminogen activator）、第八因子、肿瘤坏死因子（tumor necrosis factor）、上皮生长因子（epidermal growth factor）和过氧化物歧化酶（superoxide dismutase）等。目前，可大规模培养的动物细胞有鸡胚细胞、猪肾细胞、CHO（中国仓鼠卵巢细胞）、BHK-21（仓鼠肾细胞）、Vero 细胞（非洲绿猴肾传代细胞）、地鼠肾细胞等多种细胞及人二倍体细胞等。采用大规模细胞培养技术生产贵重药品在临床诊断、治疗和预防等方面都有重要意义。

动物细胞培养与微生物培养相比有许多不同点（表 6-1）。主要是由于动物细胞无细胞壁，机械强度低，适应环境能力差；生长速度缓慢，易受微生物污染，培养时需要抗生素，且大多数哺乳动物细胞需附着在固体或半固体的表面才能生长；对营养要求严格。因此，大规模培养时不可简单地套用微生物培养的经验。体外培养的动物细胞呈现以下生物学特性。

表 6-1 动植物细胞培养与微生物培养性能的相比

项目	哺乳动物细胞	植物细胞	微生物细胞
大小/μm	10～100	10～100	1～10
悬浮生长	可以，多采用贴壁	可以，但细胞易聚集	可以
营养要求	很复杂	复杂	简单
倍增时间/h	15～100	15～100	0.5～5
细胞分化	有	有限分化	无
环境的敏感性	非常敏感	敏感	一般
细胞壁	无	有	有
k_La/h^{-1}	1～25	20～30	100～1000
抗剪切力	无	有	有
传统变异筛选技术	有时使用	有时使用	广泛使用
接种密度	10^5 个/ml	10%～30%	小
生长密度	低	低	高
产物存在位置	胞内或胞外	胞内	胞内或胞外
产物浓度/%	低	低	高
含水量/%	～80	～90	～75
产物种类	疫苗、激素、抗体、生长因子、免疫调节剂等	酶、生物碱、天然色素、有机化合物等	发酵食品、抗生素、有机化合物、酶等

1. 细胞生命周期性变化

与微生物培养周期相似，体外培养的细胞也是从适应环境、旺盛生长到由于自身和环境限制生长缓慢或停滞，经历这样一个周期变化。

细胞从接种到适应新环境生长繁殖的一段时间称为迟缓期，此间细胞质回缩，代谢缓慢。

对数生长期是细胞活力最好的时期，细胞增殖旺盛。在接种细胞数量适宜的情况下，对数生长期持续 3～5d 后，随细胞数量不断增多，生长空间日趋减少，营养环境恶化，呈现接触抑制（contact inhibition）。恶性细胞则由于营养成分的消耗和细胞代谢产物的影响而发生密度抑制（density inhibition）。

静止期是指细胞数量达到饱和密度后，细胞与营养液的交换面积减少，代谢产物积累，pH 下降，细胞停止增殖。

如果继续培养，将进入衰退期，营养环境继续恶化后，细胞受损直至死亡。

2. 体内外细胞的差异

细胞在体外培养后，失去了神经体液调节和细胞间相互影响，生活在缺乏动态平衡的环境中，失去原有组织结构和细胞形态，其分化特性减弱或不明显，直至发展成恶性细胞。

大规模细胞培养的主要危险之一是微生物污染。设备、培养基、悬浮系统和操作方法等的复杂性都易引起微生物污染，这是细胞培养一个普遍存在的问题，在大规模培养中更为严重。动物细胞生长十分缓慢，且易被大多数微生物污染物所破坏。支原体（mycoplasma）对动物细胞培养的威胁最大，因为其感染力强且不易检出。因此，大规模细胞培养成功的必要条件是要有一个设备精良的细胞库（cell bank）。在细胞库中的冷冻细胞不受污染。

由于动物细胞无细胞壁，因此人们一般认为动物细胞的脆性是导致培养控制（如溶氧）复杂化的关键。然而，选择坚韧的细胞就不存在上述问题。经精心设计的培养装置可使细胞悬浮液很好地混合，在向培养基内流加基质和输送气体时也不会损坏细胞。

动物细胞培养基的配方十分复杂，并且还需补充血清和蛋白胨。原料的质量控制和培养基的生产供应是大规模细胞培养的主要问题。因为血清来源困难，质量不稳定，残留血清给产物提纯带来困难等，所以，常采用无血清培养基。但是，在无血清培养基中更可能出现细胞毒（与水中的微量元素或有机污染有关）。因此，与培养物相接触的水必须采用高纯度的水。高纯度水的腐蚀性很强，并且有从金属物沥出元素的能力。所以，凡是与高纯度水接触的不锈钢容器和管道的表面都必须进行适当处理。培养基一般需经膜过滤器过滤。常用的膜过滤器可保证其无菌状态，甚至支原体也可被 0.1μm 的过滤膜滤出。当前，以人或动物来源的蛋白质或激素等代替动物血清的无血清培养已成为趋势。

利用动物细胞培养的方法生产的产品大致可分为疫苗、干扰素、单克隆抗体和遗传重组产品。总之，动物细胞培养过程的特征是：生长速率慢，且培养基丰富，易被微生物等污染，但可采用在培养基中加入抗生素等措施来解决；细胞个体大且无壁，对环境尤其是剪切敏感，因此应慎重解决供氧（搅拌与通风）与细胞脆弱的矛盾；设备放大是一新课题，不能完全按照微生物反应过程的经验；生产成本高，主要用于高附加值产品生产；细胞易受代谢产物抑制且出现凋亡现象。

6.1.2 动物细胞生长模型

细胞的批式培养是一种使用最为广泛的培养方式。培养系统中细胞浓度、底物浓度和产物浓度随时间而变化。动物细胞生长的迟缓期往往是由于细胞缺乏某些生长因子。动物细胞培养添加的血清中含有大量的生长刺激因子，此外细胞自身也需要合成特定的生长因子才会生长，也称之为内源性生长因子（endogenous growth factor）。只有这些生长因子积累到一定的浓度，细胞才会生长。迟缓期后，细胞进入对数生长期。此时细胞被认为是无阻抑生长，细胞浓度随时间呈指数增长。此后培养系统中的条件逐渐不适应细胞的生长，细胞依次经历减速期、静止期和衰退期，整个培养过程完成。

在动物细胞的动力学研究中，所用的动力学模型多为经验模型，并且大多数只能分段描述。目前常用的细胞生长动力学模型有 Monod 方程、Logistic 方程、底物和产物抑制模型等。这些模型应用比较方便，但都不能很好地模拟细胞生长的整个过程，特别是迟缓期。在迟缓期和衰退期细胞比生长速率 μ 不是常数，这就需要研究是何种因素限制了细胞生长。对于如何来修正比生长速率 μ，Daae 等提出了一个简单结构模型，该模型应用控制模型原理，对迟缓期细胞的比生长速率 μ 进行修正，较好地描述了链霉菌细胞的生长。

Daae 认为微生物的生长和对底物的吸收利用需要关键酶，这种酶往往是诱导酶。由于在培养的初始阶段关键酶没有合成，细胞处于迟缓期，随着关键酶的增加，细胞生长加快。关键酶的合成与底物有关，当底物减少时关键酶合成也减少，细胞生长逐渐停止。动物细胞培养有较长时间的迟缓期，要求培养基成分十分复杂，诱导酶假设不适用于动物细胞培养，动物细胞的生长需要很多种生长因子，这些生长因子一方面来源于血清或培养基，另一方面则是由自身合成。假设一种关键生长因子限制了细胞生长和对底物的吸收利用，随着生长因子的增加，细胞生长加快。生长因子的合成与培养基中的营养物有关，营养物越少，生长因子合成越慢。细胞比生长速率方程为

$$\mu = \mu_{\max} \frac{[\mathrm{G}]}{[\mathrm{G}]_{\max}} \cdot \frac{[\mathrm{S}]}{K_{\mathrm{s}} + [\mathrm{S}]} \tag{6-1}$$

式中，$\mu_{\max}$——最大比生长速率；

$[\mathrm{G}]$——生长因子的浓度；

$[\mathrm{G}]_{\max}$——生长因子的最大浓度；

K_{s}——饱和常数。

细胞生长速率和底物消耗速率分别为

$$\frac{\mathrm{d}X}{\mathrm{d}t} = \mu_{\max} \frac{[\mathrm{G}]}{[\mathrm{G}]_{\max}} \cdot \frac{[\mathrm{S}]}{K_{\mathrm{s}} + [\mathrm{S}]} \cdot X \tag{6-2}$$

$$\frac{\mathrm{d}[\mathrm{S}]}{\mathrm{d}t} = -\frac{\mathrm{d}X}{\mathrm{d}t} Y_{\mathrm{X/S}} \tag{6-3}$$

生长因子的生成速率用下式表示：

$$\frac{d[G]}{dt}=\mu_G\frac{[S]}{K_{SG}+[S]}\cdot\frac{[G]}{K_G+[G]}[G]-\mu[G] \tag{6-4}$$

式中，μ_G、K_{SG} 和 K_G 为常数，（6-4）式表明生长因子的合成与底物和自身都有关系，最后一项表示由于细胞生长引起生长因子浓度的稀释。

高红亮等以动物细胞批式培养的实验结果为对象，分别用 Monod 方程、Logistic 方程和 Daae 的结构模型进行模拟，比较了这三个模型的特点及用于描述动物细胞培养过程的情况。结果表明，Monod 方程能够较好地拟合从对数生长期到静止期的细胞生长；Logistic 方程能够较好拟合从对数生长到减速期的细胞生长，而达到静止期的时间较慢。Monod 方程和 Logistic 方程均不能描述细胞在迟缓期的生长。Daae 的结构模型可以模拟细胞从迟缓期到静止期的整个生长过程，该模型模拟的比生长速率 μ 有一个先增长后降低的过程，这符合细胞生长的实际情况。比生长速率反映了细胞的实际增长能力，因此模型不仅要能描述细胞的生长曲线，而且要能描述细胞的比生长速率曲线，才能全面地描述细胞的生长。

6.1.3　动物细胞培养方法

由于动物细胞与微生物细胞特性的不同，动物细胞培养方法与培养细菌、真菌等有很大的不同。从动物的某一特殊器官切除的组织被转移到含血清和少量抗生素的生长培养基里，这些组织细胞形成了初级培养物。与植物细胞不同，哺乳动物的初级细胞通常不会聚合在一起，但会以单层细胞的形式生长在支持物的表面，添加蛋白酶（如胰蛋白酶或胶原蛋白酶）后，就能从组织中分离出单个细胞进行单细胞培养。直接从离体组织中切下细胞称为初级培养（原代细胞），而从初级培养中获得的细胞称为次级培养（传代细胞）。

根据细胞种类，动物细胞培养方法可分为原代细胞（primary cell）培养与传代细胞（passaged cell）培养。

原代细胞培养：将动物各种组织从机体中取出，经各种酶（常用胰蛋白酶）、螯合剂（常用 EDTA）或机械方法处理，分散成单细胞，在合适的培养基中培养，使细胞得以生存、生长和繁殖，这一过程称为原代培养，培养的细胞为正常的动物细胞。

传代细胞培养：传代培养是细胞培养常规保种方法之一，也是所有细胞生物学实验的基础。当细胞在培养瓶中长满后就需要将其稀释分成多瓶，细胞才能继续生长，这一过程称为传代。传代培养可获得大量供实验所需细胞。细胞传代要在严格的无菌条件下进行，每一步都需要认真仔细地无菌操作。培养的细胞如果为癌变或人为癌化的细胞，理论上可以无限增殖。癌化的方式有很多：进行癌基因突变，感染病毒，从癌症供体体内分离，物理或化学方法（如紫外，化学试剂）等。

通常动物细胞会粘在培养瓶的表面并形成单细胞层，这种生长在支持物表面的细胞被称为贴壁依赖性细胞。这些细胞的贴壁行为对它们形成三维结构是必需的，它们需要三维结构来进行内部结构排列，从而以某种允许的方式生长。但是有些细胞能够在培养基悬液中生长，被称为非贴壁依赖性细胞。因此，根据动物细胞生长特性的不同，动物细胞培养有两种类型：一类是贴壁依赖性细胞的培养，称为贴壁培养（attachment culture），大多数动物细胞，包括非淋巴组织的细胞和许多异倍体体系的细胞属于这一类型，它们需要附着于带适量正电荷的固体或半固体的表面生长；另一类是非贴壁依赖性细胞的培养，称为悬浮培养（suspension culture），来源于血液、淋巴组织的细胞，许多肿瘤细胞[包括杂交瘤细胞（hybridoma）]和某些转化细胞属于这一类型，可采用类似微生物培养的方法进行悬浮培养。

动物细胞培养常用的方法有以下几种。

1. 贴壁培养

由于细胞紧密地黏附于固体表面，可直接倾去旧培养液，清洗后加入新鲜培养液，无需复杂的细胞截留系统，便于采用灌注培养，以达到提高细胞密度的目的，且贴壁后很多细胞更有利于有效地表达产物。但与悬浮培养相比，贴壁培养扩大规模较困难，投资大，占地面积大，不能有效地监控细胞的生长。

一般，根据依附固相的不同，贴壁培养系统主要分为滚瓶、中空纤维、玻璃珠、微载体等系统。滚瓶为细胞提供了贴附的表面，在滚动过程中实现了气体的交换，适合实验室规模的动物细胞培养。但是由于滚瓶不能有效监控细胞的生长，操作比较繁琐，贴附面积具有限制性，传质和传氧差，在实际生产使用中受到极大的限制。微载体培养（microcarrier culture）中微载体具有更大的比表面积，为细胞提供了充足的贴附比表面积，在细胞培养中得到了广泛的应用。

微载体培养首先是由 A. L.van Wezel 于 1967 年提出，在培养动物细胞时，将制备好的细胞悬液和事先在血清中浸泡并消毒过（可加快细胞与微载体的贴附速度）的微载体混合孵育一段时间，待细胞贴附于微载体上后，再转移至培养液中培养，并借助温和搅拌系统使细胞随载体均匀悬浮于培养液中。它所采用的微载体通常是直径为 60～250μm 的固体小珠，材料大致有纤维素、塑料、明胶、玻璃和葡聚糖五大类，近年来国外又相继开发出多种材料的微载体，如液体微载体、聚苯乙烯微载体、PHEMA 微载体、甲壳质微载体、藻酸盐凝胶微载体等。微载体技术经过 30 余年的发展逐渐完善和成熟，并已广泛应用于细胞工程领域。目前，利用微载体系统进行组织工程细胞的大规模培养受到医学科研人员青睐，而且其研究发展非常迅速，该技术已被成功利用于肝细胞、成纤维细胞、生肌细胞、软骨细胞等细胞系的大规模培养。

从操作方式看，贴壁依赖性细胞的培养可采用分批、半连续和连续等多种方法，其原理与微生物细胞培养类似。目前有一种适用于动物细胞的连续式操作方法——灌流培养法。这种方法是把细胞置于某种封闭系统中，连续注入新鲜培养基的同时，连续等量排出用过的培养基，但不要排出悬浮的细胞。采用这种方法后，从产物开始分泌时起，便可用快速纯化方法不断地从流出培养基中收集目的产物。以英国细胞技术公司的灌流培养为例，5L 反应器不断工作，每升培养液可产 5mg 小鼠 IgM，其产量为悬浮液的几倍。另外，灌流培养法获得的都是活细胞。虽然灌流培养系统具有如上优点，但也存在培养基消耗量比一般悬浮培养高几倍，工作过程复杂，培养物易受污染和培养细胞不稳定等缺点。

灌流培养系统可分为三类：①微小均质系统，如灌流悬浮细胞培养，微载体系统；②巨大均质系统，如把细胞包埋在微小球或凝胶中；③非均质系统，如边灌流边用过滤膜将细胞加以固定。上述灌流培养方法属于微小均质系统中的灌流悬浮细胞培养。

2. 悬浮培养

细胞悬浮培养指细胞在反应器中自由悬浮生长的过程，用于非贴壁依赖性细胞的培养，与微生物发酵过程接近，但由于动物细胞对剪切力敏感，丰富培养基容易形成过多泡沫，这都增加了反应器操作的难度，需要进行专门设计。为了保护动物细胞免受剪切的伤害，一般需要加入特殊的保护剂（如血清和一些高分子化合物），以使细胞在温和的搅拌和通气条件下正常生长。适用于悬浮培养的动物细胞种类较少，目前主要用于瘤细胞培养，如杂交瘤细胞和小鼠骨髓瘤细胞的培养。其中杂交瘤细胞的悬浮培养是研究最广泛和透彻的动物细胞培养过程，培养规模大，操作成熟。悬浮生长的细胞其培养和传代都十分简便，培养时只需将采集到的活体动物组织经分散、过滤、纯化和漂洗后，按一定密度接种于适宜培养液中，置于特定的培养条件下，即可良好生长。传代时也无需再分散，只需按比例稀释后即可继续培养。采用该方法培养的细胞增殖快、产量高、培养过程简单，是大规模培养动物细胞的理想模式之一。

3. 固定化培养

固定化培养是一种包埋培养方式，适用于贴壁依赖性细胞和非贴壁依赖性细胞。细胞固定化的制备方法很多，包括吸附法、共价贴附法、离子/共价连接法、包埋法、微囊法、自絮凝法等。固定化培养不仅剪切力较低，传递效果较好，而且还易于收集并分离纯化细胞产物。用此种方式培养的细胞也具有较强的抗污能力，细胞生长较为集中，生长密度也高。

6.1.4　动物细胞培养的应用

1. 在生物学基础研究中的应用

应用于生物学基础研究的离体培养（isolated culture）动物细胞具有培养条件可人为控制且便于观察检测的特点，因而可广泛应用于生物学领域的基础研究。在细胞生物学上，动物细胞培养可用于研究动物的正常或病理细胞的形态，生长发育，细胞营养，代谢，以及病变等微观过程。如神经细胞增殖、突起生长、相互识别、刺激传递等机制，就是通过进行各种神经细胞的培养才弄清楚的；在遗传学研究中，除可用培养的动物细胞进行染色体分析外，还可结合细胞融合技术建立细胞遗传学，进行遗传分析和杂交育种；在胚胎工程中，通过体外培养卵母细胞，并进行体外受精、胚胎分割和移植已发展成一种较成熟的技术而应用于家畜的繁殖生产中。另外，分离和培养具有多潜能性的胚胎干细胞，还可用于动物克隆、细胞诱导分化、动物育种的研究，并可作为基因转移的高效表达载体；在病毒学研究中，用培养的动物细胞代替试验动物做斑点分析，不仅方法简便、准确，而且重复性好。

2. 在临床医学上的应用

首先，动物细胞培养技术可用于遗传疾病和先天畸形的产前诊断。目前，人们已经能够用羊膜穿刺技术获得脱落于羊水中的胎儿细胞，经培养后进行染色体分析或甲胎蛋白检测即可诊断出胎儿是否患有遗传性疾病或先天畸形，以此可避免先天残疾儿的诞生。现在用这种方法已能检测出几十种代谢性遗传缺陷疾病和先天畸形疾病。

其次，现在的一些科学研究已能通过染色体对比分析检测出易患癌症的患者，以便及早进行预防和治疗。在这方面，我国的科学工作者有较突出的研究成果，他们改进了淋巴细胞的培养方法，从而使带有癌基因的人的染色体表现出明显高于常人的畸变率，这就从细胞分子水平揭示了癌症的病理、病因，并为癌症的早期诊断和预防提供了科学依据。

再次，细胞培养还可用于临床治疗。目前已有将正常骨髓细胞经大量培养后植入造血障碍症患者体内进行治疗的报道。另外，动物细胞培养生产的生物大分子制品也可用于治疗某些代谢缺陷疾病，如利用动物细胞培养生产的重组人促红细胞生成素（rHuEPO）在临床上对于治疗肾衰性贫血、癌症患者化疗后贫血，以及择期手术者的自身输血血液储备都有极显著的效果。

3. 可用于生产大分子生物制品

利用动物细胞大规模培养技术生产大分子生物制品始于 20 世纪 60 年代。当时是为了满足生产蹄疫疾病（FMD）疫苗的需要。后来随着大规模培养技术的逐渐成熟和转基因技术的发展与应用，人们发现利用动物细胞大规模培养技术来生产大分子药用蛋白比原核细胞表达系统更有优越性。

因为，重组 DNA 技术修饰过的动物细胞能够正常地加工、折叠、糖基化、转运、组装和分泌由插入的外源基因所编码的蛋白质，而细菌系统的表达产物则常以没有活性的包涵体形式存在，随着大量永久性细胞株的创建，在商业利益的刺激下，动物细胞大规模培养技术也迅速发展起来，并被付之应用。例如，用 Vero 细胞高密度培养工业化生产疫苗及 hGH、UK、t-PA 等蛋白药物；用昆虫细胞-杆状病毒表达系统生产安全可靠的生物杀虫剂；用鸡胚细胞生产鸡法氏囊、新城疫、马立克等多种疫苗；用转基因技术克隆 hEPO 的基因，并在 GHO-DHFR-细胞中表达，生产重组人促红细胞生成素（rhEPO）等。目前，用动物细胞可生产的生物制品有各类疫苗、干扰素、激素、酶、生长因子、病毒杀虫剂、单克隆抗体等，其销售收入已占到世界生物技术产品的一半以上。

6.2 植物细胞培养

6.2.1 植物细胞培养的特性

有关植物细胞培养的基础研究很多，而工业规模应用却较少。早在 1902 年，德国植物学家 G. Haberlandt 就预言植物细胞培养的可能性，提出了细胞全能性（cell totipotency）的概念。1937 年前后，法国和美国科学家分别成功地进行了胡萝卜和烟草的组织培养。随后，人们认识到生长素等植物激素在组织培养中的作用。1939 年，White 和 Gautheret 分别发表论文，提出非分化的植物细胞可以无限期地进行培养，为植物细胞培养的发展奠定了基础。1942 年，Gautheret 发现植物细胞培养可产生次级代谢产物。1954 年，Muir 等第一次进行了植物细胞悬浮培养。自 1956 年 Routine 等首次提出用植物细胞培养技术生产有用次级代谢产物以来，已经从 400 多种植物中分离出细胞，并通过细胞培养，获得 600 多种人们所需的各种化合物。1966 年 Klein 指出，能利用植物细胞培养物代替收集或栽培植株来生产生化制品。1967 年，Kaul 和 Staba 进行了 1000ml 级的细胞大量培养试验。植物细胞培养研究成功的例子已有不少，如用紫草悬浮培养物生产紫草宁、人参皂苷、花青素、长春花碱、黄连素和抗癌药物紫杉醇等。

植物细胞具有厚度不一的含纤维素的细胞壁，具有较高的拉伸性。与微生物相比，植物细胞具有这样一些特性（表 6-1）：①细胞个大，并且细胞壁是以纤维素为主要成分，耐拉不耐扭，因此，抗剪切能力低；②与动物细胞培养类似，生长速率慢，为防止培养过程中染菌，需加抗生素；③细胞培养需氧，而培养液黏度大，且不能强力通风搅拌；④产物在细胞内且产量低；⑤培养的植物细胞常生长成各种大小的团块（从几个细胞到几百个细胞），增加了悬浮培养的难度等。

在植物细胞的悬浮培养中，植物细胞易于黏附成团，形成聚集体。聚集体由几个甚至几百个细胞组成，大小不一。一般来说，植物细胞分裂及增长的速度较微生物慢很多。当培养的细胞处于对数生长初期时，细胞较小，有多个小液泡。但在对数生长后期，细胞体积变大，液泡占据了植物细胞的大部分体积，使得细胞对渗透压及物理压力变化很敏感，同时也使得细胞对培养中的搅拌因素非常敏感，如果搅拌方法不适当，可破坏这种具大液泡的细胞，释放出细胞内积累的有毒物质甚至胞内的某些水解酶（hydrolase）类，从而危害其他的培养细胞。

生长缓慢是植物细胞的先天不足，然而它能产生一些微生物所不能合成的特有代谢产物，如朝鲜参皂角苷、桉树油、某些生物碱等。植物细胞培养技术为大规模生产这些有用物质提供了新途径。细胞培养用于种苗生产，如兰花等名贵花卉的培育，可以不受天时地利的影响。目前，植物细胞培养已经在工农业中广泛应用。一方面可对产生重要次生代谢产物的细胞系进行大规模培养，另一方面可利用植物细胞进行生物转化，即通过植物细胞内生成和积累的各种酶的催化作用，将外源底物转化为药物、食品添加剂等高附加值的产物。植物细胞培养在农业上应用于植物育种、种质保存、植物脱毒和植株的大规模快速繁殖等方面。

另外，利用植物细胞培养技术进行工业化生产，有产品规格好、易达到供需平衡、进行有关农作物生产占地少等优点。进入 20 世纪 90 年代以来，伴随着紫杉醇的研究成功并应用于临床，植物细胞培养及其次生代谢产物的研究进入了新的发展时期，尤其是诱导子、前体饲喂、两相法培养、质体转化、毛状根和冠瘿瘤组织培养等新技术和新方法的发现和发展，更显示了植物细胞培养工程制药的广阔发展前景。另外，将固定化技术应用于植物细胞培养中的研究对改善植物细胞培养中出现的不足有一定成效。目前可大规模培养的植物细胞有红豆杉细胞、长春花细胞、紫草细胞、毛地黄细胞、烟草细胞、银杏细胞、冬青细胞、黑麦草细胞、蔷薇细胞等。下面列出几个利用植物培养技术工业化生产有用代谢物的例子，如紫杉醇的生产，自从 1991 年 Christen 等申请有关红豆杉组织培养的专利以来，在培养体系中紫杉醇含量已提高 100 多倍，达到 153mg/L，美国的 Phyton catalytic 公司已在德国进行了 75t 发酵罐的试验；其他如日本三井石油公司生产紫草宁和小檗碱（750L）、日本日东电工公司生产人参皂苷和花色素（500L）、德国 A. Nattermann & Cie. GmbH 生产迷迭香酸（75 000L）、英国的辣椒素生产、美国的香子兰代谢物生产、加拿大的血根碱生产等。

尽管植物细胞培养技术的研究取得了突破性的进展，但要使植物细胞技术进入工业化行列，还必须解决如下问题。

（a）植物细胞生产缓慢，即使间歇操作也要 2～3 周，培养过程中易引起污染等问题。

（b）植物细胞具有坚硬的纤维素细胞壁，耐拉不耐扭，抵抗剪切力差。

（c）培养细胞的原种难以保存，转接过程中容易产生突变，细胞系退化。

（d）目标代谢产物含量低或缺失，其原因是培养条件下的细胞形态分化受到抑制，分化程度低甚至反分化，与之相关的化学特性消失，目标成分含量常低于原来植物中的含量，次生代谢产物通常积累在细胞内且产量低，致使生产成本提高。

（e）极少以单细胞形式悬浮存在，聚集体细胞数多至 200 个，且易产生黏多糖等物质，系统黏度大，影响氧传递。聚集体的大小与继代条件、环境条件、反应器构型、培养基组成有关。当然，不同物种形成的聚集体大小不同。

（f）植物细胞具有结构和功能全能性，即培养的细胞可以分化成完整的植株。具有群体效应及解除抑制性。

6.2.2 植物细胞生长模型

目前国内外在植物细胞培养方面的研究取得了很大进展，特别是运用生物反应器进行植物细胞大量培养的技术正日趋成熟。在植物细胞放大培养的过程中，最关键的问题是建立对培养过程中各种现象进行合理描述的模型，为细胞的大量培养奠定基础。目前国内外在植物细胞培养过程动力学模型的研究方面取得了很大的进展，分为植物细胞培养非结构化动力学模型和结构化动力学模型。

植物细胞培养非结构化动力学模型：最初植物细胞培养的数学模型的建立是在细菌等微生物培养过程动力学模型的基础上发展起来的。在传统的微生物发酵过程中通常都是以一个简单的生物量组分来进行模型化，因此都是非结构化的，如 Monod 模型、Nyholm 模型及 Leudeking-piret 模型等，这些类型的模型通常都只能够考虑一些单组分的变化情况，而不能够考虑到植物细胞组分的多样性和细胞在培养过程及其代谢过程中变化的复杂性，如次生代谢产物的生成和细胞生长及细胞在代谢过程中其他中间物质之间的相互转化的复杂关系等。因此这类模型不能够预测植物细胞培养过程中的很多行为，对于植物细胞的放大培养的指导性也十分有限。

植物细胞培养结构化动力学模型：随着对植物细胞培养过程的研究深入及对植物细

胞代谢过程的了解，对植物细胞培养的多样性也有了较多的认识，从而开始运用复杂的数学模型——结构化数学模型来描述植物细胞的培养过程。由于结构化数学模型考虑了培养细胞组分及其多样性，以及细胞与环境之间的生理生长关系，因此能够较精确地描述植物细胞的培养过程。这类模型对于分析细胞内的代谢调控很有价值，能够为培养过程提供更加清晰、更加定量的依据，其分析结果对于进行细胞培养过程的优化具有较强的指导性。到目前已经有 4 种结构化数学模型运用于植物细胞培养的研究之中。

第一类模型是由 Frazier 等在 1987 年提出的一个基于两种代谢中间物的动力学模型，用于解释细胞生长及与生长相关的产物合成之间的相互作用，1989 年，他又提出植物细胞处于细胞团的小环境中，其生长受中间代谢物控制的模型，该模型预测在细胞生长过程中存在一个延迟期。这类模型关键在于以细胞培养中间代谢产物的生成和释放行为为建模依据建立模型，从而来解释细胞生长及与生长相关代谢产物之间的关系。

第二类模型把细胞的存活率引入了建模中，分析了细胞活性与细胞生长、底物消耗及代谢产物的形成之间的相互关系。1989 年，Bailey 和 Nicholson 提出了一个新的模型，在这个模型中考虑了细胞鲜重和存活率两个新的变量，这种模型能够预知细胞的膨胀和溶解过程。1990 年，Mathisca 等又提出了一个能够区分分裂细胞和非分裂细胞的生长模型。到 1998 年，在 Bailey 和 Nicholson 提出的模型的基础上，Glicklis 在假设只有存活细胞生成产物多糖，底物消耗不用于维持细胞生长的前提下提出了一个植物细胞悬浮培养生成多糖的动力学模型，并通过 *Symphytum officinal* L. 的悬浮培养确定其多糖的合成属于生长相关型。

第三类模型属于考虑底物吸收及其活化机制的结构化模型。1992 年，Brian S. Hooker 和 James M. Lee 以细胞吸收培养基中的蔗糖等，以及其在细胞内的代谢为基础，通过一定的假设和简化，建立了考虑细胞生长、产物生成及细胞呼吸作用的结构化数学模型，通过对细胞结构化的组成物、次生代谢产物的形成和细胞呼吸作用的检测来研究细胞在培养过程中内部的相互作用，并且将生长竞争型和非生长竞争型次生代谢产物区分开来。这个模型第一次说明了底物吸收和活化机制，模型的预测与实验有一定的相符合性。2000 年，薛莲等以培养基中碳源在培养过程中所经历的途径为依据，建立了紫草细胞悬浮培养的结构化动力学模型来描述细胞的培养过程，参数优化的结果使模型能够较好地反映培养体系的变化情况。这种结构化模型较之 Hooker 等建立的模型更加简单，而且参数较少，容易检测，有较强的实用性，2003 年李春等也以同样的方法对红豆杉细胞培养建立了相应的模型，其实验结果也证明了该模型能很好地描述培养过程，通过对两种细胞培养建模的成功实现证明了该模型对于植物细胞培养存在一定的通用性。

第四类模型主要考察了在细胞培养过程中其他重要盐类物质如磷酸盐和钙盐等对细胞培养生长或产物形成的影响。1993 年，Guliklis 等提出了一个关于长春花细胞在不同磷酸盐水平下进行分批培养的结构化模型，模型不仅成功描述了批式培养时细胞在不同磷酸盐浓度下的生长情况，而且对细胞在恒化器中的培养情况也有较好的预见性。Bramble 等也提出了一个考虑钙盐和磷酸盐对咖啡细胞悬浮培养影响的结构化模型，能够预见生物碱的生成速率，与实验结果具有很好的一致性。1999 年，许建峰等以磷酸盐与细胞生长和代谢产物生产的关系建立了高山红景天致密愈伤组织颗粒悬浮培养的结构化动力学模型，该模型能够计算并预测接种量、种龄及培养基中初始磷酸盐浓度对高山红景天致密愈伤组织生长与红景天苷的影响，模型能够基本上反映高山红景天致密愈伤组织悬浮培养的动力学规律。

建立精确的植物生长模型是比较困难的，这是由于在实际培养过程中，同微生物类似，植物细胞的生长是多种环境因子与细胞内复杂代谢反应的综合结果，其生长与环境因子的关系目前还难以用简单的方程式来表达。下面以几种影响植物细胞生长的重要因素为例，说明植物生长模型的建立，以及通过所建立的模型反映出来的植物细胞生长特点。

（1）碳源与生长模型

微生物反应中，细胞的生长速率与限制性基质间的关系常用 Monod 方程来描述。同理，Monod 方程也可以用于表达某些碳源与动植物细胞生长速率间的关系。例如，在植物细胞培养过程中，多以蔗糖为碳源，安田曾报道，烟草细胞在分批培养中，细胞的生长速率与蔗糖浓度的关系可利用 Monod 方程来表达，此时 $\mu_{\max}=0.023\text{h}^{-1}, K_{\text{s}}=2.35\text{g/L}$。

蔗糖为碳源时，植物细胞首先将蔗糖分解为葡萄糖和果糖，而后优先利用葡萄糖。分别以果糖或葡萄糖为碳源分批培养烟草细胞时，前者有 $\mu_{\max}=0.038\text{h}^{-1}, K_{\text{s}}=0.25\text{g/L}$，后者为 $\mu_{\max}=0.038\text{h}^{-1}$，$K_{\text{s}}=0.94\text{g/L}$。

（2）呼吸与生长模型

由于植物细胞的培养过程是好氧过程，因此，许多科技工作者研究了与细胞呼吸速率相关的因素。例如，人参细胞培养中，添加椰子汁后细胞的生长速率加快，耗氧量较不添加椰子汁时明显增大。

一般好氧微生物的比生长速率 μ 与菌体的维持常数 m 及氧的比消耗速率 Q_{O_2} 有如下关系：

$$Q_{\text{O}_2}=m+\frac{\mu}{Y} \tag{6-5}$$

加藤等所获得的烟草细胞分批培养的结果表明，当氧为细胞生长的限制性因素时，μ 与 Q_{O_2} 有与（6-5）式相似的关系。这说明，植物细胞培养中氧的消耗，部分用于维持代谢，部分用于生长繁殖，所获得的 $m=0.09\text{mmol/(g}\cdot\text{h)}$，$Y=0.061\text{g/mmol}$，与一般微生物的 m 和 Y 值相比，m 很小而 Y 较大。这可能是植物细胞培养过程中的重要特性。

（3）胞内物质与生长模型

微生物培养中，把细胞内 RNA 含量作为描述其生长速率的指标。且随微生物比生长速率的增加，RNA 含量增大。而在植物细胞的培养中，也有类似的报道。吉田等在进行人参细胞培养中发现，在对数生长期，细胞的 RNA 含量显著增大。培养草细胞时，人们详细研究了细胞的比生长速率与细胞内 RNA 的关系，发现其与一般微生物相似，可以用一次方程表达。即

$$\text{RNA}=36\mu+25 \tag{6-6}$$

由此也可以看出，植物细胞生长动力学的研究，在很大程度上借鉴了微生物反应动力学的理论。

6.2.3　植物细胞培养方法

植物细胞的培养方式根据植物细胞所处状态的不同，分为悬浮培养与固定化植物细胞培养法，根据操作方式的不同，又分为分批式、反复分批式和连续式培养三种。下面以悬浮培养法（分批、反复分批和连续培养）为例做介绍。

1. 分批培养

植物细胞的分批培养与微生物的分批培养类似。由于操作简单，从实验室到大型罐广泛应用。分批培养中，植物细胞的生长曲线一般呈 S 形，与微生物不同的是一般在传代后第一天细胞数有所减少，可明显观察出诱导期、对数生长期、减速期、静止期和衰亡期（死亡期）。但是与细菌和酵母菌的培养相比，即使是生长速率快的烟草细胞，分批培养时间（一个周期）也要 6 天以上，这也就是前面所说的植物细胞培养的先天不足——生长缓慢。

表 6-2 表示某些植物细胞分批培养中，对数生长期的生长速率与微生物的比较。即使已知生长较快的烟草细胞的平均世代时间最快也要 15.8h($\mu = 0.044\text{h}^{-1}$)，不到酵母比生长速率的 1/10。因此，有必要开发长期无菌培养技术。

表 6-2　植物与微生物细胞生长速率的比较

生物种类	μ/h^{-1}	平均世代时间/h
烟草	0.032～0.04	21.7～17.3
番茄	0.014～0.026	49.5～26.7
人参	0.021	33.0
酿酒酵母	0.5～0.65	1.39～1.07
红曲霉	0.125	5.54

目前，无论在实验室还是在工厂中，广泛采用分批式操作。藤田开发的二步培养法是分批培养法的一种变形，同时使用两个反应器，第一个反应器主要是为大量培养细胞，第二个反应器是为增加目的产物的含量。分批培养中，在一定范围内增加底物浓度，可增加目的产物的产量，但浓度过高又会造成接种细胞的死亡。

2. 反复式分批培养

若反应器内培养液体积为 V，补加量为 F'（等于取出量），则 F'/V 值称为替换率 D'。D'与连续培养中的稀释率 D 不同，其与培养液取出至加入完成期间的比生长速率 μ' 有如下关系：

$$\mu' = \frac{1}{t}\ln\frac{X_t}{X_0} \tag{6-7}$$

式中，X_t和 X_0——时间 t=t 和 t=0 时的细胞浓度。

$$D' = \frac{F'}{V} = 1 - \exp(-\mu' t) \tag{6-8}$$

日本学者的实验结果表明，反复分批培养的生长速率 $D'X$ 要大于分批培养时的生产速率。

3. 连续培养

由于连续培养可以保证细胞生长环境长时间的稳定，因此，在研究细胞的生理或代谢等方面时，连续培养是一种重要的培养方法。与微生物的连续培养相同，对于单罐连续培养系统，与细胞生长相关的物料衡算式为

$$V\frac{dX}{dt}=V\left(\frac{dX}{dt}\right)_{生长}-FX \tag{6-9}$$

式中，V——培养液体积；

X——细胞浓度；

t——时间；

F——培养液的流加速率。

根据比生长速率和稀释率的定义，(6-9）式变形为

$$\frac{dX}{dt}=X(\mu-D) \tag{6-10}$$

稳定状态下，$\mu=D$，细胞的生长速率为 XD。利用 1300L 通用式发酵罐连续培养烟草细胞，得到 $XD=3.82\text{g/(L·d)}$。日本学者使用 20t 罐，连续 66d 培养烟草细胞 BY-2，获得 $XD=5.82\text{g/(L·d)}$ 的好成绩。

一般连续培养的细胞产率高于分批培养的，但由于植物细胞生长速率慢，维持长时间的无菌状态是需要解决的基本技术问题。另外，单罐连续培养法并不能适应各种反应，因此，有必要开发一些新的培养方法。

利用植物细胞培养技术生产次生代谢产物近年来取得很大进展，但如何增加目的产物产量使该技术实现工业化生产是亟待解决的难题。为了解决这一问题，很多提高植物细胞生产次生代谢物的培养技术发展了起来。

1）液体悬浮培养技术

从周围培养基中获得有价值的代谢物，最简单有效的方式是选用液体培养基。液体悬浮细胞培养具有操作简单、易于扩大培养、氧气及养分的供应和传递方便、次生代谢物易分离等优点，是目前研究利用植物细胞培养生产次生代谢产物最常用的培养方式。

2）固定化培养技术

植物细胞固定化是将植物细胞包裹于一些多糖或多聚化合物上进行培养，并生产有用代谢物的技术。具有可重复利用性，能够更好地控制操作过程、增加植物细胞的代谢稳定性，刺激次生代谢物的合成提高产量，以及促进或改变产物的释放等优点，应用广泛。细胞固定化培养技术主要利用包埋方法来固定植物细胞，用于包埋植物细胞的支持介质主要是能成胶的聚多糖如海藻酸、琼脂、κ-角叉藻胶等。此外，植物细胞的固定化方法还有聚氨基甲酸乙酯泡沫自然吸附法、中空纤维包埋法、自然的自固定化方法及共价交联法等。利用固定化培养技术培养植物细胞，还能简化下游工艺，使产物持续释放。

3）两相培养技术

两相培养技术是指在培养体系中加入水溶性或脂溶性有机物，或者是具有吸附作用的多聚化合物，从而使培养体系因分配系数的差异形成上、下两相，细胞在某一相中生长与合成次级代谢物，次级代谢物分泌到胞外并转移到另一相中。采用固-液或不相容的液-液两相培养体系使次生代谢物发生转移，能够克服产物的反馈抑制，同时还能简化产物回收、促进半连续化，从而提高培养的生产效率。近年来，两相培养技术在提高细胞培养生产次生代谢物方面发挥了非常重要的作用。如采用水相-有机相两相系统进行南方红豆杉（*Taxus chinensis*）悬浮培养，使用蔗糖饲喂，使 63%的产物释放到培养基中，并且紫杉醇的产量提高了 6 倍。

利用两相培养技术提高植物细胞次生代谢物的生产，不仅能减轻产物本身对细胞代谢的抑制作用，而且保护了产物免受培养基中催化酶或酸对产物的影响。此外，产物在固相或疏水相中的积累易化了下游处理过程，大幅节省了生产成本。因此，该技术具有广泛的应用前景。但由于分配系数不同，吸附作用对不同代谢物质也不同，所以要针对目标代谢物选择合适的有机相或吸附剂。

4）冠瘿培养技术

冠瘿培养技术主要是利用根癌农杆菌感染植物产生冠瘿瘤，然后进行细胞培养的技术。冠瘿瘤具有植物激素非依赖性生长能力和冠瘿碱合成能力，其遗传性状稳定、生长迅速；冠瘿组织离体培养时也具有激素自主性、增殖速率较常规细胞培养快等特点，其次生代谢产物合成能力与稳定性较强，该技术在次生代谢产物的生产中有着良好的开发前景。

5）毛状根培养技术

发状根是双子叶植物的器官受到发根土壤杆菌（*Agrobacterium rhizogenes*）感染后所产生的病态组织，发状根培养技术兴起于 20 世纪 80 年代，在很多双子叶植物中，基于其遗传和生化性质的稳定、高生长率及相对高效合成天然化合物的能力，发状根被普遍认为是一种有效的次生代谢物生产系统。发状根以其在不加外源激素和暗培养的情况下不仅生长迅速而且分枝多、次生代谢物质含量一般远高于悬浮培养的细胞，且含量稳定、容易产生某些新奇的化合物、易于分离和容易获得再生植株等优点，目前被普遍认为是极好的获取次生代谢产物的原材料。

6）两步培养技术

两步培养法技术，即根据生长及代谢的需求，调整培养基组分和培养条件，使生长和代谢均能在最适的途径下进行，以期提高目的产物的产率。两步培养技术很好地解决了细胞生长量与次生代谢物积累量不协调的矛盾，丰富了通过细胞培养生产次生代谢物的途径。

7）添加诱导子技术

诱导子是指植物抗病生理过程中诱发植物产生植物抗毒素和引起植物过敏反应的因子。在活细胞体系中加入低浓度的诱导子能够诱导或刺激特定化合物的生物合成。根据其来源可分为生物诱导子和非生物诱导子。生物诱导子主要包括病毒类诱导子、细菌类诱导子、酵母提取物、真菌类诱导子等。非生物诱导子主要可分为化学因子和物理因子两大类，常用的化学因子主要有水杨酸、茉莉酸甲酯、茉莉酸、稀土元素及重金属盐类等；物理因子一般为高温、高压、电击、紫外线、损伤等一些能诱导植物产生抗病性的环境因素。利用诱导子刺激次生代谢物的产生，不仅是植物细胞培养生产次生代谢物的重要手段，而且对缩短工艺时间、提高容器最大利用率方面的作用也非常显著。利用诱导子来提高次生代谢产物，是目前在植物细胞培养中最常用的方法之一，在调控植物次生代谢物的合成与积累方面已取得了较多成果。

6.2.4 植物细胞培养的应用

目前植物细胞大量培养主要应用于以下三个方面。

1. 生产细胞代谢产物

利用植物细胞培养进行有用代谢物的生产具有许多优越性，这是因为：植物可生产2万多种化学物质，包括医药品、色素和其他精细化学品，是微生物生产的4倍多，其中一些化学物质难以化学合成，或难以用基因工程手段来增加其生产，植物细胞培养不受环境、生态和气候条件的限制，其增殖速度也比整个植物体栽培快得多。研究主要集中在制药（如抗癌药物紫杉醇、疗伤药物紫草宁、保健药物人参皂苷等)、油料（如豆蔻油、春黄菊油等)、食品添加剂（如生姜、香子兰等)、调味剂（如胡椒、留兰香等)、食用色素（如花青素等)、饮料（如咖啡、可可等)、树胶（如阿拉伯胶等)。一些有用代谢产物的含量用植物细胞培养进行生产比从整个植株栽培得到的要高。例如，迷迭香酸可从鞘芯花属细胞培养进行生产得到以细胞干重计高达27%的含量，是从整个植株栽培中得到的9倍，这就为直接利用细胞培养技术进行生产奠定了有力的基础。在1983年由日本的三井石油化学公司开发出来的世界上第一个植物细胞培养的工业化产品红色色素紫草宁的成功问世也正是基于此。

2. 利用植物细胞生物转化

植物细胞内含有催化酯化、氧化、还原、羧基化、异构化、甲基化、环氧化、糖基化及去甲基化等反应的酶类，可对天然产物进行转化。植物细胞的生物转化可达到三个目的：①解决天然药物的来源问题，把量大的化合物转化为稀缺的、更有价值的化合物；②对化合物进行结构修饰以满足药学方面的要求；③探索植物次级代谢产物的生物合成途径。

植物细胞生物转化的反应类型列举如下。

（1）羟基化反应

植物细胞培养物可以对外源底物分子的不同部位进行选择性的氧化反应，它们对烯丙位C═C双键的羟基化具有区域选择性和立体选择性，能区别底物的不同对映体并选择性地进行羟基化。

（2）氧化还原反应

氧化还原反应是生物转化中最为普遍的反应类型，是在各种氧化还原酶的催化作用下进行的反应过程，包括羰基的还原、醇与酮之间的转化、C═C 双键的还原和环氧化作用等。

醇可被某些植物细胞转化成相应的酮。斧柏烯在木槿属植物 *Hibiscus cannabinus* 培养细胞催化下，醇氧化生成了酮。具体经过是先脱水成烯，然后烯再氧化生成酮。酮和醛中的羰基可在生物催化剂的作用下还原成相应的醇。在烟草属植物 *Nicotiana tabacum* 和长春花属植物 *Catharanthus roseus* 细胞悬浮培养液中，樟脑醌中的羰基立体选择性地生成相应的 α-酮醇。碳碳双键可加氢还原成饱和的碳碳键。α，β-不饱和羰基化合物中的碳碳双键很难通过化学方法选择性加氢还原，然而其可用含有依赖 NADH 还原酶的植物细胞系统轻易实现。

（3）糖基化反应

糖基化反应可以产生新的糖苷，可使不溶于水的物质变成溶于水的物质。微生物或化学手段很难实现糖基化，植物细胞相比而言则较易实现，可使外源性底物如酚类、苯丙酸类及其类似物发生糖基化。香豆素是一类很重要的植物次级代谢产物，但大部分香豆素水溶性差，缺乏天然糖苷。在人参根培养液中糖基转移酶的作用下，7-羟基香豆素能够转化成三种糖苷。

此外，利用植物细胞进行生物催化能够实现的反应类型还包括二聚化反应、水解反应、甲基化/去甲基化反应、成环反应、环氧化反应、分子内酯化反应等。目前研究进展较慢，但是它们的潜在催化能力是非常巨大的。

3. 利用植物细胞培养进行植物的快速繁殖

植株再生可通过三种途径完成：胚培养、体细胞胚发生及器官发生。通过悬浮细胞培养进行的体细胞胚发生被认为是一个有前途的开发途径。传统方法需要成百或成千上万个培养容器来生产大批植株，这一过程的劳动强度大、费用昂贵，通过悬浮培养进行快速繁殖有可能提供一个有效的工业化途径，因为其所用植物材料相对少得多，劳动强度也大大降低，比较具有潜在的经济性。

在这方面，从 20 世纪 80 年代起，有科技工作者已经从工程角度出发进行了研究，如 Huang 等研究了胡萝卜体细胞胚在补料分批培养中的动力学，Cazzulino 等也对胡萝卜体细胞胚发生培养过程进行了研究，提出了描述底物利用、培养过程增殖和胚发生的动力学模型。植物快速繁殖技术在生产上已显示出极大的应用潜力。欧美国家试管苗的年产量均在数千万株以上，且以每年 7%～8%的速度增加。

（韩培培，pphan@tust.edu.cn）

复 习 题

1. 简述动植物细胞培养的特点与难点，并与微生物细胞培养相比较。
2. 植物细胞培养的基本技术包括哪几方面内容？
3. 影响植物次生代谢产物积累的因素有哪些？
4. 提高植物细胞生产次生代谢物的培养技术有哪些？

5. 简述生产用动物细胞的要求与获得方法。
6. 简述动物细胞培养的方法及要点。
7. 目前由动物细胞大规模培养的产物包括哪几类？请分别举出 2 或 3 个产物。
8. 什么是悬浮培养？悬浮培养有何优缺点？
9. 灌注培养是连续培养吗？为什么它是动物细胞生物制品的主要生产方式？其存在哪些优缺点？谈谈改进意见。
10. 同样是 Monod 模型，在动植物细胞与微生物中的使用有何异同？
11. 如要通过人工培养紫草细胞生产紫草宁，请设计一个实验方案。
12. 动植物细胞培养的主要应用有哪些？

参 考 文 献

陈因良，陈志宏. 1992. 细胞培养工学. 上海：华东化工出版社
桂耀林，马诚. 1985. 植物组织培养. 北京：科学出版社
谷荣辉，洪利亚，龙春林.2013.植物细胞培养生产次生代谢物的途径.植物生理学报. 49（9）：869～88
贾士儒. 1989. 细胞培养技术的进展. 天津轻工业学院学报，4（1）：65～70
贾士儒. 2008. 生物反应工程原理. 3 版. 北京：科学出版社
焦瑞身. 1994. 细胞工程. 北京：化学工业出版社
李资平. 1999. 生物化学工程基础. 北京：化学工业出版社
罗深秋. 2000. 医用细胞生物学. 北京：军事医学科学出版社
石凯，熊晓辉，许建生. 2002. 固定化动物细胞大规模培养技术研究进展. 化工进展，21（8）：556～559
王捷. 2004. 动物细胞培养技术与应用. 北京：化学工业出版社：1～9
许建峰，谢健，李宁，冯朴荪. 1999. 高山红景天致密愈伤组织颗粒悬浮培养结构化动力学模型. 大连理工大学学报，39（1）：43～48
薛莲，孟琴，吕德伟. 2000. 紫草细胞悬浮培养的结构化动力学模型. 化工学报，51（2）：248～252
薛庆善，肖渝平，林娟. 2001. 体外培养的原理与技术. 北京：科学出版社
杨国伟，孙君社. 2004. 茶叶细胞悬浮系的建立及动力学初步研究. 北京：中国农业大学硕士学位论文
杨建一. 2000. 医学细胞生物学. 北京：科学出版社
元英进，赵广荣，冯霞. 2004. 现代制药工艺学细胞培养工学. 北京：化学工业出版社
张元兴，小萍，张立. 2007. 动物细胞培养工程. 2 版. 北京：化学工业出版社
日本発酵工学会. 1985. 生物工程. 東京：サイエンスフォーラム株式会社
合葉修一，鈴木周一，山下直，遠藤勲. 1983. 発酵プロセスの最適計制御. 東京：サイエンスフォーラム株式会社
Cazzulino D L，Pedersen H，Chin C K，Styer D. 1990. Kinetics of carrot somatic embryo development in suspension culture. Biotechnology and Bioengineering，35：781～786
Daae E B，Ison A P. 1998. A simple structured model describing the growth of *Streptomyces* lividans. Biotechnology and Bioengineering，58：263～266
Gulik W M V，Hoopen H J G T，Heijnen J J. 1992. Kinetics and stoichiometry of growth of plant cell cultures of *Catharanthus roseus* and *Nicotiana tabacum* in batch and continuous fermentors. Biotechnology and bioengineering，40（8）：863～874
Glicklis R，Mills D，Sitton D，Stortelder W，Merchuk J C. 1998. Polysaccharide production by plant cells in suspension：Experiments and mathematical modeling. Biotechnology and Bioengineering，57（6）：732～740
Hooker B S，Lee J M. 1992. Application of a new structured model to tobacco cell cultures. Biotechnology and bioengineering，39（7）：765～774
Kato A，Kawazoe S，Iijima M，Shimizu Y. 1976. Continuous culture of Tobacco cells. Journal of Fermentation Technology，54:

82～87

Li C，Yuan Y J，Wu J C，Hu Z D. 2003. A structured kinetic model for suspension cultures of *Taxus chinensis* var. *mairei* induced by an oligosaccharide from *Fusarium oxysporum*. Biotechnology Letters，25（16）：1335～1343

Mathisca C M de Gunst，Harkes P A A，J Val van Zwet W R，Libbenga K R. 1990. Modelling the growth of a batch culture of plant cells：A corpuscular approach. Enzyme and Microbial Technology，12（1）：61～71

Martens D E，Sipkema E M，Gooijer C D D. 1995. A combined cell-cycle and metabolic model for the growth of hybridoma cells in steady-state continuous culture. Biotechnology and Bioengineering，48（1）：49～65

Micheal L S，Fikret K. 2001. 生物过程工程：基本概念. 陈涛，赵学明，等译. 北京：化学工业出版社

Murray M Y. 1985. Comprehensive Biotechnology. Vol.1. Oxford：Pergamon Press：301～330

Thorpe T A. 2007. History of plant tissue culture. Molecular Biotechnology，37（2）：169～180

Wang C，Wu J，Mei X. 2001. Enhanced taxol production and release in *Taxus chinensis* cell suspension cultures with selected organic solvents and sucrose feeding. Biotechnology Progress，17：89～94

第七章　生物反应器中的传质过程

学习目的：了解并能够分析生物反应体系中的流变学特性和质量传递过程，掌握体积溶氧系数的测定方法、影响体积溶氧系数的主要因素和评价高效生物反应器的主要指标。了解生物反应器中氧的传递模型。

生物反应器是对微生物等有机体进行有效控制和培养，以获得某种特定产品的场所，是生物技术开发中的关键性设备，生物技术成果大多需要生物反应器才能转变为产品。生物反应器的设计除与化工传递过程因素有关外，还与微生物的生理生化特性、代谢反应机制等直接相关。工业生物过程的成功，很大程度上依赖于生物反应器的效率。简言之，生物反应器为微生物等有机体提供一个优化的物理与化学环境，使生物体能更好地生长，并获得更多的目标代谢产物。从“三传一反”的角度来看，一个合适的生物反应器，应该具有良好的气-液-固接触与混合性能，且具有高效的热量、质量和动量传递性能。

进行生物反应器设计必须明确目的反应的性质和速率变化规律。前者可从生物学（包括微生物学、生物化学、生物能量学等）中获得满意的结果；后者涉及各种速率过程，如生物反应动力学（酶促反应动力学、发酵动力学等）、传质（包括反应液的流变学特性等）与传热的速率等。

为便于理解生物反应器设计理论，本章介绍生物反应体系中流变学方面的基本知识，好氧生物反应器中氧的传递与微生物呼吸，体积溶氧系数及其相关因素，溶氧方程及溶氧速率的调节等方面的内容。

7.1　生物反应体系的流变学特性

生物工业中经常遇到空气、水、发酵（培养）液和滤液等气体或液体，尽管种类多，但它们的流动与输送都遵循共同的基本规律。以发酵过程为例，由于微生物的生命活动，其分解并利用营养成分，积累代谢产物，引起了发酵液的物理性质，如黏度、表面张力、离子强度等的变化。另外，发酵液黏度的改变会影响液体的湍动性及界面张力或液膜阻力等。生物反应体系的流变学特性实际上是指流体混合的流动特性，它直接关系到微生物反应的速率，微生物细胞的生长与代谢。以黏度为例，由于生物反应过程多是由气、液、固构成的三相流体系，一般来说，对于细菌和酵母发酵液，黏度较低，流动性也较好，反应体系的热量和质量传递速率较快。但对于大多数丝状真菌、放线菌来说，反应体系中大量的菌丝体或菌丝团的存在，使发酵液多呈现非牛顿流体的特性，导致流体混合不充分，传质和传热过程会大大受到影响。图 7-1 是黏度对不同过程影响的示意图。由图可知，黏度对生物反应过程的影响，贯穿于从原料到产品的整个过程中，例如，黏度的高低会对原料的输送、反应过程中溶解氧的分布、产物的回收等都产生重要的影响，还可能导致微生物的生长、形态、代谢活动的差异。因此，了解发酵液流变学特性的变化（特别是黏度变化），对于掌握生物反应过程传质与混合特点，进而改进发酵过程控制工艺条件及生物反应器设计都有重要意义。

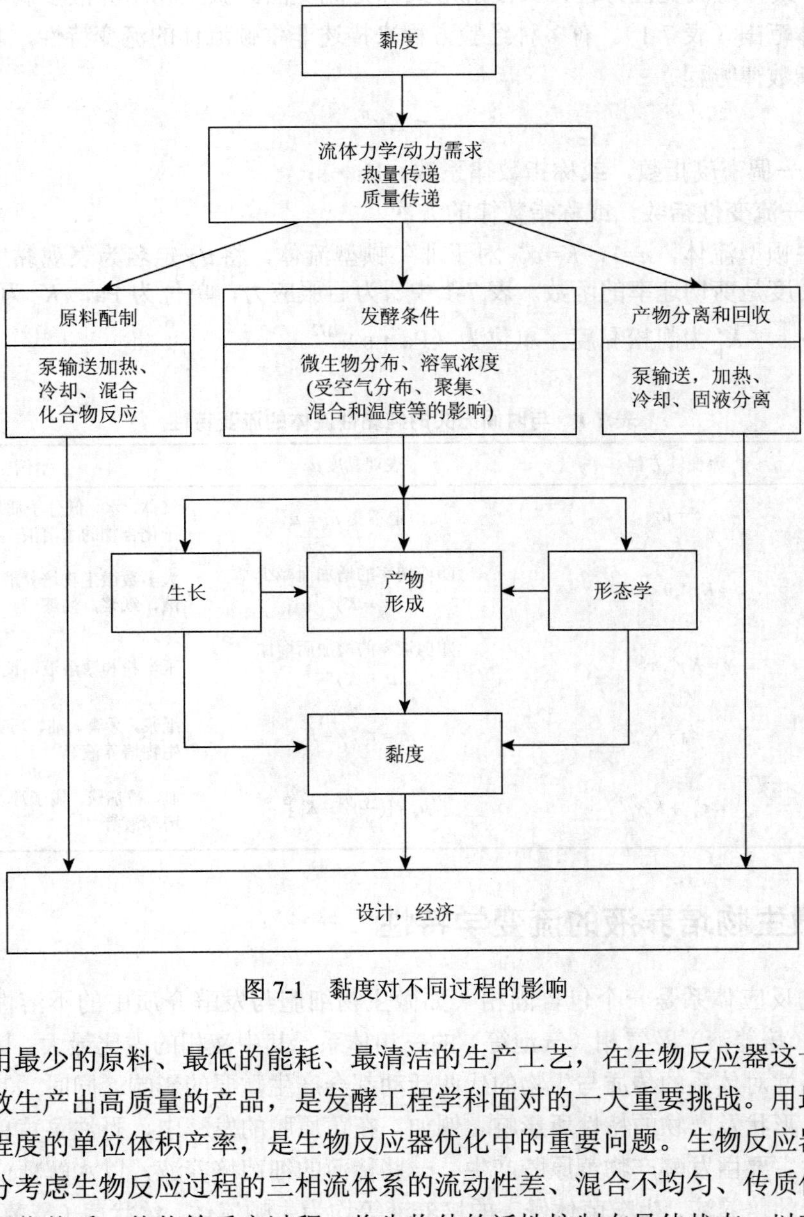

图 7-1　黏度对不同过程的影响

如何用最少的原料、最低的能耗、最清洁的生产工艺，在生物反应器这一特定的场所中，高效生产出高质量的产品，是发酵工程学科面对的一大重要挑战。用最小的投资获得最大程度的单位体积产率，是生物反应器优化中的重要问题。生物反应器的设计放大，应充分考虑生物反应过程的三相流体系的流动性差、混合不均匀、传质传热困难等因素，应强化传质、传热等反应过程，将生物体的活性控制在最佳状态，以获得最大程度的高效产率。

7.1.1　流体的流变学特性

培养液的流变学特性是指液体在外加剪切力 τ 作用下所产生的流变特性，简称流变特性。当给定的流体在外加剪切力的作用下，会产生相应的剪切速率γ（即速度梯度或切变率，单位为 Pa），两者之间的关系为该流体在给定温度和压力下的流变特性：

$$\tau = f(\gamma) \quad (7\text{-}1)$$

（7-1）式称为流变性方程，其图解形式称为流变图。微生物培养液多属与时间无关的黏性流体范围（表 7-1）。有多种经验方程来描述非牛顿流体的流变特性，其中最简单的形式是指数律方程。

$$\tau = K\gamma^n \quad (7\text{-}2)$$

式中，K——稠密度指数，或称指数律系数，Pa • s；

n——流变性指数，或称指数律的方次。

对于牛顿型流体，n=1，K=μ。对于非牛顿型流体，将τ/γ定名为表观黏度。给定流体的表观黏度是剪切速率的函数。表 7-1 中τ_0为屈服应力，单位为 Pa，K_p为刚性系数，单位为 Pa • s，K'_p为凯松黏度，单位为（Pa • s）$^{1/2}$。

表 7-1　与时间无关的纯黏性流体的流变特性

类别	流变性方程	表观黏度μ_a	示例
牛顿型	$\tau = \mu\gamma$	恒定不变 $\mu_a = \mu$	气体，水，低分子质量液体，低分子化合物的水溶液
假塑型（幂律）	$\tau = K\gamma^n, 0 < n < 1$	随剪切率的增加而减少 $\mu_a = K\gamma^{n-1}$	大多数微生物培养液，淀粉悬浮液，纸浆，油漆
膨胀型（幂律）	$\tau = K\gamma^n, n > 1$	随剪切率的增加而增加 $\mu_a = K\gamma^{n-1}$	玉米粉和糖溶液，淀粉，流沙等
平汉塑型	$\tau = \tau_0 + K_p\gamma$	$\mu_a = \tau_0 / \gamma + K_p$	纸浆，牙膏，油，巧克力及一些微生物培养液等
凯松塑型	$\tau = \tau_0^{1/2} + K'_p\gamma^{1/2}$	$\mu_a = [(\frac{\tau_0}{\gamma})^{1/2} + K_p]^2$	血，番茄酱，橘子汁及一些微生物培养液等

7.1.2　微生物培养液的流变学特性

微生物反应体系是一个包含固相（如微生物细胞与发酵介质中的不溶性固体物质等）、液相（培养液）及气相（气泡等）的三相体系，其中液相的占比最大，因此，液相的流变学特性对体系的传质与生物的代谢活动都会产生重要的影响。同时，其本身也受细胞大小、形状及产物的特性所影响。例如，在黄原胶的发酵中，野油菜黄单胞菌培养液的拟塑性主要由发酵产物黄原胶产生。一些稀薄的细菌培养液，以水解糖或糖蜜为原料培养酵母的培养液，为噬菌体侵害的培养液等均为牛顿流体。丝状菌（霉菌或放线菌）悬浮液不同于细菌和酵母菌悬浮液，菌丝呈丝状或团状。丝状菌的菌丝一般有一个以上的分枝，这些菌丝长 50～500μm，直径为 9～10μm。反应器中，这些菌丝体纠缠在一起，使悬浮液黏度达数 Pa • s。团状菌丝体是以稳定的球状积聚在一起而生长，其直径可达几毫米。无论是丝状或团状，流变学特性都是非牛顿型流体。表 7-2 给出了一些培养液的流变特性。

表 7-2　培养液的流变特性

产物	微生物	培养液流变特性
制霉菌素	诺尔斯氏链霉菌	牛顿型流体
青霉素	产黄青霉菌	假塑型流体 塑型流体 胀塑型流体
链霉素	灰色链霉菌	塑型流体
新生霉素	雪白链霉菌	塑型流体
卡那霉素	卡那霉素菌	假塑型流体
曲古霉素	卡那霉素链霉菌	塑型流体 假塑型流体
非洛霉素	卡那霉素链霉菌	假塑型流体

丝状菌发酵中，高黏度培养液的表观黏度明显随剪切速率的不同而变化。同一反应器中，随离搅拌器远近位置的不同，流动特性明显不同。搅拌桨附近，由于剪切速率较大，培养液黏度较低；反应器壁面附近，由于剪切速率小，培养液黏度较高，且流动速率较小。

一般丝状菌（霉菌、放线菌）的培养液呈假塑性流体、胀塑性流体等非牛顿型流体特性，并且培养液的流动特性还随时间而变化。例如，链霉素发酵中，前 24h 培养液为胀塑性流体，48h 及 96h 呈牛顿型流体特性，120h 呈假塑性流体的特性。

微小颗粒（如细胞）悬浮液的黏度是多种因素的函数，除依赖细胞颗粒的浓度外，还受颗粒的形状、大小、颗粒的变形度、表面特性等因素影响。霉菌或放线菌等的发酵中，培养液的流动特性常出现大幅度变化。例如，青霉素培养液的屈服应力与刚性系数都随发酵时间的增加而增大。培养后期与前期相比，刚性系数可增加近百倍，表观黏度明显增加。

丝状菌发酵中，细胞相互间易形成网状结构，在一定的剪切速率下，团状结构的菌团可被打碎成小片，虽然这些小碎片可再聚集起来，但在高剪切速率下，絮集起来的菌团又将被打碎，使培养液呈牛顿型流体特性。

总之，流体特性因素都会对生物反应器内的质量与热量的传递、混合特性及细胞生长等产生影响，这给工艺过程控制与设备放大带来困难。

7.2　流体力学分析方法

对生物反应器内流体力学的研究，是认识生物反应器内传质及混合过程的先决条件。如前所述，生物反应器内的气-液-固三相复杂反应体系中，过程的混合和流动非常复杂，传统的水力学特性研究主要依靠半经验关联式或实验测量，存在偏差大、周期长及消耗大量人力物力等因素的弊端。而流体力学分析方法可借助强大的数值运算功能、高效的计算机处理能力及高精尖的流体测量仪器，减少实验测量次数，节省大量的资金与时间，可得到传统方法不易解析的数值细节。

流体力学行为的研究方法包括数值模拟及实验研究，对于数值模拟，常见的有计算流体力学（computational fluid dynamics，CFD）分析方法，由于计算流体力学是结合了计算机科学、流体力学、偏微分方程、计算结合及数值分析等数学理论的方法，利用数值方法通过计算机来求解描述流体流动的数学方程，以获得其在特定时间和空间离散位置处的数值解。其基本原理在于：任何流体流动的规律都必须遵从质量守恒、动量守恒及能量守恒定律。而这三个定律可由数学方程组来描述，并通过数值计算的方法由计算机解出。其基本步骤包括：首先需要建立一个数学模型，根据模型对体系的一些假设，一般会得到一组偏微分方程组，通过已知的边界条件等，求解这些方程组；而对于实验研究，一般是采用一些非接触式的测量方法来测定体系中的液体流速、气体流速等，然后通过计算等方法来描述反应器内的流速分布、剪切力分布、局部气含率分布及研究反应器内的流型转变等，主要的研究手段有激光多普勒（laser doppler anemometer，LDA）颗粒成像技术（particle image velocimetry，PIV）等。

7.3 生物反应器中的传递过程

生物工业中的不同生产工段，都包含有物质传递过程，如上游操作中的原料预处理，生物反应器的操作与控制，下游操作中的产品回收。根据 Weisz 的观点：“西勒准数为 1，且无任何扩散限制时，细胞和其他成分的生物催化反应以最大反应速率而进行”。但事实上，又总达不到，这说明了传递过程的重要性。

生物反应器中，反应物（基质）从反应液主体到生物催化剂（微生物细胞、固定化酶或细胞等）表面的传递过程对生物反应过程影响很大，特别是基质的传质速率低于生物催化剂的反应速率时，生物催化剂的催化效率将受到基质传递速率的限制。因而，在一些发酵过程，如 SCP 和多糖发酵中，产物的生成速率可通过提高限制性基质的传递速率来加以改善。

好氧发酵中，由于氧是一种难溶气体，常温常压下（25℃，1.01×10^5Pa），空气中的氧在纯水中的溶解度仅为 0.25mol/m^3 左右。培养液中含有大量有机物和无机盐，因而氧在液相中的溶解度就更低。如果细胞浓度为 10^{15}个/m^3，每个细胞的体积为 $10^{-16}m^3$（直径为 5.8μm），细胞的呼吸强度为 2.6×10^{-3}mol/（kg·s），细胞密度为 1000kg/m^3，含水量 80%，则

每立方米培养液的需氧量为

$$2.6\times10^{-3}\times10^{-16}\times10^{15}\times1000\times(1-80\%)$$
$$=0.052[\text{mol}/(\text{m}^3\cdot\text{s})]$$
$$=187.2[\text{mol}/(\text{m}^3\cdot\text{h})]$$

即在 $1m^3$ 培养液中每小时需要的氧是溶解量的 750 倍。若中止供氧，几秒钟内细胞将会把溶解氧耗尽。因此，在生物反应过程中有效而经济地供氧是极为重要的。

微生物对氧的利用率首先取决于培养液中氧的溶解度和氧传递速率。有时采取提高生物催化剂（如微生物细胞）浓度的高密度培养方法提高生产效率，然而，高密度的细胞将使溶解氧迅速耗尽，使氧的消耗速度超过氧的传递速度。此时，从气相到液相的氧的传递速度成为微生物生长和代谢活动的限制性因素，要提高微生物的反应速度，就必须提高氧的传递速度。

发酵过程中，有的微生物以菌丝团（或絮状物）的形式生长繁殖，这时，基质必须通过扩散进入菌丝团内，基质的扩散与利用是同步进行的。当菌丝团内的基质浓度低于主体发酵液中的，且反应速度与基质浓度呈正比时，产物的生成速度和细胞的生成速度都将低于悬浮单一细胞的相关速度。为克服发酵过程中的扩散限制，可通过减小菌丝团尺寸的方法来解决。

一般二氧化碳的生成与生物反应的活性有关，微生物发酵过程中，常常会有大量二氧化碳溶解在培养液中，气液两相中的二氧化碳会以不同形式(CO_2,H_2CO_3,HCO_3^-,CO_3^{2-})进行转变，导致培养液的 pH 发生变化。

双液相生物反应系统中一个典型例子是以碳氢化合物为碳源生产 SCP。如何提高双液相反应系统中基质的传递速度也是非常重要的课题。另外，在双液相生化反应系统加入氧载体（oxygen vectors，一类具有很高溶解氧能力的有机物）也是一种改善氧传递速度的有效的方法。

固态发酵中，通风的作用除为微生物提供足够的氧外，还带走发酵热（fermentation heat）和部分二氧化碳。同时，通风还带走了大量水分，使湿度成为决定固态发酵成功与否的关键因素之一。

涉及传质的微生物反应的例子还可以举出很多。由于生物反应过程中涉及的质量传递问题十分复杂，这里仅以氧的传递为主，对生物反应过程中的传递理论进行简要介绍。

7.3.1 氧传递理论概述

好氧发酵中氧的传递途径如图 7-2。氧传递阻力包括气膜阻力 $1/k_1$、气液界面阻力 $1/k_2$、液膜阻力 $1/k_3$、反应液阻力 $1/k_4$、细胞外液膜阻力 $1/k_5$、液体与细胞之间界面的阻力 $1/k_6$、细胞之间介质的阻力 $1/k_7$ 和细胞内部传质的阻力 $1/k_8$（包括氧传递到细胞呼吸酶处的阻力）等。若总阻力计为 R，则

$$R=\sum_{i=1}^{n}R_i \qquad i=1,2,3,\cdots,n \tag{7-3}$$

式中，R_i——i 阶段的分阻力。

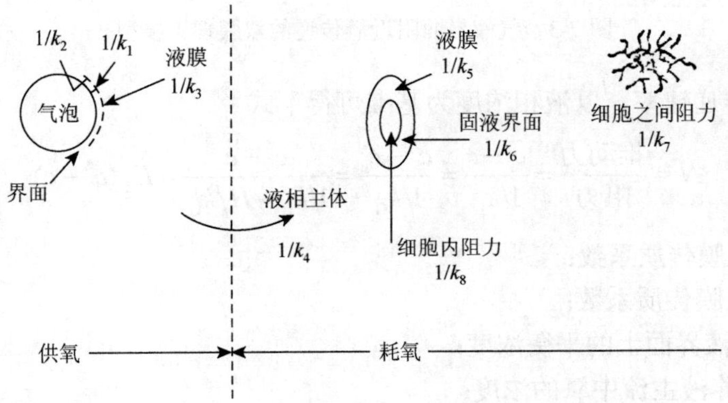

图 7-2 氧从气泡到细胞中传递过程的示意图

稳态时，各阶段的氧传递速率 N 为一定，则

$$N=\frac{\Delta c_1}{R_1}=\frac{\Delta c_2}{R_2}=\cdots\cdots=\frac{\Delta c_n}{R_i(i=n)} \tag{7-4}$$

式中，$\Delta c_1,\Delta c_2,\cdots,\Delta c_n$ 为各阶段的溶解氧浓度差。

微生物培养中的传质过程甚为复杂。几十年来，在提出的一些传质基本理论中，被广泛用来解释传质机制和作为设计计算的主要依据的是双膜理论。该理论的基本要点如下。

（a）在气液两个流体相间存在界面，界面两旁具有两层稳定的薄膜，即气膜和液膜。这两层稳定的薄膜在任何流体动力学条件下，均呈滞流状态。

（b）在气液界面上，两相的浓度总是相互平衡（空气中氧的浓度与溶解在液体中的氧的浓度处于平衡状态），即界面上不存在氧传递阻力。

（c）在两膜以外的气液两相的主流中，由于流体充分流动，氧的浓度基本上是均匀的，也就是无任何传质阻力，因此，氧由气相主体到液相主体所遇到的阻力仅存在于两层滞流膜中。

气液界面附近氧分压与浓度的变化如图 7-3 所示。

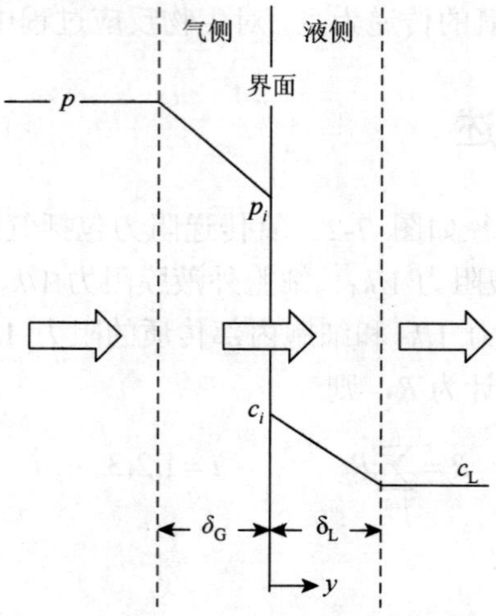

图 7-3　气液界面附近氧传递的双膜理论模型

对于氧的传递速率，以液相浓度为基准可得下式

$$N=\frac{推动力}{阻力}=\frac{c_i-c}{1/k_L}=\frac{c^*-c_i}{1/k_G}=\frac{c^*-c}{1/k_L+H/k_G}=K_L(c^*-c) \tag{7-5}$$

式中，k_L——液膜传质系数；

k_G——气膜传质系数；

c_i——气液界面上的平衡浓度；

c——培养液主流中氧的浓度；

c^*——与气相氧分压相平衡的氧浓度；

H——亨利常数；

K_L——以液膜为基准的总传质系数。

各传质阻力的大小取决于气体的溶解度。如果气体在液相中的溶解度高，如氨气溶于水中时，液相的传质阻力相对于气相的可忽略不计；反之，对于溶解度小的气体，总传质系数 K_L 接近液膜传质系数 k_L，此时，总传质过程为液相中的传递过程所控制。由于氧是难溶气体，因此，有

$$\frac{1}{k_L} \gg \frac{H}{k_G} \tag{7-6}$$

所以 $K_L \approx k_L$，（7-5）式可改写为

$$N = k_L(c^* - c) \tag{7-7}$$

（7-7）式两边同乘 a（单位体积培养液中气液比表面积），

$$Na = k_L a(c^* - c) \tag{7-8}$$

式中，Na——单位体积培养液中氧的传质速率，mol/（m^3 • s）；

$k_L a$——体积传质系数，1/s。

以上是以微生物只利用溶解于液体中的氧为依据进行讨论的，实际上，液膜中存在的微生物细胞也可直接利用空气中的氧气，但其数量与培养液内部的微生物细胞的数量相比甚微，故可不考虑。另外，当培养液混合充分，不发生细胞絮凝现象时，传质阻力 7（图 7-2 中细胞之间存在的阻力）也不再考虑。

有些文献中，体积传质系数也有用 $k_G a[\text{mol}/(\text{h}\cdot\text{ml}\cdot\text{Pa})]$、$K_d[\text{mol}/(\text{min}\cdot\text{ml}\cdot\text{Pa})]$ 和 $K_V[\text{kmol}/(\text{h}\cdot\text{m}^3\cdot\text{Pa})]$ 表示。

7.3.2　细胞膜内的传质过程

营养物质通过细胞膜的传递形式主要有：被动传递（又称单纯扩散）、主动传递（又称主动运输）和促进传递（又称促进扩散）。被动传递是营养物通过简单扩散传递，即由浓度梯度所产生（由高浓度向低浓度），故不需附加能。主动传递是营养物从低浓度向高浓度的扩散（逆浓度梯度），需消耗能量（代谢能）。促进传递是营养物依靠载体分子（载体蛋白质或渗透酶）的作用而穿过细胞膜。

细胞膜有一磷脂双分子层，其对极性分子不通透，这一双分子层阻碍离子和内部代谢产物从细胞内扩散出来。同样，某些分子或离子如葡萄糖、Na^+、K^+ 等，通过细胞膜传入，必须有特别的传递系统。一种溶解物从浓度 c_1 一边转送到浓度 c_2 一边时，有以下规则：

自由能的变化 ΔG 为

$$\Delta G = R_G T \ln\frac{c_2}{c_1} \tag{7-9}$$

式中，R_G 和 T——气体常数和热力学温度。

主动传递中，$c_2 > c_1$，$\Delta G > 0$，自由能增加。

被动传递中，$c_2 < c_1$，$\Delta G < 0$，自由能减少。

主动传递中，推动力是靠 ATP 水解释放的能量来进行的。例如，H^+从血浆（pH=7.4）到哺乳动物胃液（pH=1）的浓度梯度近似为 $10^{-1}/10^{-7}$，传递 1.0mol/L 的 H^+的自由能变化 ΔG=33.61J（20℃），这些能量来自 ATP 的水解。

促进传递是借助载体分子完成的，被传递的化合物在膜外与载体分子结合后，扩散到膜的另一边，在细胞内将载体分子释放出。促进传递的特征之一是其传递速率与酶促反应中的米氏方程类似。当传递的化合物浓度较低时，传递速率与浓度呈线性关系，而当浓度增至一定程度后，传递速率呈饱和状态。载体传递有很大的选择性和针对性。

7.4 体积传质系数的测定及其影响因素

7.4.1 体积传质系数的测定

1. 亚硫酸盐法测定体积传质系数

氧的体积传质系数 k_La 的测定方法有多种，亚硫酸盐法是应用较为广泛的方法之一。正常条件下，亚硫酸根离子的氧化反应非常快，远大于氧的溶解速度。当 Na_2SO_3 溶液的浓度为 0.018～0.45mol，温度为 20～45℃时，反应速度几乎不变。所以，氧一旦溶解于 Na_2SO_3 溶液中立即被氧化，反应液中的溶解氧浓度为零。此时氧的溶解速度（氧传递速度）成为控制氧化反应速度的决定因素。

以铜（或钴）离子为催化剂，亚硫酸钠的氧化反应式为

$$2Na_2SO_3 + O_2 \xrightarrow{Cu^{2+}或Co^{2+}} 2Na_2SO_4 \tag{7-10}$$

过量的碘与反应剩余的 Na_2SO_3 反应，再用标准的 $Na_2S_2O_3$ 溶液滴定剩余的碘。根据 $Na_2S_2O_3$ 溶液消耗的体积数，可求出 Na_2SO_3 浓度。由（7-8）式可知（由于 c=0）

$$k_La = \frac{Na}{c^*} = \frac{dC_{NaSO_2}/dt}{c^*} \tag{7-11}$$

将测得的反应液中残留的 Na_2SO_3 浓度与取样时间作图，由 $Na_2S_2O_3$ 消耗曲线的斜率求出 $dC_{Na_2SO_3}/dt$，再由上式求出 k_La。

由于该方法要多次取样，因此，有人提出了只需要分析出口气体中氧的含量，省去滴定操作的 k_La 测定方法。k_La 值可由下式给出：

$$k_La = \frac{\rho V_A}{C^* V_L}(G_{in} - G_{out}) \tag{7-12}$$

式中，ρ——空气的密度；

V_A——空气的体积流量；

V_L——反应液的体积；

G_{in} 和 G_{out}——进、出口气体中氧的摩尔分率。

亚硫酸盐法的优点是适应 k_La 值较高时的测定，但对于大型反应器来讲，每次实验都要消耗大量的高纯度的亚硫酸盐。

2. 动态法

虽然亚硫酸盐法方法简便，使用范围广，但其测定 k_La 值是在非培养条件下进行的，因此所测 k_La 值与实际培养体系的 k_La 值存在差异。采用氧电极测量 k_La 值除具有操作简单、受溶液中其他离子干扰少的优点外，还可在微生物培养状态下快速、连续地测量，所得信息可迅速为发酵过程控制所参考，因此在实际培养体系中常使用氧电极法测定 k_La。利用氧电极进行 k_La 的测量有多种方法，动态法是常用方法之一。(4-59）式给出了通风培养液中氧的物料衡算：

$$\frac{dc}{dt}=k_La(c^*-c)-Q_{O_2}X \tag{4-59}$$

当停止通风，有

$$\frac{dc}{dt}=-Q_{O_2}X \tag{7-13}$$

根据培养液中溶解氧浓度变化速率，可以求出 $Q_{O_2}X$（图 7-4）。当液体的溶氧浓度下降到一定程度时（不低于临界溶解氧浓度）。再恢复通气，培养液中溶解氧浓度将逐渐升高，最后恢复到原先的水平。由（4-45）式可得

$$c=-\frac{1}{k_La}\left(\frac{dc}{dt}+Q_{O_2}X\right)+c^* \tag{7-14}$$

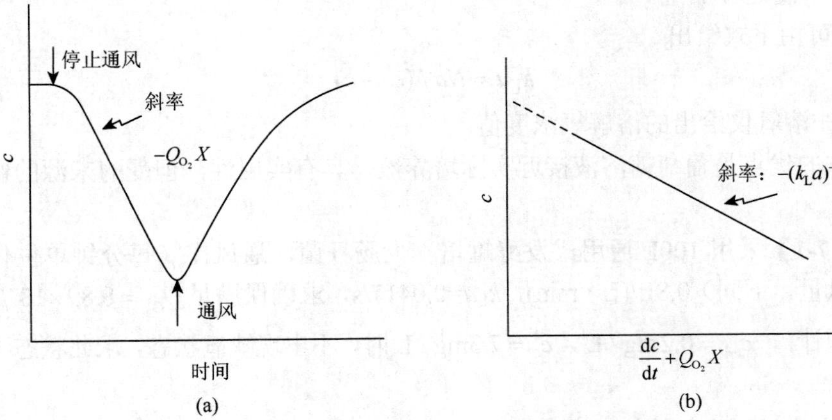

图 7-4　动态法测定 k_La 值

由 $\left(\frac{dc}{dt}+Q_{O_2}X\right)$ 对 c 作图，从所得直线的斜率求出 k_La 值，并由截距得到 c^*。

以上操作过程中降低溶解氧浓度的方法是利用微生物的呼吸作用。也可使用氮气置换溶液中溶解氧的方法，测定 k_La 值。

3. 稳态法

稳定状态下，(4-59）式左边为零，因此

$$Q_{O_2}X=k_La(c^*-c) \tag{7-15}$$

即耗氧速率等于供氧速率。利用氧电极测定反应液中溶解氧浓度 c，k_La 可由下式求出：

$$k_La=\frac{Q_{O_2}X}{c^*-c} \tag{7-16}$$

稳定状态下，$Q_{O_2}X$ 可由下式给出：

$$Q_{O_2}X=\frac{V_A}{V_L}(G_{in}-G_{out})\cdot\frac{P}{760}\cdot\frac{273}{T+273}\cdot\frac{6}{2.24} \tag{7-17}$$

式中，P——空气压力；

T——空气温度，其余符号同（7-12）式。

另外，$Q_{O_2}X$ 也可由溶解氧浓度的线性变化中求得。

4. 葡萄糖氧化法

葡萄糖氧化法是在有氧条件下，利用葡萄糖氧化酶（glucose oxidase）的催化作用，通过葡萄糖生成葡萄酸的反应，测定 k_La 的方法。利用一定浓度的氢氧化钠溶液滴定一定量反应液至中性，由氢氧化钠的消耗求出氧的传质速率 Na。

$$Na=\sum\frac{c'}{2tV'} \tag{7-18}$$

式中，t——取样时间间隔；

c'——NaOH 的消耗量；

V'——滴定样品量。

k_La 值可由下式给出

$$k_La=Na/(c^*-c) \tag{7-19}$$

式中，c——溶氧仪给出的溶解氧浓度值。

该方法的优点是葡萄糖溶液接近实际培养液，具有实用性，但受酶来源的影响，使用有局限性。

【例题 7-1】采用 100L 通用式发酵罐培养大肠杆菌，通风比（每分钟单位体积培养液中的通风量，下同）0.8L/(L • min)，k_La=0.0417/s，求确保满足 $Q_{O_2}=8.89\times10^{-5}\text{g}/(\text{g}\cdot\text{s})$ (以氧 / 细胞计)，$c_{cri}=0.2\text{mg}/\text{L}$，$c^*=7.3\text{mg}/\text{L}$ 时，不出现缺氧状态，求此状态下的最大细胞浓度。

【解】为确保不出现缺氧，应满足供氧速率=耗氧速率，即

$$Q_{O_2}X=k_La(c^*-c_{cri})$$

所以，在此条件下最大细胞浓度为

$$X=\frac{k_La(c^*-c_{cri})}{Q_{O_2}}=\frac{0.0417(7.3\times10^{-3}-0.2\times10^{-3})}{8.89\times10^{-5}}=3.33(\text{g}/\text{L})$$

7.4.2 影响 k_La 的因素

从一定意义讲，k_La 愈大，好氧生物反应器的传质性能愈好。因此，有必要了解与 k_La 值相关的影响因素，以确保获得适宜的 k_La 值。

影响 k_La 的因素可分为操作变量、培养液的理化性质和反应器的结构三部分。操作变量包括温度、压力、通风量、转速（搅拌功率）等；培养液的理化性质包括反应液的黏度、表面张力、氧的溶解度、培养液的组成成分、培养液的流动状态、发酵类型等；反应器的结构指反应器的类型、反应器各部分尺寸的比例、空气分布器的形式等。当然有些因素是相互关联的。下面分别进行简要叙述。

1. 操作变量

（1）通风与搅拌

由双膜理论可知，k_L 是液相扩散系数 D_L 和滞流层厚度 δ 的函数。实验表明，在不同尺寸的搅拌式反应器中，k_L 与（P/V_L）$^{0.26}$ 成正比，即 k_L 与反应器的大小无关。对于高湍流鼓泡式反应器，可利用下式估算 k_L。

$$k_L = KD_L^{0.5}\left(\frac{P/V_L}{\rho\gamma}\right)^{0.25} \tag{7-20}$$

式中，D_L——分子扩散系数；

ρ——液体的密度；

γ——液体的运动黏度；

K——系数；

V_L——反应器内反应液的体积；

P——功率消耗。

由于 k_L 为气泡直径和所处流体动力学特性所左右，因此，有必要讨论实际微生物发酵系统中气泡大小的分布和流动类型。反应器中气泡流动方式分为两类：一类是气泡自由上升（如在鼓泡式反应器、塔式反应器、气升式反应器和工业中常用的搅拌罐等中）；另一类是呈高湍流型（主要是实验室中使用的反应器及小型搅拌罐中）。大型反应器归为前一类，这是因为虽然在搅拌桨附近液体呈高湍流状态，但对反应器整体的传质，湍流影响并不大。对于鼓泡式反应器的 k_L 关联式有

$$k_L = 0.5D_L^{0.5}d_B^{0.5}\left(\rho/\sigma\right)^{3/8}g^{5/8} \tag{7-21}$$

式中，d_B——气泡的直径；

ρ——液体的密度；

σ——气液间表面张力；

g——重力加速度。

a 的大小取决于所设计的空气分布器（如通气口直径）、空气流动速率、反应器的体积、空气泡的直径等。如果由空气分布器出口流出的空气流动速率为 F_a，气泡在反应器中的停留时间为 t，气泡平均直径为 d_B，那么 a 可由下式给出：

$$a = \frac{F_a t\pi d_B^2}{\pi d_B^3/6}\cdot\frac{1}{V_L} = \frac{6F_a t}{V_L d_B} \tag{7-22}$$

由于 F_at/V_L 是单位液体体积与所对应气泡体积之比，也是通气后液柱的增高值与不通气时液柱高度之比，即气体的滞留量 H_0，因此

$$a = \frac{6H_0}{d_B} \tag{7-23}$$

其中 d_B 的定义式为

$$d_B = \sum_i^n n_i d_{Bi}^3 \Big/ \sum_i^n n_i d_{Bi}^2 \tag{7-24}$$

式中，n_i——直径为 d_{Bi} 的气泡的数目。

当反应器中气泡的大小呈高斯分布，且 k_L 随气泡直径的增大呈线性增加时，由(7-22)式定义的 α 和与 d_B 相关的 k_L 之乘积，能够给出反应器的 k_La 的估算值，其误差不超过 2%～3%。

低雷诺准数条件下，气泡的运动服从 Stokes 定律，此时，

$$w_B \propto d_B^2 \qquad 或 \qquad d_B \propto w_B^{1/2} \tag{7-25}$$

式中，w_B——气泡上升速度（gas rise velocity）。

H_0 与 w_B 成反比，即 $H_0 \propto 1/w_B$ 或 $H_0 \propto 1/d_B^2$，因此

$$a \propto (1/d_B)^3 \tag{7-26}$$

气液间比表面积与气泡直径的三次方成反比，基于此，采用强烈搅拌操作，就是为减小 d_B，从而增大 a 值。

d_B 与通气量 Q_g、液体性质等有关。通气量小时，空气通过小孔在液体中形成不连续的气泡。此时，气泡的大小可利用离开分布器的气泡所受的平衡力来确定。当气泡的上升力 πd_B^3（$\rho_L - \rho_G$）/6 等于小孔与气泡间的界面张力 $\pi d_0 \sigma$ 时，有

$$\frac{\pi}{6} d_B^3 (\rho_L - \rho_g) g = \pi d_0 \sigma \tag{7-27}$$

或

$$d_B = \left(\frac{6 d_0 \sigma}{(\rho_L - \rho_g) g} \right)^{1/3} \tag{7-27a}$$

式中，d_0——分布器出口小孔孔径；

ρ_L，ρ_g——液体和气体的密度。

机械搅拌式反应器中，气泡直径与数群 $[\sigma^{0.6}(P_g/V_L)^{0.4}\rho^{-0.2}]$ 有关。

$$d_B = 4.15[\sigma^{0.6}(P_g/V_L)^{-0.4}\rho^{-0.2}]H_0^{0.5} + 9\times10^{-4}(\mathrm{m}) \tag{7-28}$$

式中，P_g/V_L 为单位体积的液体所消耗的通气条件下的搅拌功率。

气体截留量 H_0 可用下式求得

$$H_0 = \frac{(P_g/V_L)^{0.4}(w_s)^{0.5} - 2.45}{0.636}\% \tag{7-29}$$

式中，w_s——气体的空塔速度（superficial gas velocity）。

单个气泡的直径 d_B＞6mm 时，气泡在水中的上升速度 w_B 为

$$w_B = 5d_B + 0.2(\mathrm{m/s}) \tag{7-30}$$

气泡群在液体中的上升速度 w_B 可用下式求得

$$w_B = \frac{Q_g H_L}{H_0 V_L} (m/s) \tag{7-31}$$

式中，H_L——反应液高度。

（7-31）式是根据 w_B 为 w_s（$w_s=Q_g H_L/V$）的 $1/H_0$ 倍的概念而提出的。

在搅拌情况下，气泡在单位液体高度（未通气时的液柱高度）的停留时间可用下式求得

$$t_g = 30\left[\frac{(P_g/V_L)}{w_s}\right]^{0.45} (s/m) \tag{7-32}$$

由此，在机械搅拌式反应器中，w_B 为

$$w_B = \frac{1+H_0}{t_g} (m/s) \tag{7-33}$$

归纳以上结果，概括起来可用下式表达：

$$k_L a = K(\frac{P_g}{V_L})^{\alpha} \omega_s{}^{\beta} N^{\gamma} \tag{7-34}$$

式中，N——搅拌器转速；

K——有因次的系数，其随搅拌器形式、反应器的形状而变化；

α，β 和 γ——经验指数。

表 7-3 给出了一些 $k_L a$ 关联式。随着反应器尺寸的增大，α 值随之减小，而 β 变化不大（表 7-4）。

表 7-3　机械搅拌式反应器（发酵罐）中的体积溶氧系数

编号	$k_L a$ 关联式	搅拌器形式
1	$k_L a \propto (P_g/V_L)^{0.95} w_s^{0.67}$	翼碟式搅拌器
2	$k_L a \propto (P_g/V_L)^{0.94} w_s^{0.5}$	涡轮式搅拌器
3	$k_L a \propto (P_g/V_L)^{0.55} w_s^{0.5}$	空心涡轮型自吸式搅拌器
4	$k_L a \propto (P_g/V_L)^{0.7} w_s^{0.3}$	六叶涡轮式搅拌器
5	$k_L a \propto (P_g/V_L)^{0.67} w_s^{0.67}$	涡轮式搅拌器
6	$k_L a \propto (P_g/V_L)^{0.4} w_s^{0.5}$	六叶涡轮式搅拌器
7	$k_L a \propto (P_g/V_L)^{0.33} w_s^{0.56}$	涡轮式搅拌器
8	$k_L a \propto (P_g/V_L)^{0.53} w_s^{0.67}$	桨式搅拌器
9	$k_L a \propto (P_g/V_L)^{0.72} w_s^{0.11}$	伍式搅拌器
10	$k_L a \propto (P_g/V_L)^{0.56} w_s^{0.7} N^{0.7}$	涡轮式搅拌器
11	$k_L a \propto (P_g/V_L)^{0.4} w_s^{0.5} N^{0.5}$	翼碟、平桨和涡轮式搅拌器

表 7-4　放大规模对指数 α 和 β 的影响

反应器尺寸/L	α	β
5	0.95	0.67
500	0.6～0.7	0.67
50 000	0.4～0.5	0.50
2～2 600	0.4	0.50

α 减小可能是由于空气从空气分布器到液面的上升期间，进行等温膨胀时，对液体做功所致。当搅拌器的形式和反应器的结构不同，以及流体特性发生变化时，α、β 和 γ 值也有较大差别，其取值范围分别为 α=0.3～1.2，β=0.2～1.0 和 γ=0.5～2.6。当 α=0.4，β=0.5，γ=0.5 时，(7-34) 式称为 Richard 公式。

(2) 温度与压力

温度的高低改变了氧的溶解度，同时也影响了液体的物性常数。温度升高，降低了培养液的黏度与液体的表面张力，增加了氧在液相中的扩散系数，有利于提高溶氧速率。Oconner 的研究表明，常温下利用活性污泥法处理废水时，提高温度可增加 k_La 值。在嗜热脂肪芽孢杆菌的培养过程中，有相似的结果，温度由 45℃提高到 65℃，k_La 值约增加 20%。

嗜热脂肪芽孢杆菌的培养过程中，虽然 c^*和 k_La 受温度影响，但作为给定条件下的最大传质速率 k_Lac^*在 45～65℃条件下几乎为一定值。若假定 k_L 仅随温度变化，有

$$k_L \propto \sqrt{D} \tag{7-35}$$

另外，由 Stokes-Einstein 方程可知，

$$\frac{D\mu_L}{T} = 常数 \tag{7-36}$$

所以，根据 (7-35) 式和 (7-36) 式，有

$$k_L \propto \sqrt{T/\mu_L} 或 k_La \propto \sqrt{T/\mu_L} \tag{7-37}$$

(7-37) 式表明，k_La 与温度成正比，与 μ_L 成反比。

另外，反应器中压力的高低或液柱高低的不同，都会影响到氧的溶解速率。通用式发酵罐中，通气量恒定，溶氧速率随压力的增加而增加，同时，k_La 值也随压力的增加而增大。

2. 培养液的理化性质

Richard 公式把液体的黏度、密度、表面张力和气体溶质在液相中的扩散系数等都作为常数来看待，并将其归入总的常数项内，不再作为参变量存在于关系式中。实际上，即使对于牛顿型培养液来讲，上述各项都会随培养过程的进行而发生变化。

培养液中的有机物，有些是作为基质加入的，有些是代谢产物。有些有机物，如蛋白质类物质，加入培养液中会降低 k_La 值，有些有机物，如酮、醇、酯等会提高 k_La 值。

培养液中常含有多种盐类，其离子强度可达 0.2～0.5g/L。离子强度增加，k_La 值增大，其增大的程度随投入动力的增加而增加，有时是纯水的 5～6 倍。

以玉米为碳源的培养液与自来水相比，尤其在气体空塔速度大于 4cm/min 时，前者的 H_0 明显增大。产生这一现象的原因，可能是气泡直径的减小和培养液中酸（氨基酸和乳酸等）产生的抑制气泡聚合的作用。当培养液中加入表面活性剂，会显著减小 H_0，直到达到自来水的水平。

发酵工业中，单气泡直径在 5～20mm 范围内增大时，稀培养液中单气泡的上升速度 w_B 值将由 20cm/min 增至 30cm/min。但当培养液呈非牛顿型时，w_B 将会明显下降。

表 7-5 给出了黏度与气泡上升速度 w_B 和气泡直径 d_B 之间的关系。

表 7-5　黏度与气泡上升速度的关系

黏度/（Pa·s）	气泡直径 d_B/mm	
	w_B=30cm/min	w_B=3cm/min
0.001	0.13	0.05
0.1	0.75	0.25
10	5.0	1.5

气泡平均大小的变化依赖于液体成分、气体的空塔速度和液体状态、是否湍流等。少量的盐和（或）乙醇加入培养液中，会相应减小气泡的大小。增加细胞浓度有相同的影响。

Andrew 指出，一般由实验室获得的传质数据是难以直接用于商业规模中的。图 7-5 给出了单位液体体积功率消耗与体积传质系数的关系，当反应器的功率消耗低于 1kW/m^3 时，机械搅拌式反应器的流体流动特性已相似于鼓泡式反应器的流体流动特性。

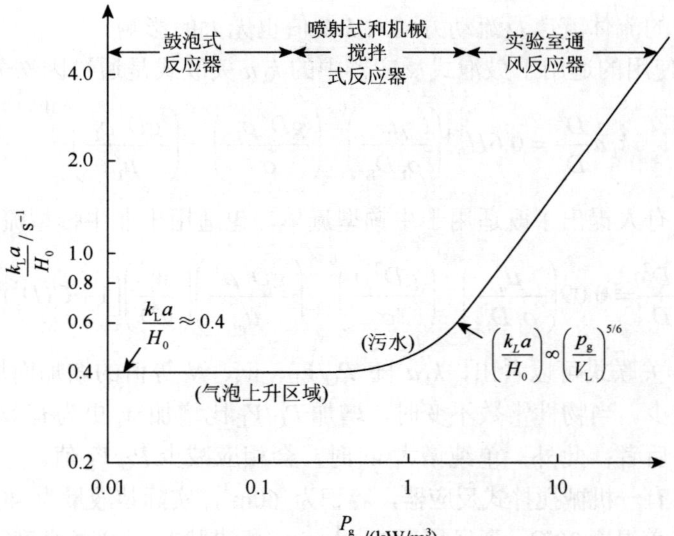

图 7-5　单位液体体积功率消耗对体积传质系数的影响

3. 反应器结构因素的影响

为寻找一种氧由气泡传递到液体的高效率空气分布器，生化工程学者曾对多种形式的空气分布器的氧传递能力进行研究，但效果并不显著。

通用式发酵罐（详见第八章）中搅拌器的组数及搅拌器之间的最适距离对溶氧有一定的影响。实验表明，搅拌器组数和间距在很大程度上要根据培养液的特性来确定，只有这样才能达到较好的溶解氧效果。一般来讲，当高径比为 2.5 时，用多组搅拌器可使溶氧系数提高 10%，当高径比为 4 时，采用较大空气流速和较大功率时，多组搅拌可使溶氧系数提高 25%。但是，当搅拌器之间的位置不恰当时，液体流型和空气分布将发生变化，引起体积溶氧系数大幅度下降。

带有搅拌装置的反应器都应安装适当的挡板，或以垂直冷却管兼作挡板用，否则搅拌会使液体形成中心下降的旋涡。挡板可以使液体形成某种轴向运动，减少回旋运动，不让大量空气通过旋涡外逸，从而提高了气液混合效果，改善氧的传递条件。一般反应器可装 4 块挡板，装得太多，通气效率也不会有很大的提高。

当空气流量和单位体积功耗不变时，通气效率随高径比的增大而增大。经验表明：当反应器的高径比由 1 增加到 2 时，k_La 可增加 40%左右；由 2 增加到 3 时，k_La 增加 20%。因此，人们倾向于采用较高的高径比。

对于气流搅拌式反应器，当采用非黏性液体的反应物系，可用以下方程获得 k_La 值：

$$k_La = bw_s^m \tag{7-38}$$

式中，b 和 m 分别为经验常数，k_La 的单位为 1/s，气体的空塔速度 w_s 的单位为 m/s。根据已有数据，m 一般为 0.78～1，b 一般为 0.24～1.45。b 值主要受喷嘴形状影响，当喷嘴由单孔式改为烧结板式（sintered plate）时，b 值增大三倍，其次为流体的性质所影响。当气流搅拌式反应器的直径大于 15cm 时，k_La 值与反应器的直径（15～5500cm）无关。另外，反应器内的流体流速及流动方向对 k_La 值也无大的影响。

另外，广泛使用的适用于鼓泡式反应器中的 k_La 关联式是通过因次分析法而获得的。

$$k_La\frac{D^2}{D_L} = 0.6H_0^{1.1}\left(\frac{\mu_L}{\rho_L D_L}\right)^{0.5}\left(\frac{gD^2\rho_L}{\sigma}\right)^{0.62}\left(\frac{gD^3\rho_L^2}{\mu_L^2}\right)^{0.31} \tag{7-39}$$

依据上式，有人提出了既适用于牛顿型流体，也适用于非牛顿型流体的 k_La 关联式

$$k_La\frac{D^2}{D_L} = 0.09\left(\frac{\mu_a}{\rho_L D_L}\right)^{0.5}\left(\frac{gD^2\rho}{\sigma}\right)^{0.75}\left(\frac{gD^3\rho^2}{\mu_a}\right)\left(\frac{w_s}{gD}\right)\left[1+C(D_e)^m\right]^{-1} \tag{7-40}$$

从上述 k_La 关联式可以看出，k_La 随 P_G/V_L、w_s、N 等值的增加而增加，而随 μ、σ 等值的增加而减少。当物性常数不变时，增加 P_G/V_L 比增加 w_s 更为有效，这是因为前者的指数一般大于后者；此外，单纯增大 w_s 时，会相应减少 P_G/V_L 值。

【例题 7-2】有一机械搅拌式反应器，容积为 60m^3，实际装液量为 40m^3，反应器内压 1.515×10^{5}Pa，培养温度 30℃，通风量为 30m^3/min（标准状态），液柱高度等于罐内径，空气中氧的分压（平均值）与液相中氧的分压分别为 0.313×10^{5}Pa 和 0.303×10^{5}Pa，单位体积反应液的功率消耗为 1103W/m^3，容积传质系数 $K_V = 0.0635(P_G/V_L)^{0.95}\cdot w_s^{0.67}\text{kmol}/(\text{m}^3\cdot\text{h}\cdot\text{atm})$，求氧由气相到液相的传质效率。

【解】由于 $D=H_L$，因此 $\pi D^2D/4=40$，$D=3.7$m

容积传质系数关联式中的气体空塔速度 w_s 为

$$w_s = \frac{30\times(303/273)\times(1.013/1.515)\times 60}{(\pi/4)(3.7)^2} = 124(\text{m/h})$$

$$K_V = 0.0635\times(1.5)^{0.95}\times(124)^{0.67}\times(0.987\times10^{-5})(\text{atm}/\text{Pa}) = 2.33\times10^{-5}[\text{kmol}/(\text{h}\cdot\text{m}^3\cdot\text{Pa})]$$

氧由气泡到液相的传质速度 N 为

$$N = K_V \Delta P V_L = 2.33\times10^{-5}\times(0.313-0.303)\times10^5\times40 = 0.94(\text{kmol/h})$$

氧的供给速度 N_0 为

$$N_0 = \frac{30\times60\times0.21}{22.4} = 16.9(\text{kmol/h})$$

所以氧的传递效率 η 为

$$\eta = \frac{N}{N_0}\times100\% = \frac{0.94}{16.9}\times100\% = 5.6\%$$

此时，假定传递到液相的氧全部为微生物所消耗，其氧的利用率也仅为所供氧量的 5.6%。

【例题 7-3】 反应器直径为 3m，装料为 40m^3，液柱高度为 6m，转速为 120r/min，单位体积功率消耗为 1kw/m^3，培养液黏度为 3×10^{-2}Pa · s，液体密度为 102kg · s^2/m^4，表面张力为 6.86×10^{-2}N/m，通气量为 12m^3/min，求气泡直径 d_B，气泡上升速度 w_B，气体截留量 H_0 及比表面积 a。

【解】 气体的空塔速度 w_s 为

$$w_s=12\times60/(0.785\times3^2)=102\ (\text{m/h})$$

气体截流量 H_0 的计算，由（7-29）式

$$H_0 = \frac{(P_g/V_L)^{0.4}(\omega_s)^{0.5}-2.45}{0.636} = \frac{(1)^{0.4}\times(102)^{0.5}-2.45}{0.636} = 0.1203$$

气泡直径 d_B 的计算，由（7-28）式

$$d_B = 4.15[\sigma^{0.6}(P_g/V)^{-0.4}\rho^{-0.2}]H_0^{0.5}+9\times10^{-4}$$

$$=4.15[(68.6\times10^{-3}/9.81)^{0.6}(1\times102)^{-0.4}(102)^{-0.2}]\times(0.1203)^{0.5}+9\times10^{-4} = 0.0055(\text{m})$$

气泡上升速度的计算，由（7-31）式计算

$$\omega_B = \frac{Q_g H_L}{H_0 V_L} = \frac{(12/60)\times6}{0.1203\times40} = 0.249(\text{m/s})$$

由（7-33）式计算

$$\omega_B = \frac{1+H_0}{t_g} = \frac{1+H_0}{30\left[(P_g/V_L)/\omega_s\right]^{0.45}} = \frac{1+0.1203}{30\times(1/102)^{0.45}} = 0.299(\text{m/s})$$

气液比表面积的计算，由（7-23）式

$$a = \frac{6H_0}{d_B} = \frac{6\times0.1203}{0.0055} = 131.2(\text{m}^2/\text{m}^3)$$

【例题 7-4】 采用例题 7-3 给出的反应器培养酵母菌时，试计算 k_La。

【解】 由 Richard 公式，对于低浓度细胞培养，取 K=0.755，α=0.4，β=0.5，γ=0.5

$$k_La = K(P_g/V_L)^{0.4}\omega_s^{0.5}N^{0.5} = 0.755\times102^{0.4}\times(102/60)^{0.5}\times120^{0.5} = 68.6(\text{h}^{-1})$$

【例题 7-5】 有一鼓泡式反应器，筒径为 1m，内设筛板，已知空气截流量为 15%，扩散系数 D_L 为 6.5×10^{-6}m^2/h，液体黏度为 3.06×10^{-3}×9.8Pa · s/m^2，液体密度为 102kg · s^2/m^4，

表面张力为 $7.3\times10^{-3}\times9.8\text{N/m}$，试求气液接触中氧的体积传质系数 k_La。

【解】 由（7-39）式

$$k_La=0.6\frac{D_L}{D^2}H_0^{1.1}\left(\frac{\mu_L}{\rho_L D_L}\right)^{0.5}\left(\frac{gD^2\rho_L}{\sigma}\right)^{0.62}\left(\frac{gD^3\rho_L^2}{\mu_L^2}\right)^{0.31}$$

$$=0.6\times\frac{6.5\times10^{-6}}{1^2}\times0.15^{1.1}\times\left(\frac{3.06\times10^{-3}\times3600}{102\times6.5\times10^{-6}}\right)^{0.5}\times\left(\frac{9.81\times1^2\times102}{7.3\times10^{-3}}\right)^{0.62}\times\left(\frac{9.81\times1^3\times102^2}{(3.06\times10^{-3})^2}\right)^{0.31}$$

$$=123.4(\text{h}^{-1})$$

7.5　发酵系统中的氧传递

一般认为，发酵系统中氧由气相到液相的总传质系数近似等于液膜传质系数。当反应器内气液充分混合时，主体溶液中氧的浓度呈恒定状态。但在实际发酵过程中，由于多种原因难以实现完全混合状态，特别是培养液为非牛顿型（如丝状菌培养）时，液相内可能产生浓度梯度，此时，相关阶段的氧传递阻力不容忽视。

尽管环绕细胞的液膜的动力学条件与环绕空气泡的类似，但由于微生物细胞比空气泡要小得多，则环绕单一细胞的液膜阻力比空气泡的要小，其对氧传递的影响可以忽略不计。当培养液中溶解氧浓度超过临界值时，微生物细胞的氧吸收率与此时的溶解氧浓度无关，这表明了环绕单一细胞的液膜阻力可以忽略不计。

相对于其他阻力，细胞内的氧传递阻力可忽略不计，这或是由于细胞呼吸酶在细胞膜上（如某些细菌），或是由于细胞直径小且细胞器所处位置与膜间距离相当接近（如酵母菌等）。

当微生物生长是以菌丝团（或球）形式进行时，氧的传递过程将变得复杂。由于菌丝团的体积比单细胞大得多，有的达几立方毫米，此时环绕菌丝团的液膜阻力不能忽略。发酵中菌丝团的大小以保证团内不出现无氧区域为宜，其取决于氧的消耗速率、氧的扩散速率及主体溶液中氧的浓度等。图 7-6 中（a）和（b）分别给出了菌体浓度和菌丝团浓度对 k_La 的影响。

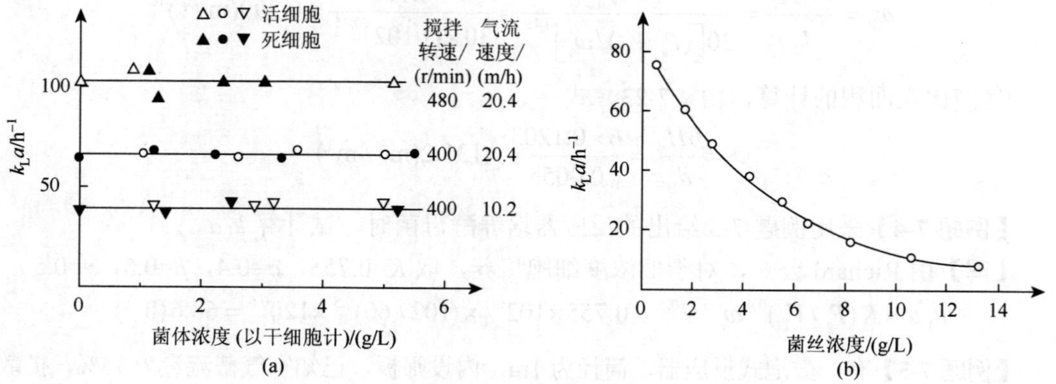

图 7-6　菌体浓度和菌丝团浓度对 k_La 的影响

微生物呈膜状生长时(如生物转盘法或生物滤池法处理废水时),氧的传递有其特征。对于生物转盘法，氧是沿着气相→液相→微生物膜的方向进行，总的容积传质系数值一般为 10～30h^{-1}。

当氧的传递速率大于氧的消耗速率时，细胞的耗氧速率成为限制性因素。氧的比消耗速率是培养液中溶解氧的双曲函数。只要溶解氧浓度高于其临界值（通常为溶解氧浓度的 10%），微生物细胞的呼吸就会不受到抑制，氧的消耗速率就不依赖于溶解氧浓度，为一定值。下面先叙述微生物没有形成絮状物或颗粒，而呈分散悬浮状时的氧传递模型。

7.5.1　氧传递的并联模型

单细胞微生物的大小只有几微米，而气液界膜厚度可认为有几十微米，因此，微生物细胞可在界膜内，并作为生物相占有一定空间。界膜内这种多相反应系统在数学处理上十分繁琐，故将其看成均相反应系统，并以双膜模型为依据加以讨论。好氧微生物反应是在溶解氧浓度 DO＞临界氧浓度 DO_{cri} 条件下进行的，因此，在这一领域内氧的消耗速率对 DO 是零级反应关系，其衡算式为

$$D_{O_2}\frac{d^2DO_y}{dy^2}=Q_{O_2}X \tag{7-41}$$

式中，D_{O_2}——氧的扩散系数。

当边界条件 y=0 时，DO_y=DO^*，y=δ_L 时，DO_y=DO，解上式得

$$DO_y=\frac{Q_{O_2}X}{2D_{O_2}}y^2+\left(\frac{DO-DO^*}{\delta_L}-\frac{Q_{O_2}X}{2D_{O_2}}\delta_L\right)y+DO^* \tag{7-42}$$

上式给出了氧在界膜中的浓度变化。

7.5.2　发酵系统中的氧衡算——串联模型

发酵中溶解氧的浓度取决于氧的传递速度与氧的利用速度。对实际好氧发酵系统而言，气相中的氧经过气液界面时，消耗并不多，绝大多数氧首先经物理吸收到主体溶液后，才为微生物所消耗，所以氧经过主体溶液后，进入细胞内才能进行生化反应。当反应器内气液两相充分混合，且无液深影响时，对于分批式操作，氧的衡算式为

$$\frac{dDO}{dt}=OAR-Q_{O_2}X=k_La(DO^*-DO)-Q_{O_2}X \tag{7-43}$$

式中，OAR——氧的吸收速率（oxygen absorptive rate）。

若 k_La 和 Q_{O_2} 为一定值，且 X=$X_0e^{\mu t}$，积分（7-43）式得

$$DO=DO^*-\frac{Q_{O_2}X}{k_La+\mu}\left(e^{\mu t}-\frac{\mu}{k_La}\right) \tag{7-44}$$

积分的初始条件为 t=0 时，dDO/dt=0。一般地，$k_La(h^{-1})$ 值在 100 以上，$\mu(h^{-1})$ 值在 2 以下，显然 $k_La \gg \mu$，这样有 $e^{\mu t} \geqslant 1 \geqslant (\mu/k_La)$。因此，(7-44) 式可以写为

$$DO = DO^* - \frac{Q_{O_2} X_0}{k_L a} e^{\mu t} \tag{7-45}$$

由（7-43）式，取 dDO/dt=0，也可简单地推出上式。这就是说，稳定状态下（7-45）式是成立的。以上讨论是假定 k_La 和 Q_{O_2} 一定，并且认为 $X=X_0e^{\mu t}$，在一般情况下，这些假定是不成立的。但在稳定状态下却总是成立的，即

$$DO_t = DO^* - \frac{Q_{O_2} X_t}{(k_L a)_t} \tag{7-46}$$

另外，当 DO_t 接近 0 时，有 $k_LaDO^* = Q_{O_2} \cdot X$，$Q_{O_2}X$ 为 k_La 所控制。分批培养中，必要的 k_La 是由 $(Q_{O_2})_{max}X_t/(DO^* - DO_{cri})$ 给出。

发酵中，为防止受氧的限制，由（7-46）式所获得的 DO 必须大于临界氧浓度 DO_{cri}。表 7-6 给了一些微生物细胞的临界溶解氧值，其大小为溶解氧浓度的 5%～10%，一般为 0.003～0.05（mmol/L）。为保证 $DO > DO_{cri}$，在好氧生物反应器的设计中，必须能够保证 k_La 值足够大。

表 7-6　一些微生物细胞的 DO_{cri} 值

微生物细胞的种类	温度/℃	临界溶氧量/（mmol/L）
发光细菌	24.0	0.01
维涅兰得固氮菌	30.0	0.018～0.049
大肠杆菌	37.0	0.0082
	15.0	0.0031
酵母	34.0	0.046
	20.0	0.0037
产黄青霉素	24.0	0.022
	30.0	0.009
米曲霉	30.0	0.020

7.5.3　菌丝团（菌丝球）中氧的传递模型

丝状菌的培养中，常形成直径为几毫米数量级的团状物。在团状和絮状细胞集合体中，液体主体的湍流难以达到其内部，此时，物质传递影响到生物活性。一般认为影响好氧发酵中物质传递的关键因素是溶解氧浓度。

假如菌丝团呈球形（半径=R），菌丝体密度为 ρ_X（从里到外密度相同），菌丝体内物质传递仅由分子扩散所引起，菌丝体的耗氧速率与氧浓度的关系适用米氏方程，那么在稳定状态下，可获得如下基本方程式：

$$D\left(\frac{\mathrm{d}^2c}{\mathrm{d}r^2}+\frac{2}{r}\cdot\frac{\mathrm{d}c}{\mathrm{d}r}\right)=\rho_{\mathrm{X}}\frac{(Q_{\mathrm{O}_2})_{\max}c}{K_{\mathrm{m}}+c} \tag{7-47}$$

边界条件为，$r=R$ 时，$c=c_{\mathrm{L}}$；$r=0$ 时，$\mathrm{d}c/\mathrm{d}r=0$。引入无因次项 $y=c/c_{\mathrm{L}}$，$x=r/R$，$\beta=k_{\mathrm{m}}/c_{\mathrm{L}}$，（7-47）式变形为

$$\frac{\mathrm{d}^2y}{\mathrm{d}x^2}+\frac{2}{x}\cdot\frac{\mathrm{d}y}{\mathrm{d}x}=\frac{ay}{\beta+y} \tag{7-48}$$

其中

$$a=\frac{6R}{\sqrt{\dfrac{6c_{\mathrm{L}}D}{\rho_{\mathrm{X}}(Q_{\mathrm{O}_2})_{\max}}}} \tag{7-49}$$

（7-49）式的边界条件为：$x=1$ 时，$y=1$；$x=0$ 时，$\mathrm{d}y/\mathrm{d}x=0$。

菌丝团的表观比耗氧速率 $\overline{Q}_{\mathrm{O}_2}$ 可由下述方程式规定：

$$\frac{4}{3}\pi R^3\rho_{\mathrm{X}}\overline{Q}_{\mathrm{O}_2}=\int_0^R\frac{4}{3}\pi[(r+\mathrm{d}r)^3-r^3]\rho_x\frac{(Q_{\mathrm{O}_2})_{\max}c}{K_{\mathrm{m}}+c}\mathrm{d}r \tag{7-50}$$

整理得

$$\frac{\overline{Q}_{\mathrm{O}_2}}{(Q_{\mathrm{O}_2})_{\max}}=3\int_0^1\frac{x^2y}{\beta+y}\mathrm{d}x \tag{7-51}$$

（7-48）式可以写作

$$\frac{\mathrm{d}}{\mathrm{d}x}\left(x^2\frac{\mathrm{d}y}{\mathrm{d}x}\right)=\frac{ax^2y}{\beta+y} \tag{7-52}$$

因此

$$\frac{\overline{Q}_{\mathrm{O}_2}}{(Q_{\mathrm{O}_2})_{\max}}=\frac{3}{a}\left(x^2\frac{\mathrm{d}y}{\mathrm{d}x}\right)_0^1=\frac{3}{a}\cdot\left.\frac{\mathrm{d}y}{\mathrm{d}x}\right|_{x=1} \tag{7-53}$$

若取菌丝团表面的比耗氧速率

$$Q'=\frac{(Q_{\mathrm{O}_2})_{\max}c_{\mathrm{L}}}{K_{\mathrm{m}}+c_{\mathrm{L}}}=\frac{(Q_{\mathrm{O}_2})_{\max}}{\beta+1} \tag{7-54}$$

作为比较的标准，则菌丝团的耗氧效率因子

$$\eta=\frac{\overline{Q}_{\mathrm{O}_2}}{Q'}=\frac{3}{a}(\beta+1)\left.\frac{\mathrm{d}y}{\mathrm{d}x}\right|_{x=1} \tag{7-55}$$

（7-48）式中的 a 反映了菌丝团中最大反应速率与最大传递速率之比。反应速率越大，传递速率越小，菌丝团内部缺氧就越严重，效率因子也就越低。图 7-7 是 η 对应 $R\sqrt{\rho(Q_{\mathrm{O}_2})_{\max}/6c_{\mathrm{L}}D}$ 作图，图中实线是 $K_{\mathrm{m}}=c_{\mathrm{L}}$（$\beta$–1）时用 Runge-Kutta-Gill 法对（7-48）式及边界条件（7-55）式计算所得的结果。虚线是由 Yano 等研究所得的结果。图 7-7 中小圆点代表由 Yano 等研究黑曲霉菌丝团的呼吸作用时所测出的 η 值。由计算值与实测值的比较可以清楚看出，（7-47）式比较如实地描述了菌丝团内部的溶解氧的分布情况。另外，絮状物的物质传递，在数学分析上是与团状物的物质传递相同。

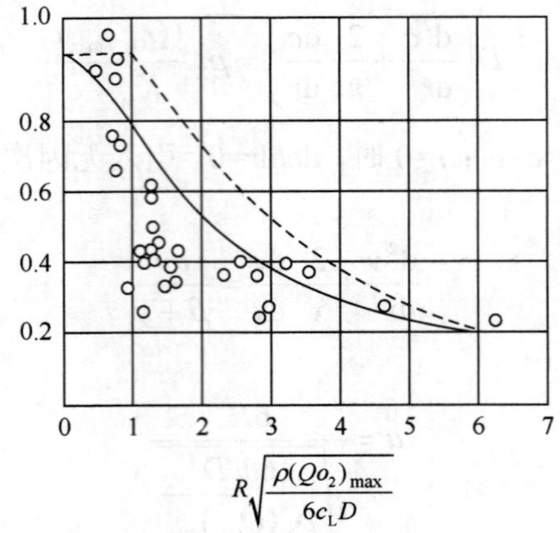

图 7-7 黑曲霉菌丝团的效率因子

7.6 溶氧方程与溶氧速率的调节

7.6.1 溶氧方程

前面介绍了与 k_La 相关的各种影响因素，讨论这些参数的目的是找出其与 k_La 值的相互关系，因为这是微生物反应器设计与放大的根本。准确地建立溶氧系数与上述诸因素之间的关联式是非常困难的。生化工程人员往往是在一定条件（如温度、压力、培养基性质和几何比例相近等）下，在小型设备里通过试验建立氧传递系数与一些参数之间的关联式，然后再进行模拟放大，应用于生产设备的设计中。这种带有经验性质的关联式称为溶氧方程。

计算微生物反应器的溶氧方程很多，但这些经验公式都是在设备容量和操作变量变化范围不大的情况下所得到的，有一定的应用局限性。表 7-7 归纳了一些生物反应器的溶氧方程。影响反应器溶氧速率的主要因素有 P_g/V、N、w_s、高径比 H_L/D 及反应器的比例大小。

表 7-7 一些生物反应器的溶氧方程

研究者	实验装置	溶氧方程	测定系统
Coope 等	V_L=27～67L，D=15，21，24，43cm，D_i/D=0.4 平浆式搅拌器 N_p=16	$k_La = 66.68(P_g/V_L)^{0.95} \times w_s^{0.67}$	亚硫酸盐
山本等	V_L=2.7，21.2L D=15，30cm D_i/D=0.5，涡轮式 N_p=6	$k_La = 21.32\times10^{-3}(P_g/V_L)^{0.94} \times w_s^{0.5}$	亚硫酸盐
Oldshue	V_L=100 000L，D=6.1m H=3.66m，涡轮式 N_p=8	$k_La = 7.5(P_g/V_L)$	活性污泥
吉田等	D=15，25，37.5cm D_i=6，10，15cm 涡轮浆 N_p=12	$k_La = 11.8(N^3D^2)^{2/3} \cdot w_s^{2/3}$	水～氧气
福田等	V_L=1500L，D_i/D=0.5 涡轮浆 N_p=12	$k_Ga = (2.0+2.8N_i)\cdot(P_g/V_L)^{0.56}\cdot w_s^{0.7}\cdot N^{0.7}$	亚硫酸盐

续表

研究者	实验装置	溶氧方程	测定系统
田口	V_L=50 000L，D=130cm 涡轮浆 N_p=6	$k_G a=1.78(P_g/V_L)^{0.38}\cdot w_s^{0.56}$	水～空气
阿塞等	D=10～440cm， D_i/D=1/3，1/2，涡轮浆 N_p=6	$k_G a=3\times10^{-4}\cdot D^{0.2}\cdot L^{-1.3}\cdot N^{1.5}\cdot D_i^{2.3}\cdot w_s$	

注：D 为反应器直径；D_i 为搅拌器叶片直径；N_p 为搅拌功率准数；N_i 为搅拌叶的组数，P_g/V_L 为单位体积反应液所输入的搅拌功率；L 为叶片长度

7.6.2　单位溶解氧功耗

k_La 值的大小是评价通风反应器的重要指标，但不是唯一的指标。一个性能良好的反应器，其除具有较高的 k_La 值以外，还要求氧的利用率和氧的传质效率高。前者是指微生物消耗的氧气占供给氧气量的比例，后者指氧传递所消耗的能量，即单位溶解氧的能耗（N_P）。

$$N_P=\frac{P_g+P_Q}{NaV_L} \tag{7-56}$$

式中，P_Q——通风所消耗的功率。

当然，k_La 和 N_P 是有内在联系的。不同形式和不同大小的反应器，在 k_La 值相同的情况下，N_P 值可能有很大区别，使用同一反应器在 k_La 值不同的情况下，N_P 的差异也可能很大。

7.6.3　溶氧速率的调节

由（7-8）式可以看出，提高氧传递速率 Na 的途径有两条：一是提高氧传质推动力（c^*-c），二是提高 k_La 值。提高氧传递速率的同时，应尽量减小通风搅拌功率的增加，以保证有较低的 N_P 值。提高传质推动力和 k_La 值，必须根据具体情况而选择适宜的途径。

增加操作压力，即增加传质推动力（c^*-c），可以提高 Na，但操作压力的提高势必提高通风的功率消耗，这在实际生产中，在通风压力许可的范围内是可以考虑的，但设计时不宜选择过高的操作压力。

提高搅拌转速和增大通风量，对一定的设备而言，都可增大 k_La 值，从而提高 Na。对机械搅拌式反应器罐而言，加大通风量不仅可增加气泡的数量，提高 a 值，而且可增加液体的搅拌强度，即增大 k_L 值，从而有效地提高溶氧系数 k_La（当然，单纯过度增大通气量可能适得其反）。对于鼓泡式反应器和循环式反应器，由于在反应器内除空气分布器外，没有空气破碎装置，大量的气体通入会使气泡之间互相合并，使 a 不再增加，甚至减小。这时，不仅 k_La 值不会增加，而且空气利用率低，N_P 值上升。对这类反应器来说，通风量达到一定程度时，就不能再利用通风量来调节 k_La 值。对于多段塔式反应器来说，由于筛板的作用，N_P 值升高较鼓泡式和循环式反应器要慢得多。对于自吸式反应器来说，提高搅拌转速，既提高了搅拌强度又增大了吸气量，因而能有效地提高 Na。对于机械搅拌式反应器来说，由于前面曾作过论述，故不再重复。另外，若在反应液上层

空间鼓入纯氧，有利于提高 c^*，从而提高 Na。

（钟成，czhong@tust.edu.cn）

复 习 题

1. 为什么解决好氧传递问题是好氧发酵过程设计的关键？简述氧传递过程的特征。
2. k_La 测定方法有哪几种？简述各方法的基本原理。
3. 能否说，提高好氧发酵中氧传递速率的最好方法是提高搅拌？怎样做更为有效？
4. 一定的搅拌转速和通风（45～65℃）条件下，测定 k_La 的结果如下表所示

温度 t/℃	k_La/h^{-1}	c^*/(kg 氧/m^3)	μ / (mPa·s)
45	212	6.65×10^{-3}	0.648
50	222	6.35×10^{-3}	0.591
55	241	—	0.531
60	246	5.93×10^{-3}	0.497
65	255	—	0.463

如果在所试验的温度范围内，气泡直径一定，试比较此条件下氧传递最大速率与温度的关系，从理论的角度说明产生这种现象的原因。

5. 利用鼓泡式反应器进行好氧培养，反应器中分散上升的气泡没有显著的差别。因此，可以假定以单一气泡来代表反应器内气体的变化，假定气泡处于同一状态。已知 k_L 与气泡直径 d_B 和气泡的上升速度 w_B 相关。由表面更新理论可知，k_L 与 w_B 和 d_B 有相关式：$k_L \propto (w_B/d_B)^{1/2}$ 。另外，反应器内气体滞留量为 $H_0 = F \cdot H_L/(w_B \cdot V_L)$，式中 F 为通气速率，H_L 为培养液深，V_L 为培养液体积。试推出 k_La 与操作参数相关的方程；如果小型生物反应器的通风比为 1.0L/(L·min)，与其对应放大 125 倍的大型反应器中的通风比多少为宜？
6. 试验测定气液比表面积 a 和气体滞留量 H_0，培养液体积为 10L，通入空气后，气液体积变为 12L，测定培养液中气泡直径为 5mm，假定气泡直径一致，计算该反应器内传质的气液比表面积 a 和气体滞留量 H_0。
7. 进行某种微生物培养，培养液体积为 50m^3，细胞浓度为 24kg/m^3，培养液饱和溶氧浓度为 0.267mol/m^3。（1）已知 $\mu = 0.20h^{-1}$，$Y_{X/O} = 1.0$，求微生物的耗氧速率；（2）若反应器的溶氧系数满足 $k_La = 31.52Q^{0.8}/V_L (h^{-1})$，试求通风量 Q_g；（3）求空气中氧的利用率（按标准空气计）。
8. 采用装有两只六弯叶涡轮搅拌器的生物反应器，已知反应器直径为 2.2m，工作容积为 12m^3，通风量（标准状态下），Q=5m^3/min，通气时的搅拌功率为 11.6kW，搅拌转速为 119r/min。反应器内空气中氧的平均分压为 $0.21 \times 1.013 \times 10^{-5}$Pa，试计算当液相中溶氧浓度为 0.48mg/L、24mg/L 及 4.8mg/L 时的氧传递效率，即氧的利用率。
9. 全混式曝气池中活性污泥的需氧量可表示为 $V\,d[O_2]/dt = aF([S]_0 - [S]) + bVX$，式中 V 为曝气池中液体体积，m^3；$d[O_2]/dt$ 为耗氧速率，kg/（m^3·d）；a 和 b 为经验常数，分别等于

0.5kg/kg（以氧/BOD 计）和 0.3kg/（kg · d）[以氧/混合液悬浮固体浓度（MLSS）计]；F 为新鲜废水的流速，m^3/d；$[S]_0$ 为新鲜废水的 BOD，kg/m^3；[S]为曝气池出口的 BOD，kg/m^3；X 为活性污泥浓度，kg/m^3。若活性污泥的 BOD 负荷为 $F[S]_0/VX = 0.4kg/(kg \cdot d)$（以 BOD/MLSS 计），BOD 去除率为 90%，计算每除去 1kg BOD 的需氧量。

10. 某微生物氧的饱和常数为 K_{O_2}=0.1mg/L, μ_{max}=0.21h^{-1}，比呼吸速率 $Q_{O_2}=\mu/Y_{X/O}[g/(h \cdot g)]$，$Y_{X/O}=1.0g/g$。若反应器的 $k_La=300h^{-1}$，液相中饱和溶氧浓度为 $c^*=6.9mg/L$，试求当微生物的培养浓度 X 分别为 6.12g/L、20g/L、40.8g/L 时，培养液中的溶氧浓度 c 与耗氧速率。

参考文献

高孔荣. 1991. 发酵设备. 北京：中国轻工业出版社

贾士儒. 1990. 生物反应工程原理. 天津：南开大学出版社

贾士儒. 2008. 生物反应工程原理. 3 版. 北京：科学出版社

梁世忠. 2002. 生物工程设备. 北京：中国轻工业出版社

伦世仪. 1993. 生化工程. 北京：中国轻工业出版社

戚以政，汪叔雄. 1998. 生化反应动力学与反应器. 北京：化学工业出版社

微生物工程编写组. 1976. 微生物工程（上册）.上海：上海人民出版社

俞俊棠，唐孝宣. 1992. 生物工艺学. 上海：华东化工学院出版社

川瀬义矩. 1993. 生物反応工学の基礎. 東京：化学工業社株式会社

合葉修一，永井史郎. 1975.生物化学工程——反应速度論. 東京：科学技術社

合葉修一，龄木周一，山下直，遠藤勲. 1983. 発酵プロセスの最適計制御. 東京：サイエンスフォーラム株式会社

合葉修一. 1989. バイオテクノロジー Q & A. 東京：科学技術社

日本生物工学会. 2003. 生物工学実验書. 東京：培風館

山根恒夫. 1985. 生物反応工学. 東京：產業図書株式会社

Aiba S，Humphrey A E，Millis S. 1973.Biochemical Engineering. 2nd ed. Tokyo：Univ. of Tokyo Press

Akita K，Yoshida F. 1973. Gas holdup and column mass transfer coefficient in bubble column. Ind Eng Chem Proc Des Dev，12：76～80

Andrew S P S.1982. Gas liquid mass transfer in microbiological reactors. Trans Inst Chen Eng，60：3

Atkinson B，Mavituna F.1983. Biochemical Engineering and Biotechnology Handbook. Macmillan Publishers Ltd

Chakravarty M，Begum S，Singh H D，Baruah J N. 1973. Gas holdup distribution in gas lift column. Biotech Bioeng Eymp Ser，4：363～378

Constantinides A，Spencer J L，Gaden L E. 1970. Optimization of batch fermentation precesses，optimum temperature profiles for batch penicillin fermentation. Biotech Bioeng，12：1081～1098

Imanaka T，Aiba S. 1981. A perspective on application of genetic engineering stability of recombinant plasmid. Annals New York Academy of Sciences，369：1～14

Jia S. 1985. A study on k_La：reassessment of the dynamic method and the effect of temperature on in the thermophilic cultivation *B. Stearothermophilus*. Osaka：Master Thesis of Osaka Unit

Levec J，Pavko S. 1979. Mass transfer in square gas liquid contractors. Chem Eng Sci，34：1159～1160

Metz B，Kossen N W F，van Suilidam J C. 1979. The rheology of mould suspensions. Adv Biochem Eng，11：103～156

Mukhopadhyay S N，Ghose T K.1976.A simple dynamic method of k_La determination in laboratory fermentor. J Ferment Technol，6：406～419

Rehm H J，Reed G.1985. Biotechnology. Vol.2 .Weinheim：Verlag Chemie

第八章 生物反应器

学习目的：了解不同类型生物反应器的特性，掌握几类常用生物反应器的基本概念与特征，能够依据生物反应动力学特征进行相应生物反应器的设计与操作。

生物工业中使用的生物反应器有多种形式，即使在同一行业中也可能采用不同形式的生物反应器。传统生物工业中使用的生物反应器称为“发酵罐”（fermenter）。20 世纪 70 年代，Atkinson 提出了生物化学反应器（biochemical reactor）一词，其含义除包括原有发酵罐外，还包括酶反应器、处理废水用反应器等。期间，Ollis 提出了另一术语——生物反应器（biological reactor）。进入 20 世纪 80 年代，生物反应器（bioreactor）一词在专业期刊与书籍中大量出现。Bioreactor 是 bio-与 reactor 的组合词，是指有效利用生物反应机能的系统（或场所）。生物反应器不仅包括传统的发酵罐、酶反应器，还包括采用固定化技术后的固定化酶或细胞反应器、动植物细胞培养用反应器和光合生物反应器等。

虽然生物反应器这一术语出现时间不长，但人们利用生物反应器进行有用物质的生产有着悠久的历史。我们祖先酿制传统发酵食品时使用的容器就是最初的生物反应器。20 世纪 40 年代是生物反应器的开发、研制和应用获得迅速发展的阶段之一。随后，由于一些著名生化工程学者的出色工作，极大地推动了生物反应器技术的发展，建立了常规生物反应器的比拟放大理论。本章仅就几类主要生物反应器及其放大的基本原理进行介绍。

8.1 生物反应器设计基础

生物反应器的设计除与化工传递过程因素有关外，还与生物的生化反应机制、生理特性等因素有关。

8.1.1 生物反应器设计的特点与生物学基础

1. 生物反应器的特点及操作特性

生物反应器与化学反应器在使用中的主要不同点是生物（酶除外）反应都以“自催化”（autocatalysis）方式进行，即在目的产物生成的过程中生物自身也要生长繁殖。另外，由于生物反应速率较慢，生物反应器的体积反应速率不高；与其他相当生产规模的加工产品相比，规模较大；对于好氧反应，因通风与混合等的原因，动力消耗高，产物浓度低。

生物反应器的作用就是为生物体生长、繁殖与代谢提供一个适宜的物理及化学环境，使生物体能更快更好地生长，得到更多需要的生物量或代谢产物。

不同类型的工业用生物反应器中，基质、产物和生物体浓度会随时间和生物反应器内的位置而变化。生物反应器的操作特性及其应用领域见表 8-1。

高效生物反应器的特点是设备简单，结构严密，方便灭菌，有良好的液体混合性能和较高的传递速率，能耗低，易于放大，具有配套而又可靠的检测及控制仪表和供料系统、排料系统、通风系统等。判断生物反应器好坏的标准应是该装置能否适合工艺要求，以获得最大的生产效率。

表 8-1 生物反应器的操作特性及其应用领域

反应器类型	pH 控制	温度控制	工业重要特性	主要工业应用
批式机械搅拌反应器（发酵罐）	如需要	如需要	人事费用高	大多数工业生产
连续式机械搅拌反应器	如需要	如需要	流速受细胞冲出的限制	污水处理、SCP 生产等
气升式反应器	如需要	如需要	空压机出口压力要高	有机酸，如柠檬酸生产等
鼓泡式反应器	如需要	如需要	可采用鼓风机	面包酵母等生产
自吸式反应器	如需要	如需要	需转子高速旋转	乙酸、酵母等生产
通风制曲设备	难控制	如需要	人事费用高	麸曲、酶制剂和麦芽生产等
嫌气反应器	如需要	如需要	无需通风设备	乙醇、啤酒等生产
动植物细胞用反应器	如需要	如需要	剪切应力小	杂交瘤单克隆抗体、烟草细胞培养等
光合反应器	如需要	如需要	需光源	微藻等生产

2. 生物反应器的分类

由于生物催化剂种类和生产目的的多样性，生物反应器种类繁多。不同生物反应器在结构和操作方式上具有不同特点。根据生物反应器的结构和操作方式的某些特征，可以从多个角度进行分类。

（1）根据生物催化剂分类

生物催化剂包括酶和细胞两大类，相应可以把生物反应器分为酶反应器和细胞反应器。酶反应器的结构往往与化学反应器类似，只是通常不需要太高的温度和压力。游离酶催化常采用搅拌罐反应器，固定化酶催化除了搅拌罐反应器外还常采用固定床和膜式反应器。对于细胞反应器，根据细胞类型的不同又可分为微生物细胞反应器（发酵罐）、动物细胞反应器和植物细胞反应器。

（2）根据底物加入方式分类

根据底物加入方式不同，可将生物反应器分为分批式（间歇式）反应器、连续式反应器和流加（半连续）式反应器。工业生产中，由于分批（间歇）培养不易产生严重的染菌问题，周期相对短，能适应培养细胞株和产物经常变化的需要，应用最为广泛。流加培养能延长细胞生长稳定期的时间，适合于次级代谢产物（如抗生素等）的合成；可在避免底物抑制的前提下大幅度增加单位反应器体积中的底物量，有利于实现细胞的高密度培养。连续培养只适用于遗传性状稳定、培养条件比较独特而不易受到环境微生物污染的菌种培养过程（如乙醇发酵等）。由于无需考虑杂菌的问题，而且可以在长期的培养过程中由于自然选择使优势微生物种群得以增殖，连续培养在污水处理中得到了广泛应用。

（3）根据流体流动或混合状况分类

对于理想的连续式反应器，根据反应器内流动状态可分为连续操作搅拌式反应器（CSTR）和连续操作活塞式（也称平推流或柱塞式）反应器（CPFR）。CSTR 反应器内的流体在各个方向完全混合均匀，而 CPFR 反应器内的流体在流体流动方向上完全不混合，在流动方向的界面上完全混合。实际反应器内流体流动方式往往介于两者之间。

（4）根据反应器结构特征及动力输入方式分类

根据反应器主要结构特征的不同，可将反应器分为罐（釜）式、管式、塔式和膜式反应器等。罐式反应器能用于间歇、流加和连续等多种操作模式，而管式、塔式和膜式反应器一般适用于连续操作。

根据动力输入方式的不同，反应器可分为机械搅拌反应器、气流搅拌反应器和液体环流反应器。机械搅拌反应器采用机械搅拌实现反应体系的混合，气流搅拌反应器以压缩空气为动力来源，液体环流反应器通过液体循环泵实现混合。

通气搅拌罐是最常用的生物反应器，其规模可以从几升到几百立方米。

另外，根据是否需要供氧，还可分为通风发酵设备和嫌氧发酵设备。从发酵工业来看，乙醇与啤酒行业使用的发酵罐是典型嫌氧发酵设备，相关细节请参见梁世中《生物工程设备》一书。

3. 生物反应器的生物学基础

生物反应器的选型、设计与操作离不开生物反应动力学。如前所述（第四章等），生物反应动力学研究的目的是定量描述反应过程速率及其影响因素。生物工业过程中影响因素不仅包括生物体自身、各反应组分的浓度、温度及溶液性质，还包括反应器的结构与形式、操作方式、物料的流动与混合、传质和传热等。生物反应速率主要指细胞生长速率、基质消耗速率和产物生成速率，对于理想的连续搅拌式反应器（CSTR 型），其相应的动力学模型是

$$\text{细胞：}\frac{\mathrm{d}VX_i}{\mathrm{d}t}=\mu_i VX_i+F_f X_{if}-FX_i \quad (i=1,2,\cdots,n) \tag{8-1}$$

$$\text{基质：}\frac{\mathrm{d}V[\mathrm{S}]_j}{\mathrm{d}t}=-\sum_{j=1}^{n}\gamma_{ji}VX_i+F_f[\mathrm{S}]_{if}-F[\mathrm{S}]_j \quad (j=1,2,\cdots,n) \tag{8-2}$$

$$\text{产物：}\frac{\mathrm{d}V[\mathrm{P}]_k}{\mathrm{d}t}=-\sum_{k=1}^{n}\pi_{ki}VX_i-F[\mathrm{P}]_k \quad (k=1,2,\cdots,n) \tag{8-3}$$

$$\text{反应液体积：}\frac{\mathrm{d}V}{\mathrm{d}t}=F_f-F \tag{8-4}$$

式中，F——流入与流出生物反应器的基质流量，L/h；

下标 i、j 和 k——相应的细胞、基质和产物；

下标 f——流加。

当采用分批培养时，$F_f=F=0$；采用流加培养时，$F_f\neq F=0$；采用连续培养时，$F_f=F\neq 0$。

4. 生物反应器设计的基本原理

最大限度地降低成本，用最少的投资最大限度地实现单位体积产率的提高是生物反应器设计的主要目的。生物反应器的设计原理是基于强化传质、传热等操作，将生物体活性控制在最佳条件，降低总的操作费用。实际上，做到这一点还是比较困难的。这是因为，在生物反应器中发生的生物反应是包含有基因水平、细胞代谢水平和反应器工程水平上的多尺度复杂系统反应。目前，一般生物反应器选型与设计的步骤可归纳如表 8-2。

另外，应注意反应器内局部状态也是必须要考虑的影响因素。

表 8-2　生物反应器选型与设计的要点

序号	要点
1	选择适宜的生物催化剂。这包括要了解产物在生物反应的哪一阶段大量生成、适宜的 pH 和温度，是否好氧和是否易受杂菌污染等
2	确定适宜的反应器形式
3	确定反应器规模、几何尺寸、操作变量等
4	传热面积的计算
5	通风与搅拌装置的设计计算
6	材料的选择与确保无菌操作的设计
7	检验与控制装置
8	安全性
9	经济性

8.1.2　生物反应器中的混合

生物工业中的混合过程可分为 6 种基本类型（表 8-3）：气-液、液-固、固-固、液-液、可互溶（或不互溶）液体和液体流动。根据完成混合过程的装置不同，生物反应器内的混合方法分为机械搅拌混合与气流搅拌混合。

表 8-3　混合过程的分类

类型	说明	应用实例
气-液	气、液接触混合	液相好氧发酵，如谷氨酸、抗生素等发酵
液-固	固相颗粒在液相中悬浮	固定化生物催化剂的应用、絮凝酵母生产乙醇等
固-固	固相间混合	固态发酵生产前的拌料
液-液	互溶液体	发酵或提取操作
液-液	不互溶液体	双液相发酵与萃取过程
液体流动	传热	反应器中的换热器

以机械搅拌式反应器为例，其内的混合过程是在主体对流扩散、涡流扩散和分子扩散的综合作用下完成的。主体对流扩散是指搅拌器把动量传递给它周围的液体，产生一股高速液流，这股液流又推动周围的液体，使全部液体在反应器内流动起来。涡流扩散是指由于主体对流扩散作用，反应器内高速流体与低速流体间产生的旋涡运动。分子扩散是指由于物料分子的热运动和分子间的作用力，不同分子相互混合的过程。实际混合过程中，主体对流扩散、涡流扩散和分子扩散的作用范围依次减小，前者只能将不同物料进行粗略的混合，呈宏观流动；涡流扩散使物料的不均匀性降至漩涡本身大小，呈微观流动；最终通过分子扩散才能达到完全的混合，呈微观混合。

8.1.3　生物反应器中的传热

生物反应过程往往伴随着热量的释放。如在异化作用时，细胞分解糖类或其他有机物，将分解代谢中产生的一部分能量以高能磷酸键或还原型辅酶的形式储存起来，但总有一部分多余能以热量形式释放到环境中。同样，在消耗能量的同化反应中，也不是所有能量都能被完全转移到产物中。即便是在氧化磷酸化过程中，在产 ATP 的同时，也会释放多余的能量。另外，机械搅拌和通气所做的功最终也将转化为热量。这些热量如果不能被及时地从反应体系转移出去，体系温度就会上升，进而影响生物反应过程的顺利进行，因此，热量传递也是生物反应器设计过程中必须考虑的因素。

生物反应器中的热量平衡可表示为

$$Q_{met}+Q_{ag}+Q_{gas}=Q_{acc}+Q_{exch}+Q_{evap}+Q_{sen} \tag{8-5}$$

式中，Q_{met}——微生物代谢或酶活力造成的单位体积产热速率；

Q_{ag}——搅拌造成的单位体积产热速率；

Q_{gas}——通风造成的单位体积产热速率；

Q_{acc}——体系中单位体积的积累产热速率；

Q_{exch}——单位体积反应液向周围环境或冷却器转移热的速率；

Q_{evap}——蒸发造成的单位体积热损失速率；

Q_{sen}——热流（流出–流入）造成的单位体积敏感焓上升的速率。

实际生物反应过程中的热量计算，可采用如下方法。

（1）通过培养过程中冷却水带走的热量进行计算

根据经验，每立方米培养液每小时传给冷却器最大的热量为：青霉素发酵约为 25 000kJ/（m^3·h），链霉素发酵约为 19 000kJ/（m^3·h），四环素发酵约为 20 000kJ/（m^3·h），肌苷发酵约为 18 000kJ/（m^3·h），谷氨酸发酵约为 31 000kJ/（m^3·h），赖氨酸发酵约为 33 000kJ/（m^3·h），柠檬酸发酵约为 11 700kJ/（m^3·h），酶制剂发酵为 15 000～19 000kJ/（m^3·h）。

（2）通过培养液的升温进行计算

根据培养液在单位时间内（如 0.5h）上升的温度而求出单位体积反应液放出热量的近似值。例如，某味精生产厂，在夏天不开冷却水时，25m^3 生物反应器每小时内最大升温约为 12℃。

（3）通过生物合成进行计算

当 Q_{sen}、Q_{acc} 和 Q_{gas} 可忽略不计，由式 8-5 可知，

$$Q_{all}=Q_{exch}=Q_{met}+Q_{ag}-Q_{evap} \tag{8-6}$$

即培养过程中产生的总热量均被冷却装置带走。

（4）通过燃烧热进行计算

$$Q_{all}=\sum Q_{基质燃烧}-\sum Q_{产物燃烧} \tag{8-7}$$

式中，$Q_{基质燃烧}$——基质的燃烧热；

$Q_{产物燃烧}$——产物的燃烧热。

生物反应器中换热装置的设计，首先是计算传热面积。换热装置的传热面积可由下式确定：

$$A=\frac{Q_{all}}{K\Delta t_m} \tag{8-8}$$

式中，A——换热装置的传热面积，m^2；

Q_{all}——由上述方法获得的反应热或反应中每小时放出的最大热量，kJ/h；

K——换热装置的传热系数，kJ/（m^2 · h · ℃）；

Δt_m——对数温度差（℃），由冷却水进出口温度与醪液温度而确定。

$$\Delta t_m = \frac{t_2 - t_1}{\ln \dfrac{T - t_1}{T - t_2}} \tag{8-9}$$

式中，T——醪液温度；

t_1——冷却水进口温度；

t_2——冷却水出口温度。

根据经验：夹套的K值2为420～630kJ/（m^2·h·℃），立式蛇形管的K值为1260～1900kJ/（m^2 · h · ℃），如管壁较薄，对冷却水进行强制循环时，K值为3300～4200kJ/（m^2 · h · ℃）。气温高的地区，冷却水温高，传热效果差，冷却面积较大，$1m^3$培养液的冷却面积超过 $2m^2$。但在气温较低的地区，采用地下水冷却，冷却面积较小，$1m^3$培养液的冷却面积为$1m^2$。生物产品不同，冷却面积也有差异。

8.2 酶反应器

以酶为催化剂进行生物反应的场所为酶反应器。根据酶催化剂类别的不同，酶反应器可分为游离酶反应器和固定化酶反应器。固定化酶反应器又可分为固定化单一酶、复合酶、细胞器和细胞（微生物、动物和植物）等形式的反应器。

8.2.1 酶反应器及其操作参数

1. 酶反应器的分类

化学反应器通常依据其形式与操作方式进行分类，从反应形式看，酶促反应与化工上的催化反应类似。所以，酶反应器也可根据其形式和操作方式而分类（表 8-4）。

表 8-4 酶反应器的形式和操作方式

形式名称		操作方式	说明
单相系统酶反应器	通用式发酵罐	分批、流加	靠机械搅拌混合
	超滤膜反应器	分批、流加或连续	适用于高分子底物
多相系统酶反应器	通用式发酵罐	分批、流加或连续	靠机械搅拌混合
	固定床或填充床	连续	适用于固定化酶或微生物的反应中
	流化床	分批、连续	靠溶液的流动而混合
	膜式反应器	连续	膜状或片状的固定化酶
	悬浊气泡塔	分批、连续	适用于气体为底物

从几何形状或结构来划分，酶反应器大致可分为罐型、管型和膜型三类。每一类又

有多种类型，并且有些反应器可互相组合成具有不同性能的酶反应器系统。罐型反应器内一般装配有搅拌装置，也称“搅拌罐”或通用式发酵罐，适用于上述各种操作。管型反应器和膜型反应器一般用于连续操作。相对直径较大、纵向较短的管型反应器也称为塔式反应器。目前发酵工业上广泛使用的糖化罐、液化罐等都是典型的酶反应器。

采用连续式操作的反应器，由于反应器内流体的流动状态会影响到底物的转化率（conversion rate），因此把握好反应液的流动状态与流体的混合程度是很重要的。根据流体流动的特性，连续式操作的酶反应器可以按照表 8-5 进行分类。活塞式流动是指反应液在反应器内沿径向呈严格均一的速度分布，流动如同活塞运动，反应速度仅随轴向空间位置不同而变化。全混式流动是指反应器内混合足够强烈，因而反应器内浓度分布均匀，且不随反应时间变化。当然，这也是一种理想化的假定，它是与活塞式流动相对应的另一个极端的理想流型。这两类理想化的酶反应器在下一节再叙述。实际上酶反应器中是不存在上述理想化的流动形式的，因为流动状态和温度、浓度等参数是随空间位置或时间而变化的。

表 8-5　连续式反应器的流动状态

流动状态		反应器	实用反应器
理想型	活塞式（plug flow）	连续操作活塞式反应器（continuous plug flow reactor，CPFR）	填充床（packed bed）、膜反应器（membrane reactor）
	全混式（backmix）	连续操作搅拌式反应器（continuous-flow stirred tank reactor，CSTR）	通用式发酵罐（俗称搅拌罐，stirred tank）
非理想型			具有返混的管型反应器（tubular reactor）等

采用理想的分批式搅拌罐（batch stirred tank reactor，BSTR）进行酶促反应与采用 CPFR 相比，尽管从结构和流动状态上有明显的不同，但若经过时间和滞留时间都着眼于同一流体要素的话，两种反应器有着相似的特征（见 8.2.1.2）。也就是说，在 CPFR 反应器中，特定位置的状态取决于流体通过此位置时在反应器内存在的时间，所以，从这一点来讲，这两种反应器是类似的。

2. 酶反应器设计和操作的参数

决定酶反应器设计和操作性能的参数有停留时间 τ、转化率 χ、反应器的生产能力 P_r、酶的用量、反应器温度、pH 和底物浓度等。当副反应不可忽视时，选择性$[S]_p$也是很重要的参数。

（1）停留时间 τ

停留时间 τ 是指反应物料进入反应器时算起，至离开反应器时为止所经历的时间。BSTR 中，所有物料的停留时间是相同的，且等于反应时间；CPFR 中两者也是一致的。对于 CSTR，常使用“平均停留时间”来表达。如果反应器的容积为 V，物料流入反应器中的体积流量为 F，平均停留时间 τ 的定义式为

$$\tau = V/F \tag{8-10}$$

τ 又称空时（空间时间，space time），其倒数 $1/\tau$ 称为空速（空间速度，space velocity）。

在连续操作中 F/V 又称为稀释速率，表示物料在连续反应器内的更新速度。

（2）转化率 χ

转化率 χ（也称转化分数，conversion or fractional conversion）表明供给反应的底物发生转变的分量。分批式操作中，底物的初始浓度为$[S]_0$，反应时间 t 时的底物浓度为$[S]_t$，此时，底物[S]的转化率为

$$\chi=\frac{[S]_0-[S]_t}{[S]_0} \tag{8-11}$$

连续式操作中，流入反应器内的底物浓度为$[S]_{in}$，流出液中底物的浓度为$[S]_{out}$，此时转化率为

$$\chi=\frac{[S]_{in}-[S]_{out}}{[S]_{in}} \tag{8-12}$$

（3）生产能力 P_r

分批式操作中，

$$P_r=\frac{P_t}{t}=\frac{\chi[S]_0}{t} \tag{8-13}$$

反应器生产能力 P_r（productivity）的定义是单位时间、单位反应器体积内生产的产物量。式中，P_t——时间 t 时单位反应液体积中产物的生成量。

连续式操作中，

$$P_r=\frac{P_{out}}{\tau}=\frac{\chi[S]_{in}}{\tau} \tag{8-14}$$

式中，P_{out}——单位体积流出液中的产物量。

（4）选择性$[S]_p$

选择性$[S]_p$（selectivity）是在有副反应发生的复合反应中，能够转变为目的产物的底物变化总量中，实际上转变为目的产物的比例。由底物 S 生成目的产物 P 的选择性$[S]_p$为

$$[S]_p=\frac{P}{a_{sp}([S]_0-[S])} \tag{8-15}$$

$[S]_p$表明了整个反应的平均选择性。（8-15）式中 a_{sp} 是指从 1mol 底物 S 中所得到产物 P 的摩尔数，是由反应的计量关系而决定的。由于在反应的各阶段或反应器内不同位置的选择性并非一致，因此，瞬时（或局部）选择性为

$$[S]_p=\frac{r_p}{r_p+r_s} \tag{8-16}$$

式中，r_p——主反应速率；

r_s——副反应速率。

3. 酶反应器的选择

游离酶反应器的选择，完全可以按照表 8-2 中一般生物反应器的选择要求来进行。对于固定化酶反应器的选择，除同样根据使用目的、反应形式、底物浓度、反应速率、

物质传递速率和反应器制造和运转的成本及难易等因素进行选择外，还应考虑固定化酶的形状（颗粒、纤维、膜等）、大小、机械强度、密度和再生或更新的难易；操作上的要求，如 pH 的控制、供氧和防止杂菌污染等；反应动力学形式和物质传递特性、内外扩散的影响；底物的性质；催化剂（固定化酶）的表面/反应器体积的比值等。

固定化酶的形式有颗粒状（particle pellet）、膜状（membrane，film，plate）、管状（tubing）和纤维状等几种类型。其中以颗粒状为多，这是由于其比表面积大。由催化剂的形状，可以决定反应器的大致形式，例如，小颗粒的固定化酶，可选用流化床反应器，以增大有效催化表面积。

一般总是期望固定化酶的机械强度大些，但是，有些固定化酶颗粒（如用凝胶包埋法或胶囊法制备的固定化酶）的机械强度仍较差，在搅拌罐中，由于搅拌翼的剪切作用，这种固定化酶易遭破坏。对于凝胶包埋法的固定化酶颗粒，当采用固定床反应器时，随床身增高，由于凝胶颗粒自身的质量，会使凝胶发生压缩和变形，压损增大。为防止这种现象，有必要在床内安装筛板，将凝胶适当间隔开。

由于酶失活是不可避免的，因此要保持恒定的酶活力，就必须进行催化剂的再生、新催化剂的补充或更换，这就要求反应器应具备相应的结构。

底物的性质是选择反应器的另一重要因素。一般来讲，细粒状和胶状底物有可能阻塞填充柱或发生分层，这时可使用循环式反应器或流化床反应器。

另外，在讨论反应器的价格时，不要忽略固定化酶本身的价格。

8.2.2 理想的酶反应器

1. CPFR 型酶反应器

生产上应用的连续流动的管式反应器中，沿着与物料流动方向相垂直的截面上，速度分布总是不均匀的。流速较小的层流流动时，呈现抛物线状的分布，流速较大的湍流流动时，虽然速度分布较为均匀，但在边界层中速度仍然因壁面的阻滞而减慢，造成速度分布的不均匀。此外，管内湍流流动时，径向和轴向都有一定程度的混合，这种速度分布的不均匀性和径、轴向的混合给酶反应器的设计带来困难。为此，人们设想了这种理想流动的反应器——CPFR，也称为活塞流式反应器或平推流式反应器。

CPFR 具备以下特点：在正常的连续稳态操作情况下，在反应器的任意一个径向截面上，物料浓度均匀分布，且不随反应时间而变化；反应器内沿轴向各处的浓度彼此不相等，反应速率随轴向空间位置不同而变化；由于径向有严格均匀的速度分布，即径向不存在浓度分布，因此反应速率随空间位置的变化只限于轴向。

基于以上特点，对 CPFR 进行物料衡算，沿反应器轴向任意切出长度为 dl 的一个微元管段作为反应器微元，该微元的体积记为 $dV=Adl$，如图 8-1 所示，在该微元内的反应速率不随时间而变。稳定状态下，以一级反应为例，取底物 S 作为着眼组分进行物料衡算得（单位时间内）：

$$\begin{array}{ccccccc} \text{流入量} & = & \text{流出量} & + & \text{反应量} & + & \text{积累量} \\ F[\mathrm{S}] & & (F+\mathrm{d}F)([\mathrm{S}]+\mathrm{d}[\mathrm{S}]) & & -r_{\mathrm{S}}\mathrm{d}V & & 0 \end{array} \tag{8-17}$$

由于 $dF=0$，$F_0=F=F_f$，因此

$$-F\mathrm{d}[\mathrm{S}]=-r_\mathrm{S}\mathrm{d}V=k[\mathrm{S}]\mathrm{d}V=k[\mathrm{S}]A\mathrm{d}l \tag{8-18}$$

以边界条件 $l=0,[\mathrm{S}]=[\mathrm{S}]_0$ 进行积分，得

$$\ln\left([\mathrm{S}]_0/[\mathrm{S}]\right)=k\cdot\frac{AL}{F}=k\tau \tag{8-19}$$

式中，[S]——底物浓度，mol/m^3；

F——以体积计的物料进料流率，m^3/s；

A——反应器横截面积，m^2；

L——反应器长度，m；

τ——停留时间，s；

k——一级反应速率常数。

所以，反应器的停留时间为

$$\tau=\frac{\ln([\mathrm{S}]_0/[\mathrm{S}])}{k} \tag{8-20}$$

对于其他各级反应可得到一般的关系式，

$$\tau=-\int\frac{\mathrm{d}[\mathrm{S}]}{-r_\mathrm{S}} \tag{8-21}$$

当酶促反应符合米氏方程时，将米氏方程代入上式，得操作方程为

$$\tau=\frac{L}{F/A}=\frac{V}{F}=\left(\frac{K_\mathrm{m}}{r_{\max}}\right)\ln\left(\frac{[\mathrm{S}]_0}{[\mathrm{S}]}\right)+\frac{[\mathrm{S}]_0-[\mathrm{S}]}{r_{\max}} \tag{8-22}$$

也可整理为

$$[\mathrm{S}]_0\chi_{\mathrm{out}}-K_\mathrm{m}\ln(1-X_{\mathrm{out}})=k_{+2}E_0\tau \tag{8-23}$$

式中，χ_{out}——流出液中底物的转化率。

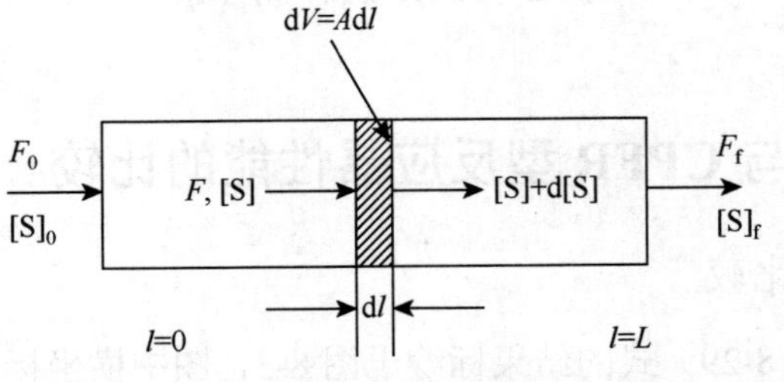

图 8-1 活塞流式反应器物料恒算示意图

2. CSTR 型酶反应器

稳定状态下，CSTR 型反应器内各处的浓度和温度均不随空间位置和时间而变化，因而反应器内各处的反应速率相等。所以可对整个反应器（图 8-2）作物料衡算，一级反应条件下，对组分 S（单位时间内）有

$$\begin{matrix}\text{流入量} & = & \text{流出量} & + & \text{反应量} & + & \text{积累量}\\ f[\mathrm{S}]_0 & & f[\mathrm{S}]_t & & (-r_\mathrm{s})V & & 0\end{matrix} \tag{8-24}$$

$$f([\mathrm{S}]_0-[\mathrm{S}]_t)=(-r_\mathrm{S})\cdot V \tag{8-25}$$

$$\tau=\frac{[\mathrm{S}]_0-[\mathrm{S}]_t}{k[\mathrm{S}]} \tag{8-26}$$

（8-26）式变为一般化的关系式为

$$\tau=\frac{([\mathrm{S}]_0-[\mathrm{S}]_t)}{-r_\mathrm{S}} \tag{8-27}$$

当酶促反应符合米氏方程时，将米氏方程代入（8-26）式，得操作方程，即

$$\tau=\frac{V}{F}=\frac{[\mathrm{S}]_0-[\mathrm{S}]}{-r_\mathrm{S}}=\frac{([\mathrm{S}]_0-[\mathrm{S}])(K_\mathrm{m}+[\mathrm{S}])}{r_{\max}[\mathrm{S}]} \tag{8-28}$$

也可写为

$$[\mathrm{S}]_0\chi+K_\mathrm{m}\left[\chi/(1-\chi)\right]=k_{+2}E_0\tau \tag{8-29}$$

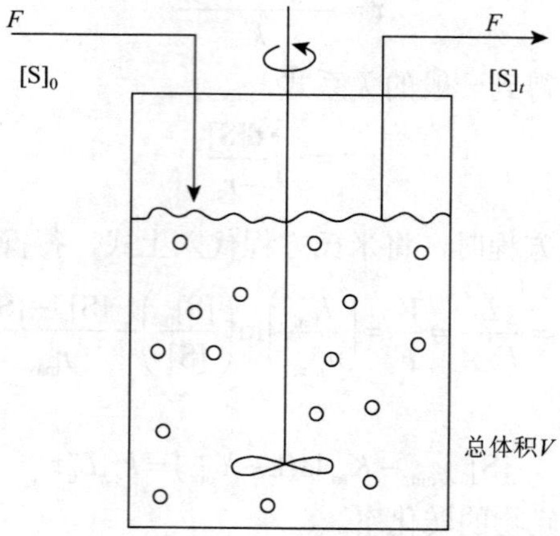

图 8-2　CSTR 物料恒算示意图

8.2.3　CSTR 型与 CPFR 型反应器性能的比较

1. 停留时间的比较

将（8-23）式和（8-29）式的结果标绘于图 8-3，图中横坐标为着眼组分 S 的转化率 χ，纵坐标为反应速率的倒数$1/(-r_\mathrm{S})$。由图 8-3 可知，在相同的工艺条件下进行同一反应，达到相同转化率时，两者所需的停留时间不同，即反应时间不同，CSTR 型的停留时间比 CPFR 型反应器的要长，也就是前者所需的反应器体积比后者大。图 8-3 中向右倾斜的线所围面积相当于 CSTR 型反应器达到预定转化率所需的时间，向左倾斜的线所围面积为 CPFR 型反应器达到相同转化率所需的时间。最终转化率越高，两者的差距越大。

另外，以$(1-\chi)$对两反应器的体积比作图可知，随反应级数的增加，反应器的体积比急剧增加。

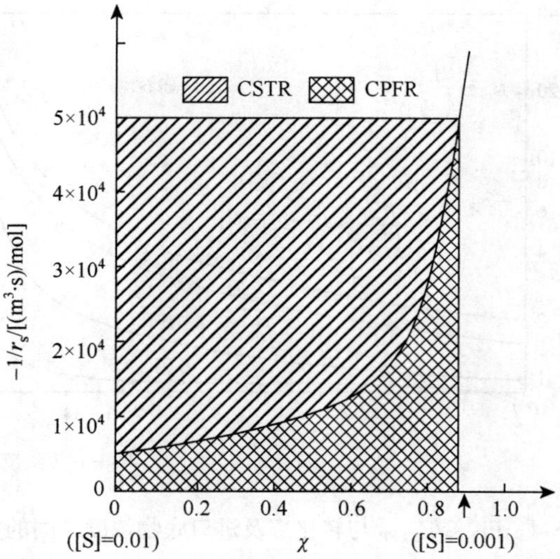

图 8-3　CSTR 与 CPFR 型反应器性能的比较

2. 酶需求量的比较

当 $K_m \gg S_0$ 时，反应速率可用一级动力学来描述，于是，（8-29）式和（8-23）式可简化成如下式子。

$$K_m[\chi/(1-\chi)] = k_{cat}E_0\tau \tag{8-30}$$

$$-K_m\ln(1-\chi) = k_{cat}E_0\tau \tag{8-31}$$

式中，常数 $(k_{cat}E_0)/K_m$ 可认为是拟一级速率常数 K_f。

CSTR 中所需酶的量 E_{CSTR} 与 CPFR 中所需的量 E_{CPFR} 之比，可从（8-31）式求得。对一级动力学：

$$\frac{E_{CSTR}}{E_{CPFR}} = \frac{-\chi}{(1-\chi)\ln(1-\chi)} \tag{8-32}$$

（8-32）式表明，转化率越高，CSTR 中所需酶的相对量也就越大。另外，比值还依赖于反应级数，一级反应时其比值最大，零级反应时其比值最小。如果反应遵循米氏定律，则酶需求量的相对比值与转化率之间的函数关系可由图 8-4 表示。所以，可根据所需转化率 χ 来选择反应器的类型，或确定它们所需酶的相对量。

3. 酶的稳定性

酶的稳定性是选择酶反应器的重要因素。酶活力的丧失可近似用一级动力学关系来描述，即

$$-\frac{dE}{dt} = K_dE \tag{8-33}$$

式中，E——反应器中的有效酶浓度；

K_d——酶的衰退常数；

t——操作时间。

若把（8-33）式与（8-23）式和（8-29）式结合起来，可得描绘酶衰变时的操作方程。

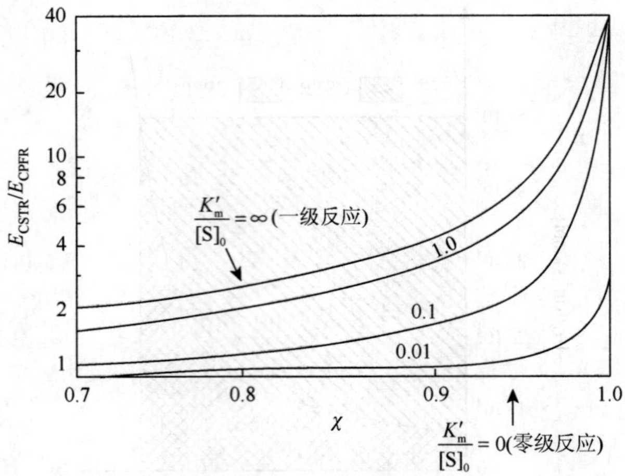

图 8-4　E_{CSTR}/E_{CPFR} 与转化率及进口底物浓度之间的关系

CSTR：
$$\ln\left\{\frac{S_0\chi_0+K_m\left[\chi_0/(1-\chi_0)\right]}{S_0\chi_t+K_m\left[\chi_0/(1-\chi_t)\right]}\right\}=K_d t \tag{8-34}$$

CPFR：
$$\ln\left\{\frac{S_0\chi_0-K_m\ln(1-\chi_0)}{S_0\chi_t-K_m\ln(1-\chi_t)}\right\}=K_d t \tag{8-35}$$

式中，χ_0 与 χ_t 分别是 t=0 和 t=t 时的转化率。

由（8-34）式和（8-35）式可知，零级反应时，CSTR 与 CPFR 内酶活力的衰退没有什么区别。但如果反应从零级增至一级，那么，两种反应器转化率下降的差别就变得明显。CPFR 产量的下降要比 CSTR 快得多，因而 CPFR 中酶的失活比 CSTR 中更为敏感。但是，由于在 CPFR 中催化反应速度快，底物浓度高，虽然酶的失活速率快，但是综合起来，在操作条件相同的情况下，要得到同样的转化率，CSTR 所需酶的数量远大于 CPFR 所需的量。

4. 反应器中的浓度分布

图 8-5 标绘了 CSTR 与 CPFR 中的底物浓度分布。由图可知，在 CPFR 中，虽然出口端浓度较低，但在进口端，底物浓度较高；CSTR 中底物总处于低浓度范围。如果酶促反应速率与底物的浓度成正比，那么对于 CSTR 而言，由于整个反应器处于低反应速率条件下，因此其生产能力也低。

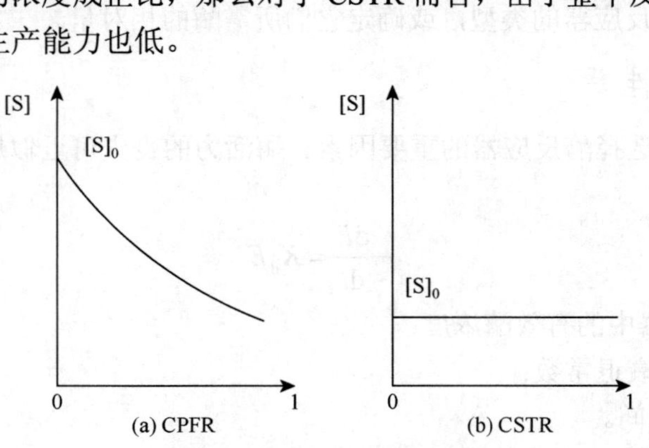

图 8-5　反应器中的浓度分布

【例题 8-1】采用 CPFR 连续操作进行酶促反应，反应符合米氏方程规律。已知底物的 90%转化为产物，r_{max}=0.01mol/（m^3·s），K_m=0.5mol/m^3，底物流量 F=1×$10^{-3}$$m^3$/s，入口底物浓度$[S]_0$=0.01mol/$m^3$。由于 $K_m \gg [S]_0$，因此酶促反应式为 $r_S = -\dfrac{r_{max}}{K_m}[S] = -0.02[S]$。其与一级反应相似。图 8-6 给出了一级反应条件下反应器内的混合状态与反应器体积比的关系。由图 8-6 可求出实际所需反应器体积。

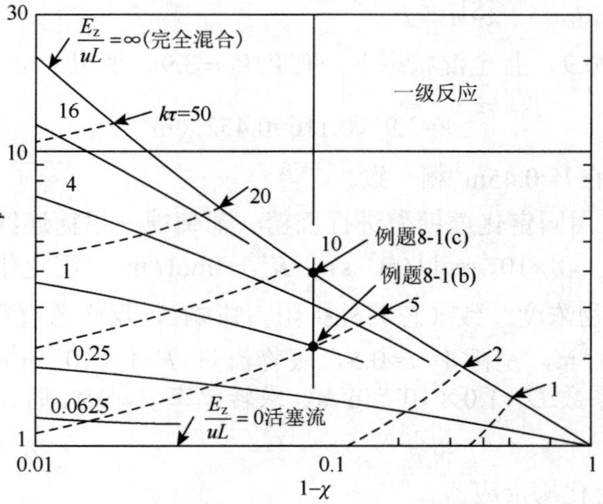

图 8-6　一级反应条件下实际反应器体积与活塞流反应器体积之比和混合状态的关系

求：（a）活塞流条件下该酶促反应所需反应器体积。

（b）混合准数 $\dfrac{E_z}{uD}=1$ 时所需反应器体积。

（c）反应器内充分混合条件下所需反应器体积。

【解】（a）反应器出口端底物浓度为

$$[S]=[S]_0(1-\chi)=0.01\times(1-0.9)=1\times10^{-3}(\text{mol/m}^3)$$

由（8-22）式可知

$$\begin{aligned}V &= F\left[\frac{K_m}{r_{max}}\ln\left(\frac{[S]_0}{[S]}\right)+\frac{[S]_0-[S]}{r_{max}}\right]\\ &=1\times10^{-3}\left[\frac{0.5}{0.01}\ln\left(\frac{0.01}{0.001}\right)+\frac{(0.01-0.001)}{0.01}\right]\\ &=0.116(\text{m}^3)\end{aligned}$$

（b）当 $E_z/(uD)=1$； $\chi=0.9$，由图 8-6 可知

$$\frac{V}{V_p}=\frac{\text{反应器体积}}{\text{呈活塞流时反应器体积}}=2.2$$

所以，V=2.2V_P=2.2×0.116=0.255（m^3）

（c）由（8-27）式，全混时反应器体积为

$$V=\frac{F([\mathrm{S}]_0-[\mathrm{S}])}{-\gamma_{\mathrm{S}}}$$

体积 V 可由图 8-3 中 CSTR 所示面积乘以 FS_0 获得。

CSTR 所示面积 $A'=5\times10^4\times0.9=4.5\times10^4$（$m^2$）

所以，反应器体积：

$$V=A'\left(-\frac{1}{r_{\max}}\cdot\frac{[\mathrm{S}]_0-[\mathrm{S}]}{[\mathrm{S}]_0}\right)\times F[\mathrm{S}]_0=4.5\times10^4\times1\times10^{-3}\times0.01=0.45(\mathrm{m}^3)$$

由图 8-6，$\chi=0.9$，且全混状态下，有 $V/V_{\mathrm{p}}=3.9$，所以

V=3.9×0.116=0.452（m^3）

这与作图求出的 V=0.45m^3 相一致。

【例题 8-2】采用固定化蔗糖酶进行蔗糖→葡萄糖→果糖连续反应，反应符合米氏方程规律，已知 $r'_{\max}=8\times10^{-4}\mathrm{mol/(m^3\cdot s)}$，$K'_{\mathrm{m}}=1\mathrm{mol/m^3}$，固定化酶颗粒表面底物浓度与反应液主体中底物浓度一致（忽略外扩阻力影响），反应器直径 D=2m，固定化酶颗粒直径 d_{p}=5.0×10^{-3}m，空隙率 ε=0.5，底物流量 F=1×$10^{-5}$$m^3$/s，底物浓度$[\mathrm{S}]_{\mathrm{in}}$=1×$10^{-3}$mol/$m^3$，扩散系数 D_{e}=1.0×$10^{-10}$$m^3$/s。求转化率 $\chi=95\%$ 时，以下两种情况所需反应器体积。

（a）CSTR 固定化酶反应器。

（b）CPFR 固定化酶反应器。

【解】反应器出口的底物浓度：

$$[\mathrm{S}]_{\mathrm{out}}=[\mathrm{S}]_{\mathrm{in}}(1-X)=1\times10^3(1-0.95)=50(\mathrm{mol/m^3}) \tag{1}$$

进口与出口底物的对数平均浓度：

$$[\bar{\mathrm{S}}]=\frac{[\mathrm{S}]_{\mathrm{in}}-[\mathrm{S}]_{\mathrm{out}}}{\ln\left([\mathrm{S}]_{\mathrm{in}}/[\mathrm{S}]_{\mathrm{out}}\right)}=\frac{1000-50}{\ln(1000/50)}=317(\mathrm{mol/m^3}) \tag{2}$$

由于$[\mathrm{S}]_{\mathrm{in}}$和$[\mathrm{S}]_{\mathrm{out}}$均$\gg K'_{\mathrm{m}}$，因此反应与零级反应相似（$-r_{\mathrm{S}}=r'_{\max}$），

因此将 $-r_{\mathrm{S}}=r'_{\max}[\mathrm{S}]/(K'_{\mathrm{m}}+[\mathrm{S}])$ 代入（3-73）式后积分得

$$\phi=\frac{V_{\mathrm{p}}}{A_{\mathrm{p}}}\cdot\frac{\left\{r'_{\max}[\mathrm{S}]_{\mathrm{S}}/(K'_{\mathrm{m}}+[\mathrm{S}]_{\mathrm{S}})\right\}^{0.5}}{\left\{2D_e\left(K'_{\mathrm{m}}+[\mathrm{S}]_{\mathrm{S}}\right)\left[\left(1-K'_{\mathrm{m}}\right)/[\mathrm{S}]_{\mathrm{S}}\ln\left(1+[\mathrm{S}]_{\mathrm{S}}/K'_{\mathrm{m}}\right)\right]\right\}^{0.5}} \tag{3}$$

由于$[\mathrm{S}]_{\mathrm{S}}\gg K'_{\mathrm{m}}$，因为上式变形为

$$\varPhi=\frac{d_{\mathrm{p}}}{6}\left(\frac{r'_{\max}}{2D_e[\mathrm{S}]_{\mathrm{S}}}\right)^{0.5} \tag{4}$$

以$[\bar{\mathrm{S}}]$（无外部扩散阻力时$[\mathrm{S}]_{\mathrm{S}}=[\mathrm{S}]_{\mathrm{b}}$）代替$[\mathrm{S}]_{\mathrm{S}}$，计算

$$\varPhi=\frac{5.0\times10^{-3}}{6}\left(\frac{8\times10^{-4}}{2\times1.0\times10^{-10}\times317}\right)^{0.5}=0.0936 \tag{5}$$

当 $\varPhi\leqslant0.33\sqrt{3}$ 时，$\eta_i=1$。由于内扩散效率因子 $\eta_i=1$，因此内扩散阻力可以忽略不计。

（a）CSTR 设计

对于图 8-7 所示 CSTR 固定化酶反应器，稳定状态下，底物的衡算式有

$$F[\mathrm{S}]_0 - F[\mathrm{S}] = \eta(-r_\mathrm{S})V' \qquad (6)$$

流入　流出　消耗

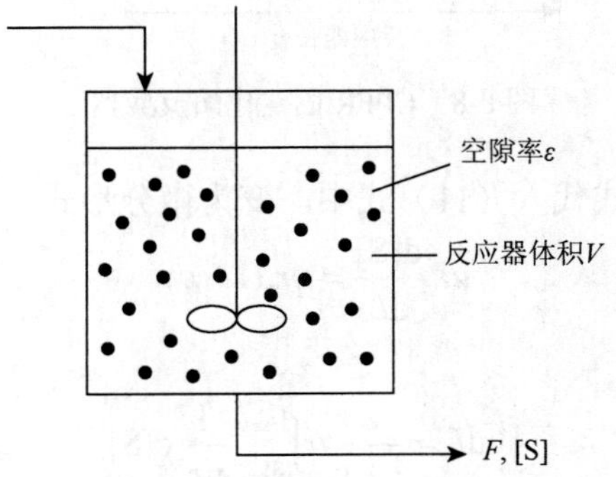

图 8-7　CSTR 固定化酶反应器

由于酶促反应在固定化酶颗粒内进行，所以

$$V' = (1-\varepsilon)V \qquad (7)$$

基于（6）式和（7）式，有

$$V = \frac{F([\mathrm{S}]_0 - [\mathrm{S}])}{-\eta(1-\varepsilon)r_\mathrm{S}} \qquad (8)$$

将米氏方程代入（8）式，得

$$V = \frac{F([\mathrm{S}]_0 - [\mathrm{S}])(K'_\mathrm{m} + [\mathrm{S}])}{\eta(1-\varepsilon)r'_{\max}[\mathrm{S}]} \qquad (9)$$

将有关数据代入上式，

$$V = \frac{1\times10^{-5}\times(1000-50)\times(1+50)}{1\times(1-0.5)\times8\times10^{-4}\times50} = 24.2(\mathrm{m}^3) \qquad (10)$$

（b）CPFR 固定化酶反应器设计

如图 8-8 所示 CPFR 固定化酶反应器，取长度为 ΔL，体积为 $\Delta V'$ 的任一微元体积做物料衡算，

$$F([\mathrm{S}]) - F([\mathrm{S}] + \Delta[\mathrm{S}]) = \eta(-r_\mathrm{S})\Delta V' \qquad (11)$$

（流入）（流出）（微小体积内消耗）

由于酶促反应在颗粒内进行，因此实际体积应为体积 $A\Delta L$ 再乘以（$1-\varepsilon$），即

$$\Delta V' = A\Delta L(1-\varepsilon) \qquad (12)$$

由于底物在颗粒间的空隙内 (εA) 流动，因此体积流量 F 与底物流动线速度 u 有如下关系：

$$F = u\varepsilon A \qquad (13)$$

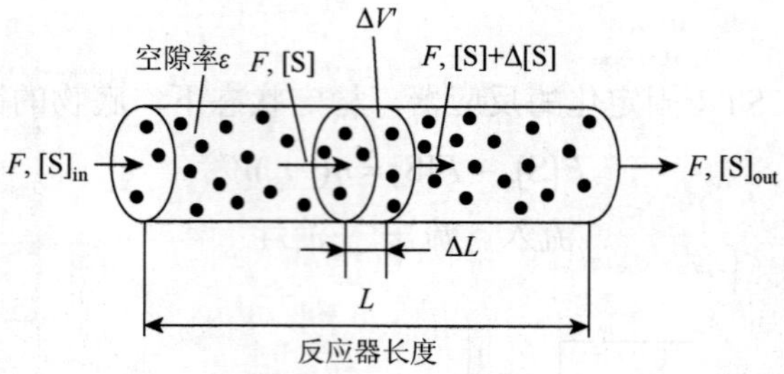

图 8-8　CPFR 固定化酶反应器

将（12）式和（13）式代入（11）式中，变为微分形式，得

$$u\varepsilon\frac{\mathrm{d[S]}}{\mathrm{d}L}=\eta r_{\mathrm{S}}(1-\varepsilon) \tag{14}$$

积分（14）式，得

$$\int_0^L \mathrm{d}L=\frac{\varepsilon}{1-\varepsilon}u\int_{[\mathrm{S}]_{\mathrm{in}}}^{[\mathrm{S}]_{\mathrm{out}}}\frac{1}{\eta r_{\mathrm{S}}}\mathrm{d[S]} \tag{15}$$

将米氏方程代入上式，积分得反应器长度 L 为

$$L=\frac{\varepsilon u}{1-\varepsilon}\cdot\frac{1}{\eta r'_{\max}}\left[K'_{\mathrm{m}}\ln\frac{[\mathrm{S}]_{\mathrm{out}}}{[\mathrm{S}]_{\mathrm{in}}}+([\mathrm{S}]_{\mathrm{out}}-[\mathrm{S}]_{\mathrm{in}})\right] \tag{16}$$

$$u=\frac{F}{\varepsilon A}=\frac{1\times10^{-5}}{0.5\times\dfrac{\pi}{4}\times(2)^2}=6.37\times10^{-5}(\mathrm{m/s}) \tag{17}$$

所以

$$L=-\frac{0.5\times6.37\times10^{-6}}{1-0.5}\times\frac{1}{1\times8\times10^{-4}}\left[1\times\ln\frac{50}{100}+(50-1000)\right]=7.5(\mathrm{m}) \tag{18}$$

反应器体积 V

$$V=AL=\frac{\pi}{4}\times2^2\times7.5=23.6(\mathrm{m}^3)$$

由于是零级反应，因此，CPFR 固定化酶反应器体积仅比 CSTR 固定化酶反应器体积略小一些。

8.3　通风发酵设备

通风发酵设备又称好氧发酵设备，是生物工业中最重要的一类生物反应器。通风发酵设备有机械搅拌式、气升式、鼓泡式、自吸式、通风固相发酵设备等多种类型，可用于传统发酵工业与现代生物工业中的各行业。

8.3.1　通用式发酵罐

通用式发酵罐（或反应器，也称为机械搅拌式发酵罐），是指既有机械搅拌装置又有压缩空气分布装置的发酵罐（图 8-9），目前最大的通用式发酵罐容积约为 $1000\mathrm{m}^3$。

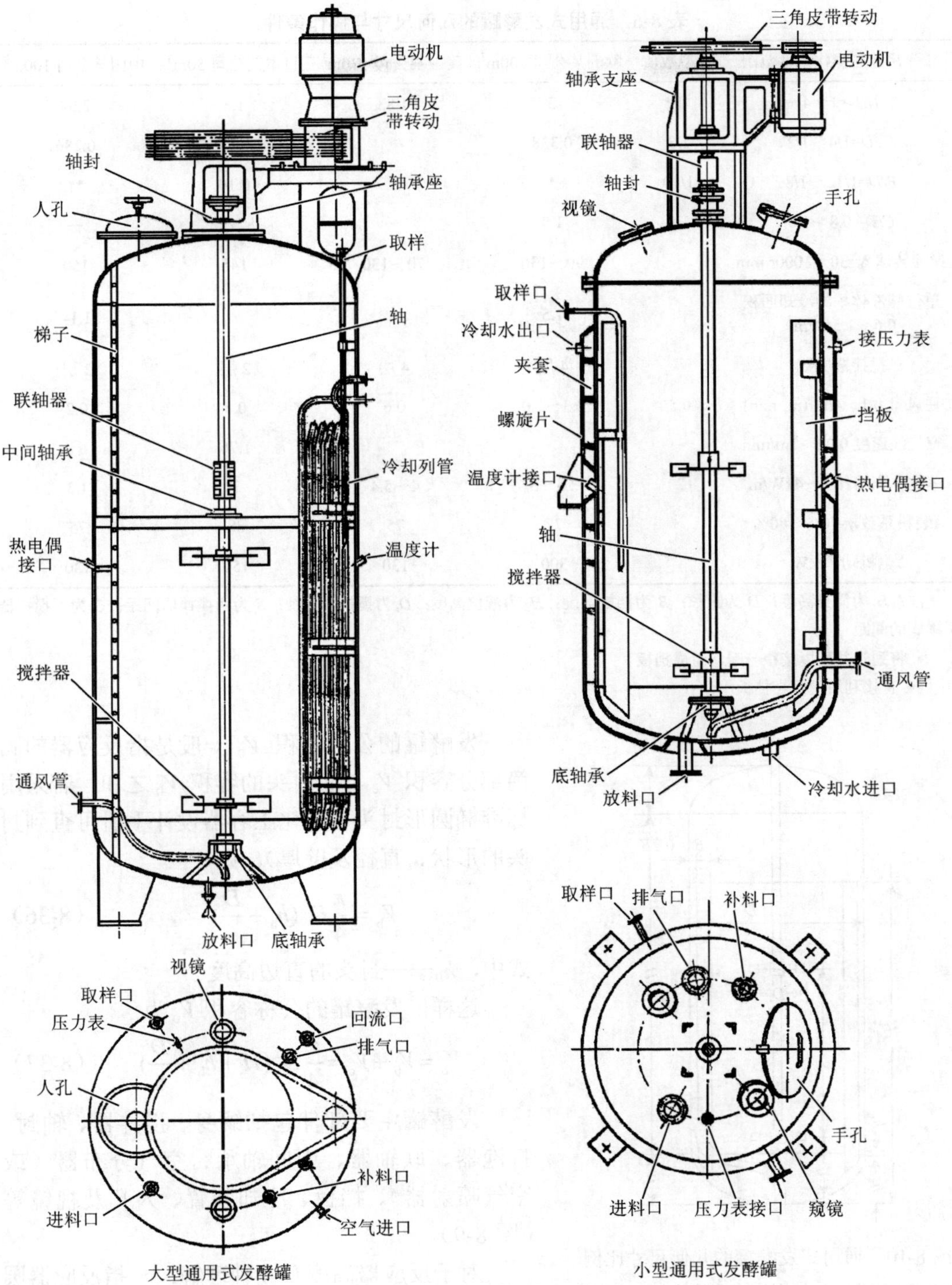

图 8-9 通用式发酵罐

1. 通用式发酵罐的结构

通用式发酵罐的几何尺寸与操作条件如表 8-6 和图 8-10 所示。

表 8-6 通用式发酵罐的几何尺寸与操作条件

几何尺寸与操作条件范围	典型数值	欧洲某公司 $200m^3$	美国某公司 $130m^3$	日本某公司 $50m^3$	中国某公司 $100m^3$
H/D=1～4		3	1.83	1.8	2.94
D_i/D=1/4～1/2	1/3	0.338	—	0.34	0.286
B/D=1/12～1/8	1/10	*	*	0.10	**
C/D_i=0.8～1.0		1.0	—	<1.0	—
搅拌转速 N=30～1000r/min		90～130	70～130	145	150
单位醪液体积的冷却面积 0.6～1.5m^2/m^3		1.5			1.14
搅拌器层数		4 层	4 层	2 层	3 层
通风量 0.1～4$m^3/(m^3·min)$	0.5	0.3～1.0	0.6	0.5	0.2
空气线速度 0.02～2m/min				1.76	
单位体积功耗 1～4kW/m^3	2	2.5～3	4～5.4	3	1.3
装料系数 η=70%～80%		77	75	88	75
电机功率/kW		300	130	150	130

注：H 为筒身高度；D 为罐径；B 为挡板宽度；H_L 为液位高度；D_i 为搅拌器直径；S 为两搅拌器间距；C 为下搅拌器距罐底的间距

* 将列管并列焊接在一起，组成挡板

** 直接利用列管当挡板

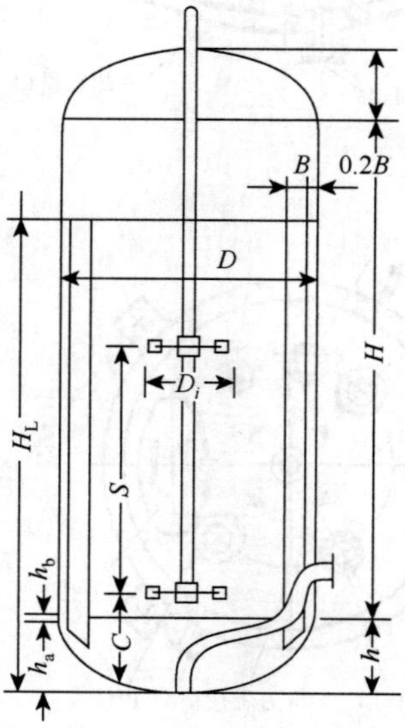

图 8-10 通用式发酵罐的几何尺寸比例

H 为筒身高度；D 为罐径；B 为挡板宽度；H_L 为液位高度；D_i 为搅拌器直径；S 为两搅拌器间距；C 为下搅拌器距罐底的间距；h 为封头高度；h_a 为封头曲面高度；h_b 为封头直边高度

发酵罐的公称容积 V_o 一般是指反应器的圆筒部分容积 V_c 与底封头的容积 V_b 之和，若采用标准椭圆形封头（由化工容器设计手册可查到封头的形状、直径及壁厚），则

$$V_b = \frac{\pi}{4}D^2(h_b + \frac{D}{6}) \tag{8-36}$$

式中，h_b——封头的直边高度。

这样，发酵罐的公称容积 V_o 为

$$V_o = V_b + V_c = \frac{\pi}{4}D^2(H + h_b + \frac{D}{6}) \tag{8-37}$$

发酵罐主要部件包括罐身、搅拌器、轴封、打泡器、联轴器、中间轴承、空气分布器（或空气喷射器）、挡板、冷却装置、人孔及视镜等（图 8-9）。

对于反应器高度有 4 种理解：一指反应器圆柱体部分的高度 H；二是从反应器底部至罐内静液面的高度 H_L；三是指从空气分布器出口至罐内静液面的高度 H'_L；四是指反应器的总高度 H_o。罐径是指罐的内径。发酵罐的高径比指圆柱部分的高度 H 与罐径 D 之比。

罐径在 1m（公称容积 1.7m^3）以下的反应器，封头可用法兰与筒身连接，罐径大于 1m 的反应器，封头直接焊在筒身上，但封头上应开人孔，以便进罐检修。

挡板的作用是防止液面中央产生旋涡，并且使液体在搅拌时产生次生流，有助于流体的混合。通常发酵罐液体在被搅拌时，应达到“全挡板条件”。所谓全挡板条件是指在一定转速下，再增加挡板或其他附件，轴功率仍保持不变，而旋涡基本消失。通常挡板宽度为（0.1～0.12）D，装设 4～6 块即可满足全挡板条件。根据研究，全挡板条件必须满足下列需求：

$$\left(\frac{B}{D}\right)z=\frac{(0.1\sim0.12)D}{D}\cdot z=0.5 \tag{8-38}$$

式中，D——罐直径，mm；

z——挡板数；

B——挡板宽度，mm。

大型发酵罐内的竖立蛇管、列管也可起到挡板的作用。

消沫器有锯齿式、梳式、孔板式和旋桨梳式等多种形式，消沫器的长度约为罐径的 0.65 倍。

空气分布器装置有单管及环形管等。生产中多采用单孔管，开口向下，也可采用带小孔的环状空气分布器。

发酵罐的传热装置有夹套和蛇管两种，一般容积为 5m^3 以下的发酵罐采用外夹套作为传热装置，大于 5m^3 以上的发酵罐由于外夹套传热面受到限制而采用立式蛇管作为传热装置。

轴封的作用是防止泄漏和染菌。常用轴封有填料函和端面轴封两种。

搅拌轴较长时，常分为 2 或 3 段，用联轴器连接。联轴器有鼓形及夹壳形两种。搅拌轴一般从罐顶伸入罐内，也可采用下伸轴。采用下伸轴时，常采用双端面轴封，并用灭菌空气来进行防漏和冷却。

2. 通用式发酵罐的混合与搅拌

通用式发酵罐的混合主要是通过机械搅拌来实现。机械搅拌不仅可促使培养基混合均匀，而且有利于增加气液接触面积，提高溶氧速率。对于双液相反应体系可提高液-液接触面积，另外还可促进传热与固形物料的悬浮。

（1）搅拌器的形式与搅拌流型

搅拌器可以使被搅拌的液体产生轴向流动和径向流动，不同类型的搅拌器产生的两种流向，侧重也不相同。

生物反应器中常使用的搅拌器形式有：螺旋桨、平桨、涡轮桨、自吸式搅拌桨和栅状搅拌桨等。另外，翼型桨也已开始广泛应用于发酵生产，并取得较好效果。

螺旋桨搅拌器是一种以产生轴流动为主的搅拌器，将反应器内液体从轴向流入叶轮，再从轴向流出叶轮，以形成轴向的螺旋状运动。螺旋桨的特点是直径小，转速高，产生的循环量大，混合效果较好，但对气泡的分散效果较差。

涡轮式搅拌器是一种典型的径向流搅拌器。由于涡轮的叶片对液体施以径向离心力，因此，液体在离心力作用下从轴向流入后再从径向流出，使之在反应器内循环。在气液混合中为避免气泡在阻力较小的搅拌器中心部分沿搅拌器轴上升，在搅拌器中央常带有圆盘。涡轮搅拌器的特点是对流体的剪切作用较为强烈，同时由于涡轮的叶片较宽，因此在反应器内造成较大的流体循环量。通用式发酵罐中广泛采用此类搅拌器。常用的涡轮式搅拌器的叶片有平叶式、弯叶式和箭叶式三种（图 8-11），平叶式的功率消耗最大，弯叶式较小，箭叶式最小。涡轮式搅拌器的叶片数一般为 6 个，也有少至 4 个或多至 8 个的。为了方便拆装，大型搅拌器可做成两半型，用螺栓联成整体。

在罐中心垂直安装的搅拌桨，无论是搅拌桨或螺旋桨，在无挡板的情况下都会以轴为中心形成凹陷旋涡。添加挡板后可迫使液体向轴心方向流动，使旋涡消失。

(a)　　(b)　　(c)

图 8-11　部分搅拌器结构类型

（a）六平叶涡轮桨；（b）六弯叶涡轮桨；（c）六箭叶涡轮桨

（2）搅拌功率的计算

搅拌功率是指搅拌器输入搅拌液体的功率，也就是搅拌器以既定的转速旋转时用以克服介质阻力所需用的功，简称轴功率。轴功率不包括机械传动和摩擦所消耗的功率，因此它不是电动机的轴功率或耗用功率。通用式发酵罐中的搅拌器轴功率与下列因素有关：搅拌器直径 D_i（m）、搅拌转速 N（r/min）、液体密度 ρ（kg/m^3）、液体黏度 μ（Pa·s）、重力加速度 g（m/s^2）、搅拌罐直径 D（m）、液柱高度 H_L（m）及挡板条件（数量、宽度和位置）等。由于搅拌罐直径和液柱高度与搅拌器直径之间有一定比例关系，可不作独立变量，于是

$$P=f(D_i, N, \rho, \mu, g) \tag{8-39}$$

对于无通气的牛顿型流体，通过因次分析可得如下关联式

$$N_P = KRe_m^x Fr_m^y \tag{8-40}$$

$$N_P=\frac{P}{N^3 D_i^5 \rho}=K\left(\frac{ND_i^2\rho}{\mu}\right)^x\left(\frac{N^2 D_i}{g}\right)^y \tag{8-41}$$

式中，N_P——功率准数，其物理意义为机械搅拌力与惯性力之比；

Re_m——搅拌雷诺准数，其物理意义为惯性力与黏滞力之比；

Fr_m——搅拌弗鲁特准数，其物理意义是搅拌加速度与重力之比；

K——与搅拌器形式、反应器几何尺寸有关的常数。

实验表明，在全挡板条件下，液面不产生中心下降的旋涡，此时 y=0，N_P 仅是 Re_m 的函数。在 $\frac{D}{D_i}=3, \frac{H_L}{D_i}=3, \frac{C}{D_i}=1, \frac{D}{B}=10$ 的比例尺下进行实验，得图 8-12 的关联曲线。

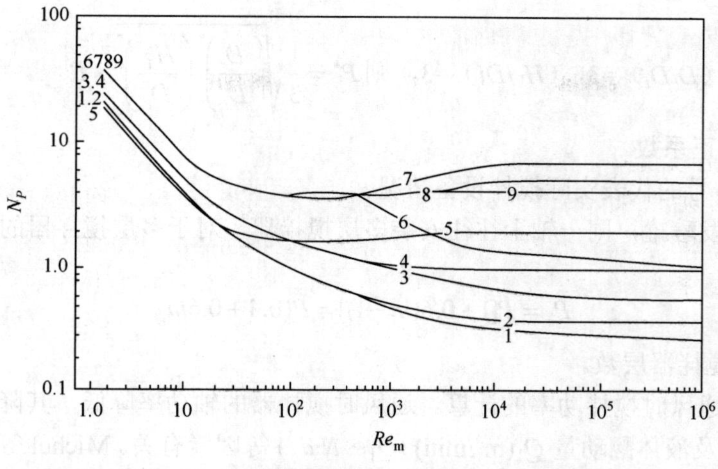

图 8-12　各种搅拌器的 Re_m 对应于 N_P 的关系

1. 螺旋桨，螺距=D_i，无挡板；2. 螺旋桨，螺距=D_i，有挡板；3. 螺旋桨，螺距=$2D_i$，无挡板；4. 螺旋桨，螺距=$2D_i$，有挡板；5. 平桨，有挡板；6. 六平叶涡轮桨，无挡板；7. 平叶涡轮桨，有挡板；8. 弯叶涡轮桨，有挡板；9. 六箭叶涡轮桨，有挡板

当 Re_m<10，X=−1，液体处于滞流状态，

$$N_P = KRe_m^{-1} \tag{8-42}$$

或表示为

$$P = KN^2D_i^3\mu$$

当 Re_m>10^4，液体处于湍流状态，此时 X=0，功率与搅拌雷诺准数无关

$$P = KN^3D_i^5\rho \tag{8-43}$$

不同搅拌器的 K 值如表 8-7 所示。

表 8-7　不同搅拌器的 K 值

搅拌器的形式	K（滞流）	K（湍流）
三叶螺旋桨，螺距=d	41.0	0.32
三叶螺旋桨，螺距=$2d$	43.5	1.0
四平叶涡轮搅拌器	70.0	4.50
六平叶涡轮搅拌器	71.0	6.10
六弯叶涡轮搅拌器	71.0	4.80
六箭叶涡轮搅拌器	70.0	4.0
六弯叶封闭式涡轮搅拌器	97.5	1.08

这些 K 值均为 H_L/D=1，D/D_i=3，D/B=10 的条件下测定的。当不符合此条件时，搅拌功率可用下式校正：

$$P^* = fP \tag{8-44}$$

$$f = \sqrt{\frac{\left(\dfrac{D}{D_i}\right)^*\left(\dfrac{H_L}{D_i}\right)^*}{\dfrac{D}{D_i}\cdot\dfrac{H_L}{D_i}}} \tag{8-45}$$

如果已知（D/D_i）=3，（H_L/Di）=3，则 $P^* = \frac{1}{3}\sqrt{\left(\frac{D}{D_i}\right)^*\left(\frac{H_L}{D_i}\right)^*} \times P$ （8-46）

式中，f——校正系数。

上式中带∗号的代表实际搅拌设备情况。

对于大型发酵罐，同一轴上往往安装多层搅拌器，对于多层搅拌器的功率可用下式计算。

$$P_m = P[1+0.6(m-1)] = P(0.4+0.6m) \tag{8-47}$$

式中，m——搅拌器层数。

以上是不通风时搅拌功率的计算。通风时搅拌器的轴功率降低，其降低程度与通风量 $Q_g(m^3/min)$ 及液体翻动量 $Q_1(m^3/min)$ ($Q_1 \propto N \cdot d^3$) 等因素有关。Michel 等提出了应用较广泛的通风时的搅拌功率 P_g 与工作变量间的经验公式：

$$P_g = K'\left(\frac{P^2 N D_i^3}{Q_g^{0.56}}\right)^{0.45} \tag{8-48}$$

其中，D_i/D=1/3 时，K'=0.157；D_i/D=2/3 时，K'=0.113；D_i/D=1/2 时，K'=0.101。

通风时的搅拌功率也可利用下式计算。

$$N_a < 0.035, \quad P_g/P = 1-12.6Na \tag{8-49}$$

$$N_a \geqslant 0.035, \quad P_g/P = 0.62-1.85Na \tag{8-50}$$

式中，N_a 为通风准数，其代表发酵罐内空气的表观流速与搅拌器叶端速度之比，可表示为

$$N_a = \frac{Q_g/D_i^2}{ND_i} = \frac{Q_g}{ND_i^3} \tag{8-51}$$

【例题 8-3】采用带有挡板的通用式发酵罐，已知直径 D=液柱高度 H_L=2m，搅拌转速 N=2.0r/s=120r/min，搅拌浆为螺旋桨，其直径 D_i=0.33D=0.66m，通风比=0.5m³/(m³ · min)，发酵液密度 ρ=1000kg/m³，$\mu = 0.001\text{Pa}\cdot\text{s}$，求该发酵罐的搅拌功率。

【解】首先计算 Re_m，

$$Re_m = \frac{\rho N D_i^2}{\mu} = \frac{1000 \times 2 \times 0.66^2}{0.001} = 8.71\times10^5 > 10^4$$

为湍流状态，由图 8-12 有

$$N_P = \frac{P}{N^3 D_i^5 \rho} = 0.34$$

所以，

$$P = N_P N^3 D_i^5 \rho = 0.34\times2^3\times(0.66)^5\times1000 = 341(\text{W})$$

$$Q_g = 0.5\times V_L = 0.5\times(\frac{\pi D^2}{4})\times H_L$$

$$= 0.5\times(\frac{3.14\times2^2}{4})\times2 = 3.14(\text{m}^3/\text{min}) = 0.0532(\text{m}^3/\text{s})$$

由于

$$N_a = \frac{Q_g}{ND_i^3} = \frac{0.0523}{2\times(0.66)^3} = 0.209 > 0.035$$

由（8-50）式，得

$$P_g/P = 0.62 - 1.85Na = 0.233$$

因此，

$$P_g = 0.233\times P = 0.233\times 341 = 79.5(\text{W})$$

【例题 8-4】 通用式发酵罐的设计举例：100m^3 谷氨酸发酵罐工艺设计的主要步骤。

【解】（a）主要几何尺寸的确定

按高径比 H/D=3 设计，则罐径

$$D = \sqrt[3]{\frac{V}{\pi/4(H/D)+\pi/12}} = \sqrt[3]{\frac{100}{0.785\times3+0.262}} = 3.37(\text{m}) \quad (1)$$

取 D=3.4m，直筒高 H=3D=3×3.4=10.2m，取 H=10m，则实际高径比 H/d=10/3.4=2.94。

查得当直径 D=3.4m 时，标准椭圆形封头容积 V_b=5.6m^3，直边高度 h_b=0.05m，曲面高度 h_a=D/4=0.85m。则实际总容积

$$V = \frac{\pi}{4}D^2H + 2V_b = 0.785\times3.4^2\times10 + 2\times5.6 = 102(\text{m}^3) \quad (2)$$

（b）搅拌功率的计算

选用六弯叶圆盘涡轮式搅拌器。若取 D/D_i=3.5，则搅拌器直径：

$$D_i=D/3.5=3.4/3.5=0.97\ (\text{m})$$

取 D_i=0.95m，则实际

$$D/D_i=3.4/0.95=3.58$$

因搅拌器叶端圆周线速度取值一般为 3～8m/s，取 7.5m/s，则搅拌转速

$$N = \frac{v}{\pi D_i} = \frac{7.5}{3.14\times0.95} = 2.5(\text{r/s}) = 150(r/\text{min}) \quad (3)$$

设培养液密度 ρ=1080kg/m^3，黏度 μ=2×10^{-3}Pa・s，则雷诺准数为

$$Re_m = \frac{D_i^2N\rho}{\mu} = \frac{0.95^2\times2.5\times1080}{2\times10^{-3}} = 1.22\times10^6 \quad (4)$$

因为 Re_m＞10^4，属湍流状态，查表 8-7，六弯叶涡轮搅拌器的 K=4.8，所以单层搅拌功率

$$P = KN^3D_i^5\rho = 4.8\times2.5^3\times0.95^5\times1080 = 62.7(\text{kW}) \quad (5)$$

由于实际装液量为 75%，液深 H_L=8.54m，因此实际比例尺寸 $(D/D_i)^*$=4.3/0.95=3.58，H_L/D_i=8.54/0.95=8.99，由（8-46）式，

$$P^* = \frac{1}{3}\sqrt{(D/D_i)^*(H_L/D_i)^*}\times P = \frac{1}{3}\sqrt{3.58\times8.99}\times62.7 = 119(\text{kW}) \quad (6)$$

选用三层搅拌器，m=3。搅拌器层间距取

$$S = mD_i = 3\times0.95 = 2.85(\text{m}) \quad (7)$$

三层搅拌器时的搅拌功率（由 8-46 式）：

$$P_m = P(0.4+0.6m) = 119\times(0.4+0.6\times3) = 262(\text{kW}) \tag{8}$$

若通风量 $Q_g = 0.2V_L = 0.2\times75 = 15(\text{m}^3/\text{min}) = 0.25(\text{m}^3/\text{s})$，则通风准数 N_a

$$N_a = \frac{Q_g}{ND_i^3} = \frac{0.25}{2.5\times0.95^3} = 0.117 > 0.035 \tag{9}$$

所以由（8-49）式

$$P_g = P(0.62-1.85Na) = 262\times(0.62-1.85\times0.117) = 106(\text{kW}) \tag{10}$$

考虑到传动部分的功率损失及端面轴封增加功率损耗等因素，则所需电机功率为

$$P_0 = 1.2\times P_g = 1.2\times106 = 127(\text{kW}) \tag{11}$$

故选用 130kW 电机。

（c）传热面积的计算

以谷氨酸发酵热 $q = 7500\times4.186\text{kJ}/(\text{h}\cdot\text{m}^3)\approx 8700\text{W}/\text{m}^3$ 计，则总热负荷

$$Q = q\times V_L = 8700\times75 = 6.53\times10^5(\text{W}) \tag{12}$$

发酵温度 T=32℃，冷却水进出口温度分别为 t_1=20℃，t_2=23℃，则对数平均温度差为

$$\Delta t_m = \frac{t_2-t_1}{\ln\dfrac{T-t_1}{T-t_2}} = \frac{23-20}{\ln\dfrac{32-20}{32-23}} = 10.5(℃) \tag{13}$$

设总传热系数 K=550W/m^2，则所需传热面积（按管内表面计）为

$$F = \frac{Q}{K\Delta t_m} = \frac{6.53\times10^5}{550\times10.5} = 113(\text{m}^2) \tag{14}$$

校核传热系数 K，满足传热面积要求，则传热面积计算完毕。选用 6 组 Φ76mm×4 mm 不锈钢管。表 8-8 给出了几种规格发酵罐性能的比较。

表 8-8 几种规格发酵罐性能的比较

性能	规格（容积）/m^3			
	30	40	75	100
罐径 D/m	2.6	2.8	3.2	3.4
筒高 H/m	5.5	5.7	8.85	10
装料体积 V_L/m^3	22	28	56	75
搅拌器形式	六弯叶涡轮搅拌器			
搅拌器直径 D_i/m	0.86	0.84	0.84	0.95
搅拌转速 N/(r/min)	150	150	150	150
搅拌器层数 m/层	2	3	3	3
搅拌器层间距 S/m	2.1	1.7	2.85	2.85
电动机功率 P/kW	40	55	75	130
传热面积 F/m^2	40	45	73	114

8.3.2 气升式和鼓泡式反应器

气升式和鼓泡式反应器与通用式发酵罐的不同在于无机械搅拌。这类反应器的特点是结构简单，氧传递效率高，耗能低，安装维修方便等。

1. 气升式反应器

气升式反应器有多种形式，比较典型的两种形式如图 8-13。空气在喷嘴口以 250～300m/s 的高速喷入环流管。由于喷射作用，气泡被分散于液体中，上升管内的反应液密度较小，加上压缩空气的动能使液体上升，罐内液体下降进入上升管，形成气-液混合流连续循环流动。罐内培养液中的溶解氧由于菌体的代谢而逐渐减少，当其通过环流管时，由于气-液接触而重新达到饱和。

气升式反应器的性能主要通过气含率、液体环流速度和传氧速率等指标来评价。气含率是指气体在气-液两相或气-固-液三相混合物中所占的体积比例，它的高低直接影响到反应器内的液体循环和传质性能。罐内反应液在环流管内循环一次所需的时间称为循环周期。反应液的环流量与通风量之比称为气液比。反应液在环流管内的流速称为环流速度，环流速度的一般取值范围为 1.2～1.4m/s。根据循环周期、反应器的截面积和装液量，可以求出环流速度。

喷嘴前后压差和反应器罐压与环流量有一定关系，当喷嘴直径一定，反应器内液柱高度也不变时，压差越大，通风也越大，相应就增加了液体的循环量。反应器内液面不能低于环流管出口，也不可以高于 1.5m，因为过高的液面高度，可能产生“环流短路”现象。

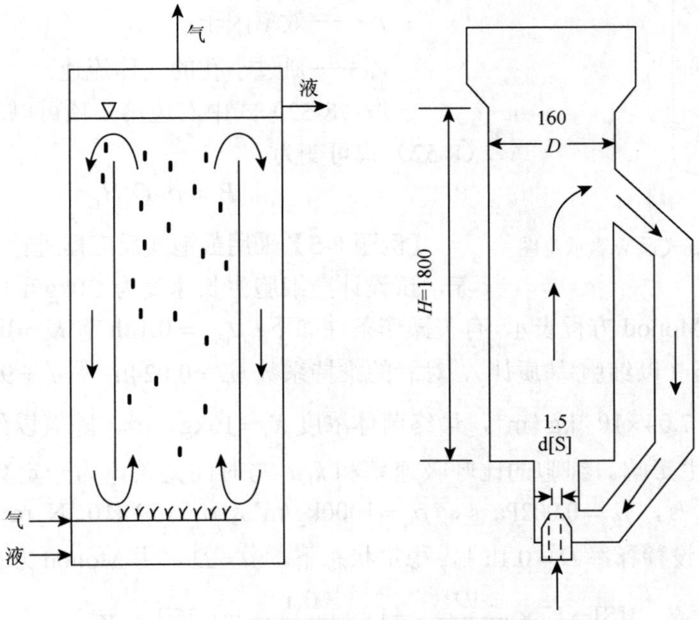

图 8-13 气升式反应器示意图

气升式反应器能较好地保证气液固三相的混合均匀；剪切力小，对生物细胞损伤小；传热良好；结构简单，易于加工制造；操作维修方便。气升式反应器已在有机酸（如柠檬酸、衣康酸等）、酵母及氨基酸等生物工业中应用。

2. 鼓泡式反应器

最简单的鼓泡式发酵罐内部为一空塔，塔的底部用筛板或气体分布器来分布气体。其工作原理是利用通入培养基中的气泡在上升时带动液体而产生混合，并将气泡中的氧传入培养基中供菌体利用。

高径比较大的鼓泡式反应器常称为塔式反应器。一般塔式反应器内装有若干块筛板，所以又称为高位筛板式反应器（图 8-14）。压缩空气由罐底导入，经过筛板逐渐上升，气泡在上升过程中带动发酵液同时上升，上升后的发酵液又通过筛板上带有液封作用的降液管下降而形成循环。根据气速的大小，鼓泡式反应器内的流型由均匀鼓泡流转变为过渡流，进而转变为非均匀鼓泡流。若气速再高将成为泡沫流，气相为连续相，液相为分散相。

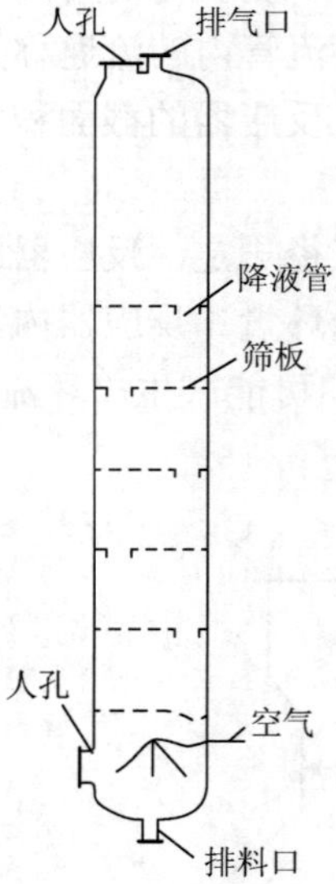

图 8-14　高位筛板式反应器示意图

鼓泡式反应器的功率消耗可由下式计算：

$$P_g = \rho g Q_g H_L \left(\frac{P_2}{P_1 - P_2}\right) \ln \frac{P_1}{P_2} + \eta \frac{V_0^2}{2} \tag{8-52}$$

式中，ρ——液体密度；

g——重力加速度；

Q_g——气体体积流速；

H_L——反应液柱高；

P_1——罐底压力；

P_2——罐顶压力；

η——效率因子；

V_0——通过小孔的气体流速。

一般（8-52）式中右边第二项可以忽略不计，所以（8-52）式可变为

$$P_g \approx \rho g Q_g H_L \tag{8-53}$$

【例题 8-5】采用鼓泡式反应器进行青霉素的连续培养，试设计一细胞生长速度为 30kg/h 的反应器。微生物生长可采用 Monod 方程表示，有关操作条件如下：$\mu_{max} = 0.18 h^{-1}$，$K_s = 1 kg/m^3$，$Y_{GO} = 1.0$，$Y_{X/S} = 0.45 kg/kg$（以细胞/基质计），对氧的维持系数 $m_0 = 0.024 h^{-1}$，$c^* = 9.3 \times 10^{-3} kg/m^3$，溶解氧浓度 $c = 7.04 \times 10^{-4} kg/m^3$，最终菌体浓度 $X_t = 10 kg/m^3$。除氧以外，基质不会对微生物生长产生影响。细胞的比呼吸速率和 $k_L a$ 与时间无关，为一定数。另外，已知 $D_L = 2.1 \times 10^{-9} m^3/s$，$\mu_L = 0.002 Pa \cdot s$，$\rho_L = 1000 kg/m^3$，$\sigma_L = 72 \times 10^{-3} N \cdot m$。

【解】首先设稀释率 $D = 0.1 h^{-1}$，稳定状态下，$\mu = D$，由 Monod 方程，可求出[S]：

$$[S] = K_s \times \frac{D}{\mu_{max} - D} = 1 \times \frac{0.1}{0.18 - 0.1} = 1.25 (kg/m^3)$$

由（4-59）式及连续培养的稳定状态下，有

$$Q_{O_2}=\frac{\mu}{Y_{GO}}+m_0=\frac{D}{Y_{GO}}+m_0=\frac{0.1}{1}+0.024=0.124(\text{h}^{-1})$$

由式 $Y_{X/S}=[\text{X}]_t/([\text{S}]_0-[\text{S}])$，基质初始浓度$[\text{S}]_0$：

$$[\text{S}]_0=\frac{[\text{X}]_t}{Y_{X/S}}+[\text{S}]=\frac{10}{0.45}+1.25=23.5(\text{kg}/\text{m}^3)$$

将已知代入获得最高产物产率时的最大稀释率公式，有

$$D_{\max}=\mu_{\max}\times\left(1-\sqrt{\frac{K_s}{[\text{S}]_0+K_s}}\right)=0.18\times(1-\sqrt{\frac{1}{23.5+1}}=0.14(\text{h}^{-1})$$

由于 $D_{\max}=0.14$，如果在 D=0.14 条件下操作，易发生“冲出现象”这一不稳定现象。因此取 $D=0.7D_{\max}$

$$D=0.7\times0.14=0.1(\text{h}^{-1})$$

这说明前面假定 $D=0.1\text{h}^{-1}$ 是合理的。

培养终止时细胞对氧的需求量 R 为

$$R=Q_{O_2}[\text{X}]_t=0.124\times10=1.24[\text{kg}/(\text{m}^3\cdot\text{h})]$$

从氧的供给量来看，应满足 $\frac{\text{d}c}{\text{d}t}=R$，即

$$k_La=\frac{Q_{O_2}[\text{X}]_t}{c^*-c}=\frac{1.24}{9.3\times10^{-3}-7.04\times10^{-4}}=144(\text{h}^{-1})=0.04(\text{s}^{-1})$$

这是 k_La 的最低数值，考虑到余量，设计取其 1.5 倍，即 $k_La=0.06(\text{s}^{-1})$。

由于细胞的生长量=$DV_L[\text{X}]_t$，因此培养液体积 V_L：

$$V_L=\frac{\text{细胞生长量}}{D[\text{X}]_t}=\frac{30}{0.1\times10}=30(\text{m}^3)$$

培养液的停留时间 τ：

$$\tau=\frac{V}{F}=\frac{V}{\text{细胞生长量}/[\text{X}]_t}=\frac{30}{30/10}=10(\text{h})$$

如果反应器的径高比=1∶5，$V_L=\frac{\pi}{4}D^2\cdot5D$，塔径 D 为

$$D=\left[4\cdot V/(5\pi)\right]^{1/3}=2.0(\text{m})$$

$$H_L=5D=10(\text{m})$$

以空塔为基准的液流速度为

$$V_L=\frac{Q_L}{A}=\frac{F}{A}=\frac{V/\tau}{A}=\frac{30/10}{2.0^2\cdot\pi/4}=0.95[\text{m/h}]=2.65\times10^{-4}(\text{m/s})$$

由于 k_La 的关联式很多，利用 Akita 等提出的关系（7-39）式，代入已知数据，可求得气体滞留量

$$H_0=0.157$$

由 Akita 等提出的气体滞留量关联式

$$\frac{H_0}{(1-H_0)^4}=0.2\left(\frac{gD^2\rho}{\sigma_L}\right)^{1/8}\left(\frac{gD^3}{\mu_L^2}\right)^{1/12}\left(\frac{w_s}{\sqrt{gD}}\right)$$

代入已知数据，可求得 $w_s=0.103(\text{m/s})$ 。由于 $H_0=\frac{V_g}{V_g+V_L}=\frac{V_{all}-V_L}{V_{all}}$，因此气体总体积 V_{all}：

$$V_{all}=\frac{V}{1-H_0}=\frac{30}{1-0.157}=35.6(\text{m}^3)$$

具有气体时得液高 H_{all}

$$H_{all}=V_{all}\times\frac{4}{D^2\pi}=\frac{35.6\times4}{2^2\pi}=11.3(\text{m})$$

考虑到可能有气体产生，塔高取 14m。由 Baird 等于 1975 年提出的关系式 $D_g=0.35g^{1/3}D^{4/3}V_s^{1/3}$，代入相关数据，

$$D_g=0.35g^{1/3}D^{4/3}V_s^{1/3}=0.88(\text{m}^2/\text{s})$$

由 Akita 等于 1974 年提出的关联式 $aD=\frac{1}{3}\left(\frac{gD^2\rho_L}{\sigma_L}\right)^{0.5}\left(\frac{gD^3}{V_L}\right)^{0.1}\varepsilon^{1.13}$，求得 $a=324\text{m}^{-1}$，所以气泡平均直径

$$d_B=\frac{6H_0}{a}=\frac{6\times0.157}{324}=0.0029(\text{m})=2.9(\text{mm})$$

设计的反应器见图 8-15。

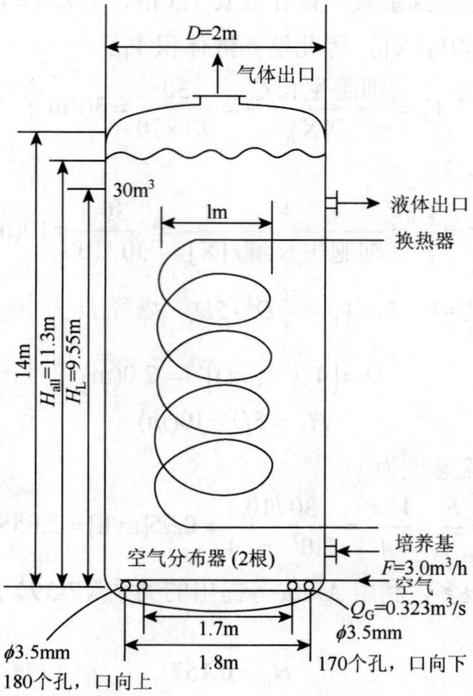

图 8-15　青霉素培养用鼓泡式反应器

8.3.3　通风固态发酵设备

根据固态发酵中通风方式与物料所处状态的不同，通风固态发酵设备可分为静置培养用发酵设备、通风培养用固态发酵设备和流化床式固态发酵设备。根据操作方式的不同，通风固态发酵设备又可分为分批式和连续式两类。

制盘曲的曲盒、制帘子曲的帘子等是最简单且古老实用的固态发酵设备。另外，一些现代化的固态发酵设备，如自动化制曲装置和流化床式固态发酵设备早已工业化应用。厚层通风制曲装置是目前国内使用较多的分批式通风固态发酵设备。曲室多用长方形水泥池，宽约 2m，深 1m，长度则根据生产场地及产量等选取，但不宜过长，以保持通风均匀；曲室底部应比地面高，以便于排水，池底应有 8°～10°的倾斜，以使通风均匀；池底上有一层筛板，发酵固体曲置于筛板上，料层厚度为 0.3～0.5m。曲池一端（池底较低端）与风道相连，其间设一风量调节闸门。曲池通风常用单向通风操作，为了充分利用冷量或热量，一般把离开曲层的排气部分经循环风道回到进风口，与吸入的新鲜空气一起通过鼓风机鼓入曲层。据实验测试结果，空气适度循环，可使进入固体曲层空气的 CO_2 浓度提高，可减少因霉菌过度呼吸造成淀粉原料的无效损耗。连续式发酵设备有塔式、转鼓式和回转式等多种形式。

塔式通风固态发酵设备外形为塔式，内有 2～6 层塔板，培养物料从上而下分级传输，在每一层塔板上发酵一定时间后传输至下一层，传送方法有多种。

转鼓式通风固态发酵设备外形为放倒的圆柱体。圆柱体慢慢地连续转动，使内部物料随之翻动，起到通风搅拌的作用。若将圆柱形壳体略作倾斜放置，可使物料连续慢慢地向较低一端移动，通过在较高一端不断补料，形成固态连续发酵。

回转式固态发酵设备为一圆环形装置，外径 37m，装料量为 400m^3，圆环形发酵装置旋转一周 46h，发酵时间 42h，其余为辅助时间。

关于固态发酵及其设备请参见陈洪章《现代固态发酵技术：理论与实践》一书。

8.4　微藻培养光生物反应器

微藻作为光合生物的本质决定了光能的摄取是其在自然界生存的主要能量来源方式。除了某些微藻能够利用有机物作为生长发育所需的能源与碳源进行异养生长外，大多数的微藻需要在光生物反应器中培养。随着微藻在食品、保健品、蛋白质、饲料及高值化学品生产中的应用越来越多，大规模的工厂化养殖逐步发展起来，形成了目前以开放池和各类封闭式光生物反应器为主的两大类微藻培养技术体系。

8.4.1　开放式培养系统

微藻开放式培养系统通常指开放池培养。开放池培养是指微藻在与环境直接接触的各类池塘结构体系中进行的培养。开放池的结构有跑道池（图 8-16）、圆池及其他各种非封闭式培养形式。依据开放池的开放模式与循环模式，培养系统可分为如下几种类型。

（a）开放循环培养系统。培养液借助循环水泵而不断循环流动。培养物能循环，可省却搅拌工作。

（b）开放非循环培养系统。培养液不循环流动，定时由小管通入空气和（或）CO_2到培养液中，同时起到混合作用。此法在大面积培养中使用较普遍。

（c）半开放循环培养系统。培养容器或池、槽等场所虽然仍敞开，但有些部分封闭，或用塑料布覆盖，培养液循环流动。该方式设备相对复杂，但培养效果较好。

跑道池是一种形状类似于跑道的长方形水池，开放池的大小因地而异。中间设有一定长度的分隔体将池子沿池方向分为两半，池两端一般有一定的弧度。在池子的一端或两端安装的搅拌桨推动水体循环流动与气液交换。培养液深度一般为15～20cm，气泡在水体中的停留时间较短，气液传质效果差，导致藻细胞对CO_2的吸收利用率非常低，因此目前开放池培养很少靠通入含CO_2的气体来补碳，而多靠大气中的CO_2在培养液表面的自然扩散传质或采用碳酸氢钠作为碳源。

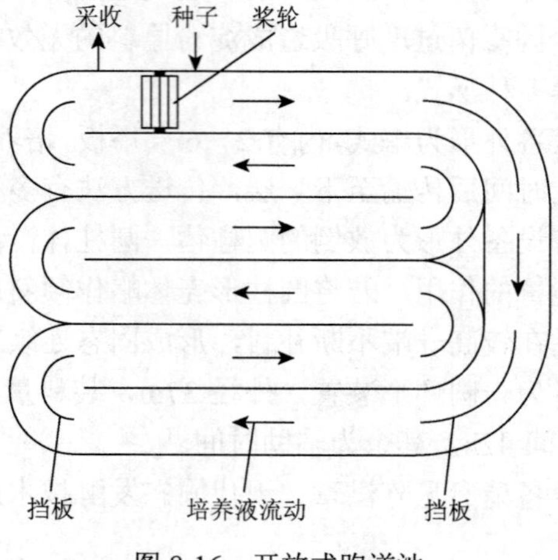

图 8-16　开放式跑道池

光在培养液中迅速衰减，开放池培养中藻细胞的光合作用主要发生在上层培养液中。丛威等对开放池结构进行了改造，在开放池的一端设置一个小的深阱，在深阱底部安装气体分布器，使得通入的气体与培养液的接触时间延长，同时通过碳酸钠-碳酸氢钠缓冲培养基的设计，提高了CO_2的利用率，培养效率和培养密度较传统开放深池均明显提高，同时降低了培养水耗。诸发超等在开放池底部加装了楔形挡块，研究表明这种楔形挡块可使开放池底产生湍流流动，从而强化了混合传质和明暗交换。开放式培养池具有结构简单、建造费用与运行成本低的优点，但缺点也非常明显：①由于开放池与周边环境完全开放，外界其他的物种如其他微藻、原生动物与真菌等对培养体系的侵染，严重时可导致培养的失败。因此，适合开放养殖的微藻必须具有较高的竞争性优势。已经商业化培养的微藻通常具备对某些极端物化环境的耐受能力，如螺旋藻可以耐受较高的碱度，盐生杜氏藻可耐受接近饱和盐度。②开放池培养直接暴露在空气中，水分蒸发较快，培养水耗很高。③培养条件较难控制，环境条件（光照、温度、湿度等）的波动直接影响开放池系统的培养条件，培养效率和培养密度通常较低。

8.4.2 封闭式光生物反应器

封闭式光生物反应器的开发已有50多年的历史，20世纪90年代以来出现了大量相关专利。与开放式培养系统相比，封闭式光生物反应器具有以下优点：①无污染，能实现单种、纯种培养；②培养条件易于控制；③培养密度高，易收获；④适合于所有微藻的光自养培养，尤其适合于微藻代谢产物的生产；⑤有较高的光照面积与培养体积之比，光能和CO_2利用率较高。封闭式光生物反应器主要有：管道式光生物反应器、平板式光生物反应器、柱状气升式光生物反应器、搅拌式光生物反应器、浮式薄膜袋等。

（1）管道式光生物反应器

管道式光生物反应器（图8-17）最早出现于20世纪50年代，是利用硬质透明塑料、玻璃、有机玻璃管等作为培养容器的一种封闭式培养系统，采用自然光或人工光源进行工厂化培养藻类。管道式光生物反应器较容易与其他加工设备配套实现自动化的生产过程。

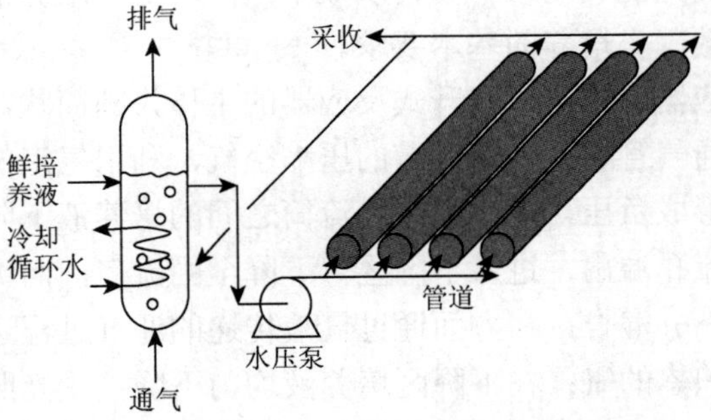

图8-17 管道式光生物反应器

水平放置的气升式管状光生物反应器：此种反应器由气升系统和集光管两部分组成。集光管两末端分别与气升系统的进气管和出气管相连。盘绕的管道放置于地面，管道可设计成单层或多层。位于气升系统顶部的气液分离器能阻止循环产生的气泡再次进入集光管。

螺旋盘绕管式光生物反应器：塑料管安放在支架上呈螺旋状排列。螺旋管前方的蛇型管热交换器用来控制温度。多采用气升循环混合方式。检测器与数据记录仪和计算机相连实现了在线检测和控制。传质能力是影响反应器的最主要的因素。减少由于高溶氧浓度造成的压力才可提高传质效率。此种反应器的优点是：①比表面积大，故光利用效率高，减少了反应器内藻体的自我遮挡效应；②温度和污染易于控制；③气体在培养基中的滞留时间延长，CO_2利用率较高。

环形管式光生物反应器：环形管式光生物反应器由若干根平行排列、水平放置于地面的平行管组成，每根管组成一个反应室单元。采取气升循环方式，空气和CO_2由处于中心的平行管通入，在管道中形成环形气流。在气体出口处设有 O_2 收集器。

（2）平板式光生物反应器

平板式光生物反应器具有光利用率高，易放大培养，易清洗，其内部的贴壁生长和外部的盐沉淀容易处理等方面的优点。平板式光生物反应器结构相对简单，可以随意调节放置角度以便使其获得最佳的取光效果。阳光有一部分直射到反应器板面，大部分是通过反射或散射进入反应器，因此平板式光生物反应器的光能利用率较高。此外平板式光生物反应器的加工制造相对容易，可以根据需要设计不同的光径，培养条件相对容易控制。

通气式串联平板式光生物反应器：通气式串联平板式光生物反应器由串联放置、结构完全一致的平板式玻璃光生物反应器组成。其中温度由循环冷却水在反应器的两面喷淋控制，培养液在反应器内进行循环的推动力是由输入的气体提供的。

L-型平板光生物反应器：L-型平板光生物反应器由上部的受光区域与下部的暗区域组成。两部分中间安置一刮刀片完成培养基光暗区域的内循环。这种反应器有效地减少了微藻细胞间的自我遮挡作用。

（3）柱状气升式光生物反应器

柱状气升式生物反应器的主体通常由外桶和内桶组成，通过气流传动使藻液在内外筒间循环，提高藻类的光能利用效率和传质效率，同时防止培养液中溶解氧过饱和。气升式反应器符合大多数藻类培养的基本要求。

内导流气升式反应器：内导流气升式反应器的主体为圆筒状，由主筒、导流筒和通气管三部分组成。由通气管通入一定流量的压缩空气，利用气泡的浮力带升导流筒内的培养液，在主筒底部形成负压，使主筒与导流筒之间的培养液下降，经回流口进入导流筒，随气泡上升至溢流孔溢出，进入下降区，下降至回流口，而形成培养液的环流。培养液在上升区与气体充分混合，一方面通过气液传递的通气过程进行碳的补充，另一方面脱去培养液中过分积累的氧；在下降区培养液均匀下降接受光照，提高光照效率。光源可采用人工或自然光源。另有一种内导流气升立式光生物反应器主体呈圆筒状，内有一套筒，材料为有机玻璃，内筒内放有一个散气石，通气管连接反应器外的充气泵，通入一定流量的压缩空气，利用气泡带动内筒培养液，形成在内筒与外筒间的循环，从而使藻液受光均匀，提高光照效率。

磁悬浮气升式光生物反应器：李志勇等报道了一种带有外环的磁悬浮气升式光生物反应器，反应器体积为 3.5L，藻液中的 pH、温度和溶氧可通过插入脱气装置中的电极在线测定。该反应器有效地提高了螺旋藻的生长速度，细胞干重较正常培养条件下提高了 22%，而且微藻中的营养成分如氨基酸等也得到了一定的改善。

（4）搅拌式光生物反应器

机械搅拌式生物反应器是广泛用于规模培养微生物的生物反应器，具有技术条件成熟、易于控制等优点，只要有配套光源，就可成为培养微藻的光生物反应器，因此可利用现有发酵工程技术进行微藻的培养。

（5）浮式薄膜袋

封闭式聚乙烯薄膜袋具有受光面积大、保温性能好、污染机会小、成功率高、成本低、操作简单的优点，在提高藻种的密度和纯度上取得了良好的效果。但薄膜袋容易破损漏水，导致培养的稳定性较差与成本升高。张小葵等设计的浮式薄膜袋，采用底面周长 200cm、长度约 450cm 的农用聚乙烯透明塑料薄膜袋，两边分别用绳封口，同时各扎入长约 10cm、直径 6cm 的聚乙烯硬管作出气孔，一端通入三个充气石作充气用，将其漂浮在盛有水的原三级培养池（长×宽×高=600cm×400cm×900cm）中，两头出气孔用绳吊起，以防袋口沉入水中。聚乙烯薄膜袋浮式培养法除了具有塑料薄膜袋培养的所有特点外，还具有以下优点：①膜袋内外压力均衡，薄膜几乎不受张力，且薄膜袋在水中漂浮，自由度相对较大，因而不仅大大方便了操作，而且有效地解决了塑料薄膜袋的破损漏水问题；②藻种分布均匀；③具有良好的恒温性能。

8.4.3　光生物反应器光照系统与传递现象

光生物反应器要取得高密度高效培养，关键的影响因素是光能转化、气体交换、营养源的连续供给及生物限制因子等。光源的选择、安装直接影响反应器的光强分布，关系到藻细胞对光的吸收利用效率。在各种光生物反应器中，透明反应器一般采用外部光照，反应器的内部结构相对简单，但反应器的直径较小，培养容积较小，不适应于微藻的大规模培养。采用内部光照，除了要让光强满足微藻生长需要外，还需要考虑到反应器的高温灭菌、密封要求、混合要求和散热等，以及对光源的安装、保护、光的传质等。目前广泛使用的光源，如太阳光、金属卤素灯、冷白炽灯等存在许多弊端，为了提高光能转化率，选择高光强、窄光谱、节能、可靠的光源具有重要的意义。

光纤光生物反应器将氙灯作为光源安装在反应器外，光纤直接安置在培养液中，利用光导纤维的光传质性质与反应器内部光分散系统相匹配，使光均匀地照射在藻液上，由于光通路短，因而光能利用率得到了很大提高。

以发光二极管为光源发射窄光谱，不仅能满足藻类光合作用的要求，还能大大减少不被吸收的光谱，有效地控制光热效应，减少设备冷却装置，降低光损失。Steranka 研制的一种砷化镓铝晶片发光二极管最大光合成有效光量子密度为 900μmol/（$m^2 \cdot s$），足以维持藻细胞的光合作用，是一种有应用前景的光源。

开发具有高光能传质效率的光生物反应器主要涉及以下 4 个方面的研究。

（a）对外置光源（包括以自然光为光源）的反应器，通过增加反应器的比表面积来提高光照效率。

（b）增强气液传质效率。一般通过设计附属器件的结构来改善微藻培养过程中气液传质效果，如气液交换器、冷凝器、超滤装置、混合装置及营养物的供应装置。有研究表明，采用在生物反应器旁串接中空纤维膜组件的方法改善供气效果，不仅使藻液中气泡更加细密均一，而且气泡在藻液中的停留时间也从原来的 2s 增加到 20s，使得微藻的 CO_2 固定量提高了 5 倍。

（c）供应高效光源。改善光照条件需要解决两个问题，一个是提供高效光源，另一个是光纤在反应器中分布的有效性。除了太阳光和普通的荧光灯，还可以利用发光二极管、光导纤维及闪光灯作为光源。

（d）提高光能传递效率。张栩等研制的 100L 气升式内导流光生物反应器具有较好的传质性能和较高的光能传输和利用率。以 0.4m^3/h 的流量通入空气时，雷诺准数达到 14 155，而 Lee 等研制的 α 型管状反应器，在相似的通气量下（0.47m^3/h），雷诺准数只达到 7600。以较低的通气量产生湍流流体，不仅提高了传质和传输光能的效率，而且可以减轻对藻细胞的损伤，达到高密度培养的目的。以单位占地面积计算，使用张栩等设计的反应器，小球藻的平均产量达到 293.94g/（m^2·d），而用 Lee 等的 300Lα 型管式光生物反应器培养小球藻的产量为 72g/（m^2·d）。

高效的光生物反应器除需具备较大的比表面积及高效的光源外，增强气液传质、提高光传递效率是另外两个重要的方面。

1. 光传递

光强度过高会引起细胞出现光抑制现象，另外，光生物反应器中微藻细胞存在相互遮蔽和光吸收，导致入射光穿过藻液时出现衰减现象，进而导致光反应器内部细胞光强过低，细胞得不到足够的光照。光在培养体系内的分布随时间呈现非线性变化规律，随透光距离与细胞密度的增加光衰减呈上升趋势。通常假设光在培养液中传播方向不变，忽略固体颗粒的光散射，辐射为单色光，采用经典光学理论中 Lambert-Beer 定律等数学模型来描述光生物反应器内的细胞密度和光径对光衰减的一般规律。如对鱼腥藻 7120 的研究表明其光衰减经验公式为：$I=I_0\exp[-(0.0131+0.98OD_{750})L]$。又如三角褐指藻的光衰减规律用双曲模型能很好地描述，经验公式为 $At=\ln(I_0/I)=K'_aL_{average}X=(At_{max}\cdot X)/(Kat+X)$，式中 I 为入射光被藻类吸收后剩余的光强度，W/m^2；I_0 为入射光强度，W/m^2；L 为光径，m；At 为光衰减系数；At_{max} 为最大光衰减度；Kat 为光衰减常数，g/m；$K'a$ 为双曲吸收系数，m^{-1}；$L_{average}$ 为平均光径，m；X 为细胞浓度，g/L。

2. 热传递

光生物反应器内的温度分布涉及气液流动、辐射换热、蒸发散热、生物反应热等复杂的物理化学过程。每种微藻都有其最佳的生长温度范围。封闭式光生物反应器培养液温度很容易达到 55℃。当反应器尺寸增大，单位体积的表面积减小，而冷却效率却正比于反应器表面积，因此传热问题是光生物反应器规模化的限制因素之一。如 Quentin 等综合考虑了太阳辐射、大气辐射、培养液蒸发等因素，建立数学模型，模拟与实验数据都表明，对于开放池式光生物反应器，反应器内培养液的温度与环境温度有密切关系，培养液温度峰值在每天的 13～16 时。

3. 气液传质

微藻培养系统是典型的多相反应体系，存在明显的气相、液相和固相。光生物反应器内气液传质包括气体主流中 CO_2 扩散到藻细胞光合反应部位，以及光合作用产物 O_2 从液相主体中排除。微藻培养光生物反应器内空气或 CO_2 以气泡形式存在于液相中，以提供光合作用所需的无机碳源。光合作用产物 O_2 必须及时排除，以避免由于溶氧浓度过高而导致藻细胞死亡。光生物反应器内多相流动与反应器的结构和大小有关，随着光生物反应器结构和大小发生变化，反应器内无机碳和溶氧分布会发生明显的改变。CO_2 的主要扩散过程如图 8-18。

浙江大学程桂林等对 10L 气升式罐式光生物反应器建立了数学模型，能较好地模拟反应器内溶氧浓度、pH 随时间变化的情况，不仅可用于微藻光生物反应器培养去除密闭空气中微量 CO_2 的模拟和预测，对光生物反应器的优化设计和微藻的高密度培养也有指导意义。

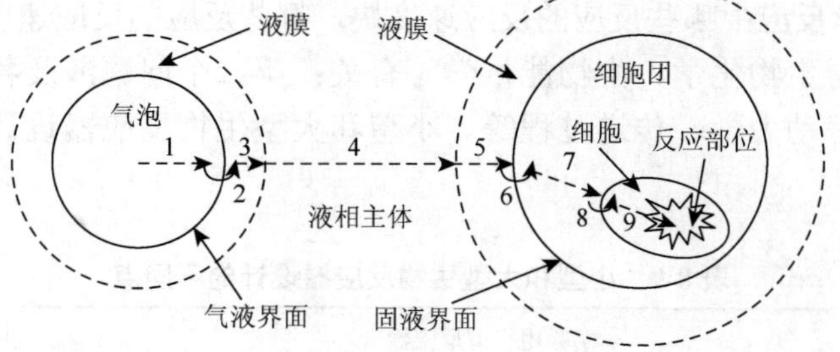

图 8-18 微藻培养二氧化碳传递过程示意图

1. 气相主体到气液界面的扩散；2. 气液界面的溶解；3. 气泡外侧的液膜扩散；4. 液相主体中的扩散；5. 固体外侧的液膜扩散；6. 液固界面的溶解扩散；7. 细胞内部的扩散；8. 跨细胞膜扩散；9. 细胞膜内部向反应部分的扩散

4. 多相流动

微藻光自养培养时需保证藻细胞在培养液中均匀悬浮，通常采用气升、鼓泡或转桨搅拌的方式实现。光生物反应器内培养液的流动状态决定了培养液的混合时间、剪切（混合）速率及微藻细胞的光暗循环周期。较佳的混合时间可保证藻细胞悬浮，消除热分层，宜于营养盐均匀分布，提高气液传质效率，降低相互遮蔽程度。合理的培养液剪切（混合）速率可以提高气液传质效率，促进细胞生长，但过高的剪切（混合）速率会损伤藻细胞。光暗循环周期的长短是影响微藻生产量的重要因素。随着反应器结构和大小的变化，反应器内培养液的流动与传质过程会发生明显的变化。随着计算机技术的发展，计算流体力学（CFD）软件广泛应用于光生物反应器内培养液的流场模拟，如李元广等用 CFD 手段进行了多节隔板-平板式光生物反应器的流场模拟。

8.5 生物反应器的比拟放大

8.5.1 生物反应器放大的目的及方法

1. 生物反应器放大的目的

生物反应器是生物技术开发中的关键性设备，每一种通过生物反应获得的产品都离不开它。一种生物工业过程的成功，很大程度上依赖于所用反应器的效率，例如，塔式反应器在较低能耗下具有较高的氧传递效率，因此常常用于单细胞蛋白的生产。

一种生物制品的生产在实验室的小型生物反应器中得到了优化，如何将这种效果在大型反应器中实现，这就是生物反应器放大要解决的问题。生物反应器的放大就是依据小的生物反应器的结构、操作条件和生物反应特征，来确定大型生物反应器的结构和操作条件，以使在大型生物反应器中进行的生物反应能接近、达到或超过在小的生物反应器中的成果。

生物反应器设计不是一件容易的事情，同一过程可能提出不同的设计方案，但在生物反应器的设计与操作中，至少有以下两点必须明确。

（a）目的反应是如何进行的，即所期望的生化反应是通过何种渠道完成的。

（b）生物化学反应中哪些反应的反应速度快，哪些反应的反应速度慢。

第一个问题与生物化学、生物能量学等有关；第二个问题涉及各种反应过程，如酶促动力学、发酵动力学、传递过程等。小型和大型生物反应器设计中的几处不同点如表 8-9 所示。

表 8-9 小型和大型生物反应器设计的不同点

项目	实验用小型反应器	生产用反应器
功率消耗	不必考虑	需认真对待
反应器内空间	因大量的控制、检测装置占去一定空间	无此影响
混合特性	可不必考虑	需认真对待
换热系统	较易解决	较难解决

2. 生物反应器的放大方法

生物反应器的放大方法可分为：①数学模拟放大；②因次分析法放大；③经验法则放大（包括反复实验法、部分解析法放大等）。应指出的是，在发酵工业中，为增加产量，有时不是通过设计新的更大的发酵罐来完成，而是通过制造与现有设备类似的设备来实现的，这是一种保守而又保险的方法。从中也可以看出发酵工业的放大过程更多地讲究“艺术”。如何将“艺术”提升为“科学”，人们在不断探索新的方法，如将流场特性与微生物细胞生理代谢特征相结合的放大方法等。

数学模拟法是根据有关原理和实验结果对实际对象用数学方程加以描述，再用计算机进行模拟研究、设计和放大。这种方法关键是对生物反应过程建立合适的数学方程，即数学模型。因次分析法是依据相似原理，保持无因次准数相等的原则进行放大。

经验放大是建立在小型试验或模拟中试试验实测数据和操作经验的基础上的放大方法。由于多种原因，当对反应过程客观规律掌握不够深刻、完整时，只能靠经验逐级放大。化学工业中，每级放大在 50 倍以下，而且每级放大时需对前级参数进行修正。生物工业中，放大倍数有的高达 200 倍，如国外某公司用于单细胞蛋白生产的 300m^3 反应器是从 1.5m^3 试验反应器直接放大得到的。一般生物反应器的放大倍数为 10。

好氧生物反应器放大的经验准则有：以单位发酵液体积所消耗的功率为基准的方法；以氧的容积传质系数相等为基准的方法；以搅拌器叶端速度相等为基准的方法；以氧的分压相等为基准的方法；以溶解氧浓度相等为基准的方法等。

由于溶解氧浓度直接影响微生物的活性，因此以溶解氧浓度为基准的放大方法可能是较完善的方法，这种方法是建立在可信赖的溶解氧浓度的测定技术之上的。从理论与实践经验来看，对于好氧发酵，采用“k_La 相同”的放大方法，由于维持了大小反应器的 k_La 值恒定，不仅能在较经济的条件下获得较高的生产率，同时，对于几何不相似的反应器，k_La 相等的放大方法也是适用的。一般多利用 k_La 和 P_g/V_L 恒定作为放大准则进行生物反应器放大的方法，此外，还有搅拌桨叶端速度恒定或氧的分压恒定等放大方法。

8.5.2　通用式发酵罐的放大实例

【例题 8-6】有一个 5m^3 生物反应器，反应器直径为 1.4m，装液量 4m^3，液深 2.7m，采用六弯叶涡轮搅拌器，叶径为 0.45m，搅拌转速 N=190r/min，通风比 1∶0.2，培养液密度为 1040kg/m^3，黏度为 1.06×10^{-3}Pa・s，现需放大至 50m^3，试求大罐尺寸和主要工艺条件。

【解】（a）小罐工艺参数如下。

搅拌雷诺准数

$$Re_{\rm m}=\frac{D_i^2N\rho}{\mu}=\frac{190/60\times(0.45)^2\times1040/9.8}{1.06\times10^{-3}/9.81}=6.3\times10^6>10^4$$

属湍流，由表 8-7 可知，K=4.8。由 8-43 式，有

$$\begin{aligned}P&=KN_1^3D_i^5\rho\\&=4.8\times(190/60)^3\times(0.45)^5\times\frac{1040}{9.8}=298[(\rm kg\cdot m)/s]=2.92(kW)\end{aligned}$$

由（8-47）式，求两档搅拌器时消耗的功率为

$$P_2=P(0.4+0.6m)=298(0.4+0.6\times2)=477(\rm kg\cdot m/s)=4.68(kW)$$

通风量为

$$Q_{\rm g1}=0.2\times4.0=0.8(\rm m^3/min)$$

通风准数为

$$Na_1=\frac{Q_{\rm g1}}{N_1D_{i1}^3}=\frac{0.8}{190\times0.45^3}=4.62\times10^{-2}>0.035$$

所以，

$$\begin{aligned}P_{\rm g1}&=P_2(0.62-1.85Na_1)\\&=477(0.62-1.85\times0.0462)=255(\rm kg\cdot m/s)=2.5(kW)\end{aligned}$$

单位培养液体积消耗功率

$$\frac{P_{\rm g1}}{V_{\rm L1}}=\frac{255}{4}=63.8[(\rm kg\cdot m)/(s\cdot m^3)]=0.63(kW/m^3)$$

小罐中的气体空塔速度

$$w_{\rm s1}=\frac{Q_{\rm g1}}{(\pi/4)D_1^2}=\frac{0.8}{0.785\times1.4^2}=0.520(\rm m/min)=8.67\times10^{-3}(m/s)$$

由 Moo-Young 等提出的计算 k_La 值的方程，有

$$k_La = 0.025\left(\frac{P_{g1}}{V_{L1}}\right)^{0.4}(w_{s1})^{0.5} = 0.025\times 630^{0.4}\times(8.67\times10^{-3})^{0.5} = 0.0306(1/\text{s})$$

搅拌器圆周线速度

$$v_1 = N_1D_{i1}\pi = 190\times0.45\times3.14 = 268(\text{m/min}) = 4.47(\text{m/s})$$

（b）大罐的几何尺寸与工艺参数如下。

①主要几何尺寸

按高径比为 2.5 设计，则罐径 D_2：

$$D_2 = \left(\frac{4V}{\pi\times2.5}\right)^{1/3} = 2.95(\text{m})$$

取 D_2=3m，则罐圆筒高度：

$$H_2=2.5D_2=2.5\times3=7.5\ (\text{m})$$

查标准椭圆形封头数据，当直径 D_2=3m，标准椭圆形封头容积 V_b=3.82m^3，直边高度 h_1=0.04m，曲边高度 h_b=0.75m。大罐的公称容积 V 为

$$V = \frac{\pi}{4}D_2^2H + V_b = 0.785\times3^2\times7.5+3.82 = 56.8(\text{m}^3)$$

当装填系数为 70%，装液量 V_{L2}：

$$V_{L2}=56.8\times70\%=40\ (\text{m}^3)$$

搅拌桨直径 D_{i2} 为

$$D_{i2} = D_{i1}D_2/D_1 = 0.32\times3 = 0.96(\text{m})$$

②液体深度为

$$H_{L2} = \frac{V_{L2}-V_b}{\pi/4\times D_2^2}+h_1+h_b = \frac{40-3.82}{0.785\times9}+0.75+0.04 = 5.9(\text{m})$$

（c）采用 k_La 值相同的原则放大，所以，通风量的放大为

$$\left(\frac{Q_g}{V_L}\right)_2 = \left(\frac{Q_g}{V_L}\right)_1\left(\frac{H_{L1}}{H_{L2}}\right)^{2/3} = 0.2\times\left(\frac{2.7}{5.9}\right)^{2/3} = 0.119[\text{m}^3/(\text{m}^3\cdot\text{min})]$$

取 $\left(\frac{Q_g}{V_L}\right)_2 = 0.12[\text{m}^3/(\text{m}^3\cdot\text{min})]$

$$Q_{g2} = 0.12\times40 = 4.8[\text{m}^3/\text{min}]$$

（d）按单位体积液体消耗功率相等的原则，有

$$\left(\frac{P_g}{V_L}\right)_1 = \left(\frac{P_g}{V_L}\right)_2 = 630(\text{W/m}^3)$$

大罐的搅拌功率为

$$P_{g2} = 630\times40 = 25\,200(\text{W})$$

若假定 $P_g/P_2 = 0.55$，则

$$P_2 = \frac{P_{g2}}{0.55} = \frac{25\,200}{0.55} = 45\,818(\text{W})$$

大罐的搅拌转速为

$$N_2=\left(\frac{P_2}{K\times\rho\times D_{i2}^5}\right)^{1/3}=\left(\frac{45\,818}{4.8\times1040\times0.96^5}\right)^{1/3}=2.24(\mathrm{r/s})=134(\mathrm{r/min})$$

大罐的通风准数

$$Na_2=\frac{Q_{g2}}{N_2D_{i2}^3}=\frac{4.8}{134\times0.96^3}=0.0405>0.035$$

所以，

$$\frac{P_{g2}}{P_2}=(0.62-1.85Na_1)=(0.62-1.85\times0.0405)=0.55$$

说明上面计算 P_g 时的假设是合理的。由于是按照单位体积液体消耗的功率和大小罐的 k_La 值相等的原则放大，由 Moo-Young 提出的计算 k_La 的方程式可知，大小罐的气体空塔速度也相等。

[谭之磊（8.1 ~ 8.3），乔长晟（8.5），吕和鑫（8.4），tanzhilei@tust.edu.cn]

复 习 题

1. 分别采用通用式发酵罐与气升式生物反应器进行微生物反应，试从多角度比较两者的优点与不足。
2. 采用通用式发酵罐进行微生物分批培养，在培养过程中 DO 降为 0。此时计划通过增大通风量或增加搅拌使 DO 达到 50%，以上两种方法哪一个更为有效？
3. 通用式发酵罐放大时，放大比例一般为 10，若放大前后以下参数中的一个保持不变，其余参数将如何变化？（1）P_g/V_L（单位体积功耗）；（2）N（搅拌转速）；（3）ND_i（搅拌桨顶端线速度）；（4）$D_i^2N\rho/\mu$（搅拌雷诺准数）。
4. 带有挡板的通用式发酵罐，罐直径 D_1=0.5m，安装涡轮搅拌器，转速为 150r/min，若单位体积搅拌功率一定，放大至 D_2=1.5m，问大型罐涡轮搅拌器的转速 N_2 为多少？另外，若两罐内的液体循环速度相同，N_2 为多少？假定以上各状态反应液均为湍流状态。
5. 某一酶促反应符合米氏方程，已知 K_m=0.03mol/L，r_{max}=13mol/（L · min），底物流量 F=10L/min，入口底物浓度$[S]_0$=10mol/L，底物的 95%转化为产物，计算如下反应器条件下所需反应器体积：CSTR 条件下；CPFR 条件下。
6. 初始浓度为 0.1mol/m^3 的麦芽糖在酶的作用下水解生成葡萄糖，底物流量 F=0.002m^3/s，转化率 χ=80%，反应符合米氏反应规律，r_{max}=4.39 × 10^{-3}mol/（m^3 · s），K_m=1.03mol/m^3。求：（1）采用单级 CPFR 反应器时所需体积；（2）采用单级 CSTR 反应器时所需体积；（3）其他条件不变，采用两个等容 CSTR 反应器时的反应体积；比较上述三种情况。
7. 通用式发酵罐中含有传质系数 k_L 的席伍德准数与搅拌雷诺准数和液体相关的斯密特准数的关系为：$k_LD_i/D=\alpha(D_i^2\cdot N\cdot\rho/\mu)^\beta[\mu/(\rho\cdot D)]^\gamma$，式中，$D_i$ 为搅拌器直径，m；D 为反应液中氧的分子扩散系数，m^2/s；N 为搅拌转速；ρ 为液体的密度，kg/m^3；μ 为液体的黏度；α,β,γ 为系数或指数（常数）。采取 k_L 相同的原则进行放大，此时，放大条件得以满足的条件是单位反应液体积的搅拌功率应满足以下方程：$(P_g/V_L)_2/(P_g/V_L)_1=$

$(D_{i2}/D_{i1})^{2-3(2\beta-1)/\beta}$，式中，下标1、2分别与小、大罐对应，液体混合状态为湍流，另外反应液的物系保持恒定。

8. 利用海藻酸钙凝胶包埋法固定化葡萄汁酵母（*Saccharomyces uvarum*），采用填充床式反应器，连续加入葡萄糖底物，产物为乙醇。试设计一确保转化率 χ=0.80 的反应器。生物反应可采用米氏方程 $r_{\mathrm{P}}=r'_{\max}S/(K'_{\mathrm{m}}+S)$ 来描述，已知 $r'_{\max}=0.983\mathrm{mol}/(\mathrm{m}^3\cdot\mathrm{s})$；$K'_{\mathrm{m}}=1.74\times10^2\mathrm{mol}/\mathrm{m}^3$。操作条件为 $Y_{\mathrm{P/S}}=2.0(\mathrm{mol}/\mathrm{mol})$（以乙醇/葡萄糖计）；反应液中的分子扩散系数 $D=5\times10^{-10}\mathrm{m}^2/\mathrm{s}$；空隙率 $\varepsilon=0.4$；入口底物浓度 $S_{\mathrm{in}}=10\mathrm{mol}/\mathrm{m}^3$；底物流量 $F=5.0\times10^{-3}\mathrm{m}^3/\mathrm{s}$；固定化酶颗粒直径（假定为球形）$d_{\mathrm{p}}=0.005\mathrm{m}$；固定化酶密度 $\rho_{\mathrm{b}}=1200\mathrm{kg}/\mathrm{m}^3$；反应液黏度 $\mu_{\mathrm{L}}=0.001\mathrm{Pa}\cdot\mathrm{s}$；反应液密度 $\rho_{\mathrm{L}}=1000\mathrm{kg}/\mathrm{m}^3$。

9. 有一发酵产品，采用具有六弯叶涡轮搅拌器的通用式发酵罐进行实验。经小罐到大罐逐步放大，试验证明：这种发酵能有效地采用单位体积等功率的放大方法。最后在500L中间规模试验发酵罐中，得到最高产率时的工艺条件是：搅拌转速为300r/min；通风比 $0.3\mathrm{m}^3/(\mathrm{m}^3\cdot\mathrm{min})$，并测得在通风情况下的功率消耗为0.53kW。现放大到 $10\mathrm{m}^3$，求大罐的工艺条件。罐的装填系数为0.7。

10. 现需将某小试反应器放大64倍（$V_{\mathrm{L}2}/V_{\mathrm{L}1}$=64），试分别按 Q/V_{L}、Q/ND_i^3、w_{S}、$k_{\mathrm{L}}a$ 相等的放大原则，将通风量放大。假设搅拌功率按单位体积功率相等放大，即 $n_2/n_1=(D_{i1}/D_{i2})^{2/3}$。计算结果以下表形式表示，并对其计算结果进行讨论。

放大标准	Q/V_{L} 相等	Q/ND_i^3 相等	w_{S} 相等	$k_{\mathrm{L}}a$ 相等
$(Q/V_{\mathrm{L}})_2/(Q/V_{\mathrm{L}})_1$	1			
$w_{\mathrm{S}2}/w_{\mathrm{S}1}$				

11. 反应器放大时，若通风量按 $(Q/V_{\mathrm{L}})_2/(Q/V_{\mathrm{L}})_1=(D_1/D_2)^{2/3}$，搅拌功率按 $P_{\mathrm{g}}/V_{\mathrm{L}}$ 相等放大，试推导大小反应器通气情况下搅拌功率之比 $P_{\mathrm{g}2}/P_{\mathrm{g}1}$ 和单位体积搅拌功率之比 $(P_{\mathrm{g}}/V_{\mathrm{L}})_2/(P_{\mathrm{g}}/V_{\mathrm{L}})_1$。假定反应器通气情况下的搅拌功率符合下列计算式：$P_{\mathrm{g}}\propto\left(P^2ND_i^3/Q^{0.56}\right)^{0.45}$ 或 $P_{\mathrm{g}}\propto\left(P^2ND_i^3/Q^{0.08}\right)^{0.39}$。

12. 已知采用平桨式搅拌桨的生物反应器其溶氧系数可表示为：$k_{\mathrm{L}}a\propto(P_{\mathrm{g}}/V_{\mathrm{L}})^{0.95}w_{\mathrm{s}}^{0.67}$，而通气时的搅拌功率可用Michel式计算。若搅拌功率按溶氧系数相等进行放大，试推导大小反应器的搅拌转速之比 N_2/N_1。

13. 一中试反应器，几何尺寸按几何相似放大，通风比按 $(Q/V_{\mathrm{L}})_2/(Q/V_{\mathrm{L}})_1=(D_1/D_2)^{2/3}$ 放大，搅拌功率按 P/V_{L} 相等放大，所得放大结果及中型反应器的主要数据如下：

	$V_{\mathrm{L}}/\mathrm{m}^3$	D/m	D_i/m	V_{s}/(m/min)	N/(r/min)	ND_i/(m/s)	P/V_{L}/(kW/m^3)	$P_{\mathrm{g}}/V_{\mathrm{L}}$/(kW/m^3)
试验罐	0.34	0.63	0.21	1.09	300	1.05	1.44	0.82
生产罐	42.5	3.15	1.05	1.86	103	1.80	1.44	1.11

（1）如果发酵生产所使用的菌种对剪切作用较为敏感，其 ND_i 值不得超过1.50m/s，试对上述放大结果在搅拌功率不变的情况下，重新调整 N 和 D_i 值，使 ND_i=1.5m/s。

（2）如果发酵生产所使用的菌种要求有较高的溶氧速率，而对剪切作用不敏感，试对上述放大结果在搅拌功率和通风量均不变的情况下，重新调整 N 和 D_i 值，使 k_La 值提高 15%。

参考文献

陈峰，姜悦.1999. 微藻生物技术. 北京：中国轻工业出版社

陈洪章. 2013. 现代固态发酵技术：理论与实践. 北京：化学工业出版社

程丽华，张林，陈欢林. 2005. 微藻固定 CO_2 研究进展. 生物工程学报，21（2）：177～182

高孔荣. 1991. 发酵设备. 北京：中国轻工业出版社

贾士儒. 1990. 生物反应工程原理. 天津：南开大学出版社

贾士儒. 2003. 生物反应工程原理. 2 版. 北京：科学出版社

贾士儒. 2008. 生物反应工程原理. 3 版. 北京：科学出版社

康瑞娟，邵葵，蔡昭铃. 2000. 鱼腥藻 7120 在光生物反应器中的光合自养培养条件优化会议组第七届全国高校化学工艺学术会议论文集：470～473

梁世中. 2011. 生物工程设备. 2 版. 北京：中国轻工业出版社

刘娟妮，胡萍，姚领，王雪青.2006. 藻培养中光生物反应器的研究进展.食品科学，27（12）：772～777

刘科，姜信真，李宝璋. 1988. 生化反应器的现状及发展趋势. 工业微生物，5：20～28

刘振宇. 2007. 发酵工程技术与实践. 上海：华东理工大学出版社

刘志伟，余若黔，郭勇. 2000. 微藻培养的光生物反应器. 现代化工，20（12）：56～58

戚以政，夏杰. 2004. 生物反应工程. 北京：化学工业出版社

山根恒夫. 2006. 生物反应工程. 3 版. 邢新会，译. 北京：化学工业出版社

苏建宇.2006. 发状念珠藻单体细胞光自养培养研究. 天津：天津科技大学博士学位论文

微生物工程编写组. 1976. 微生物工程（上册）. 上海：上海人民出版社

于海峰. 2006. 发状念珠蓝细菌单体细胞高密度培养的研究. 天津：天津科技大学博士学位论文

俞俊棠，唐孝宣，邬行彦，李友荣，金青萍. 2003. 新编生物工艺学. 北京：化学工业出版社

张栩，戢涌骋，周百成. 2000. 气升式藻类光生物反应器的应用研究. 海洋科学，24（4）：14～17

川瀬义矩. 1993. 生物反応工学の基礎. 東京：化学工業社株式会社

合葉修一，永井史郎. 1975. 生物化学工程——反应速度論. 東京：科学技術社

合葉修一. 1989. バイオテクノロジー Q & A. 東京：科学技術社

千畑一郎. 1984. 固定化生体触媒による有用物質生产. バイオテクノロジーの新展開. 化学增刊 103. 京都：化学同人株式会社：29～44

Aiba S. 1987. Horizons of Biochemical Engineering. Tokyo：Univ.of Tokyo Press

Akita K，Yoshida F. 1974. Bubble size，interfacial area and liquid phase mass transfer coefficient in bubble column. Ind Chen Eng Proc Des Dev，13：84～91

Atkinson B，Mavituna F. 1983. Biochemical Engineering and Biotechnology Handbook. Survey. Macmillan Pub

Atkinson B. 1974. Biochemical Reactors. London：Pion

Bailey J E，Ollis D F. 1986. Biochemical Engineering Fundamentals. 2nd ed. New York：McGraw-Hill

Rosen K. 1978. Continuous production of alcohol. Process Biochem，5：25～26

Ryn D Y，Chung S H. 1977. Performance of the continuous glucose isomerase reactor system for the production of fructose syrup. Biotechnol. Bioeng，19：159～184

第九章　生物反应工程进展

学习目的：掌握质粒复制与表达的动力学的基本原理，了解代谢工程、系统生物学和合成生物学的基本概念。

20 世纪 40 年代的抗生素工业的兴起可视为现代微生物发酵工业的起点，由此进入了微生物发酵工业的快速发展期，生物反应工程学科得到了快速发展。进入 21 世纪，人类基因组计划的完成及各种组学的发展，先进计算机技术与检测技术的出现，极大地拓宽了生物反应工程所涉及的领域。与此同时，人们对微生物细胞内部的生物代谢活性的变化过程给予了更多的关注。

9.1　质粒复制与表达的动力学

随着代谢工程、系统生物学和合成生物学的发展，其作为提高微生物发酵并且获得有用物质的方法与技术已获得人们的广泛认可（Old and Primrose，1981；Smith，1985；Paul，1981）。为提高工程菌株发酵效率，人们最初是建立目的产物的产率与相关基因表达能力、宿主的遗传特性及发酵过程中操作条件等之间定性与定量的关系（Lee and Bailey，1984）。虽然这种简单的对应关系，似乎有些幼稚，但对于复杂的生物体而言，也是一种认识上的进步。当基因的表达仅取决于细胞所含基因拷贝数时，工程菌细胞中所含质粒的稳定性及其复制与表达的能力成为关键因素。这样便简化了质粒的复制与表达的动力学描述（Lee and Bailey，1984；Matsubara and Mukai，1975；Rosenberg et al.，1978；Furth et al.，1979）。下面以 λdv 质粒的复制与表达为例，讨论其相关动力学问题。

λdv 质粒的相对分子质量为 4.7×16^6。其核心区域由自身控制区域和起始复制区域两部分构成。前者包括启动子基因、操纵子基因、自身阻遏物基因和终止物基因；后者含有复制起始基因和初始物基因两部分（图 9-1）。P_RO_R 为与 RNA 聚合酶、Cro 阻遏（物）蛋白相结合的部位，其功能是决定启动转录的频率。O_R1、O_R2、O_R3 为三个与阻遏蛋白相结合的操纵子基因。O_R1 和 O_R2 处于启动子 P_R 序列内部。阻遏蛋白优先与 O_R3 相结

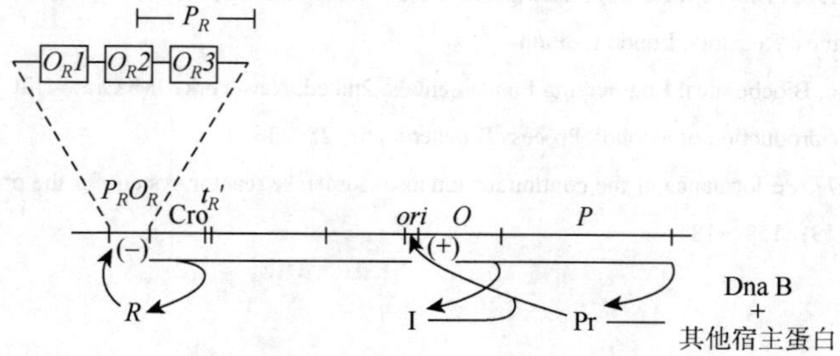

图 9-1　质粒复制子的基因结构

合，当其浓度增高时，不仅与 O_R3 相结合，也与 O_R1、O_R2 相结合，无论在 O_R1 或 O_R2 哪一个部位上结合，都具有中止自身转录的作用。另外，当细菌 ρ 因子存在时，从 P_RO_R 起始的转录经过 t'_R 后转录效率被衰弱 80%（Bailey et al.，1983）。复制起始点 *ori* 的活性化依赖于从 P_RO_R 起始的转录作用，*ori* 活性化的同时，生成初始物蛋白 I 与 P′。后者与胞内特定蛋白质结合形成 Pr（Lee and Bailey，1984）。生成的 I 与 Pr 形成 IP 复合体后结合于 *ori*，强化了转录作用。而 Cro 阻遏蛋白 R 的积聚会抑制自身操纵子的转录，最终是作为自身阻遏物而起作用（Hobom et al.，1979）。

首先确立以下几点假设

（a）λdv 质粒是由 P_RO_R-P 基因构成的一单体形式。

（b）由于 I 蛋白质不稳定，其作为限制性初始物而起作用。

（c）λdv 质粒是以随机模型的方式进行复制（Matsebara and Mukai，1975）。

（d）因转录作用复制起始点被活化，初始蛋白与活性化 *ori* 相结合形成一复合体，当复合体活性达到某一临界值时，起始复制。

（e）细胞分裂时，质粒以均等方式进行分配。

（f）宿主细胞的体积以指数形式增长，质粒对宿主细胞的生长无影响（Cantor and Schimmel，1980）。

λdv 质粒复制动力学方程式见表 9-1。其是以单细胞为基准，并假定 mRNA 与蛋白质的失活服从一级反应规律。

表 9-1　λdv 质粒复制动力学模型

公式	序号
1. R 的合成	
$\frac{d[mRNA]_R}{dt}=K_m^0\eta[G]-K_{-m}[mRNA]_R-\mu[mRNA]_R$	(9-1)
$\frac{d[R]_0}{dt}=K_P^0[mRNA]_R-K_{-P}^R[R]_0-\mu[R]_0$	(9-2)
2. I 的合成	
$\frac{d[mRNA]_I}{dt}=K_m^0\eta(1-f)[G]-K_{-m}[mRNA]_I-\mu[mRNA]_I$	(9-3)
$\frac{d[I]_0}{dt}=K_m^0[mRNA]_I-K_{-P}^I[I]_0-\mu[I]_0$	(9-4)
3. *ori* 的活性化	
$\frac{d\theta}{dt}=K_m^0\eta(1-f)(1-\theta)-\mu\theta$	(9-5)
4. 复制体的形成	
$[REP]=\left(\frac{\theta}{VN_A}\right)\left(\frac{K_0[I]_0}{1+K_0[I]_0}\right)$	(9-6)

注：在（9-1）式～（9-6）式中：K_m^0 为总转录速率常数；K_{-m} 为 mRNA 的失活速率常数；μ 为细胞的比生长速率；K_P^0 为总翻译速率常数；K_{-P}^R 为 R 蛋白的失活速率常数；K_{-P}^I 为 I 蛋白的失活速率常数；[] 表示所对应物质浓度；η 为转录效率。其他符号见正文

P_RO_R 处的转录效率由 RNA 聚合酶和自身阻遏蛋白 R 相互竞争与 P_RO_R 结合所决定。由于启动子基因和操作子基因重合在一起，因此，R 与 O_R1 和 O_R2 两者或其中之一相结合都会抑制基因转录的启动。由统计热力学理论（Matsebara and Mukai，1975），可求得转录效率 η 为

$$\eta = \frac{1+K_3[\mathrm{R}]_0}{1+a[\mathrm{R}]_0+b[\mathrm{R}]^2_0+c[\mathrm{R}]^3_0} \tag{9-7}$$

其中，

$$a = K_1+K_2+K_3, b = K_1K_2+K_2K_3+K_3K_1, c = K_1K_2K_3$$

式中，$[\mathrm{R}]_0$——R 的总浓度；

K_1、K_2 和 K_3——R 与 O_R1、O_R2 和 O_R3 的结合常数，分别表示 R 与 O_R1、O_R2 和 O_R3 的亲和力。

阻遏蛋白 R 的合成动力学方程（9-1）式和（9-2）式的右边第一项分别为 mRNA 与 R 的合成速率；第二项分别为 mRNA 与 R 的失活速率，第三项是由于宿主细胞生长而导致 mRNA 与 R 的变化速率。细胞内相应 mRNA 与 R 的浓度以单位体积细胞的摩尔数来表达，并随细胞的增殖而下降，两者的活力随失活作用而下降。

在某一时刻 t，质粒 DNA 浓度[G]为

$$[\mathrm{G}] = \frac{G}{VN_A} \tag{9-8}$$

式中，G——每一个细胞内的质粒分子数；

V——t 时的细胞体积；

N_A——阿伏伽德罗常量（$6.02\times10^{23}/\mathrm{mol}$）。

细胞以指数形式增殖时，每一世代中其体积变化可由下式来表示：

$$\frac{\mathrm{d}v}{\mathrm{d}t} = \mu V,\quad V = V_0 \quad t = n\tau(n = 1,2,3,\cdots) \tag{9-9}$$

式中，V_0——新生细胞的体积；

τ——宿主的倍增时间。

在 t'_R 处的转录终止效率 f 的取值为 0～1。o 基因的转录速率与 η、（1–f）和 K^0_{m} 成比例关系，I 蛋白的生物合成方程式如（9-3）式和（9-4）式。

ori 部位的活性化，需要起始复制区域的转录，即由于 o 基因的转录频率决定了复制起始领域的活性化，形成具有活性的$[ori^*]_0$。

$$\frac{\mathrm{d}[ori^*]_0}{\mathrm{d}t} = k^0_{\mathrm{m}}\eta(1-f)\cdot[ori] - \mu[ori^*]_0 \tag{9-10}$$

具有活性的$[ori^*]_0$与非活性$[ori]$的关系为

$$[ori] = [ori]_0 - [ori^*]_0 \tag{9-11}$$

式中，$[ori]_0$ 为 *ori* 的总浓度。

将（9-11）式代入（9-10）式，可得（9-5）式，在（9-5）式中

$$\theta = \frac{[ori^*]_0}{[ori]_0} \tag{9-12}$$

由于 λdv 质粒是随机选择模型进行复制，一定时间间隔内，仅有一个质粒进行复制。因此，由（9-8）式，$[ori]_0$ 可表示为

$$[ori]_0 = \frac{1}{V \cdot N_A} \tag{9-13}$$

根据前述，活性复制复合体 REP 的量取决于 λdv 质粒起始复制的频率。REP 形成的模式如下所示：

$$\mathrm{I + Pr \xrightleftharpoons{K_A} I \cdot P} \tag{9-14}$$

$$[ori^*]_0 + \mathrm{I \cdot Pr \xrightleftharpoons{K_B} REP} \tag{9-15}$$

式中，K_A——I 与 Pr 结合的平衡常数；

K_B——ori^*与 I • Pr 结合的平衡常数。

由 I、Pr 和 ori^*的物量衡算

$$[\mathrm{I}]_0 = [\mathrm{I}] + [\mathrm{I \cdot Pr}] + [\mathrm{REP}] \tag{9-16}$$

$$[\mathrm{Pr}]_0 = [\mathrm{Pr}] + [\mathrm{I \cdot Pr}] + [\mathrm{REP}] \tag{9-17}$$

$$[ori^*]_0 = [ori^*] + [\mathrm{REP}] \tag{9-18}$$

并假定$[\mathrm{Pr}] \gg [\mathrm{IPr}] + [\mathrm{REP}]$与$[\mathrm{REP}] \ll [\mathrm{I}] + [\mathrm{IPr}]$，由（9-14）式～（9-18）式可得

$$[\mathrm{REP}] = K_A K_B [\mathrm{I}][\mathrm{Pr}][ori^*] = \left(\frac{\theta}{VN_A}\right)\left(\frac{K_0[\mathrm{I}]_0}{1 + K_0[\mathrm{I}]_0}\right) \tag{9-19}$$

式中，K_0 为一常数，即

$$K_0 = \frac{K_A K_B [\mathrm{Pr}]_0}{1 + K_A [\mathrm{Pr}]_0}$$

当$[\mathrm{REP}]$达到一临界值$[\mathrm{REP}]_{cri}$时，质粒 DNA 开始复制。如果 λdv 质粒 DNA 以大肠杆菌染色体复制叉内新链的生物合成速率复制，整个 λdv 分子的复制约在 3s 内完成。因此，假定 λdv 质粒的复制与菌体生长周期时间无关，一旦开始，复制可在瞬间完成的假设是合理的。若某一新生宿主细胞内质粒的分子数为 $G(0)$，到时间 t 时，宿主细胞内的质粒数为

$$G(t) = G(0) + m \tag{9-20}$$

式中，m 是一整数，表明从时间为 0 至 t 时新增加的质粒分子数。

另外，由均等分配模型，在 n+1 世代时每个子细胞的质粒数为

$$G_{(n+1)}(0) = INT\left[\frac{G_n(\tau)}{2}\right] \tag{9-21}$$

式中，INT[]——取整数；

n——世代数；

τ——倍增时间。

（9-20）式给出解上述微分方程组的一边界条件。另一初始条件为 $G_1(0)$=1。

克隆基因的表达动力学方程是

$$\frac{\mathrm{d[mRNA]_P}}{\mathrm{d}t} = K_\mathrm{m}^0[\mathrm{G}] - K_{-\mathrm{m}}[\mathrm{mRNA}]_\mathrm{P} - \mu[\mathrm{mRNA}]_\mathrm{P} \tag{9-22}$$

$$\frac{\mathrm{d}[\mathrm{P}]}{\mathrm{d}t}=K_{\mathrm{P}}^{0}[\mathrm{mRNA}]_{\mathrm{P}}-K_{-\mathrm{P}}^{\mathrm{P}}[\mathrm{P}]-\mu[\mathrm{P}] \tag{9-23}$$

式中，P——目的产物；

$K_{-\mathrm{P}}^{\mathrm{P}}$——产物的失活常数。

为了解宿主细胞的增殖速率对克隆基因表达的影响，有必要讨论其增殖速率与上述方程中某些参数间的定量关系。当然，这种定量关系会受宿主细胞活力和环境条件的影响。总转录速率常数 K_{m}^{0} 与翻译速率常数 K_{P}^{0} 可由以下两式所决定：

$$K_{\mathrm{m}}^{0}=\alpha_{\mathrm{m}}K_{\mathrm{me}}N_{\mathrm{p}} \tag{9-24}$$

$$K_{\mathrm{P}}^{0}=\alpha_{\mathrm{p}}K_{\mathrm{pe}}N_{\mathrm{r}} \tag{9-25}$$

式中，α_{m} 与 α_{P}——换算因子；

K_{me} 与 K_{pe}——分别是单位活性 RNA 聚合酶的 mRNA 链与单位活性核糖体多肽的“延伸”速率；

N_{p} 与 N_{r}——分别是单位 DNA 模板上活性 RNA 聚合酶和单位 mRNA 转录子上活性核糖体的分子数。

利用转录子的尺寸去除转录中 RNA 聚合酶分子之间平均距离 d_{p} 与翻译中核糖体之间的平均距离 d_{r}，可得到 N_{p} 与 N_{r}。d_{p} 和 d_{r} 与 μ 之间的关系式为（9-26）式和（9-27）式。

$$d_{\mathrm{p}}=233\mu^{-2}+78(\text{核苷酸}) \tag{9-26}$$

$$d_{\mathrm{r}}=82.5\mu^{-1}+145(\text{核苷酸}) \tag{9-27}$$

根据上述，当取 τ=1 时

$$K_{\mathrm{m}}^{0}=4.26[\mathrm{mol}/(\mathrm{mol}\cdot\mathrm{min})] \tag{9-28}$$

$$K_{\mathrm{P}}^{0}=1.38[\mathrm{mol}/(\mathrm{mol}\cdot\mathrm{min})] \tag{9-29}$$

由于细胞内各种成分的浓度取决于细胞的体积、细胞的增殖速率等，因此，每一新生菌体细胞的体积 V_0 为

$$V_0=0.5V_{\mathrm{i}}\mathrm{e}^{\mu(C+D)} \tag{9-30}$$

式中，V_{i}——宿主细胞的体积，一般取值为 0.35～0.78μm^3；

C——染色体的复制时间；

D——染色体复制终止至细胞分裂完成为止这一段时间，一般取值为 42～78min。

质粒复制与表达的动力学模型是建立在工程菌株中的质粒稳定性高、不受细胞内部其他因素影响、表达正常的基础之上。一般认为，工程菌株的质粒不稳定过程分为两个阶段，其一是工程菌株细胞分裂时，某一子细胞未能得到质粒或质粒缺失等；其二是由于质粒保持菌株与失去质粒菌株的生长速率的差异，后者的生长速率可能更快一些，致使后者所占总菌数的比例越来越大（三輪清志等，1984）。

以上是以细胞内质粒的复制与表达能力为讨论对象，该动力学的模拟结果能否与实际反应器内的表征数据相一致，还有待验证。就微生物的转录与翻译速率来看，与发酵过程中微生物生长速率相比较，两者差距极大。例如，淀粉液化酶芽孢杆菌的蛋白酶 mRNA 的半衰期为 9min（Fergus，1988），如果蛋白酶的翻译在 9min 中完成，可想此酶的合成速率是非常快的。这就提出一个富有挑战性的问题，即微生物发酵过程获得宏观

参数如何正确反映微观生物代谢的变化。另外，从反应器内测得的参数，如某一种物质的浓度，除主要受到细胞内外各种物质的影响外，还受相关代谢过程及细胞膜、细胞壁与反应液中不同阶段传质的影响。如何从系统生物学的角度探讨生物反应过程成为非常必要的工作。

9.2 代谢工程

1991 年，Bailey 和 Stephanopoulos 教授等在同一期科学杂志上分别发表的代谢工程方面的论文，标志着代谢工程学科的诞生。随后代谢工程学科引起人们广泛重视。1995 年底，美国科学技术政策办公室下属的生物技术分委员会发布了“21 世纪的生物技术：新展望”报告，代谢工程被确定为优先研究领域之一。1998 后的连续 5 年对代谢工程相关研究的资助达 2800 万美元。同时，由于代谢工程潜在的应用价值，一些公司投巨资与学校及研究机构（如 DuPont 公司与 Genencor 公司，Merck 公司与麻省理工学院）合作进行代谢工程研究。欧盟多次在其“框架计划”中专门设立“细胞工厂”研究项目，资助代谢工程研究。我国政府自 2000 年起也大力支持代谢工程的相关研究。

目前，代谢工程技术已在许多领域得到应用，如异源蛋白的生产；扩大底物利用范围（特别是可再生资源的利用）；生产新物质；环境污染物的降解；提高菌体对环境的适应能力；阻断或降低副产物的生成；代谢产品生产速率和生产能力的提高；植物代谢工程；动物代谢工程；人体和组织代谢工程——新药发现及人类疾病诊断和基因治疗等方面。

9.2.1 基本概念

代谢工程是利用 DNA 重组技术对特定的生化反应进行修饰或引入新的反应以定向改进产物的生成或细胞的性质的学科。代谢工程与随机诱变相比，其工作焦点致力于定向性，因此，其在目标酶的选择、实验设计及数据分析等方面都起着重要的作用。细胞的定向改进不应解释为合理的途径设计与修饰，这是代谢工程与随机诱变显著的不同点。

代谢工程包括分析与合成两个步骤。通过分析可以获得：如何确定生理状态的重要参数？如何利用这些信息来阐明代谢网络的控制结构并为达到某一目的而提出合理的靶标进行修饰？为了设计下一轮的途径修饰直至达到目标，人们如何进一步评价这些基因或酶促反应修饰产生的生物化学影响？不使用通常的特定目标筛选过程，人们如何能够提出一个合理的过程来确定最有希望的目标进行代谢操作等方面的工程信息。合成是指代谢工程强调集中于整体的代谢途径（metabolic pathway）而不是单个的反应。因此，代谢工程检验的是完整的生物化学反应网络，包括其途径合成和热力学可行性问题，以及途径的通量（flux）分布及其控制。

代谢工程是多学科交叉领域（Cameron and Tong，1993）。生物化学已提供了基本的代谢图谱及生化反应机制及其计量学（stoichiometric）、动力学（kinetics）和调控的大量信息。代谢控制分析是起源并扎根于生物化学的。遗传学和分子生物学提供了构建完善的遗传背景的工具，是通量控制中重要的一步。DNA 重组技术为代谢工程的定义和发展提供了原动力。细胞生理学提供了细胞代谢功能更为综合的视野，确定了代谢速率研究和生理状态表征的平台。而化学工程是应用工程方法来研究生物体系最合适的渠道。代谢工程的多学科性质是其实现自身目标的一个有利条件。

9.2.2　代谢工程原理及理论基础

代谢工程包含代谢途径、代谢通量和在简单途径及更实际的代谢网络中控制代谢通量的因素等概念。代谢工程的原理（图 9-2）是在对细胞内代谢途径网络系统分析的基础上进行有目的的改变，以更好地利用细胞代谢进行化学转化、能量转导合成、分子组装，它的研究对象是代谢网络，依据代谢网络进行代谢通量分析（metabolic flux analysis，MFA）和代谢控制分析（metabolic control analysis，MCA），并检测出速率控制步骤，最终的目的是改变代谢流，提高目的产物的产率。

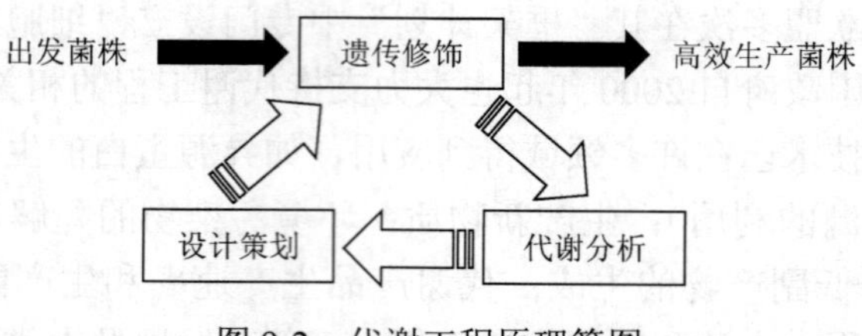

图 9-2　代谢工程原理简图

1. 代谢途径及通量

代谢途径（metabolic pathways）通常定义为一连串可以进行的生物化学反应步骤，这些反应步骤是以指定的一组输入和输出代谢物所联结。生物体内代谢途径有很多种类型（图 9-3）。通常所说的分解代谢途径、合成代谢途径及能量代谢途径等都是代谢途径的不同分类，具有相同的代谢途径特点，必须反映生物体实际的代谢反应步骤。通量是细胞生理学中的一个基本决定因素，也是代谢途径中最重要的参数之一。

研究代谢途径的一个基本方法是通过途径通量的形式来研究。途径通量是指每个（组）输入代谢物反应生成输出代谢物的具体速率。在图 9-3a 所示的线性途径中，通量 J 等于稳态条件下各单个反应的速率。显然，当中间代谢物的浓度调整到能使所有反应速率都相等时（$v_1=v_2=\cdots v_i=\cdots v_L$），就达到稳态了。

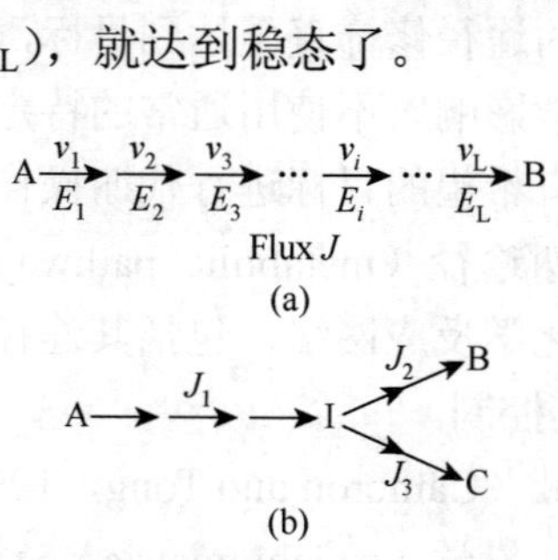

图 9-3　简单途径举例（Stephanopoulos et al.，1998）

（a）线性途径，通量 J 等于稳态条件下各个单个反应的速率；（b）分支途径，稳态时 $J_1=J_2+J_3$

代谢途径看似简单，但联系到具体的生物种类时变得非常复杂。以简单的模式生物大肠杆菌来说，也至少包含上千个具体的代谢反应，理解上千个反应所组成的代谢网络的具体代谢功能是很复杂的事情。通常来说，通过途径和通量进行生物代谢工程的全面理解和工程研究主要包括以下步骤。

第一，尽可能多地测量生物代谢过程参数，以便于全面理解此生物代谢途径和功能。生物代谢过程参数可通过包括 HPLC、LC-MS、GC-MS、NMR 等测量设备和酶学分析等在内的传统分析方法来获得。

第二，向生物反应网络引入一个精确的扰动，并在系统达到新的稳态之后确定途径的通量。由于所有的代谢控制研究都会很快地集中于某一特定的代谢分支点上，因此很容易考虑图 9-3（b）所示分支途径的通量控制。一般，为研究这个分支点，需要引入三个扰动，即在三个相应的支路中分别引入一个扰动。采用恒化器进行细胞培养的系统中，当达到稳态后，突然扰动其中一个酶的活性（如通过诱导启动子）或者施加一个底物脉冲，都可以获得丰富的信息。应注意的是：一种扰动能提供不止一个分支点的信息，这对于减少用来阐明一个实际代谢网络控制结构所需的实验数目是非常有用的。

第三，对通量扰动结果进行分析。主要目的是获得对所研究对象网络的具体理解，获得能够进行改造的具体分支点或具体途径。

2. 代谢网络理论

代谢工程引入了代谢网络理论，对细胞的生化反应从网络整体的角度来研究，而不是孤立地来研究，从而对细胞进行代谢通量分析。具体而言，就是把细胞的生化反应看作一个整体，假定细胞内的物质、能量处于拟稳态，通过测定不同途径或不同条件下胞外物质浓度，根据细胞内所有主要化学计量模型及物料平衡计算细胞内的代谢流向，得到完整的细胞代谢流分布图，包括细胞代谢的整个网络及网络中主要节点代谢物的流量精细分布，并针对细胞内外环境的不稳定性，揭示细胞代谢的动态变化规律，为改善细胞培养工艺及相应的基因操作提供重要依据。

根据代谢网络理论，将代谢网络分流处的代谢产物称为节点，将其中对终产物合成起决定作用的少数节点称为主节点，但节点不是绝对固定的。按照节点下游的分支的可变程度，节点分为柔性、半柔性和刚性三类。对于柔性节点，解除一个分支的反馈抑制可提高分支下游产物的产量，即柔性分支点倾向于更适应通量分配比的变化；而对于半柔性节点，因占主导地位的酶活性较高或对结点代谢物亲和力较大且无反馈抑制，只解除次要分支的反馈调节，对其下游产物的影响不大，必须降低主分支的酶活力或解除其反馈抑制，才可提高次分支下游产物的产量。对于刚性节点，由于产物的反馈抑制及对另一分支酶激活的相互作用，其下游各分支的比例不易被改变，不能通过改变上游酶活性影响下游代谢流，也即刚性分支点抵抗通量分配比的变化。这样，通过比较由不同操作条件的变化及用不同变异株所导致的分支点通量分配比的变化，就可评估分支点的柔性或刚性。通常，柔性及半柔性节点是代谢工程设计的主要对象。

如果代谢网络中各节点集中于产物，各节点的重要性相同，这类网络称为相依网络。其中的刚性节点很难改变，给代谢工程的实现带来困难。如果代谢网络的主节点不集中，称为独立网络，则可以通过对代谢途径的修饰等来影响产物的积累。对代谢修饰的应答能力，取决于各节点的刚柔性及其位置。因此了解微生物的代谢网络，是代谢工程研究的基础。

3. 代谢途径操作

生物体中代谢途径的调控发生在细胞和分子水平上，这些调控是通过改变参与代谢反应的各物质浓度来实现的。通常的代谢途径调控方式可分为：①酶活性调节；②酶浓度调节；③代谢网络的整体调节等。酶活性调节是代谢调控中最为普遍的方式，包括酶的反馈抑制、激活等形式。代谢途径的操作实践是代谢工程的重要组成部分，其可简单划分为以下几方面。

（1）单个反应的操作

单个反应操作是指通过分析目标代谢途径，找到关键的代谢反应并通过遗传工程的手段来进行，从而达到改变生物代谢的目的。单个反应操作主要包括单个反应的通量扩增及降低。例如，大肠杆菌在氧气缺乏的情况下，通常将糖或其衍生物发酵为甲酸、乙酸、乳酸、琥珀酸、乙醇等产物，这就是通常所说的混合酸发酵。在采用大肠杆菌生产琥珀酸的研究实践中，可以采用的一个策略就是尽量消除这些代谢副产物。消除代谢副产物可以通过敲除对控制单个反应的相应基因的操作而完成。例如，敲除 *adhE* 后，大肠杆菌基本不产乙醇；敲除 *ack-pta* 后，大肠杆菌基本不产乙酸等。其他由单个基因控制的途径通量改变也可以采用此方法来完成。例如，可以通过扩增丙酮酸羧化酶来提高微生物固定二氧化碳的能力（王庆昭，2006）。但必须注意的是，由于代谢网络的复杂性，对单个反应的简单操作不一定能够带来正效果。上例中对乙醇、乙酸的消除操作会严重影响大肠杆菌的生长。

（2）操纵子（operon）水平的操作

操纵子是指由共同调节区控制的依次排列的几个不同基因。通过整个操作子的扩增可以达到特定的代谢工程目的。例如，枯草芽孢杆菌核黄素生物合成途径相关酶的编码基因在染色体上构成一个基因簇，即核黄素操纵子。核黄素操纵子长约 4.3kb，其中包括 5 个没有重叠的开放阅读框，依次为 *orf2*、*ribH*、*orf3*（*ribA*）、*orf4*（*ribB*）和 *orf5*（*ribG*），其中至少后 4 个阅读框编码参与核黄素合成的酶（陈涛，2004）。研究发现对于 *B.subtilis* RH13，通过扩增可以使核黄素产量由 0.43g/L 增加到约 3.0g/L（Perkins，1999）。利用基因扩增原理，对宿主菌 *B. subtilis* 168 在进行遗传改造的基础上构建了一系列工程菌，在这些菌株的染色体上的 1 或 2 个位点上分别整合了两个或更多个核黄素操纵子的拷贝。在此基础上，进一步改造了核黄素操纵子上的启动子，用噬菌体 SPO1 的强启动子 P_{15} 替换了核黄素操纵子上的两个天然启动子 $ribP_1$ 和 $ribP_2$，提高了核黄素的产量。

（3）细胞性能的改进

细胞性能的改进主要包括提高细胞的比生长速率、对底物的利用能力、对有毒化合物的抗性及改变细胞对环境的适应能力等。例如，在提高细胞对氧的利用方面，将来自透明颤菌（*Vitreoscilla*）（VHb）中的血红蛋白基因（*vgb*）（Khosla and Baily，1989）转入多种重要工业微生物中，大肠杆菌基因组在整合了单个拷贝的 *vgb* 基因后，在氧限制条件下总细胞蛋白的合成速度比同基因野生型菌株快得多；在氧限制条件下由于 vgb 的共表达，*E. coli* 的 β-半乳糖苷酶、氯霉素乙酰转移酶（CAT）和 *α*-淀粉酶的表达活力是对照的 1.5～3.3 倍。又如在链霉菌（*Streptomyces*）中抗生素的产量提高了 13 倍，在棒状杆菌中使氨基酸的产量提高 1.2 倍。在枯草芽孢杆菌中的表达也显著提高了其对缺氧环境的耐受能力（段云霞，2008）。

（4）代谢途径操作及新代谢途径的构建

代谢途径操作是指为达到一定目的，对细胞内的一条具体的代谢途径进行整体的修饰。有时因为细胞内代谢的整体调控性，需要将其他生物体的整个相关代谢途径转移到另外一个完全不同的细胞中，从而达到对两种生物代谢特性综合利用的目的。

9.2.3　代谢通量分析

1. 代谢通量分析基本原理

代谢通量分析（MFA）是用计量矩阵模型表示胞内的主要反应。根据代谢途径中各反应的计量关系及实验中测得的底物的消耗速率、产物的生成速率及细胞的生成速率确定代谢网络的通量分布图。

该方法的基础是准稳态假设：假设细胞内的中间代谢物均处于准稳态，即其浓度变化速率为 0，这样由 n 个中间代谢物即可得到 n 个关于速率的约束条件（由计量关系确定），若待定的速率的总数目为 J，则待解问题的自由度为 $F=J-n$。这样通过实验测出 F 个不相关速率即可确定整体通量分布。要得到正确的通量分布必须对细胞内代谢路径有清楚的了解，尤其是各个分支点。缺少某一重要的分支或增加某一根本不存在的分支都可能使通量分布有很大变化。实际分析过程中需测定的变量个数常要大于网络的自由度，当涉及细胞生长过程中大分子的合成时，还要对细胞组成进行测定，在此基础上采用最小二乘法确定通量分布。代谢通量分析还可用于实验数据的校验以减少测量数据的误差。

代谢通量分析不仅可以精确地描述代谢流分布，还可以提供一些菌体生理方面更深入的信息。除了途径通量量化外，代谢通量分析还能够提供细胞生理特征方面的重要信息，如：①细胞途径中分支点控制（节点的刚性）的识别；②替代途径的识别；③胞外通量的计算；④最大理论得率的计算等。

2. 同位素标记的代谢通量分析

在应用计量学 MFA 的计量模型和物质平衡的基础上，利用同位素对底物进行标记，并利用核磁共振（NMR）或质谱（MS）对胞内代谢物的标记模式进行分析，可对单一同位素异构体（指分子组成和结构相同，而同位素取代位置不同的中间代谢产物）建立质量平衡方程，从而将辅因子的平衡方程排除在外。

同位素标记实验的基本原理是使用同位素标记的底物进行微生物培养，通过测量胞外通量及胞内标记信息，对胞内通量求解。通常采用的标记策略为使用碳同位素 ^{13}C 标记底物中的 ^{12}C。以下即以碳同位素为例介绍同位素标记的代谢通量分析过程。进行 ^{13}C MFA

包括以下三个实验步骤，即同位素标记、数据测定和结果评价。

（1）^{13}C 标记实验

在 ^{13}C 标记实验中，^{13}C 标记的底物（通常为葡萄糖）被引入生物反应体系中，随着生化反应的进行，经化学重排、化学键的断裂及新化学键的生成，^{13}C 原子将分布于代谢网络、胞内代谢物及生物量组成之中。随着葡萄糖的消耗，标记碳原子在代谢物库中的同位素的丰度不断增加，直至其丰度能被 NMR 或 MS 检测之后，取样进行分析。进行 ^{13}C 标记实验需要注意以下几点：①（拟）稳态假设是 MFA 的重要前提。在 ^{13}C 标记实验中，不仅要保证系统处于代谢稳态，而且要使系统处于同位素平衡状态。另外，还应考虑生物量组分（蛋白质、核酸、脂类）是否处于标记平衡。②须慎重选择标记底物。③为降低实验成本，生物反应器容积应尽量小。④在样品处理方面，一是要注意样品处理和后面的谱图解析乃至数据处理计算都有着密切的联系，设计方案时考虑到谱图和数据处理的需要，以保证谱图的清晰和数据完整准确性；二是要对代谢物选择合适的样品处理方法，以保证需要考察的化合物结构不被破坏，这里的化合物结构主要是指碳骨架的结构，骨架上碳原子的标记状态承载着通量信息，应该保证碳骨架的结构完整性。

（2）测量技术平台

作为 ^{13}C MFA 的测量技术平台，核磁共振技术与质谱技术均存在各自的优缺点。核磁共振是利用高磁场中原子核对射频辐射的吸收光谱鉴定化合物结构的分析技术。生命科学领域中常用的是氢谱（^{1}H NMR）、碳谱（^{13}C NMR）和磷谱（^{31}P NMR）。

质谱是将离子化原子、分子或分子碎片按质荷比（m/e）的大小顺序排列成图谱，并在此基础上进行各种物质的定性或定量分析。

（3）结果的评价

模型的建立和模拟是同位素标记实验数据评价的核心。在模拟过程中，假定胞内通量已知，根据假定通量值和底物组成可以计算同位素标记异构体的稳态分布。在建立的标记实验模拟的基础上，应用相应的评估算法对设定的通量进行系统的校正。当前用于计算代谢通量分布的方法包括线性规划、途径分析、基元模式分析及 NMR、GC-MS 模拟分析计算。也有一些采用相应的数学算法的软件被开发出来，如 E-Cell、Gepasi、Metatool、13CFlux、Metabologics 等。这些软件都能够辅助设计特定同位素标记实验或处理特定对象的标记实验所产生的数据。

9.2.4 代谢控制分析

代谢工程最重要的一个目的是阐明控制通量参数的意义。然而，MFA 工具本身并不能提供定量通量控制的度量标准，所以，通量控制机制的研究与评价是困难的。为了定量准确地描述通量控制，研究者们引入了代谢控制分析（metabolic control analysis）的概念。

代谢控制分析是代谢网络酶动力学本身非线性问题的一种线性扰动理论。代谢控制分析的最重要基础参数是通量控制系数（flux control cofactor，FCC）和弹性系数（elastic cofactor)。考虑一个简单的代谢反应，此反应的稳态系统参数，即酶 E_1 和酶 E_2 的活性水平及底物 S 和产物 P 的浓度唯一确定。控制系数就是研究此稳态条件下一个参数如何影响系统变量的问题。通量控制系数（FCC）是指由代谢途径中一个酶活的无穷小变化所引起的通量的相对变化与这个酶活的相对变化之比。FCC 是指相对通量和相对酶活的比，所以它们是无因次的。它们的大小与所采用的通量及酶活单位无关。对于一个线性代谢途径来说，FCC 的值介于 0 和 1 之间。弹性系数描述代谢网络中各个单个酶的局部性质。最常见的弹性系数是指反应速率对代谢物浓度的敏感性（或弹性）。

代谢控制分析中定义的一些重要的表征参数，如通量控制系数、浓度控制系数、弹性系数等，分别表示某一酶水平变化对速率分布或浓度分布的影响及底物浓度变化对速率分布的影响。通过对它们进行比较即可找出关键控制酶及速率控制步骤。在各参数间有一定的定量关系，分别用加和原理、连接原理表示。通过这些原理即可由某些易测参数确定那些难以直接测量的参数。常用的参数测定方法是一种基于扰动-响应的方法，即通过基因工程手段或加入抑制剂改变特定的酶的水平或活性，或者改变环境条件如底物浓度等，考察其对通量分布的影响而求得各个参数。代谢控制分析是由参数敏感性分析发展得到的一种方法，它只反映了当前稳态某一局域内的性质，而代谢工程常须对通量分布作出大的改变以达到一新的稳态解。代谢工程的最新研究进展对代谢控制分析的基础，速率控制步骤及关键酶的假定提出了挑战，通过实验发现许多情况下关键酶根本不存在，仅改变一个酶的活性对通量分布影响很小，它由整个网络决定。

9.2.5　后基因组时代的代谢工程

从 1995 年第一个细菌流感嗜血杆菌全基因组序列测定开始，短短 20 年内，各种微生物全基因组测序及重要微生物群落元基因组测序发展迅速。到目前为止，已经启动了 3500 多个微生物的全基因组测序计划，其中近 1000 个已经完成（http://www.genomesonline.org）。随着系统生物学的迅速发展（详见本章 9.3），大量微生物全基因组序列的测定和功能基因组学技术的涌现，能够从整体上认识微生物代谢网络，能够从基因、RNA、蛋白质、代谢物、代谢通量等多个层次系统地分析微生物代谢，极大地推动了代谢工程和微生物发酵工业的发展。后基因组时代的代谢工程相较于早期的代谢工程有了极大的发展：①各种高通量组学分析技术的发展大大提高了系统分析微生物代谢功能的能力，尤其是提高了反向代谢工程中分析鉴定特殊表型遗传机制的能力。②早期的细胞代谢网络结构分析主要是依据已知的生化反应、酶法测定和同位素标记法来获得相关信息；微生物全基因组序列的测定及基因功能注释工具的开发极大地促进了基因组水平代谢网络模型的构建，进而提高了分析代谢网络结构的能力。到目前为止，科学家已经完成了大约 20 个微生物的代谢网络模型。这些模型有助于从系统水平上认识复杂的微生物代谢网络、预测细胞生理属性、遗传改变或环境扰动后细胞的代谢应答，模拟筛选出遗传改造的靶点基因。③改善细胞性能的方法有了新的发展，如进化代谢工程（metabolic evolution）、全局扰动技术（global perturbation）等。

早期代谢工程只是对局部的代谢网络进行分析及对局部的代谢途径进行改造。由于其还没有真正意义上从全局的角度去分析改造细胞，因此具有很大的局限性。高通量组学分析技术和基因组水平代谢网络模型构建等一系列系统生物学技术的开发能够从系统水平上分析细胞的代谢功能。科学家将这些系统生物学技术和早期代谢工程及下游发酵工艺优化相互结合，进一步提出了系统代谢工程（systems metabolic engineering）的概念。

典型系统代谢工程的策略分为以下三轮步骤：①构建起始工程菌。这一阶段和早期代谢工程策略类似：通过分析局部代谢网络结构对局部代谢途径进行改造（如通过敲除竞争途径减少副产物的生产）、优化细胞生理性能（如解除产物毒性和反馈抑制效应）等。②基因组水平系统分析和计算机模拟代谢分析。各种高通量组学分析技术的联合使用能有效地鉴定出提高细胞发酵生产能力的新靶点基因和靶点途径。与此同时，通过使用基因组水平代谢网络模型也可以模拟分析出另外一些新的靶点基因。但这两种系统分析方法鉴定出的靶点基因很多是和局部代谢途径不相关的，并且无法用传统代谢分析方法得到。③工业水平发酵过程的优化。第一轮和第二轮的微生物发酵都是在实验室条件下进行的，其发酵性能和大规模工业发酵相比有很多差异。规模扩大后经常会伴随高浓度的副产物产生，因此还需要再进行下一轮代谢工程改造来优化菌种发酵能力。此外，还需要通过进化代谢工程来进一步提高细胞发酵的产率、速率和终浓度，以达到工业发酵的要求。如 Lee 研究小组运用系统代谢工程成功改造了大肠杆菌用于缬氨酸的发酵生产。首先采用传统代谢工程策略将起始工程菌生产缬氨酸的产率提高至 0.066g/g 葡萄糖。在进行第二轮改造时，他们通过转录组分析成功鉴定出能有效提高缬氨酸合成的亮氨酸应答蛋白和缬氨酸转运蛋白基因，这些调控回路的扩增使缬氨酸合成产率提高了一倍。同时，他们通过基因组代谢网络模型模拟分析成功鉴定出另外三个基因敲除靶点，这些基因的敲除使缬氨酸的产率提高到 0.378g/g 葡萄糖。

9.3 系统生物学

随着 2000 年美国生物学家 Leroy Hood 建立世界上第一个系统生物学研究所，世界各国纷纷建立系统生物学相关的专门研究机构，这标志着系统生物学作为一个学科而诞生。系统生物学是在整体水平上研究生命现象的科学，是以系统的观点，研究生物系统中所有组分基因、蛋白质等的构成，以及特定条件下这些组分间的相互关系的学科，从分子、细胞、器官到机体和从个体、群体到生态系统的不同层次上对生物信息进行整合和定量化。系统生物学的主要研究目标是了解一个生物复杂系统中所有组成成分的构成及在特定条件下这些组分间的相互关系，分析该系统在一定时间内的动力学过程。即从大量的生物学数据中得到一个尽可能接近真正生物复杂系统的理论模型，根据模型的预测或假设，设定和实施新的改变系统状态的实验，不断地通过实验数据对模型进行修订和精练，使其理论预测能够反映出生物系统的真实性。系统生物学与数学、物理、计算机科学将更紧密地交叉，使生物学由描述性科学发展为定量预测的科学。

系统生物学的出现使生命科学的研究模式发生了深刻变化：①传统生物学研究以小型实验室和“单干”的研究模式为主，仅限于研究细胞内个别的基因或蛋白质，不能解释系统的内部组成成分和动力学过程。系统生物学的特点是对理论的依赖和建立模型的需求。它强调对系统行为和特性进行精确数量化的描述和模拟，即由数据中进行观察，比较，进而提出假设，再以实验方法验证。了解生物系统的结构和功能，并揭示出系统内部各组成成分的相互作用和运行规律。②系统生物学将在更大范围和更高层次进行学科交叉和国际合作，如人类基因组计划、人类单体型图谱计划、人类表观基因组学计划等。世界各国建立了许多大型研究中心，如英国的 Sanger 中心，美国华盛顿大学基因组测序中心、中国的国家人类基因组南方和北方研究中心。

9.3.1　系统生物学的研究框架

系统生物学是系统性地研究一个生物系统中所有组成成分（基因、mRNA、蛋白质等）的构成，以及在特定条件下这些组分间的相互关系，并分析生物系统在一定时间内的动力学过程。系统生物学的研究范围非常广泛，其研究内容主要涉及系统结构的确认、系统行为的分析、系统控制规律的归纳和系统的设计。系统生物学的研究流程（图 9-4）包括：①针对选定生物系统进行实验设计，了解系统所有的组成成分，如基因、RNA、蛋白质、膜脂等；②通过系统行为动力学的分析，总结系统的设计和控制规律；③最后通过总结规律来提出新的实验设计，验证系统模拟的正确性。

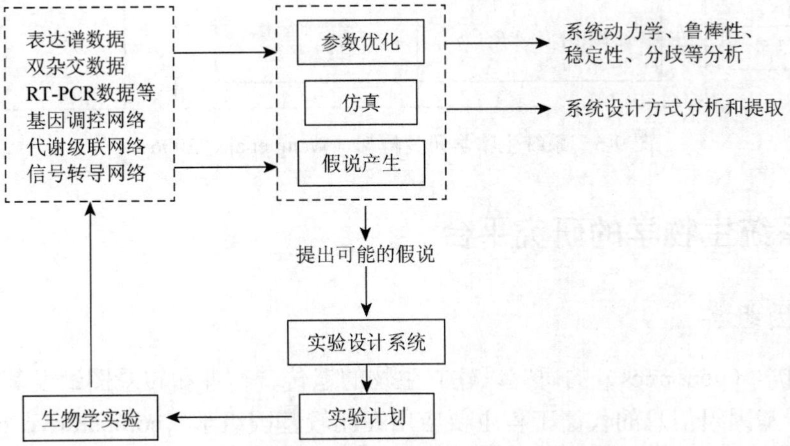

图 9-4　系统生物学的研究流程（Kitano，2001）

系统生物学并不是要代替其他学科，而是在实验结果的基础上寻找各种各样的联系，再把它们融合起来，寻找发生在两个系统、两个层次或多个系统、多个层次之间的关联。系统生物学的研究方法是通过不同层次的关联建立复杂系统，而不是系统的简单叠加。通常，系统生物学技术主要包括高通量实验技术和计算机模型模拟两大支柱。图 9-5 概括了系统生物学研究框架。

高通量实验技术方面，主要包括基因组学、转录组学、蛋白质组学、代谢组学及通量组学等研究范畴。为了便于系统生物学计算，所获得的数据必须全面、准确及有系统性。计算机模型模拟是系统生物学最基本、最重要的方面，也属于生物信息学的范畴。主要包括生物统计学、数据的挖掘和存储、细胞代谢行为的模拟、代谢网络系统水平的分析，以及软件的开发、可视化等诸多方面。根本上说，获得可依赖的各种组学数据都离不开系统生物学的范畴。

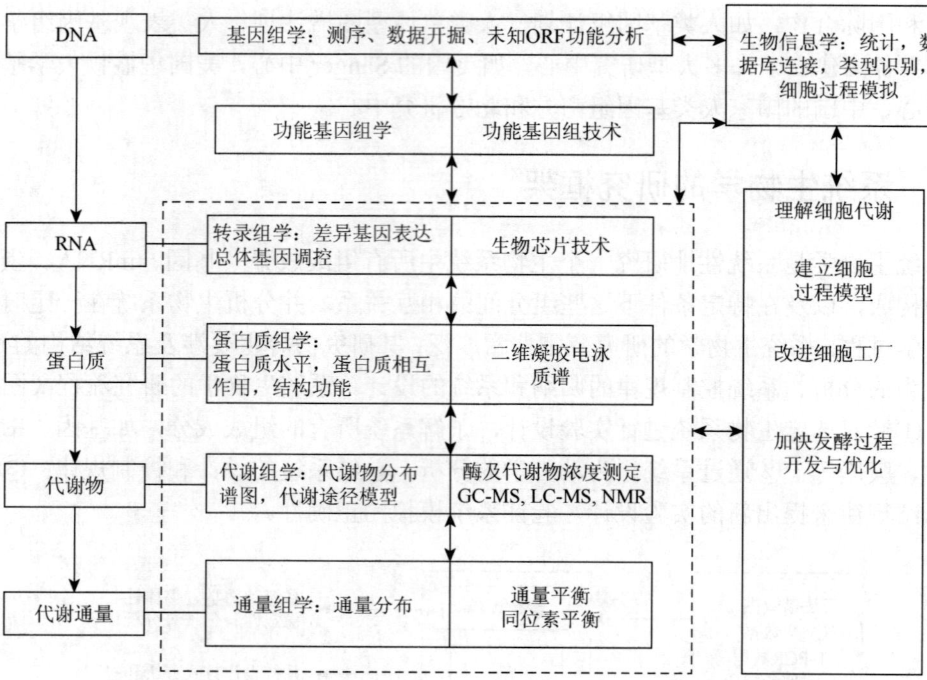

图 9-5 系统生物学研究框架（Wang et al.，2006）

9.3.2 系统生物学的研究平台

1. 基因组学

基因组学（genomics）的研究以建立生物的遗传、物理和转录图谱及其全序列测序为主。基于基因组信息的代谢工程主要应用在比较基因组学（comparative genomics），它是在基因组图谱和测序的基础上，利用某个基因组研究获得的信息推测其他原核生物、真核生物类群中的基因数目、位置、功能、表达机制和物种进化的学科。

基因组测序揭示了每一个生物体中所有的遗传密码，是系统生物学的基础和起点，因为基因组的序列决定了每一个生物体的基本性状，并与环境因子相互作用决定生物体的行为。2003 年已完成了人类基因组计划中人和 5 种模式生物的全基因组测序，同时也完成了多种重要动植物品种和 100 多种病原微生物和工业微生物基因组的测序。

Ohnishi 等（2002）采用基于基因组的工程菌构建策略，构建了产赖氨酸的谷氨酸棒杆菌。其首先比对不同赖氨酸工程菌基因组，鉴定出有助于赖氨酸产量提高的基因突变体，最后将有助于产量提高的突变基因组装到一株具有野生型背景的基因组中。结果发现三个基因共整合后，工程菌的赖氨酸产量达到 80g/L。

2. 转录组学

转录组（transcriptome）即一个活细胞所能转录出来的所有 mRNA。研究转录组的一个重要方法就是利用 DNA 芯片技术检测有机体基因组中基因的表达。从基因组 DNA 转录的基因总和，即转录组，也称为表达谱，是研究细胞表型和功能的一个重要手段。而研究生物细胞中转录组的发生和变化规律的科学称为转录组学（transcriptomics）。

转录组学的研究主要包括各种转录组的测量技术及对数据的生物信息学分析两个方面。过去十几年已经发展了一系列的方法可以让研究者在单一实验中测量数千个基因的表达数据。这些方法包括 Northern 杂交、实时定量 PCR、基因表达序列标签（EST）及微阵列分析（microarray）。微阵列分析是目前最核心的表达谱分析工具。

Gill 等（2001）利用基因芯片微阵列技术，对高细胞密度重组大肠杆菌的间歇发酵、流加发酵等条件的转录组进行了分析。发现在高细胞密度培养下，大肠杆菌应激基因的转录水平提高，提高了该重组蛋白的产率。Bro 等（2004）比较了厌氧条件下具有不同 NADPH 需要的两种酵母菌（野生菌及重组菌）的基因组尺度的转录分布，为识别氧化还原代谢中新的代谢工程目标提供了有用的信息。Choi 等（2003）分析了胰岛素样生长因子工程菌和原始菌之间转录组差异，从表达下调的基因中选择氨基酸合成相关基因 *prsA* 和 *glpF* 进行超表达，结果工程菌胰岛素样生长因子产量达到 4.3g/L。

3. 蛋白质组学

蛋白质组（proteome）是指在一种细胞内存在的全部蛋白质。蛋白质组学（proteomics）是在整体水平上系统地研究细胞内蛋白质的组成及其活动规律的新兴学科。即以基因组编码的所有蛋白质为研究对象，从细胞及整体水平上研究蛋白质的组成及其变化规律，从而深入认识有机体的各种生理和病理过程。蛋白质组学的研究内容包括：①蛋白质鉴定，利用一维电泳和二维电泳并结合蛋白质印迹等技术，或利用蛋白质芯片和抗体芯片及免疫共沉淀等技术对蛋白质进行鉴定研究。②翻译后修饰，很多 mRNA 表达产生的蛋白质要经历翻译后修饰。翻译后修饰是蛋白质调节功能的重要方式，因此蛋白质翻译后修饰的研究对阐明蛋白质的功能具有重要作用。③蛋白质功能确定，如分析酶活性和确定酶底物，细胞因子的生物分析/配基–受体结合分析。可以利用基因敲除和反义技术分析基因表达产物–蛋白质的功能。④由于蛋白质组学的研究最终要服务于人类的健康，因此，促进分子医学的发展也是蛋白质组学的重要研究内容，如寻找药物的靶分子。很多药物本身就是蛋白质，而很多药物的靶分子也是蛋白质，药物也可以干预蛋白质–蛋白质相互作用。

蛋白质组学研究细胞和生物体的蛋白质分子的结构、时空分布和功能，可分为表达蛋白质组学（expression proteomics）、功能蛋白质组学（functional proteomics）和结构蛋白质组学（structural proteomics）三大分支。

表达蛋白质组学是蛋白质水平的基因表达谱，最常用的是双向电泳-质谱系统，用双向电泳、蛋白质染色、质谱分别作为分离、检测和鉴别方法。目前这个系统用于低丰度蛋白质和膜蛋白的分析仍有一定困难，一般仅能检测 2000～3000 个蛋白质。近年来发展的二维色谱-质谱、蛋白质芯片-质谱系统进一步扩展和提高了蛋白质组研究的能力。表达蛋白质组已用于特定生理和病理状态下蛋白质标记分子的发现和鉴别，这些蛋白质标记分子可用于药物发现、临床诊断和预警及疾病的监控。

功能蛋白质组学研究难度较大，涉及蛋白质的翻译后加工、转运和亚细胞定位、蛋白质的构象和相互作用等。已发展用基于蛋白质活性免疫探针和化学探针方法检测和富集活性蛋白质，如用免疫探针或化学探针富集磷酸化蛋白、用化学探针标记蛋白质组中 6 类机制各异的酶超家族、用化学探针监控蛋白质组中酶的活性、用酶活性中心专一的化学探针筛选酶的抑制剂等。用绿色荧光蛋白标记的蛋白质组研究蛋白质的亚细胞定位也已广泛应用。

结构蛋白质组学，也称结构基因组学，主要研究高通量测定蛋白质的高级结构。除了高通量的基因表达和蛋白质纯化技术平台外，高通量的 X-射线蛋白质晶体结构测定和高通量的核磁共振蛋白质溶液结构测定是结构蛋白质组学的关键技术平台，尽管目前通量还不大，但已取得较大进展。1999 年报道的蛋白质立体结构约 1500 个，至 2001 年已达 1.3 万个以上。利用蛋白质结构知识已成功设计和开发了基于蛋白质结构的抗流感病毒药物和抗艾滋病病毒药物。膜蛋白的立体结构是药物学家十分关注的，因为膜蛋白约占人蛋白质的 30%，而药靶分子中有一半以上是膜蛋白，包括受体和离子通道，但至今报道的膜蛋白立体结构为数甚少。

对模式生物啤酒酵母已进行了系统的蛋白质组研究。6243 个酵母可读框（ORF）分别用串联亲和标签（TAP）和绿色荧光蛋白标签进行标记，使酵母蛋白质组的蛋白质可在天然环境表达和定量分析。结果 6109 个 TAP 标记的蛋白质中有 4251 个（约占 70%）在对数生长期得到表达，6234 个绿色荧光蛋白标记的酵母蛋白组中 4156 个蛋白质（约 75%）进行了亚细胞定位分析，将这些蛋白质定位于 22 个不同亚细胞区域。Han 等（2001）分析和比较了在多聚 R-(–)-3-羟丁酸（polyhydroxybutyrate，PHB）生产期和非生产期的大肠杆菌代谢工程菌的蛋白质组，表明菌体中 PHB 的累积在细胞中产生一种应力，因而设计发酵策略是在培养中 PHB 不要合成太早。Champion 等（2001）用 2-DE 对大肠杆菌发酵过程中的蛋白质组进行了检测，揭示了重组菌高密度培养过程的生理状态。Kim 等（2004）用 2-DE 和基质辅助激光解吸电离飞行时间质谱技术，检测了碳源由葡萄糖改为甲醇时，对汉逊酵母菌所引起的蛋白质组的响应，并进行了蛋白质组分析。

4. 代谢组学

代谢组学是研究生物体系受到外部刺激后所产生的所有代谢产物变化的科学。代谢组学的英文名有两个，即 metabolomics 和 metabonomics。前者研究单个细胞或单一类型细胞的代谢调控和代谢流，常用于植物和微生物。后者通过分析体液或组织测定整个机体的系统代谢图谱和功能调控，一般用于人和动物。

根据研究对象和目的的不同，代谢组学的研究方法主要包括：①目标代谢物分析（metabolite target analysis），利用特定方法定量一个或几个感兴趣的代谢物；②代谢谱分析（metabolite profiling），对一系列预先设定的目标代谢物（或者一组由多条代谢途径共享的代谢物）进行定量研究；③代谢组学（metabolomics），对限定条件下的生物样品中的所有代谢物进行定性和定量测定。要测定全部代谢物必须采用多种分析技术和设备的联合，因此具有中度的敏感性和精确性；④代谢指纹分析（metabolic fingerprinting），目的不是分离鉴定每一具体内部代谢物，而是对不同环境条件及遗传背景条件下的样品进行快速分类的方法。具有高通量及低精度；⑤代谢足迹分析（metabolic footprinting），研究分泌到基质中的胞外代谢物。

代谢图谱的测定可用核磁共振（NMR）、质谱（MS）、气相色谱（GC）、液相色谱（LC）或这些方法的组合，如 GC-MS，LC-MS，LC-MS-NMR 等。NMR 和 MS 是产生多变量代谢数据的有效方法，可提供较多的分子结构信息。MS 灵敏度高，而 NMR 是一种无损伤测试方法，可用于复杂混合物和完整组织及细胞的生化分析。荧光共振能量转移分析法（FRET）可实时测定代谢物的变化和亚细胞定位。

代谢处于生命活动调控的末端，因此代谢组学比基因组学、蛋白质组学更接近表型。基因组学、蛋白质组学研究一般是发现和鉴别潜在的可能性，而代谢组学研究则是发现和鉴别真实的变化。代谢组指纹图谱已成功地用于冠心病和肿瘤的预警与诊断及药物毒性和疗效的评估。代谢组学的研究还可用于代谢相关基因沉默突变的发现。植物和微生物的代谢组学研究已在指导代谢工程设计和提高目标代谢产物的产量等方面取得了良好进展。

5. 相互作用组学

生命活动中的各种功能和行为不是由单一分子完成的，而是通过体内各种分子的相互作用实现的。现在研究较多的是蛋白质间的相互作用。相互作用组学（interactomics）系统地研究各种分子相互作用，包括蛋白质-蛋白质、蛋白质-核酸、蛋白质-代谢物的相互作用和这些作用形成的分子机器、途径和网络。

研究分子相互作用的技术平台有三类：①分子生物学平台，主要是酵母双杂交和噬菌体展示系统；②生物化学技术平台，主要有免疫共沉淀、交链和结合试验；③蛋白质芯片技术平台。用酵母双杂交法分析了啤酒酵母系统 2039 个蛋白质之间的相互作用，结果鉴别了一个由 1548 个蛋白质参与、包括 2358 个相互作用的巨型网络和几个较小的网络。用蛋白质芯片鉴别了啤酒酵母系统中 1.1 万个蛋白质-蛋白质相互作用。

相互作用组学研究可用于构建生物系统中的各种途径和网络，鉴别参与网络和途径的生物元件，形成系统生物学研究中的模块，进一步通过模块的相互作用研究构建完整的生命活动线路图。

9.3.3　网络相关系统生物学模型

研究生物体内各种组成成分形成的生物网络是研究系统生物学、从系统角度分析生物学的一个必经之路，也是当前生物科学界研究的热点之一。目前研究比较广泛的有转录调控网络（transcriptional regulatory network）、代谢网络（metabolic network）、蛋白质相互作用网络（protein-protein interaction network）和信号转导网络（signal transduction network）等。通常情况下，这样的代谢网络包含了成百上千的代谢物和生化反应，因此不可能按照以前的生化系统理论（biochemical systems theory，BST）通过实验和现成的动力学数据建立动态的代谢反应模型以评估系统的功能和特性。在这种情况下，使用图论研究代谢网络的拓扑学性质及使用静态模型研究代谢网络的计量学性质成为当前最有力的手段。

网络重建过程及其后继的计算机模型（*in silico* model）的合成是系统生物学的两个基本要素，以下将简要介绍一些相关内容。

1. 细胞代谢网络及其调控网络重构与分析

（1）代谢反应网络的构建

利用网络资源进行功能基因组学研究是必不可少的。表 9-2 列出了组学研究时可以利用的部分数据库资源。基因组规模代谢网络构建的基础即从这些数据库开始。

表 9-2 代谢组学研究可利用的数据库资源

数据库及网址	说明
KEGG（http://www.genome.jp/kegg/）	基因组方面的数据库，包括代谢途径和生化复合物及反应的信息
BioCyc（http://biocyc.org）	收录了多种生物的代谢途径及相关的酶类，尤其是微生物和植物的
EMP（http://www.empproject.com）	酶和代谢途径数据库
MetaCyc（http://metacyc.org）	关于代谢物的数据库，包含超过 150 种生物体的代谢途径，反应、酶和底物的资料
AraCyc（http://arabidopsis.org/tools/aracyc）	在 MetaCyc 基础上增加了多个植物专有的途径并更新了部分途径上的基因图谱
ArMet（http://www.armet.org）	包含植物代谢组学数据信息，并将代谢物信息标准化
BRENDA（http://www.brenda.uni-koeln.de）	酶相关信息数据库
ExPASy（http://au.expasy.org/）	蛋白分析系统
HMDB（http://www.hmdb.ca）	人类组织和体液的代谢物组数据库
ERGO（http://ergo.integratedgenomics.com/ERGO）	包含基因组学、生物化学和高通量实验的信息
EMBL（http://www.ebi.ac.uk/embl/）	欧洲分子生物学实验室核酸序列数据库
SWISS-PROT（http://www.ebi.ac.uk/swissprot/）	蛋白序列数据库

全基因组尺度代谢网络构建的全过程包括基因注释、代谢反应及反应列表的建立、代谢网络的建立、计量学矩阵的建立及代谢途径优化过程。

目前许多生物的基因组序列及其注释信息都可以在网络数据库中得到（表 9-2），最为常用的基因组注释网络数据库为 KEGG，该数据库中每一个已经测序的菌株的基因注释都与它们的功能及其编码的酶相链接，并且有相关的文献支持。

当所有的 ORFs 都被注释之后，选择需要的 ORFs 参与代谢网络模型的构建，并将基因与代谢反应联系起来。相关基因编码的酶及其催化的反应信息可以从各个数据库中得到。这个过程中涉及信息的整理，通常从数据库中下载的数据信息量很大，其中有很多对于代谢网络构建无用的信息，因而要对信息进行提取和整理，将有用的信息从大量的数据中提取出来并存储为所需要的格式，这个过程要通过编程来完成。可以用于信息提取的程序很多，C、JAVA、Python、VB、VBA 等都可以。另外，要建立一个高质量的全基因组规模的代谢网络模型，一个数据库的信息是远远不够的，因而要选择下载多个数据库的基因组及其相关酶和反应的信息，并对不同数据库的信息进行比对和整理，综合各个数据库的信息，取长补短，相互弥补，以得到比较全面的基因组信息。由于各个数据库信息的书写格式有所不同，因而，在进行数据的整理和比对前，要对各个数据库的信息进行格式的统一，这个过程通常也是通过编程来完成的。除了基因注释以外，模型中的一部分反应还来自于文献。

反应和反应物列表确定之后，需要将这些反应和反应物及催化反应的酶联系起来形成代谢网络，由于全基因组尺度代谢网络通常包含很多的反应和反应物，因而可以通过将整个代谢网络分割成多个途径，分别构建来简化构建过程，最后将各个独立的途径合并起来，形成最终的全基因组尺度代谢网络。这时形成的代谢网络是初步构建的代谢网络，还需要进行进一步的完善。

代谢网络的完善可以通过三种方式完成，第一种是通过对网络的分析及对微生物实际生理功能的对照，填补代谢网络中的空白（gap)，使得一些彼此孤立的途径联系起来，具有完成微生物实际生理功能的能力；第二种是通过文献的查询，修正代谢网络中的错误，补充其中的不足，这个过程的工作量较大，通常要有大量的文献阅读作为基础。第三种是通过计算机模拟来找出网络中的不足，通过模拟结果与实验结果的对比，找到网络中不完整的途径及在微生物代谢中没有通量流动的反应或途径，对其进行补充或修正。这个过程要通过多次模拟、修正的循环来进行，直至模型能够比较真实地反映实验结果。可以说，代谢网络的构建过程是一个迭代的过程。

在模型的评估过程中既需要对于模型预测的结果进行实验验证，也需要从各个组学的角度验证模型预测的准确度，另外从文献中获取大量的信息也是必不可少的。模型的修正是指通过实验手段来验证模型的准确性，从而找出代谢网络模型中存在的不足，是完善代谢网络模型不可缺少的一步。反应和反应物列表确定之后，需要将这些反应和反应物及催化反应的酶联系起来形成代谢网络，代谢网络的构建可以在一些软件程序（如 WIT 或 KEGG 等）的辅助下完成。

大肠杆菌（*Escherichia coli*）的代谢网络模型已经有三个版本：iJE660a GSM、iJR904 GSM/GPR 和 iAF1260，分别于 2000、2003 和 2007 年构建完成。酿酒酵母（*Saccharomyces cerevisiae*）代谢网络模型已经有两个版本：iFF708 和 iND750，分别于 2003 年和 2004 年构建完成，其他微生物的代谢模型也相继被建立起来。

（2）代谢网络图论表示及结构分析

从细胞到因特网，大部分复杂系统的行为都是由许多组件通过成对的关系互相作用而形成的。这些组件可以被抽象为一系列通过边所连接的节点，其中每一条边代表两个组件之间的一组关系。这些节点和边组合在一起形成了网络，这种网络在数学语言中被称为图。生物网络表达的是细胞内的组分及它们之间的相互关系，将这些组分和关系转化成数学的方式来表达，通过数学的概念和参数可以更好地分析网络的生物学意义。

生物网络为各种不同形式的生物系统提供了一种量化描述网络特点的方式。作为复杂系统中的一种，其特点和结构都有通用性。

代谢网络的图论研究方法中，一个节点最基本的性质是它的连接度，通常用字母 k 表示。连接度表示了一个节点拥有的边数。连接度的分布通常用 p_k 来表示。p_k 表示一个节点拥有 k 条边的可能性。p_k 的值为节点的数目 N_k（$k=1,2\cdots$）除以节点数的总和的百分数。最主要的网络是随机（random）网络和无尺度（scale-free）网络，两种网络的连接度分布性质不同。直观上，当这两种网络包含的节点和连接数目完全相同时，它们在结构上表现出的特点也不相同。随机网络各个节点之间的连接是随机的，节点之间连通非常容易。无尺度网络的特点很明显，节点和节点之间的连接并非是随机的，而是遵循一定的规律，大部分节点拥有少数连接，而少数节点则拥有大量的连接。另外关于路径长度、聚集系数、弱连通体（weakly connected components，WCC）、强连通体（strongly connected components，SCC）等基本图论相关理论请参见相关的专业书籍。

采用图论的研究方法，马红武等（2004）通过基因组规模的代谢网络重建和图论分析，对所得上百种生物的代谢网络计算了其连接度分布和平均途径长度，确认了代谢网络属于小世界网络（small world network），但所得途径长度远远大于前人计算得到的结果，并且发现在真核生物，细菌和古细菌的代谢网络间存在着定量的结构差异，真核生物和古细菌比细菌具有更长的平均途径长度。对大规模代谢网络的连通结构分析发现了代谢网络具有一种蝴蝶结结构（bow-tie structure）。

2. 基因组规模的通量平衡分析

除图论以外，一种重要的研究代谢网络性质和功能的方法就是使用静态模型研究代谢网络的计量学性质，即通量平衡分析（flux balance analysis，FBA）和代谢途径分析（metabolic pathway analysis）。FBA 是通过对代谢网络的计量学和动力学约束，利用优化理论以获取代表细胞典型生长状态的通量分布的研究方法。

建立 FBA 模型需要两个条件。第一是要知道人们感兴趣的代谢网络的所有化学反应的计量学系数。第二是要获得维持该代谢网络达到稳定状态的信息。这些信息包括生物物质的合成、维持系数，以及特定代谢产物的分泌。对于原核系统，代谢的主要需求是合成生物质前体，而这些前体代谢物可以通过对细胞进行化学成分分析得以鉴定。维持系数可以通过特定的实验来获取。

Palsson 等于 1993 年建立了第一个用于 FBA 的大肠杆菌代谢模型，之后又经过了一系列的改进，通过使用生长优化的方法所获得的不同条件下的代谢表型模拟数据和实验数据非常接近。在此基础上，FBA 的方法被进一步用于研究基因缺失或者是途径失活给菌体代谢所带来的影响。王庆昭等（2006）对比了在计算机上构建的大肠杆菌高产琥珀酸的最佳途径通量分布与实际野生菌发酵的通量图，并找出了导致通量流向发生重大变化的节点。在对野生菌葡萄糖磷酸转运途径（*ptsG*）、丙酮酸羧化途径（*pyc*）和乙醛酸旁路（*iclR*）的节点分别进行基因工程改造之后均得到了高产琥珀酸的菌株。Alper 等（2005）以大肠杆菌整体代谢网络模型为基础，采用循环计算的方法首次基本实现了系统搜寻目标靶点，并将其应用于提高番茄红素的产量。杨育谛（2007）详细介绍了计算机方法如何实现自动模拟基因敲除及表达的方法。

3. 代谢途径分析

FBA 从最大反应能力的角度研究并预测代谢网络的功能，可以找出使目标反应通量达到最大的一组通量分布的最优解。一般情况下，这组最优解位于凸多面锥的某条边上。而进一步对凸多面锥所有边的研究，引出了代谢途径分析的概念。与 FBA 不同，代谢途径分析着重于从途径的角度梳理物种基因型和表型的复杂关系。在给定目标函数的情况下，FBA 的研究结果能够提供一种最优的通量分布状态，但是在研究特定产物的最大反应速率，并最终找到瓶颈途径时，FBA 还需要和代谢途径分析的方法结合才能够发挥更大的作用。因为 FBA 线性规划的计算结果反映的是通量的最优解而不是最可能解，所以在实际中很可能出现的一种情况是这一组最优解偏离了菌体实际的通量分布状态。因此，有必要进一步采用代谢途径分析的方法研究细胞的代谢表型，并评估通过改造细胞代谢途径以使其通量分布达到 FBA 预测状态的可行性。

代谢途径分析能够很好地用来研究特定产物的最大生物转化率，分析细胞代谢网络的冗余性（redundancy）和鲁棒性（robustness），还在药物设计中被用来评估由酶功能缺陷带来的影响。代谢途径分析的概念明确提出了基元通量模式（elementary fluxes modes，EFM）和极端途径（extreme pathway，EP）两种研究方法的起源。

基元通量模式是指在代谢网络中稳定且不可被分解的反应通量分布状态。极端途径跟基元通量模式是两种概念相近的研究方法，它们之间最重要的区别在于极端途径具有系统独立性（即极端途径集合中没有任何一个元素可以被其他元素的非负线性组合表示）。另外，如果一个代谢网络中不存在可逆反应，那么该网络的基元通量模式和极端途径的集合是相等的。但是，在一般代谢网络中总是存在着可逆反应，因此可以认为极端途径是基元通量模式的真子集。

基元通量模式和极端途径这两种代谢途径分析方法在生物技术和代谢工程领域都有巨大的潜力，它们利用代谢网络的拓扑学性质能够帮助人们更好地研究细胞的代谢，找出基因工程改造的靶点，并结合胞内调控的研究数据以获得更高层次的知识。当然，代谢途径分析也存在不适用于研究大规模的代谢网络等实际问题，这也是当前代谢工程的一个热门研究领域。

9.4　合成生物学

9.4.1　合成生物学概念

合成生物学（synthetic biology）是 21 世纪初出现的一门新兴交叉学科，是一门涉及生物化学、物理化学、分子生物学、系统生物学、基因工程、工程学及计算科学等多个领域的新兴综合性交叉学科。合成生物学的出现是分子生物学经历了半个多世纪的发展，特别是人类基因组和模式生物基因组计划实施以来，伴随着生物信息学和系统生物学迅速发展的结果。合成生物学是指利用工程学概念和系统设计理论设计创建元件（part）、器件（device）或模块（module），以及通过改造这些元器件和优化现有自然生物体系（system），或者设计合成具有预定功能的全新人工生物体系，实现合成生物体系在化学品、医药、重大疾病的诊断与治疗、农业、能源、环境等领域的规模化应用，同时加深人类对生命本质的理解。因此，合成生物学既是一门科学，也是一门技术，是继遗传工程之后出现的新一代生物技术，代表了生物技术发展的一个新的制高点。

合成生物学的学科任务主要有两个方面：①进行新的生物零件、组件和非天然控制的细胞活动的分子网络系统的设计与构建，从而创建全新的完整生物系统乃至人工生命体；②对现有的、天然存在的生物系统的重新设计与改造，使其能按照需要完成特定的生物学目标。简单地说，合成生物学就是通过人工设计和构建自然界中不存在的生物系统来解决能源、材料、健康和环境等问题。

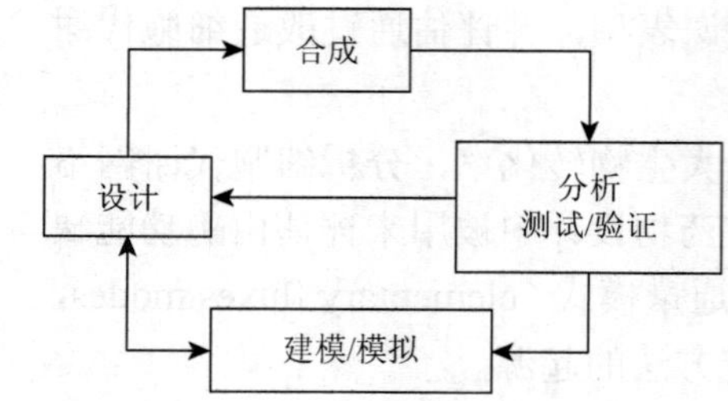

图 9-6　合成生物学基本工艺流程

合成生物学强调“设计”和“重设计”。设计、模拟、实验是合成生物学的基础，合成生物学不仅仅是实验，利用已有的生物学知识，根据实际的需要进行设计和重设计，建立数学模型对人工设计进行模拟从而指导实验的进行才是合成生物学的方法。因此，合成生物学的基本工艺流程分为设计、建模、合成和分析 4 个步骤（图 9-6）。设计是以元件、装置和系统所规定的技术要求进行，然后通过大量的建模检验工程设计，这是合成生物学的重要步骤。建模之后是合成，这是合成生物学的关键步骤。最后是分析，对产品性能进行检测和验证。此后针对过程中存在的问题重新循环，直至达到所希望的结果。

“工程化”是合成生物学的一个显著特点，也是合成生物学区别于现有生物学其他学科的主要特点。合成生物学家力图通过工程化方法，将复杂的人工生物系统合理简化以探索自然生物现象及其广泛的应用，并利用基因等元素设计和构建具有崭新功能的合成生物系统。许多综述评论对合成生物学学科的工程特性进行了阐述。2004 年，*Scientific American* 杂志发表了题为《合成生命》的文章，以图文并茂的形式阐述了合成生物学的内涵及工程性质。2005 年，Endy 发表了题为《工程生物学的基础》的综述论文，明确地提出了工程中常用的“标准化”、“复杂系统解耦”、“概念抽象化”做法，并清楚地将合成生物学涉及的生物系统分成 DNA、零件、装置、系统这 4 个层次。

9.4.2　合成生物学的研究内容

合成生物学的研究目标非常明确：从头合成新的生命体，或者对已有生命体进行工程化改造，从而实现新的功能。为了实现这些目标，科学家从不同层次、不同角度进行了探索。目前，合成生物学的研究主要集中在以下几个方面：①生物元件标准化及生物模块的设计与构建；②底盘基因组的设计和构建；③基因组的设计、合成与组装；④基因线路和代谢网络的设计与构建；⑤工程生物系统的计算机模拟。如果将人工生物系统的设计比作制造汽车，那么生物模块就像汽车的引擎、活塞、曲轴等“零部件”，而基因组则是装载这些零件，并使其协同发挥作用的“底盘”。“零部件”为汽车提供各种性能，稳固的“底盘”为“零部件”有效地发挥其性能及各“零部件”之间的相互协调提供强有力的保障，两者对于汽车高效的工作均必不可少。

1. 生物元件标准化及生物模块的设计与构建

按照一定标准或规范（包括对前缀、后缀、特殊位点、组装方式等的规定）设计和构建（寡核苷酸订制、PCR 或 *de novo* 合成）生物元件（包括启动子、终止子、蛋白编码序列等常见 DNA 组分），并对该生物元件进行详尽的描述（如序列、特性、获取途径等）及质量控制测试等，使其具有特征明显、功能明确且能与其他元件进行自由组装等特性，这些过程称为生物元件的标准化。当合成生物学的“零件”——生物元件的参数被确定及标准化，生物模块的设计与构建就会变得容易而可靠。细胞中启动子与抑制子之间相互作用的关系表现出与电路系统中开关和振荡器等类似的特性，基于这类特性，对标准化的生物元件进行不同层次的设计和组装，能够产生与工程学电路研究中类似的系统（图 9-7）。这样的生物系统使其输出的可控性和可预测性均在一定程度上得到了提高。生物模块构建既包括新的生物元件、设备或系统的从头设计与构建，也包括对现有的自然界中的生物系统进行的重新设计和改造。一些自然物质和非自然物质的设计或人工合成也被认为是合成生物学的研究内容之一，如人工核糖体的合成及由天然不存在的碱基组成的遗传因子的人工合成等。

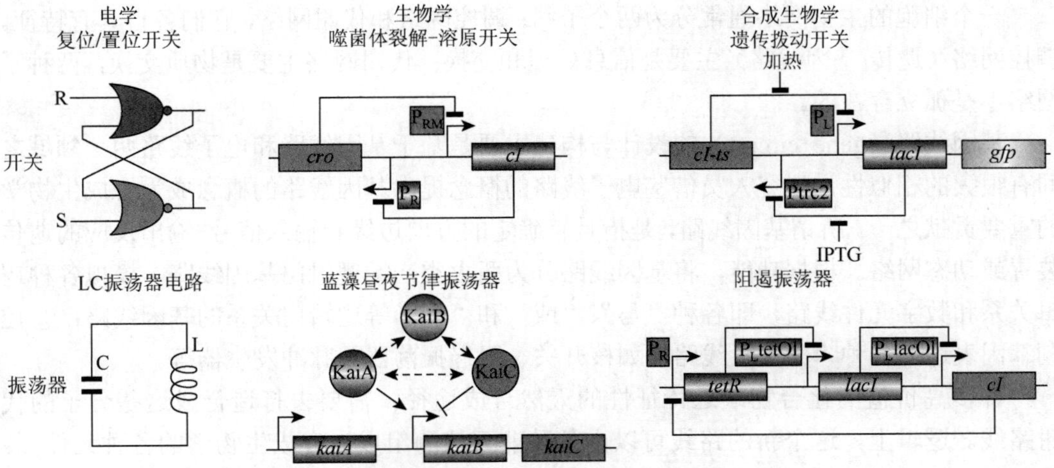

图 9-7　从工程学的电路到合成生物学的模块（Khalil and Collins，2010）

2. 底盘基因组的设计和构建

设计和构建的生物模块需要在一个合适的载体细胞（也称为“底盘”细胞，chassis）

中进行表达。理想的载体细胞应该具有精简、健壮的基因组结构，即“最小基因组”，从而最大程度降低噪声干扰，降低研究问题的复杂度，提高对所设计系统的可控性和可操作性。最小基因组是指在最适宜条件下维持细胞生长繁殖所必需的最小数目的基因（必需基因）。因此，最小基因组研究的核心就是确定基因的必需性，其核心是“删繁就简”，即去除现有基因组的不必要的基因，确认并保留必需基因。必需基因组的集合构成了底盘基因组。根据基因必需性的信息，一方面可以对现有的基因组进行有目的的精简，删除非必需的基因组片段（“自上而下”策略，top-down）；另一方面也可以对必需基因进行重新设计、合成与组装（“自下而上”策略，bottom-up），这两种方法是目前公认的实现最小基因组构建的两种策略。当然，这个“最小”的概念是相对的，并不是绝对的。此外，不存在可以适用于各种生物学用途的通用底盘。随着 DNA 测序技术的发展，越来越多的微生物基因组被测序，为针对特定问题选择合适的底盘细胞，并对其基因组进行最小化研究提供了重要的基础。

3. 基因组的设计、合成与组装

合成生物学研究，不管是生物模块构建还是最小基因组研究，归根结底都是对基因组序列的操作进行研究。要想实现“工程化生命”，对基因组的操作技术，尤其是基因组的“读-写”，即基因组测序技术、DNA 合成技术必不可少。基因组测序技术使得人们能够“阅读”生命的“天书”，帮助人们认识复杂的生命系统；在此基础上，通过计算机建模与模拟，实现对生命体 *in silico* 水平的设计与改造；而 DNA 合成技术则使得人们能够根据 *in silico* 设计重新“书写”生命的天书。这一技术体系的建立和完善是合成生物学发展的重要前提之一。

4. 基因线路和代谢网络的设计与构建

一个细胞的生物网络通常分为两个子网：调控网络和代谢网络，它们各自具有特征。调控网络（遗传/基因线路）主要是信息处理和交换；代谢网络主要是物质交换，两种子网络不是孤立存在的。

基因线路（gene circuit）的设计与构建主要是基于基因线路和电子线路两个领域之间有很大的相似性，研究人员借鉴电子线路的概念提出基因线路的概念成为合成生物学的重要贡献之一。所谓基因线路，是指具有确定的方向边缘和输入信号-输出反应的遗传装置或动态网络。根据功能，将基因线路分为两大类：①逻辑门基因线路，模拟各种逻辑关系和数字元件线路，即各种“与”、“或”和“非”等逻辑门关系的基因线路；②控制基因表达的各种“开关”线路，如核开关、阻遏振荡器及脉冲发生器等。

许多高价值的化合物缺乏特征性的天然合成途径，需要去打造合成这些分子的代谢路线。逻辑上，这个新的路线可以由各种非天然酶组成。合成生物学的各种元件-装置框架本身有助于合成途径的产生。各种途径可以看作酶催化反应的元件组成的代谢装置。合成途径首先募集各种酶元件，然后扩展到途径水平，即由酶元件设计代谢途径。同传统的生物代谢途径构建不同，在代谢途径未知的情况下，从头合成代谢途径采用化学逆合成分析方法，即以待合成的化合物为目标，构建可能的代谢途径，即逆生物合成方法。目前已有多种计算机算法可以用于从天然已知的酶及酶反应类型构建可能的代谢途径。

途径水平的合成生物学目标是创建新的代谢路线，以产生天然的代谢物和非天然的化合物。传统上，途径工程同代谢工程是同义词，并且它的工具箱是由同样的工具组成：基因敲除、流量最佳化和基因高效表达等。途径工程或代谢工程用于操纵天然代谢；合成代谢可以用于构建非天然途径。

5. 工程生物系统的计算机模拟

合成生物学主要关注通过合成周期的各个步骤，从而设计工程生物系统。因此，模拟设计过程，在构建之前预测系统的表现是合成生物学一个重要的组成部分。在这一方面，合成生物学与系统生物学一样，都非常依赖于计算机对生物过程进行模拟。不同的是，在系统生物学中，对整个生物系统进行模拟是为了了解生物的复杂程度，从而进行分析；而在合成生物学中，对工程生物系统进行模拟的目的是测试、优化和改进生物功能元件、组件或基因回路，而这同样依赖于系统生物学的分析方法。例如，在基因组范围的代谢网络重建，可通过整合各种组学数据，计算机模拟分析，最终得到一个接近真实生物系统的理论模型，对生物体的功能特性做出精确的预测、控制甚至重新设计。因此，可以在某种程度上将合成生物学理解为利用系统生物学的某些方法，来建造新的组件、设备和系统。

9.4.3 合成生物学的应用

作为一门学科，合成生物学还很年轻，但它囊括了与人类自身和社会发展相关的各个研究方向和内容。例如，合成生物学有望改善疾病疗法或用于低成本地生产高效药物，同时也可能在研制新颖的、更加有效的生物传感器上发挥作用，还可用于将生物质转化为生物燃料、检测和去除污染物等。因此，合成生物学直接服务于科学技术进步和经济社会发展，具有巨大的应用开发潜力，受到多方关注，发展极为迅速。

1. 在生物医药中的应用

合成生物学在过去的十年中飞速发展，通过在不同层面（酶、代谢途径和基因组）对微生物合成过程进行设计、调控和优化，人们不仅能够生产全新的药物和生物燃料，而且能够使目标产物的产量达到最大化。生物工程师利用合成生物学的设计，将潜在的药物靶标集成到具有特定功能的基因回路中，开发了一系列能够响应小分子化合物的人工基因回路。这些基因回路借助于小分子化合物与受体蛋白特异性结合，从而有目的地开启或关闭报告基因的表达，实现药物的高通量筛选。目前，合成生物学渗透到了天然产物开发的各个环节中，为天然产物的筛选和制造开辟了一条新的、高效的途径。例如，Keasling 实验室通过对代谢途径（网络）的不断改造和优化使青蒿酸的产量实现了若干数量级的提高；麻省理工学院的 Gregory Stephanopoulos 研究组利用大肠杆菌合成了紫杉醇的前体，他们用一种多变量模块化的代谢途径工程方法，通过调整模块中各种基因元件的表达水平，减少中间抑制物吲哚的累积，使得两个模块能很好平衡匹配，结果成功地使紫杉二烯（紫杉醇的前体物）的产量达到 1g/L，产量提高了 15 000 倍。这种模块化的途径工程方法，为紫杉醇及萜类天然产物的大规模生产奠定了基础。

除应用于药物合成外，合成生物学在医药领域还有其他尝试。在疾病机制研究方面，Rolli 等在果蝇细胞中构建了哺乳动物 B 细胞抗原受体信号处理过程，研究发现了其信号响应的“正反馈”机制。在药物靶点确认方面，Kohanski 等将人工构建的 RNA 调控线路与分子生物学手段结合起来，确定了三大类不同靶点抗生素对细菌具有共同的致死反应过程。在药物筛选方面，Weber 等在胚肾细胞中引入了能使抗结核药物乙硫异烟胺（ETH）正常发挥药效的辅助小分子的人工筛选系统。在构建治病微生物方面，Lu 等和 Anderson 等分别构建了人工噬菌体和定向入侵癌细胞的大肠杆菌。

2. 在生物能源中的应用

目前，合成生物学研究已经应用于第二代生物乙醇、生物柴油等生物燃料产品的研发，并逐渐取得越来越多的技术进展，一些有发展前景的生物燃料产品已经步入准商业化生产进程。与此同时，合成生物学研究还在不断地应用于多种新型生物燃料产品的设计与转化合成研究。

美国弗吉尼亚理工大学生物系统工程系利用合成生物学原理，用 13 个已知的酶构建了一条非天然酶催化途径，用于生产生物氢，生物氢作为替代性汽车动力燃料，具有巨大潜力。美国 LS9 公司的研究人员正利用来自多种生物（包括细菌、植物、动物等）的基因及用来生产脂肪酸的生化途径，用合成生物学方法创造出一些代谢模块，插入微生物后，通过不同的组合，这些模块可以诱导微生物生产原油、柴油、汽油或基于烃的化学品。

3. 在化学制品中的应用

生物系统可以将简单底物转化成为细胞生长和生存所需的各类产物。合成生物学能够控制这些生物的转化潜力，生产多种化学物质，满足临床与工业的需求。例如，美国能源部已经鉴定出至少 120 种具有高附加值并可通过生物原料进行生产的化学品。未来微生物有可能成为特殊的原料，为生产特定化合物“量身定做”。如美国杜邦（Dupont）公司利用大肠杆菌合成了重要的工业原料 1，3-丙二醇等。2009 年，美国加利福尼亚大学旧金山分校的 Voigt 研究组，基于 NCBI 数据库和生物信息学方法，找到来自植物、真菌、细菌及未知生物的 89 个 MHT 的基因，然后采用合成宏基因组方法，化学合成这些基因，从中筛选出可表达最高活性 MHT 的基因，构建了卤代甲烷产率很高的酿酒酵母工程菌。接着他们用一种纤维素分解菌（*Actinotalea fermentans*）和酿酒酵母工程菌组成共生混合培养体系，使其既能直接利用玉米秸秆等纤维素原料，又能高效率生产卤代甲烷。

4. 在环境保护中的应用

合成生物学在保护和恢复环境方面具有许多潜在的重要利用价值，例如，将新的基因改造的微生物用于水源、土壤和空气的净化，利用海藻进行碳固定等。阿特拉津是一种大量使用的除草剂，也是一种持久性的环境污染物，可造成地下水的广泛污染。Topp和Gallivan用合成生物学方法，通过RNA选择法得到一个专门结合阿特拉津的RNA开关。RNA开关首先感应到阿特拉津的存在，进而可对大肠杆菌重新编程进行跟踪并移向阿特拉津，随后大肠杆菌启动降解基因将其降解。

5. 在先进材料中的应用

通过对自然界生命控制中心的认识和再设计，指导复杂作用结构的装配，可以开发新型的生物材料，如设计制造新型的更为坚实的细胞膜；创造新型跨膜运输和分泌通道；以蛋白质为模板辅剂促进纳米技术的发展等。目前，加州大学伯克利分校合成生物学研究所的研究人员致力于工程化生物材料支架的研究，为细胞生理学研究提供坚实的平台，在人体外生产制造功能性组织和器官，其目标是突破自然生理学的限制，为细胞应用提供新的机遇。

（韩培培，pphan@tust.edu.cn）

复 习 题

1. 怎样用微观与宏观相结合的方法研究基因表达的动力学变化？
2. 如何从反应动力学的角度探讨DNA复制与表达行为？
3. 从一定角度讲，代谢工程是建立在生物反应动力学与分子生物学理论的基础之上的，怎样看待生物反应动力学在代谢工程中的作用？
4. 什么是代谢工程，代谢工程的特点和本质，它和基因工程有何区别？
5. 代谢工程包括哪些基本原理和技术？
6. 代谢途径的分支点通常有几种？其在代谢工程实践中有何意义？
7. 代谢途径的操作实践可以划分为几种？各举一例说明其具体含义。
8. 同位素标记的代谢通量分析的基本原理是什么？和计量学的代谢通量分析相比其主要优势是什么？试述其主要的实验步骤及分析平台和计算方法。
9. 什么是代谢控制分析？通量控制系数和弹性系数的具体含义是什么？
10. 系统生物学的基本含义是什么？简述系统生物学的研究框架。
11. 简述代谢网络相关的数学模型的分类。代谢网络重建所需要的主要数据库及关键方法和步骤分别是什么？
12. 何为通量平衡分析、代谢途径分析？其基本的研究原理和内容是什么？
13. 什么是合成生物学？合成生物学的研究内容包括哪些？

参 考 文 献

陈涛. 2004. 基于基因组重排的产核黄素枯草芽孢杆菌代谢工程. 天津：天津大学博士学位论文

段云霞. 2008. 产核黄素枯草芽孢杆菌的代谢工程. 天津：天津大学博士学位论文

刘夺，杜瑾，赵广荣，元英进. 2011. 合成生物学在医药及能源领域的应用. 化工学报，62（9）：2391～2397

王庆昭. 2006. 产琥珀酸大肠杆菌的代谢工程研究. 天津：天津大学博士学位论文

王庆昭，杨育谛，陈洵，赵学明. 2006. 大肠杆菌代谢物组测定中抽提方法的比较分析. 分析化学，34：1295～1298

熊燕，陈大明，杨琛，赵国屏. 2011. 合成生物学发展现状与前景. 生命科学，23（9）：826～837

杨育谛. 2007. 计算机辅助对大肠杆菌进行代谢工程改良的系统研究. 天津：天津大学硕士学位论文

张学礼. 2009. 代谢工程发展 20 年. 生物工程学报，25（9）：1285～1295

赵学明，马红武，班睿. 1997. 代谢工程的发展现状和未来. 化学工程，25（5）：57～59

三輪清志，中森茂，佐野考之輔. 1984. 組換えプラスミドのについて. 発酵と工業，42：280～287

Alper H，Miyaohu K，Stephanopoulos G. 2005. Construction of lycopene-overproducing *E. coli* strains by combining systematic and combinatorial gene knockout targets. Nature Biotechnology，23：612～616

Bailey J E，Hjortso M，Lee S B，Srienc F. 1983. Kinetics of product formation and plasmid segregation in recombinant microbial populations. Annals of New York Academy of Sciences，413：71～87

Bro C，Regenberg B，Nielsen J. 2004. Genome-wide transcriptional response of a *Saccharomyces cerevisiae* strain with an altered redox metabolism. Biotechnology and Bioengineering，85（3）：269～276

Cameron D C，Tong I T. 1993. Cellular and metabolic engineering. Applied Biochemistry and Biotechnology，38：105～140

Cantor C R，Schimmel P R. 1980.Biophysical chemistry Part 3. The behavior of biological macromolecules. San Francisco：W. H. Freeman and Company：1245

Champion K M，Nishihara J C，Joly J C，Arnott D. 2001. Similarity of the *Escherichia coli* proteome upon completion of different biopharmaceutical fermentation processes. Proteomics，1：1133～1148

Choi J H，Lee S J，Lee S J，Lee S Y. 2003. Enhanced production of insulin like growth factor fusion protein in *Escherichia coli* by coexpression of the down-regulated genes identified by transcriptome profiling. Applied and Environmental Microbiology，69（8）：4737～4742

Fergus G P. 1988. 细胞外酶. 张宗玉，译. 北京：科学出版社

Furth M E，Yates J L，Dove W F. 1979. Positive and negative control of bacteriophage lambda DNA replication. Cold Spring Harbor Symposia on Quantitative Biology，43：147～153

Gill R T，DeLisa M P，Valdes J J，Bentley W E. 2001. Genomic analysis of high cell density recombinant *Escherichia coli* fermentation and "cell conditioning" for improved recombinant protein yield. Biotechnology and Bioengineering，72（1）：85～95

Han M J，Yoon S S，Lee S Y. 2001. Proteome analysis of metabolically engineered *Escherichia coli*. producting Polyhydroxy butyrate. Journal of Bacteriology, 183（1）：301～308

Hobom G，Grosschedl R，Lusky M，Scherer G，Schwarz E，Kossel H. 1979. Functional analysis of the replicator structure of lambdoid bacteriophage DNAs. Cold Spring Harbor Symposia on Quantitative Biology，43：165～178

Khalil A S，Collins J J. 2010. Synthetic biology：Applications come of age. Nature Reviews Genetics，11：367～379

Khosla C，Bailey J E. 1989. Characterization of the oxygen-dependent promoter of the Vitreoscilla Hemoglobin gene in *Escherichia coli*. Journal of Bacteriology，171：5995～6004

Kim Y H，Han K Y，Lee K，Heo J H，Kang H A，Lee J. 2004. Comparative proteome analysis of Hansenulapolymorpha DL1 and A161. Proteomics，4：2005～2013

Kitano H. 2001. Foundations of systems biology，chapter systems biology：toward systems level understanding of biological systems. Cambridge：MIT Press：1～29

Lee S B，Bailey J E. 1984. A mathematical model for λ dv plasmid replication. Plasmid I. Plasmid，11：151～177

Lee S B，Bailey J E. 1984. Analysis of growth rate effects on productivity of recombinant *Escherichia coli* populations using molecular mechanism models. Biotechnology and Bioengineering，26：66～73

Ma H W，Zhao X M，Yuan Y J，Zeng A P. 2004. Decomposition of metabolic network based on the global connectivity structure of reaction graph，*Bioinformatics*，20（12）：1870～1876

Martin V J，Pitera D J，Withers S T，Newman J D，Keasling J D. 2003. Engineering a mevalonate pathway in *Escherichia coli* for production of terpenoids. Nature Biotechnology，21（7）：796～802

Matsubara K，Mukai T. 1975. Mode of replication of plasmid λ dv. Journal of Biochemistry，77：373～382

Ohnishi J，Mitsuhashi S，Hayashi M，Ando S，Yokoi H，Ochiai K，Ikeda M. 2002. A novel methodology employing *Corynebacteriumglutamicum* genome information to generate a new L2 lysine producing mutant. Applied Microbiology and Biotechnology，58（2）：217～223

Old R W，Primrose S. 1981. Principles of Gene Manipulation. 2nd ed. Palo Alto：Blackwell Scientific Publication

Park J H，Lee K H，Kim T Y，Lee S Y. 2007. Metabolic engineering of *Escherichia coli* for the production of L-valine based on transcriptome analysis and in silico gene knockout simulation. Proceedings of the National Academy of Sciences of the United States of America，104（19）：7797～7802

Paul J K. 1981. Genetic Engineering Applications for Industry. Park Ridge：Noyes Data Corporation

Perkins J B. 1999. Genetic engineering of *Bacillus subtilis* for the commercial production of riboflavin. Journal of Industrial Microbiology & Biotechnology，22：8～18

Ro D K，Paradise E M，Ouellet M，Fisher K J，Newman K L，Ndungu J M，Ho K A，Eachus R A，Ham T S，Kirby J，Chang M C，Withers S T，Shiba Y，Sarpong R，Keasling J D. 2006. Production of the antimalarial drug precursor artemisinic acid in engineered yeast. Nature，440：940～943

Rosenberg M，Court D，Shimatake H，Brady C. 1978. The relationship between function and DNA sequence in an intercistronic regulatory region in phage λ. Nature，272（30）：414～423

Smith J E. 1985. Biotechnology Principles. Aspects of Microbiology 11. Van Nostrand Reinhold（UK）Co Ltd：11～38

Stephanopoulos G N，Aristidou A A，Nielsen J. 1998. Metabolic Engineering Principle and methodologies. New York：Academic Press

Varma A，Boesch B W，Palsson B O. 1993. Stoichiometric interpretation of *Escherichia coli* glucose catabolism under various oxygenation rates. Applied and Environmental Microbiology，59（8）：2465～2473

Wang Q Z，Chen X，Yang Y D，Zhao X M. 2006. *In silico* aided metabolic flux analysis comparisons for succinic acid production. Applied Microbiology and Biotechnology，73（4）：887～894

复习题答案

第一章

1～10. 略，详见本章

第二章

1～4. 略，详见本章

5. 【解】发酵液表面压力为

$$\begin{aligned}P_0 &= P + 1.0133\times10^5\\ &= 2.5\times10^4 + 1.0133\times10^5\\ &= 1.2633\times10^5\,(\text{MPa})\end{aligned}$$

根据流体静力学方程

$$P = P_0 + \rho g(H_0 - H)$$

$$P = 1.2633\times10^5 + 1.0\times10^3\times9.8\times(10-0)$$

$$= 2.2433\times10^5\,(\text{MPa})$$

6. 【解】

（1）$V_s = \dfrac{V}{t} = \dfrac{70}{7.2\times10^3} = 9.72\times10^{-3}\,(\text{m}^3/\text{s})$

设流速为 u

$A = \dfrac{V_s}{u} = \pi(\dfrac{d}{2})^2\,V_s$

$d = \sqrt{\dfrac{V_s}{\pi u}}$

（2）$V_s' = \dfrac{V}{t'} = \dfrac{70}{3.0\times10^3} = 2.33\times10^{-3}\,(\text{m}^3/\text{s})$

设流速为 u

$A' = \dfrac{V_s'}{u} = \pi(\dfrac{d'}{2})^2$

$d' = \sqrt{\dfrac{V_s'}{\pi u}}$

第三章

1～7，15，17，25，27～29，32～38. 略，详见本章

8. 【解】

①Lineweaver-Burk 法：米氏方程可变形为 $\dfrac{1}{r_S} = \dfrac{1}{r_{max}} + \dfrac{K_m}{r_{max}}\dfrac{1}{[S]}$，以 $1/r_S$ 与 $1/[S]$ 作图得一直线，直线截距为 $\dfrac{1}{r_{max}}$，斜率为 $\dfrac{K_m}{r_{max}}$，据此计算 r_{max} 和 K_m。此法由于采用两个独立变量 $\dfrac{1}{r}$ 和 $\dfrac{1}{[S]}$，在底物浓度很低时，相应速率也很慢，再取倒数，会使测量误差进一步加大。

②HanesWoolf 法：米氏方程可变形为 $\dfrac{[S]}{r_S} = \dfrac{K_m}{r_{max}} + \dfrac{[S]}{r_{max}}$ 作图。以 $\dfrac{[S]}{r}$ 与 [S] 作图，将得一直线，直线截距为 $\dfrac{K_m}{r_{max}}$，与横轴交点为 $-K_m$，斜率为 $\dfrac{1}{r_{max}}$，据此计算 r_{max} 和 K_m。此法在底物浓度很低时误差较小。

③Eadie-Hofstee 法：米氏方程可变形为 $r_S = r_{max} - K_m\dfrac{r_S}{[S]}$ 作图，以 r 与 $\dfrac{r}{[S]}$ 作图，将得一直线，斜率为 $-K_m$，它与纵轴交点为 r_{max}，与横轴交点为 r_{max}/K_m。

上述方法的共同点是要从动力学实验中获取不同[S]值的 r_S 值。而 r_S 不能由试验直接取得。试验中能直接得到的是不同时间 t 时的浓度[S]值（或[P]值）。为此需要根据速率的定义式 $r_S = \dfrac{-d[S]}{dt}$，在[S]与 t 的关系曲线上求取相应各点切线的斜率，才能确定不同时间的反应速率。这种求取动力学参数的方法又称为微分法。显然，用这种微分法作图求取反应速率会带来较大的误差。

④积分法。将动力学试验中测得的时间与浓度数据直接带入米氏方程，整理得到

$\dfrac{\ln\dfrac{[S]_0}{[S]}}{[S]_0-[S]} = \dfrac{r_{max}}{K_m}\cdot\dfrac{t}{[S]_0-[S]} - \dfrac{1}{K_m}$，以 $\dfrac{\ln\dfrac{[S]_0}{[S]}}{[S]_0-[S]}$ 与 $\dfrac{t}{[S]_0-[S]}$ 作图，将得一直线，直线斜率为 $\dfrac{r_{max}}{K_m}$，截距为 $-\dfrac{1}{K_m}$。积分法的主要问题，是要保证随着反应的进行，反应产物的增加对反应速率不产生影响，否则不符合米氏方程成立的前提条件。

9. 【解】可逆酶促反应机制为

$$E + S \underset{k_{-1}}{\overset{k_{+1}}{\rightleftharpoons}} ES \underset{k_{-2}}{\overset{k_{+2}}{\rightleftharpoons}} E + P \quad (1)$$

采用稳态法推导动力学方程

$$\begin{cases} r = \dfrac{d[P]}{dt} = k_2C_{ES} - k_{-2}[E][P] & (2)\\ \dfrac{d[ES]}{dt} = k_1[E]C_S - k_{-1}[ES] + k_{-2}[E][P] - k_2[ES] = 0 & (3)\\ [E]_0 = [E] + [ES] \end{cases}$$

解之，得

$$r = \frac{k_1k_2[S][E]_0 - k_{-1}k_{-2}[P][E]_0}{k_1[S] + k_{-2}[P] + k_{-1} + k_2} \quad (4)$$

$$令\ r_S = k_2[E]_0\ K_S = \frac{k_{-1}+k_2}{k_1}, r_P = \frac{k_{-1}}{k_2}r_S, K_P = \frac{k_1}{k_{-2}}K_S \quad (5)$$

$$则，\ r = \frac{(r_S/K_S)[S] - (r_P/K_P)[P]}{1 + [S]/K_S + C_P/K_P} \quad (6)$$

设平衡状态时底物浓度为 $[S]_{eq}$，产物浓度为 $[P]_{eq}$，平衡常数为 K_{eq}。有 $K_{eq} = \dfrac{[P]_{eq}}{[S]_{eq}}$ （7）

达到平衡时，r=0，即

$$r=\frac{(r_S/K_S)[S]_{eq}-(r_P/K_P)[P]_{eq}}{1+[S]_{eq}/K_S+[P]_{eq}/K_P} \tag{8}$$

化简，得

$$\frac{[P]_{eq}}{[S]_{eq}}=\frac{r_S K_P}{r_P K_S} \tag{9}$$

故，$K_{eq}=\dfrac{r_S K_P}{r_P K_S}$ （10）

应为单分子反应，故

$$[S]+[P]=[S]_{eq}+[P]_{eq}=(1+K_{eq})[S] \tag{11}$$

令 $[S]'\equiv[S]-[S]_{eq}$ （12）

将（10）、（11）、（12）式代入（6）式，得

$$r=\frac{\dfrac{r_S}{K_S}\left[([S]'+[S]_{eq})-\dfrac{1}{K_{eq}}([S]_{eq}K_{eq}-[S]')\right]}{\dfrac{1}{K_S K_P}[K_S K_P+K_P([S]'+[S]_{eq})+K_S([S]_{eq}K_{eq}-[S]')]}$$

$$=\frac{\dfrac{r_S}{K_S}\cdot\dfrac{K_{eq}+1}{K_{eq}}[S]'}{\dfrac{1}{K_S K_P}[K_S K_P+(K_P+K_S K_{eq})[S]_{eq}+(K_P-K_S)[S]']}$$

$$=\frac{\dfrac{K_{eq}+1}{K_{eq}}\dfrac{K_P}{K_P-K_S}r_S[S]'}{\dfrac{(K_P+K_S K_{eq})[S]_{eq}+K_S K_P}{K_P-K_S}}$$

$$=\frac{r'_{max}[S]'}{K'_m+[S]'}$$

式中，$r'_{max}=\dfrac{K_{eq}+1}{K_{eq}}\dfrac{K_P}{K_P-K_S}r_S$

$$K'_m=\frac{(K_P+K_S K_{eq})C_{S,eq}+K_S K_P}{K_P-K_S}$$

10. 【解】当底物 S 的解离状态不变，反应速率控制步骤为 EHS^- 生成产物 P 的过程。相应的反应机制式为

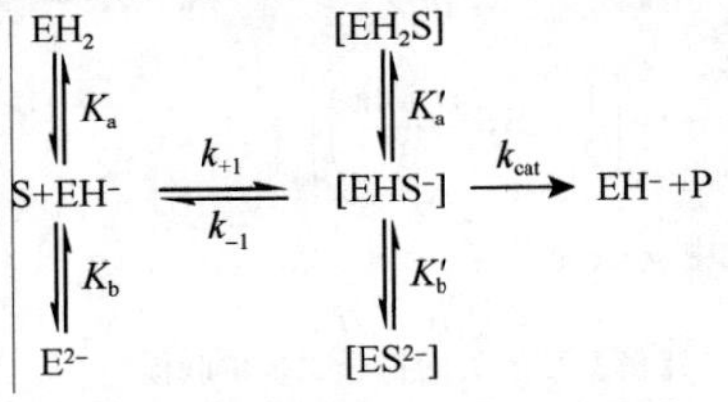

由酶催化反应动力学原理，有下述基本关系：

$$\frac{d\left[EHS^-\right]}{dt}=0$$

$$e_0=[EH_2]+[EH^-]+[E^{2-}]+[EH_2S]+[EHS^-]+[ES^{2-}]$$

$$-r_s=r_p=k_{cat}[EHS^-]$$

$$K_a=\frac{[EH^-][H^+]}{[EH_2]}$$

$$K_b=\frac{[E^{2-}][H^+]}{[EH^-]}$$

若定义

$$K'_a=\frac{[EHS^-][H^+]}{[EH_2S]}$$

$$K'_b=\frac{[ES^{2-}][H^+]}{[EHS^-]}$$

将以上相关式子整理可得

$$r_p=k_{cat}[EHS^-]=\frac{k_{cat}e_0[S]}{f_1K_m+f_2[S]}$$

其中 $f_1=\dfrac{[H^+]}{K_a}+1+\dfrac{K_b}{[H^+]}$，$f_2=1+\dfrac{[H^+]}{K'_a}+\dfrac{K'_b}{[H^+]}$

11. 【解】k_{+1}<<k_{cat} 说明中间产物产生速率远小于产物生成速率，k_{-1}<<k_{cat} 说明中间产物分解速率远小于产物生成速率。那么限制步骤在于中间产物的生成，故速率方程为

$$r_S=k_{+1}[S][E]$$

12. 【解】

$$\begin{cases} r=\dfrac{d[P]}{dt}=k_{cat}[ES] \\ \dfrac{d[ES]}{dt}=k_1[E][S]-k_{-1}[ES]-k_{cat}[ES]=0 \\ \dfrac{d[EI]}{dt}=k_{+3}[E][I]-k_{-3}[EI]=0 \\ [E]=[E]+[ES]+[EI] \end{cases}$$

解之，得

$$r_P=\frac{r_{max}[S]}{[S]+K_m(1+\dfrac{[I]}{K_I})}$$

式中，$r_{max}=k_{cat}[E]_0$，$K_m=\dfrac{k_{-1}+k_{cat}}{k_{+1}}$，$K_I=\dfrac{k_{-3}}{k_{+3}}$

令 $K'_m=K_m(1+\dfrac{[I]}{K_I})$

故 $r_P=\dfrac{r_{max}[S]}{[S]+K'_m}$

13. 【解】酶催化水解反应机制为

$$E+S\underset{k_{-1}}{\overset{k_1}{\rightleftharpoons}}ES\xrightarrow{k_2}ES'+P_1$$

$$ES'+H_2O\xrightarrow{k_3}E+P_2$$

采用稳态法推导反应动力学方程：

$$\begin{cases} r=r_S=-\dfrac{d[S]}{dt}=k_1[E][S]-k_{-1}[ES] \\ \dfrac{d[ES]}{dt}=k_1[E][S]-k_{-1}[ES]-k_2[ES]=0 \\ \dfrac{d[ES]'}{dt}=k_2[ES]-k_3[ES]'C_{H_2O}=0 \\ [E]_0=[E]+[ES]+[ES]' \end{cases}$$

解之，得

$$r=\frac{k_2[E]_0[S]}{\dfrac{k_{-1}+k_2}{k_1}+\dfrac{k_2+k_3[H_2O]}{k_3[H_2O]}[S]}=\frac{\dfrac{k_2k_3[H_2O]}{k_2+k_3[H_2O]}[E]_0[S]}{\dfrac{(k_{-1}+k_2)k_3[H_2O]}{k_1(k_2+k_3[H_2O])}+[S]}$$

$$=\frac{k_{cat}[E]_0[S]}{K_m+[S]}$$

式中，$k_{cat}=\dfrac{k_2k_3[H_2O]}{k_2+k_3[H_2O]}$，$K_m=\dfrac{(k_{-1}+k_2)k_3[H_2O]}{k_1(k_2+k_3[H_2O])}$

14. 【解】（1）酶的稳定性受温度和时间的双重影响，其函数表达式为

$$A(t,T)=\frac{[E]}{[E]_0}=\exp\left[-A_d t\exp\left(-\frac{E_d}{RT}\right)\right]$$

图 3-15 清楚地表明了温度和时间对酶稳定性的双重影

响。在同一温度下，不同的保温时间残存酶活力有极大差异。

图（a）中不同温度下保温 10min 后残余酶活力曲线只表明，在保温时间为 10min 时，酶在 50℃以下是稳定的，而并不能得出“酶在 50℃以下是稳定的”这一结论。因为不同的保温时间必将对酶的稳定性产生影响。

（2）一定的酶促反应都是正向的酶促反应与酶的失活反应的复合。当时间一定，随温度的升高，反应速率增大，转化率提高，但当温度高于某一值时，由于酶的热失活速率加快，当快于酶促反应速率上升的速度时，酶的总反应速率下降，最终降为零。对某一反应时间，就有一与最高转化率对应的温度，该温度称为最适温度。不同的反应时间，有不同的最适温度。最适温度是温度对酶促反应速率和酶失活速率双重作用的结果。如图 3-16 所示。

图（b）只表明反应时间为 10min 时，酶的最适反应温度为 35℃。但并不能笼统地说酶的最适反应温度为 35℃。因为如果反应时间变化，酶的最适反应温度将发生变化。

16. 【解】酶在载体表面固定化，因此固定化酶的效率因子为外部扩散效率因子 η_{out}。

$$\eta_{\text{out}}=\frac{r_{\text{out}}}{r_0}=\frac{\dfrac{r'_{\max}[\text{S}]}{K'_{\text{m}}+[\text{S}]}}{\dfrac{r_{\max}[\text{S}]}{K_{\text{m}}+[\text{S}]}}=\frac{\dfrac{6\times1}{0.10+1}}{\dfrac{10\times1}{0.05+1}}=0.57$$

18. 【解】分配系数 K_{P} 的定义是载体内外底物浓度之比。

（1）$K_{\text{P}}>1$，表明载体颗粒内底物浓度高于反应液中底物浓度，因此在载体颗粒与反应液之间的固液界面处，底物浓度由反应液中的浓度逐渐增大至载体颗粒内部浓度。

（2）$K_{\text{P}}=1$，表明载体颗粒内底物浓度等于反应液中底物浓度，因此在载体颗粒与反应液之间的固液界面处，底物浓度等于反应液中底物浓度。

（3）$K_{\text{P}}<1$，表明载体颗粒内底物浓度低于反应液中底物浓度，因此在载体颗粒与反应液之间的固液界面处，底物浓度由反应液中的浓度逐渐降低至载体颗粒内部浓度。

19. 【解】（1）对球形固定化酶颗粒内微元壳体进行物料衡算，得

$$4\pi(r+\text{d}r)^2D_{\text{e}}\left(\frac{\text{d}[\text{S}]_r}{\text{d}r}\right)_{r+\text{d}r}-4\pi r^2D_{\text{e}}\left(\frac{\text{d}[\text{S}]_r}{\text{d}r}\right)_r \tag{1}$$

$$=4\pi r^2r_{\text{S}}\text{d}r$$

整理，得

$$\frac{\text{d}^2[\text{S}]_r}{\text{d}r^2}+\frac{2}{r}\frac{\text{d}[\text{S}]_r}{\text{d}r}=\frac{r_{\text{S}}}{D_{\text{e}}} \tag{2}$$

当反应符合一级反应规律时，微元壳体内，

$$r_{\text{S}}=k_1[\text{S}]_r \tag{3}$$

将（3）式代入（2）式中，得

$$\frac{\text{d}^2[\text{S}]_r}{\text{d}r^2}+\frac{2}{r}\cdot\frac{\text{d}[\text{S}]_r}{\text{d}r}=\frac{k_1}{D_{\text{e}}}[\text{S}]_r \tag{4}$$

令 $l=\dfrac{r}{R},C_{\text{x}}=\dfrac{[\text{S}]_r}{[\text{S}]},\phi_1=\dfrac{R}{3}\sqrt{\dfrac{k_1}{D_{\text{e}}}}$

将方程（4）变为无因次形式

$$\frac{\text{d}^2C_{\text{x}}}{\text{d}l^2}+\frac{2}{l}\cdot\frac{\text{d}C_{\text{x}}}{\text{d}l}=9\phi^2C_{\text{x}} \tag{5}$$

边界条件：$l=1,C_{\text{x}}=1;l=0,\dfrac{\text{d}C_{\text{x}}}{\text{d}l}=0$

解微分方程，得

$$C_{\text{x}}=\frac{\sin h(3\phi_1 l)}{l\sin h(3\phi_1)} \tag{6}$$

$$\text{或}\ [\text{S}]_r=[\text{S}]\frac{R}{r}\cdot\frac{\sin h(3\phi_1\dfrac{r}{R})}{l\sin h(3\phi_1)} \tag{7}$$

式中，$\sin h(x)$ 为双曲正弦函数，其定义式为

$$\sin h(x)=\frac{\text{e}^x-\text{e}^{-x}}{2}$$

$$\eta_1=\frac{r_{\text{in}}}{r_0}=\frac{4\pi R^2D_{\text{e}}\left(\dfrac{\text{d}[\text{S}]_r}{\text{d}t}\right)_{r=R}}{\dfrac{4}{3}\pi R^3k_1[\text{S}]}=\frac{3}{R}\cdot\frac{D_{\text{e}}}{k_1[\text{S}]}\left(\frac{\text{d}[\text{S}]_r}{\text{d}r}\right)_{r=R} \tag{8}$$

将（7）式代入（8）式，得

$$\eta_1=\frac{1}{\phi_1}\left[\frac{1}{\tan h(3\phi_1)}-\frac{1}{3\phi_1}\right] \tag{9}$$

式中，$\tan h(x)$ 为双曲正切函数，其定义式为

$$\tan h(x)=\frac{\text{e}^x-\text{e}^{-x}}{\text{e}^x+\text{e}^{-x}}$$

（2）当反应符合零级反应时，$r=k_0$ （10）

将（10）式代入（2）式中，得

$$\frac{\text{d}^2[\text{S}]_r}{\text{d}r^2}+\frac{2}{r}\cdot\frac{\text{d}[\text{S}]_r}{\text{d}r}=\frac{k_0}{D_{\text{e}}} \tag{11}$$

令 $l=\dfrac{r}{R},C_{\text{x}}=\dfrac{[\text{S}]_r}{[\text{S}]},\phi_0=\dfrac{R}{3\sqrt{2}}\sqrt{\dfrac{k_0}{D_{\text{e}}[\text{S}]}}$，将（11）式变为无因次形式

$$\frac{\text{d}^2C_{\text{x}}}{\text{d}l^2}+\frac{2}{l}\cdot\frac{\text{d}C_{\text{x}}}{\text{d}l}=18\phi^2 \tag{12}$$

边界条件：$l=1,C_{\text{x}}=1;l=0,\dfrac{\text{d}C_{\text{x}}}{\text{d}l}=0$

$$\eta_o=\frac{r_{\text{in}}}{r_0}=\frac{4\pi R^2D_{\text{e}}\left(\dfrac{\text{d}[\text{S}]_r}{\text{d}r}\right)_{r=R}}{\dfrac{4}{3}\pi R^3k_0}=\frac{3}{Rk_{\text{o}}}D_{\text{e}}\left(\frac{\text{d}[\text{S}]_r}{\text{d}r}\right)_{r=R}$$

$$=1-\left[\frac{1}{2}+\cos\left(\frac{\psi+4\pi}{3}\right)\right]^3$$

式中 $\psi=\cos^{-1}\left(\dfrac{2}{3\phi_0^2}-1\right)$

20. 【解】酶的失活符合二步串联模型

$$\text{E}\xrightarrow{k_1}\text{E}_1\xrightarrow{k_2}\text{E}_2$$

稳态法推导动力学方程：

$$\begin{cases}-\dfrac{\text{d}[\text{E}]}{\text{d}t}=k_1[\text{E}]\\ \dfrac{\text{d}[\text{E}]_1}{\text{d}t}=k_1[\text{E}]-k_2[\text{E}]_1\end{cases}$$

$$\begin{cases}\dfrac{\text{d}[\text{E}]_2}{\text{d}t}=k_2[\text{E}]_1\\ [\text{E}]_0=[\text{E}]+[\text{E}]_1+[\text{E}]_2\end{cases}$$

解之，得

$$[\text{E}]=[\text{E}]_0e^{-k_1t}$$

$$[\text{E}]_1=\frac{k_1[\text{E}]_0}{k_2-k_1}\left(e^{-k_1t}-e^{-k_2t}\right)$$

$$[E]_2 = \frac{[E]_0}{k_2 - k_1}\left[k_2\left(1-e^{-k_1 t}\right) - k_1\left(1-e^{-k_2 t}\right)\right]$$

$$\varphi(t) = \frac{[E] + \varphi_1[E]_1 + \phi_2[E]_2}{[E]_0}$$

$$= e^{-k_1 t} + \frac{\varphi_1 k_1}{k_2 - k_1}\left(e^{-k_1 t} - e^{-k_2 t}\right)$$

$$+ \frac{\varphi_2}{k_2 - k_1}\left[k_2\left(1-e^{-k_1 t}\right) - k_1\left(1-e^{-k_2 t}\right)\right]$$

$$= \varphi_2 + \left(1 + \frac{\varphi_1 k_1}{k_2 - k_1} - \frac{\varphi_2 k_2}{k_2 - k_1}\right)e^{-k_1 t}$$

$$-\left(\frac{\varphi_1 k_1}{k_2 - k_1} - \frac{\varphi_2 k_1}{k_2 - k_1}\right)e^{-k_2 t}$$

21. 【解】据定义 $k_s = \frac{[E][S]}{[ES]}$ $\therefore [E] = \frac{k_s[ES]}{[S]}$

$$k_s' = \frac{[ES][S]}{[ESS]} \therefore [ESS] = \frac{[ES][S]}{k_s'}$$

对酶的物料衡算 $[E]_0 = [E] + [ES] + [ESS]$

$$= [ES]\left(\frac{k_s}{[S]} + 1 + \frac{[S]}{k_s'}\right)$$

即 $[ES] = \frac{[E]_0[S]}{k_s + [S]\left(1 + \frac{[S]}{k_s'}\right)}$

所以 $r_p = \frac{dp}{dt} = k[ES]$

$$= \frac{k[E]_0[S]}{k_s + [S]\left(1 + \frac{[S]}{k_s'}\right)}$$

22. 【解】根据酶促反应机制

$$E + S \underset{k_2}{\overset{k_1}{\rightleftarrows}} ES' \overset{k_3}{\rightarrow} ES'' \overset{k_4}{\rightarrow} E + P$$

采用稳态法建立动力学方程

$$r = k_4[ES]''$$

$$\frac{d[ES]'}{dt} = k_1[E][S] - k_2[ES]' - k_3[ES]' = 0$$

$$\frac{d[ES]''}{dt} = k_3[ES]' - k_4[ES]'' = 0$$

$$[E]_0 = [E] + [ES]' + [ES]''$$

解之，得

$$r = \frac{k_3 k_4[E]_0[S]}{\frac{k_4(k_2 + k_3)}{k_1} + (k_3 + k_4)[S]}$$

$$= \frac{\frac{k_3 k_4}{k_3 + k_4}[E]_0[S]}{\frac{k_4(k_2 + k_3)}{k_1(k_3 + k_4)} + [S]}$$

$$= \frac{r_{max}[S]}{K + [S]}$$

式中，$r_{max} = \frac{k_3 k_4}{k_3 + k_4}[E]_0$，$K = \frac{k_4(k_2 + k_3)}{k_1(k_3 + k_4)}$

23. 【解】反应符合米氏方程，

$$r = -\frac{d[S]}{dt} = \frac{r_{max}[S]}{K_m + [S]} \quad (1)$$

边界条件：$t = 0, [S] = [S]_0; t = t, [S] = [S]_t$

积分，得

$$([S]_0 - [S]_t) - K_m \ln\frac{[S]_t}{[S]_0} = r_{max} t \quad (2)$$

令 $\chi = \frac{[S]_0 - [S]_t}{[S]_0}$，则

$$[S]_0\chi - K_m \ln(1-\chi) = r_{max} t \quad (3)$$

将 $t = 2\,\text{min}, \chi = 5\%$ 及 $K_m = 1\text{mmol/L}, [S]_0 = 3\text{mmol/L}$ 代入（3）式，可得

$$r_{max} = \frac{1}{t}[[S]_0\chi - K_m \ln(1-\chi)]$$

$$= \frac{1}{2}\times[3\times 5\% - \ln(1-5\%)]$$

$$= 0.10[\text{mmol/(L}\cdot\text{h)}]$$

将 $K_m = 1\text{mmol/L}, [S]_0 = 3\text{mmol/L}, r_{max} = 0.10\text{mmol/L}$ 代入（3）式，得

$$3\chi - \ln(1-\chi) = 0.10t$$

当 $t = 10\,\text{min}, \chi = 24.3\%$。

当 $t = 30\,\text{min}, \chi = 65.0\%$。

当 $t = 60\,\text{min}, \chi = 95.7\%$。

24. 【解】把$[E]_0$=0.001mol/L 代入 $-r_s = 10^3[E]_0[S]/(1+[S])$

$$\therefore \quad -r_s = \frac{[S]}{1+[S]}$$

$$\therefore \quad t = \ln\frac{[S]_0}{[S]} + [S]_0 - [S]$$

代入得 $t = -\ln 0.1 - (0.2 - 2) = 4.1(\text{min})$

这与题设相符 $\therefore -r_s = \frac{10^3 e_0[S]}{1+[S]}$

对于全混式生物反应器，由于流入量=流出量+反应量+积累量

$$[S]_0 - [S] = -r_s\frac{V}{f} = K[S]\cdot\frac{V}{f} = K[S]\tau \cdots (1)$$

$$\because -r_s = K[S] = 10^3\times\frac{[E]_0[S]}{1+[S]}$$

$$\therefore K = \frac{10^3[E]_0}{1+[S]}$$

由（1）式 $\because X = 90\%$ $\therefore [S] = 0.2$

$$\tau = \frac{[S]_0 - [S]}{K[S]} = \frac{[S]_0 - [S]}{[S]}\cdot\frac{1+[S]}{10^3[E]_0}$$

$$\therefore \tau = \frac{(2-0.2)(1+0.2)}{0.2} = 10.8(\text{min})$$

26. 【解】该酶反应为

蔗糖+H_2O ⟶ 葡萄糖+果糖

已知：

K_m=8.8mol/m^3

k_{cat}=2.4×10^{-3}mol/（g·s）

D_e=2×10^{-6}cm^2/s

R=0.5mm=5×10^{-4}m

当溶液快速流过固定化酶载体床层时，认为无外部扩散的影响。$C_{Si}=C_{S0}$=16mmol/L，总酶量为 0.001g。

（1）游离酶的反应速率

总酶浓度为

$$[E]_0=\frac{0.001}{0.075}=1.33\times10^{-2}\,g/L$$

该酶的最大的酶促反应速率为

$$V_{max}=k_{cat}[E]_0=2.4\times1.33\times10^{-2}=3.19\times10^{-2}\,mmol/(L\cdot s)$$

该酶在游离状态下的酶促反应速率为

$$V_{so}=\frac{V_{max}[S]_0}{K_m+[S]_0}=\frac{3.19\times10^{-2}\times16}{8.8+16}=2.06\times10^{-2}\,mmol/(L\cdot s)$$

游离酶促反应的反应器内的反应速率

$$v_{游离}=v_S v_R=2.06\times10^{-2}\times75\times10^{-3}=1.55\times10^{-3}(mmol/s)$$

（2）固定化酶促反应速率

固定化酶促反应速率应以固定化载体的体积为准，已知固定化酶量为 0.05g/L，则

$$v_{max固定化}=k_{cat}[E]_{0固定化}=2.4\times0.05=0.12[mmol/(L\cdot s)]$$

求 η_m 值

$$\phi_0=\frac{R}{3\sqrt{2}}\sqrt{\frac{k_0}{D_e[S]_0}}=\frac{R}{3\sqrt{2}}\sqrt{\frac{V_{max固定化}}{D_e[S]_0}}$$

$$=\frac{5\times10^{-4}}{3\sqrt{2}}\sqrt{\frac{0.12mmol/(L\cdot s)}{2\times10^{-3}m^2/s\times16mmol/L}}=0.72$$

$$\theta=\arccos\left(\frac{1}{3\phi_0^2}-1\right)=110.92$$

$$\eta_0=1-\left[\frac{1}{2}+\cos\left(\frac{\theta+4\pi}{3}\right)\right]^3=0.76$$

$$\phi_1=\frac{R}{3}\sqrt{\frac{k_1}{D_e}}=\frac{R}{3}\sqrt{\frac{V_{max固定化}}{K_m D_e}}=1.38$$

$$\eta_1=\frac{1}{\phi_1}\left[\frac{1}{th(3\phi_1)}-\frac{1}{3\phi_1}\right]=0.55$$

$$\eta_m=\frac{\eta_0+2.6\times\left(\frac{K_m}{[S]_0}\right)^{0.8}\eta_1}{1+2.6\times\left(\frac{K_m}{[S]_0}\right)^{0.8}}=0.63$$

固定化酶促反应速率

$$v_{固定化}=\eta_m v_{游离}=0.63\times1.55\times10^{-3}=9.77\times10^{-4}(mmol/s)$$

30. 【解】是底物抑制

K_S=7.9605g/L

k_d=9.3575min^{-1}

k_2=38.4385min^{-1}

K_m=0.0748g/L

$[S]_{opt}=\sqrt{K_m K_S}$=0.77（g/L）

31. 【解】

$K_{m,DH}=0.4741\exp(4.6923DH)\quad 0\leqslant DH\leqslant0.1$

$K_{m,DH}=0.1915\exp(13.3750DH)\quad 0.1<DH\leqslant0.2$

$k_{cat,DH}=0.6871\exp(-11.418DH)\quad 0\leqslant DH\leqslant0.1$

$k_{cat,DH}=8.0862\exp(-34.0090DH)\quad 0.1<DH\leqslant0.2$

$$[E]_0\cdot t=0.04283[\exp(16.1103DH)-1]+0.1275[S]_0[\exp(11.4180DH)-1]$$

$0\leqslant DH\leqslant0.1$

$$[E]_0\cdot t=0.1146\times[0.004362\exp(47.384DH)+1]+0.1628[S]_0[0.02234\exp(34.0090DH)+1]$$

$0.1<DH\leqslant0.2$

第四章

1～5. 略，详见本章

6. 【解】葡萄糖、菌体、二氧化碳、各产物的浓度变化速率分别为 $-d[S]/dt, dx/dt$, $d[CO_2]/dt, d[P]/dt$

$$\left.\begin{aligned}&葡萄糖的比消耗速率为\quad \gamma=(1/X)(-d[S]/dt)\\&菌体比增殖速率为\quad \mu=(1/X)dx/dt\\&CO_2的比生成速率为\quad Q_{CO_2}=(1/X)d[CO_2]/dt\end{aligned}\right\}\quad(1)$$

各种产物的比生成速率为 $Qp_i=(1/X)d[P]_i/dt$

由定义可以得到 $Y_{X/S}=-\mu/\gamma\quad Y_{CO_2}/[S]=Q_{CO_2}/\gamma$

$Y_{p_i}/[S]=Q_{p_i}/\gamma$

单位时间内消耗葡萄糖的浓度变化 $-\Delta[S]$ 可得

$$-\Delta[S]\to\Delta X+\Delta[CO_2]+\sum\Delta[P]_i$$

两边同乘以 $(1/X)(1/\Delta t)$

$$(1/X)(-d[S]/dt)\to(1/X)dX/dt+(1/X)d[CO_2]/dt+\sum(1/X)d[P]_i/dt$$

参照（1）式 $\gamma=\mu+Q_{CO_2}+\Sigma Q_{P_i}$

由碳平衡得 $\alpha_1\gamma=\alpha_2\mu+\alpha_3 Q_{CO_2}+\sum\alpha_i Q_{p_i}$

$$\gamma=(\alpha_2/\alpha_1)\mu+(\alpha_3/\alpha_1)Q_{CO_2}+\sum(\alpha_i/\alpha_1)Q_{p_i}$$

$$1=(\alpha_2/\alpha_1)(\mu/\gamma)+(\alpha_3/\alpha_1)(Q_{CO_2}/\gamma)+\sum(\alpha_i/\alpha_1)(Q_{p_i}/\gamma)$$

$$1=-(\alpha_2/\alpha_1)Y_{X/S}+(\alpha_3/\alpha_1)Y_{CO_2/s}+\sum(\alpha_i/\alpha_1)Y_{p_i/s}$$

7. 【解】

$$C_6H_{12}O_6\to0.05CH_3CHOHCOOH+1.05CH_3COOH+0.94C_2H_5OH+1.76HCOOH$$

碳源平衡为

$$6C\to(0.05\times3+1.05\times2+0.94\times2+1.76\times1)C=5.89C$$

碳源的回收率为 $5.89/6=98.2\%$

由于有 CO_2 生成，残余的 1.8%的 C 为二氧化碳中的碳

1mol 葡萄糖生成 2mol 丙酮酸，同时生成 2mol ATP，2mol 丙酮酸生成 2mol 乙醇，1mol 乙醇生成 2mol 甲酸同时生成 1mol ATP

葡萄糖从此途径的生成数为

$$(1.05+0.94+1.76)/4=0.94(mol)$$

从糖酵解途径反应的葡萄糖数为

$$1-0.94=0.06(mol)$$

消耗葡萄糖 1mol 总的 ATP 生成数为

$$0.06\times2+0.94\times(2+1)=2.94(mol)$$

8. 【解】消耗 1mol 葡萄糖可以得到菌体

$X=1.0\times Y_{X/S}=1.0\times180=180g细胞$

$$\frac{Y_{X/S}}{Y_{X/O}}=\frac{180g细胞\cdot mol葡萄糖^{-1}}{30.4g细胞\cdot molO_2^{-1}}=5.9molO_2\cdot mol葡萄糖^{-1}=Y_{O/S}$$

$$\therefore Y_{A/S}=\frac{\Delta ATP}{-\Delta[S]}=\frac{\Delta ATP}{\Delta O_2}\cdot\frac{\Delta O_2}{-\Delta[S]}=(2\cdot P/O)\cdot Y_{O/S}$$

在糖酵解途径中 1mol 葡萄糖生成 2mol ATP。

1mol 葡萄糖氧化磷酸化生成 ATP 数为

$$1.0\times(2\times P/O)\times Y_{O/S}=1\times(2\times1)\times5.9=11.8mol\ ATP$$

$\therefore Y_{ATP}=180/(2+11.8)=13.0\text{g细胞}\cdot\text{mol ATP}^{-1}$

9. 【解】仅考虑消耗葡萄糖和氧气生成酵母菌，反应的质量平衡式为

$$aC_6H_{12}O_6+bO_2\rightarrow cCH_\beta O_\delta+dCO_2+eH_2O$$

则：$a=\dfrac{0.2\times1000}{12\times6+12+16\times6}=1.11$

$$b=\frac{0.0672\times1000}{32}=2.1$$

$$d=\frac{0.121\times1000}{12+16\times2}=2.75$$

$$e=\frac{(0.2+0.0672-0.0746-0.121)\times1000}{18}=4$$

根据元素平衡式，有

C：$1.11\times6=c+2.75$

H：$1.11\times12=c\beta+4\times2$

O：$1.11\times6+2\times2.1=c\delta+2.75\times2+4$

联立求解，得

$c=3.91$　　$\beta=1.36$　　$\delta=0.35$

所以，可确定该反应的质量平衡式为

$$1.11C_6H_{12}O_6+2.1O_2\rightarrow3.91CH_{1.36}O_{0.35}+2.75CO_2+4H_2O$$

$$Y_{X/S}=\frac{\Delta X}{-\Delta[S]}=\frac{0.0746}{0.2}=0.373(\text{kg/kg})$$

$$RQ=\frac{\Delta[CO_2]}{-\Delta[O_2]}=\frac{\frac{0.121}{44}}{\frac{0.0672}{32}}=1.3$$

10. 【解】$\dfrac{dX}{dt}=\mu X$

当 $t=0$，$X=X_0$，积分①有 $\ln X=\mu t+\ln X_0$

变形为　$\ln\dfrac{X}{X_0}=\mu t$

倍增时间指 $X/X_0=2$ 所需时间，因此 $\ln2=\mu t_d$

$$\therefore t_d=\frac{\ln2}{\mu}$$

世代时间指 $X/X_0=n$ 所需时间，因此

$\ln n=\mu t_g$

$$t_g=\frac{\ln n}{\mu}$$

$$\therefore\frac{t_d}{t_g}=\frac{\ln2}{\ln n}$$

11. 【解】由化工手册可知，

$\Delta H_G=-2816\text{kJ/mol}$，$\Delta H_E=-1368\text{kJ/mol}$，

$\Delta H_L=-1363\text{kJ/mol}$，$\Delta H_a=-22.15\text{kJ/g}$。

（1）采用基本培养基进行运动发酵单胞菌厌氧培养时，葡萄糖既作碳源，又作能源，菌体中碳元素全部来自于葡萄糖，即 k=1.0。

$$Y_{kJ}=\frac{Y_{X/S}}{(-\Delta H_a)Y_{X/S}+\left(1-\frac{\alpha_2k}{\alpha_1}Y_{X/S}\right)(-\Delta H_S)-\sum Y_{P/S}(-\Delta H_P)Y_{P/S}}$$

$$=\frac{4.1}{22.15\times4.1+\left(1-\frac{0.45\times1.0}{72}\times4.1\right)\times2816-(1.5\times1368+0.2\times1363)}$$

$=0.0080(\text{g/kJ})$

（2）采用合成培养基进行运动发酵单胞菌厌氧培养时，葡萄糖既作碳源，又作能源，菌体中碳元素部分来自葡萄糖，即 k=0.62。

$$Y_{kJ}=\frac{Y_{X/S}}{(-\Delta H_a)Y_{X/S}+\left(1-\frac{\alpha_2k}{\alpha_1}Y_{X/S}\right)(-\Delta H_S)-\sum Y_{P/S}(-\Delta H_P)Y_{P/S}}$$

$$=\frac{5.0}{22.15\times5.0+\left(1-\frac{0.45\times0.62}{72}\times5.0\right)\times2816-(1.5\times1368+0.2\times1363)}$$

$=0.0091(\text{g/kJ})$

（3）采用复合培养基进行运动发酵单胞菌厌氧培养时，根据题意，葡萄糖既作碳源，又作能源，菌体中碳元素部分来自葡萄糖，即 k=0.48。

$$Y_{kJ}=\frac{Y_{X/S}}{(-\Delta H_a)Y_{X/S}+\left(1-\frac{\alpha_2k}{\alpha_1}Y_{X/S}\right)(-\Delta H_S)-\sum Y_{P/S}(-\Delta H_P)Y_{P/S}}$$

$$=\frac{8.0}{22.15\times8.0+\left(1-\frac{0.45\times0.48}{72}\times8.0\right)\times2816-(1.6\times1368+0.2\times1363)}$$

$=0.017(\text{g/kJ})$

12. 【解】根据题意，可假定反应的质量平衡式为

$$100C_6H_{12}O_6+bO_2+48NH_3\rightarrow48C_\alpha H_\beta N_\gamma O_\delta+312CO_2+432H_2O$$

$$RQ=\frac{\Delta CO_2}{-\Delta O_2}=\frac{312}{b}=1.04$$

解得，$b=300$，即氧的消耗量为300mol。

根据元素平衡，有

C：$600=48\alpha+312$

H：$1200+48\times3=48\beta+432\times2$

N：$48=48\gamma$

O：$600+2\times300=48\delta+312\times2+432$

联立方程求解，得

$\alpha=6$　　$\beta=10$　　$\gamma=1$　　$\delta=3$

酵母菌体的化学组成为 $C_6H_{10}N_1O_3$。

13. 【解】由化工手册可知 $\Delta H_a=-22.15\text{kJ/mol}$

$$Y_{kJ}=\frac{Y_{X/S}}{(-\Delta H_a)Y_{X/S}+(-\Delta H_S)-\sum(-\Delta H_P)Y_{P/S}}$$

$\because$ 进行的是微生物培养　$\therefore\ \Delta H_P=0$

$$\therefore Y_{kJ}=\frac{91.8}{22.15\times91.8+2830}=0.019(\text{g/kJ})$$

14. 【解】

$(\Delta ATP)_S=(\Delta ATP)_M+(\Delta ATP)_G$

$\because(\Delta ATP)_M=m_AX\Delta t,(\Delta ATP)_G=\dfrac{\Delta X}{Y_{ATP}}$,

$(\Delta ATP)_S=Y_{A/O}\Delta[O_2],Y_{X/O}=\dfrac{\mu}{Q_{O_2}}$

$$\therefore Y_{A/O}\Delta[O_2]=m_AX\Delta t+\frac{\Delta X}{Y_{ATP}}$$

$$\frac{Y_{A/O}\Delta[O_2]}{X\Delta t}=m_A+\frac{\mu}{Y_{ATP}}$$

$$\therefore\frac{Y_{A/O}}{X\Delta t}=\frac{m_A}{\Delta[O_2]}+\frac{\mu}{Y_{ATP}\Delta[O_2]}$$

又 $\because Q_{O_2}=\dfrac{\mu}{Y_{GO}}+m_O$

$$\therefore Y_{ATP}\Delta[O_2]=Y_{GO},\frac{m_A}{\Delta[O_2]}=m_O,\frac{Y_{A/O}}{X\Delta t}=Q_{O_2}$$

$\therefore Y_{ATP}=\dfrac{13}{\Delta[O_2]}, m_A=5.5\Delta[O_2]$

代入 $Y_{ATP}=5g/mol, m_A=14.3mol/(g\cdot h)$

$Y_{ATP}=10g/mol, m_A=7.15mol/(g\cdot h)$

又 $\because Y_{X/O}=\dfrac{\mu}{Q_{O_2}}$

$\therefore Y_{A/O}=\dfrac{Q_{O_2}}{\mu}\Delta X=\dfrac{\Delta X}{\Delta X/\Delta[O_2]}=\Delta[O_2]$

$\therefore Y_{A/O}=2.6mol/mol, Y_{A/O}=1.3mol/mol$

又 $\because Y_{A/O}=2P/O$

$\therefore P/O=1.3mol/mol, P/O=0.65mol/mol$

15. 【解】假设消耗 1mol 葡萄糖，可得

$\Delta[S]$ 分解/ $\Delta[S]$ $=\dfrac{1\times72-0.45\times26.1}{72}=83.7\%$

16. 【解】（1） $\mu=\dfrac{dX}{Xdt}$ （1）

边界条件： $t=0, X=X_0$

对（1）式积分，得

$\ln(X/X_0)=\mu t$ （16-2）

以 $\ln(X/X_0)$与t 作图，将得一条直线，直线斜率为 μ 。根据已知数据，计算 $\ln(X/X_0)$ ，列入表中，并绘制 $\ln(X/X_0)\sim t$ 曲线。

t/h	0	0.5	1.0	1.5	2.0
X/（g/L）	0.10	0.15	0.23	0.34	0.51
ln（X/X₀）	0	0.405	0.833	1.22	1.63

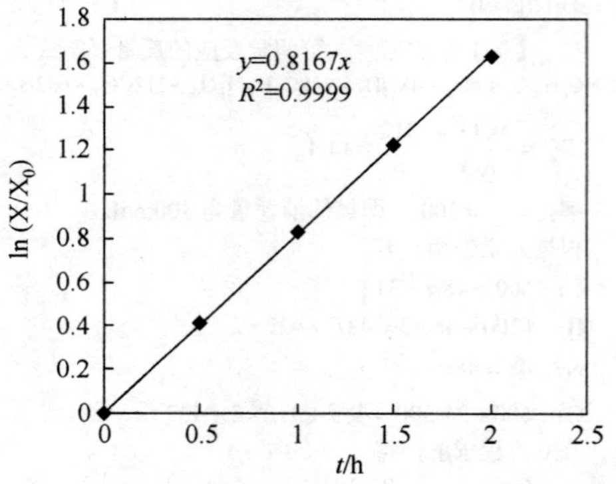

由图中可知，直线斜率为 0.82，因此 $\mu=0.82(h^{-1})$ 。

（2）该微生物每次分裂产生三个新细胞，故

$t=t_g, \dfrac{X}{X_0}=3$ （16-3）

$t_g=\dfrac{\ln3}{\mu}=\dfrac{\ln3}{0.82}=1.34(h)$ （16-4）

17. 【解】根据稀释率 D 和停留时间 τ 的定义，可知 $\tau=\dfrac{1}{D}$ ，连续培养稳态下， $\mu=D$ ；故 $\tau=\dfrac{1}{\mu}$ 。根据表中数据绘制 $\dfrac{1}{\mu}\sim\dfrac{1}{[S]}$ 曲线。

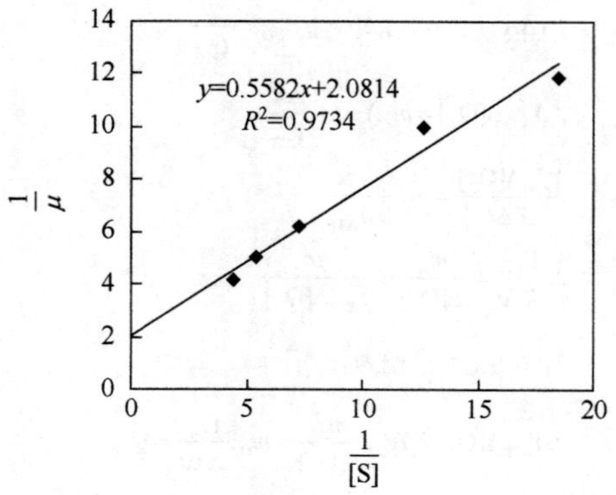

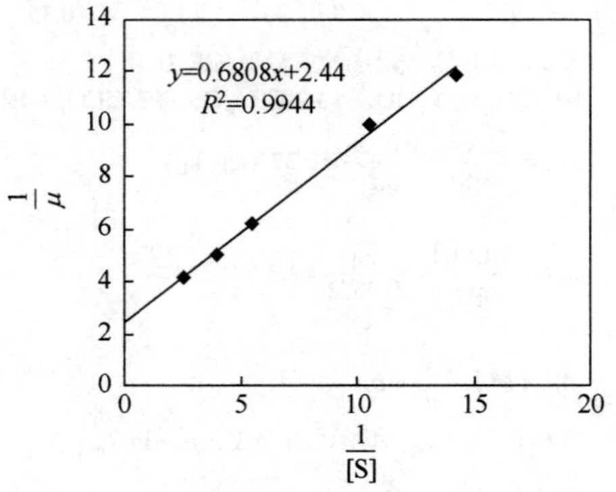

由图中可知：当 P=0，即不存在乙醇抑制时， $\dfrac{1}{\mu}\sim\dfrac{1}{[S]}$ 为直线，直线斜率为 0.56，截距为 2.08。根据双倒数法，有 $\dfrac{K_S}{\mu_{max}}=0.56$ ， $\dfrac{1}{\mu_{max}}=2.08$ ，解得， $\mu_{max}=0.48(h^{-1})$ ， $K_S=0.27(g/L)$

当 P=20(g/L)，即存在乙醇抑制时， $\dfrac{1}{\mu}\sim\dfrac{1}{[S]}$ 为直线，直线斜率为 0.68，截距为 2.44。根据双倒数法，有 $\dfrac{K_S'}{\mu_{max}'}=0.68$ ， $\dfrac{1}{\mu_{max}'}=2.44$ ，解得， $\mu_{max}'=0.41(h^{-1})$ ， $K_S'=0.28(g/L)$ 。

$K_S'\approx K_S$ ，二者差异可能是由实验误差所导致。由此可以判断上述生长模型属于非竞争性抑制。即

$$\mu=\frac{\mu_{max}[S]}{(1+C_I/K_I)(K_S+[S])}=\frac{\mu_{max}'[S]}{K_S+[S]},$$

$$\therefore 1+C_I/K_I=\frac{\mu_{max}}{\mu_{max}'}$$

当 $C_I=20g/L$ ， $\mu_{max}'=0.41(h^{-1})$ ，

$$\therefore K_I=\frac{C_I}{\dfrac{\mu_{max}}{\mu_{max}'}-1}=\frac{20}{\dfrac{0.48}{0.41}-1}=100(g/L)$$

因此，生长速率方程可表示为

$$\mu = \frac{0.48[S]}{(1+C_I/100)(0.27+[S])}$$

18.【解】(1) μ_{max} 的求解。根据实验数据绘制分批培养过程曲线。

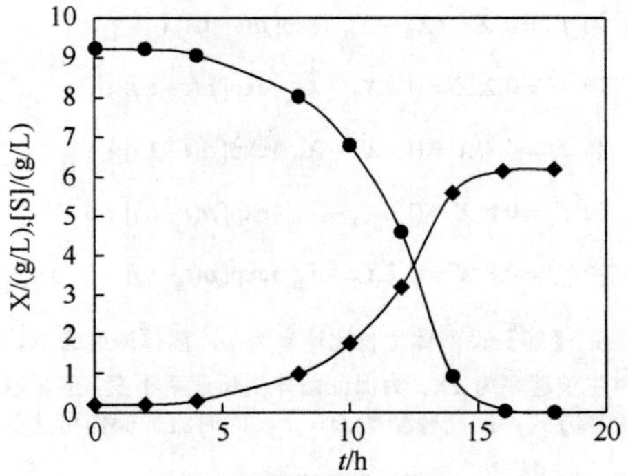

● 为[S]；◆ 为X

从图中可以看出，4～12h 为对数期，$t_{lag}=4(h)$，$X_{lag}=0.305(g/L)$。

在分批培养的对数期，有 $\frac{dX}{Xdt}=\mu_{max}$（边界条件 $t=t_{lag}, X=X_{lag}$）

积分，得 $\ln(X/X_{lag})=\mu_{max}(t-t_{lag})$

若以 $\ln(X/X_{lag})\sim(t-t_{lag})$ 绘图，将得一条直线，直线斜率为 μ_{max}。

取 4～12h 数据，计算 $\ln(X/X_{lag})$ 和 $(t-t_{lag})$，

t/h	4	8	10	12
X/（g/L）	0.305	0.98	1.77	3.2
$(t-t_{lag})$/h	0	4	6	8
$\ln(X/X_{lag})$	0	1.17	1.76	2.35

根据以上数据绘制 $\ln(X/X_0)\sim t$ 曲线。

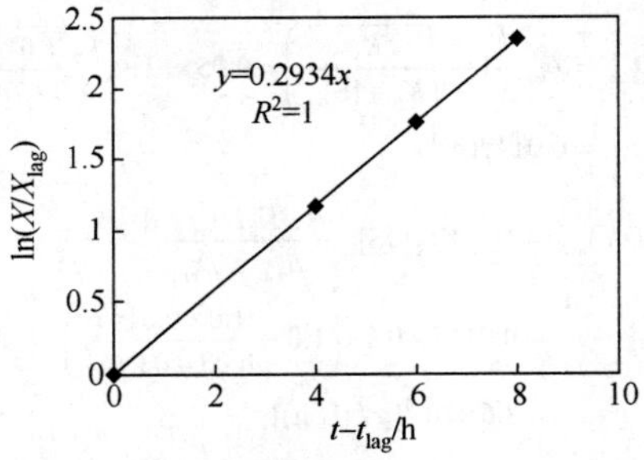

由图中可知：直线斜率为 0.29，因此 $\mu_{max}=0.29(h^{-1})$

(2) $Y_{X/S}$ 的求解

$$Y_{X/S}=\frac{\Delta X}{-\Delta[S]}=\frac{X-X_0}{[S]_0-[S]}=\frac{6.2-0.2}{9.23-0}=0.65(g/g)$$

(3) 倍增时间：$t_d=\frac{\ln 2}{\mu_{max}}=\frac{\ln 2}{0.29}=2.39(h)$

(4) $t=10h$ 时的比生长速率，

由于 $t=10h$ 仍处于对数期，应有 $\mu=\mu_{max}=0.29(h^{-1})$。

19.【解】

(1) 根据各元素平衡，十六烷烃的计量系数为

C：16=4.4c+e，16×2/3=4.4c

H：34+3b=7.3c+2d

O：2a=0.86c+d+2e

N：b=1.2c

得 a=12.65，b=2.90，c=2.42，d=12.52，e=5.35

葡萄糖：

C 6=4.4c+e，16×2/3=4.4c

H 12+3b=7.3c+2d

O 6+2a=0.86c+d+2e

N b=1.2c

得 a=1.55，b=1.09，c=0.91，d=4.31，e=2

(2) 十六烷烃：

$$Y_{X/S}=\frac{M_X}{M_S}c=\frac{90.66}{226}\times 2.42=0.97$$

$$Y_{X/O}=\frac{M_X}{M_O}\times\frac{c}{a}=\frac{90.66}{32}\times\frac{2.42}{12.65}=0.54$$

葡萄糖：

$$Y_{X/S}=\frac{M_X}{M_S}c=\frac{90.66}{180}\times 0.91=0.46$$

$$Y_{X/O}=\frac{M_X}{M_O}\times\frac{c}{a}=\frac{90.66}{32}\times\frac{0.91}{1.55}=1.66$$

第五章

1～4，11. 略，详见本章

5.【解】诱导期结束时的菌体量：

$$X=X_0+X_{A_0}-X_{D_0}=X_0+f_AX_0-X_{D_0}=(1+f_A)X_0-X_{D_0}$$

菌体在 t_l 时间后开始指数型繁殖，因此 $\frac{dX}{Xdt}=\mu$

边界条件：$t=t_l, X=(1+f_A)X_0-X_{D_0}$

积分，得

$X=[(1+f_A)X_0-X_{D_0}]\exp[\mu(t-t_l)]$，如图所示。

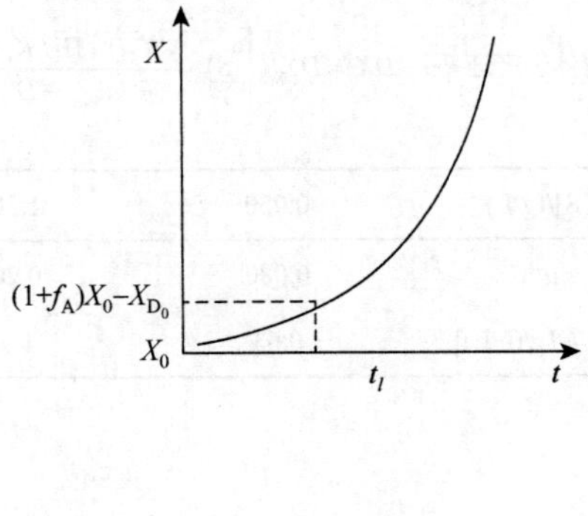

当 $f_A = 0, X = (X_0 - X_{D_0})\exp[\mu(t-t_l)]$；

当 $f_A = 0.2, X = (1.2X_0 - X_{D_0})\exp[\mu(t-t_l)]$；

当 $f_A = 0.4, X = (1.4X_0 - X_{D_0})\exp[\mu(t-t_l)]$；

当 $f_A = 0.6, X = (1.6X_0 - X_{D_0})\exp[\mu(t-t_l)]$；

当 $f_A = 0.8, X = (1.8X_0 - X_{D_0})\exp[\mu(t-t_l)]$。

6. 【解】设菌体生长比速率为 μ，菌体浓度为 X，则菌体生长速率为 μX。为保证菌体生长速率不变，应采取指数流加方式，控制稀释率 $D=\mu$，此时流加操作可达到拟稳态，即 $\frac{dX}{dt}=0$，菌体生长速率 $DX=uX$。

$D=F/V$，$\mu=\frac{F}{V}=\frac{1}{V}\cdot\frac{dV}{dt}$ 流量为 $F=F_0\exp(\mu t)$

7. 【解】微生物的生长可用 Monod 方程表达，即 $\mu=\frac{\mu_{max}[S]}{K_S+[S]}$

分批培养中菌体生长速率：$\frac{dX}{dt}=\mu X=\frac{\mu_{max}[S]}{K_S+[S]}X$

连续培养中菌体生长速率：

$$P_X = DX = DY_{X/S}\left([S]_{in}-\frac{K_S D}{\mu_{max}-D}\right)$$

8. 【解】连续培养中，$P_X = DXV$

培养液体积 $V=\frac{P_X}{DX}=\frac{10}{0.1\times10}=10(m^3)$

面包酵母生长模型可采用 Monod 方程，

在连续培养中，细胞浓度 $X=Y_{X/S}\left([S]_{in}-\frac{K_S D}{\mu_{max}-D}\right)$

流加基质浓度

$$[S]_{in}=\frac{X}{Y_{X/S}}+\frac{K_S D}{\mu_{max}-D}=\frac{10}{0.5}+\frac{0.05\times0.1}{0.15-0.1}=20.1(kg/m^3)$$

9. 【解】具有抑制作用的生长模型为

$$\mu=\frac{\mu_{max}[S]}{K_S(1+[I]/K_I)+[S]}$$

恒化器进行抑制作用的连续培养的数学模型：

$$\begin{cases}\mu=D\\ X=Y_{X/S}([S]_{in}-[S]_{out})\\ S_{out}=\frac{K_S(1+[I]/K_I)D}{\mu_{max}-D}\end{cases}$$

菌体生产速率：$DX=DY_{X/S}\left[[S]_{in}-\frac{K_S(1+[I]/K_I)D}{\mu_{max}-D}\right]$

对 DX 求一阶导数，在一阶导数为零时的稀释率 D_{max} 下 P_X 取得最大值。

$$\frac{d(DX)}{dD}=Y_{X/S}\left([S]_{in}-\frac{K_S(1+[I]/K_I)D}{\mu_{max}-D}\right)+DY_{X/S}\frac{K_S(1+[I]/K_I)\mu_{max}}{(\mu_{max}-D)^2}$$

令 $\frac{dP_X}{dt}=0$，解方程，得

$$D_{max}=\mu_{max}\left[1-\sqrt{\frac{K_S(1+[I]/K_I)}{K_S(1+[I]/K_I)+[S]_{in}}}\right]$$

$$=0.05\times\left[1-\sqrt{\frac{1.0\times(1+0.05/0.01)}{1.0\times(1+0.05/0.01)+1.0}}\right]$$

$$=0.0037(h^{-1})$$

$$(DX)_{max}=D_{max}Y_{X/S}\left[[S]_{in}-\frac{K_S(1+[I]/K_i)D_{max}}{\mu_{max}-D_{max}}\right]$$

$$=0.0037\times0.1\times\left[1.0-\frac{1.0\times(1+0.05/0.01)\times0.0037}{0.05-0.0037}\right]$$

$$=1.93\times10^{-4}[g/(l\cdot h)]$$

没有抑制作用时：

$$D_{max}=\mu_{max}\left(1-\sqrt{\frac{K_S}{K_S+[S]_{in}}}\right)=0.05\times\left(1-\sqrt{\frac{1.0}{1.0+1.0}}\right)$$

$$=0.0147(h^{-1})$$

$$(DX)_{max}=D_{max}Y_{X/S}\left([S]_{in}-\frac{K_S D_{max}}{\mu_{max}-D_{max}}\right)$$

$$=0.0147\times0.1\times\left(1.0-\frac{1.0\times0.0147}{0.05-0.0147}\right)$$

$$=8.6\times10^{-4}[g/(L\cdot h)]$$

由此可见，有抑制作用时，菌体最大产率下降，D_{max} 下降。

10. 【解】生长符合 Monod 模型，故

$$\mu=\frac{\mu_{max}[S]}{K_S+[S]}$$

方程可变形为

$$\frac{[S]}{\mu}=\frac{[S]}{\mu_{max}}+\frac{K_S}{\mu_{max}}$$

以 $\frac{[S]}{\mu}$~[S] 作图，得到一直线，直线斜率为 $\frac{1}{\mu_{max}}$，截距为 $\frac{K_S}{\mu_{max}}$。

根据实验数据绘图：

[S]/(g/L)	0.050	1.30	1.0	2.0	3.0
μ/h^{-1}	0.080	0.20	0.25	0.26	0.27
[S]/μ/[g/(h·L)]	0.63	1.5	40	7.7	11

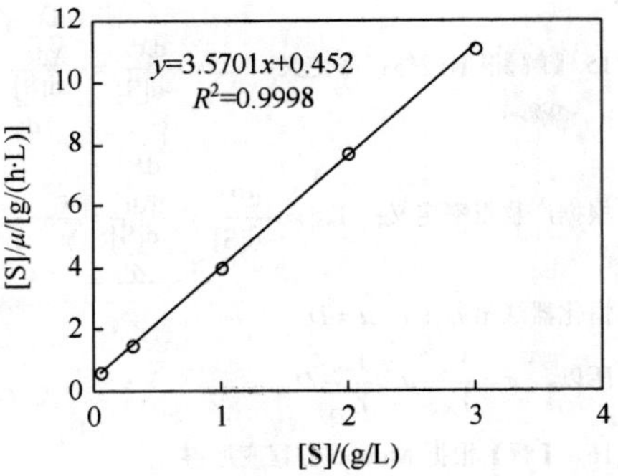

由图中可知，截距为 0.452，斜率为 3.570。故，

$$\frac{1}{\mu_{\max}}=3.570, \frac{K_S}{\mu_{\max}}=0.452$$

所以，$\mu_{\max}=0.28(\mathrm{h}^{-1}), K_S=0.13(\mathrm{g/L})$

11. 略

12. 【解】（1）连续培养中，发生冲出现象时，

$$\frac{\mathrm{d}X}{\mathrm{d}t}=(\mu_{\max}-D)X$$

边界条件：$t=0, X=X_0$

积分，得：$\ln\frac{X}{X_0}=(\mu_{\max}-D)t$

故，$\mu_{\max}=D+\frac{1}{t}\ln\frac{X}{X_0}=0.5+\frac{1}{4}\ln\frac{0.6}{1.0}=0.37(\mathrm{h}^{-1})$

（2）连续培养稳态下，

罐内基质浓度 $[S]_{out}=\frac{K_S D}{\mu_{\max}-D}=\frac{2\times0.2}{0.37-0.2}=2.35(\mathrm{g/L})$

13. 【解】得率=浓度差/时间差

发酵时间/h	乙醇浓度/（g/L）	乙醇得率/[g/(L·h)]
12	2.0	
15	4.0	0.67
18	6.2	0.73
21	10.0	1.27
27	16.1	1.02
32	30.5	2.88
42	56.5	2.60
48	75.5	3.17
51	85.0	3.17
54	96.0	3.67
57	103.5	2.50
60	107.5	1.33
66	110.5	0.50
72	113.5	0.50

由上面计算结果可知从 42h 开始进入稳定状态，51h 结束。分批培养的产物得率约为 3.2g/（L·h）。

生产能力 P_{RB}=（85–56.5）/（51–42）=3.2g/（L·h）

连续培养时，$\pi X=FP/V$

3.2=4.0P/100.0 则 P=80.0g/L

即出口醪液乙醇为 80.0g/L。

42h 时，P=56.5g/L

生产能力 P_{RB}=（80–56.5）/（51–42）=2.6g/（L·h）

14. 【解】由实验数据可知，菌体浓度不断下降，流加操作为动态过程。

对流加操作中的菌体进行衡算：

$$V\frac{\mathrm{d}X}{\mathrm{d}t}=\frac{\mathrm{d}(VX)}{\mathrm{d}t}-X\frac{\mathrm{d}V}{\mathrm{d}t}=\mu VX-XF$$

所以，$\frac{\mathrm{d}X}{\mathrm{d}t}=(\mu-D)X$

因 $[S]\gg K_S$，有 $\mu=\mu_{\max}$

故，$\frac{\mathrm{d}X}{\mathrm{d}t}=(\mu_{\max}-D)X$

边界条件：$t=0, X=X_0$

积分，得

$$\ln\frac{X}{X_0}=(\mu_{\max}-D)t$$

以 $\ln\frac{X}{X_0}\sim t$ 作图，应为一直线，直线过原点，斜率为 $\mu_{\max}-D$。

根据实验数据，绘制实验曲线。

t	0	0.5	1.0	1.5	2.0	2.5	3.0	3.5
X/X_0	1.0	0.86	0.67	0.5	0.43	0.33	0.26	0.20
ln（X/X_0）	0	–0.15	0.40	–0.69	–0.84	–1.11	–1.35	–1.61

由图中可知，直线斜率为−0.447，故 $\mu_{\max}-D=-0.45$

$\mu_{\max}=D-0.45=1.0-0.45=0.55(\mathrm{h}^{-1})$

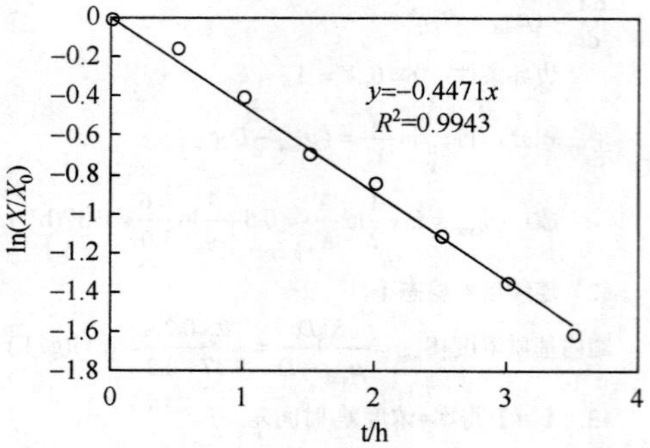

15.【解】根据菌体得率定义：$Y_{\mathrm{X/S}}=\dfrac{\mathrm{d}X}{-\mathrm{d}[\mathrm{S}]}=\dfrac{\dfrac{\mathrm{d}X}{X\mathrm{d}t}}{-\dfrac{\mathrm{d}[\mathrm{S}]}{X\mathrm{d}t}}=\dfrac{\mu}{\gamma}$

根据产物得率定义：$Y_{\mathrm{P/S}}=\dfrac{\mathrm{d}P}{-\mathrm{d}[\mathrm{S}]}=\dfrac{\dfrac{\mathrm{d}P}{X\mathrm{d}t}}{-\dfrac{\mathrm{d}[\mathrm{S}]}{X\mathrm{d}t}}=\dfrac{\pi}{\gamma}$

恒化器法培养中，$\mu=D$

所以，$\pi=\dfrac{Y_{P/S}}{Y_{X/S}}\mu=\dfrac{Y_{P/S}}{Y_{X/S}}D$

16. 【解】根据 Monod 方程变形得

$$\frac{[\mathrm{S}]}{\mu}=\frac{[\mathrm{S}]}{\mu_{\max}}+\frac{K_{\mathrm{S}}}{\mu_{\max}}$$

根据实验数据，以 $\dfrac{[\mathrm{S}]}{\mu}$~[S] 作图。

[S]/(g/L)	0.40	0.33	0.18	0.10	0.071	0.049	0.038	0.020	0.014
μ/h^{-1}	0.161	0.169	0.169	0.149	0.133	0.135	0.112	0.0909	0.0735
[S]/μ/[g/(h·L)]	2.48	1.95	1.07	0.67	0.53	0.36	0.34	0.22	0.19

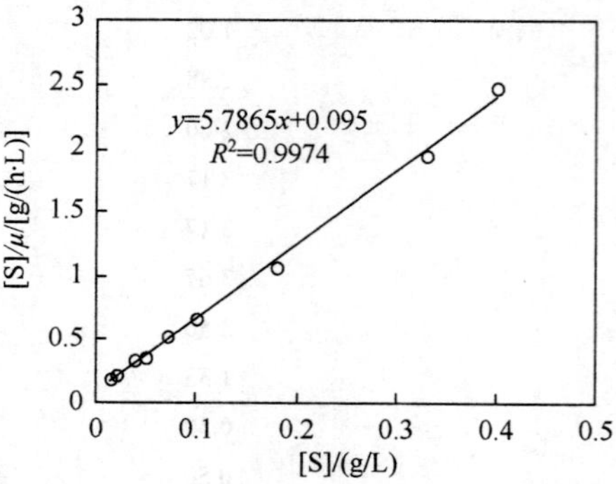

由图中可知，直线斜率为 5.787，截距为 0.095，

故，$\dfrac{1}{r_{\max}}=5.787$，$\dfrac{K_{\mathrm{S}}}{r_{\max}}=0.095$

解得，$\mu_{\max}=0.2(\mathrm{h}^{-1})$，$K_{\mathrm{S}}=0.02(\mathrm{g/L})$

第六章

1～12. 略，详见本章

第七章

1～4. 略，详见本章

5. 【解】由题意

$k_{\mathrm{L}}\propto(w_{\mathrm{B}}/d_{\mathrm{B}})^{1/2}$，$H_0=\dfrac{FH_{\mathrm{L}}}{\omega_{\mathrm{B}}V_{\mathrm{L}}}$ 则 $a=\dfrac{6H_0}{d_{\mathrm{B}}}$。

则 $k_{\mathrm{L}}a\propto\dfrac{6H_0}{d_b}(\dfrac{w_{\mathrm{B}}}{d_{\mathrm{B}}})^{1/2}=\dfrac{6FH_{\mathrm{L}}}{V_{\mathrm{L}}\left(\dfrac{w_{\mathrm{B}}}{d_{\mathrm{B}}}\right)^{1/2}}=\dfrac{F}{V_{\mathrm{L}}}\dfrac{6H_{\mathrm{L}}}{\left(\dfrac{w_{\mathrm{B}}}{d_{\mathrm{B}}}\right)^{1/2}}$

由题意知扩大培养时，$k_{\mathrm{L}}a$ 不变，

有 $(\dfrac{F}{V_{\mathrm{L}}})'\dfrac{6H'_{\mathrm{L}}}{\left(\dfrac{w_{\mathrm{B}}}{d_{\mathrm{B}}}\right)^{1/2}}=\dfrac{F}{V_{\mathrm{L}}}\dfrac{6H_{\mathrm{L}}}{\left(\dfrac{w_{\mathrm{B}}}{d_{\mathrm{B}}}\right)^{1/2}}$

（其中加撇号的是扩配后值）其中 $H'=5H_{\mathrm{L}}$

故扩大后的流通比应为小罐的 1/5。即为 0.2L/(L·min)。

6.【解】由题意有气体滞留量：$H_0=\dfrac{\Delta H}{H}=\dfrac{12-10}{10}=0.2$

又根据（7-23）式有气体的比表面积

$$a=\frac{6H_0}{d_{\mathrm{B}}}=\frac{0.2}{0.0005}=400(\mathrm{m}^{-1})$$

7. 【解】

（1）$r_{\mathrm{P}}=\dfrac{\mathrm{d}c}{\mathrm{d}t}=\dfrac{r_X}{Y_{\mathrm{X/O}}}=\dfrac{\mu X}{Y_{\mathrm{X/O}}}=4.8[\mathrm{kg/(m^3\cdot h)}]$

（2）由题意有 $k_{\mathrm{L}}a=\dfrac{Q_{\mathrm{g}}}{c^{*}-c}=31.52Q_{\mathrm{g}}^{0.8}/V_L$

又 $c^{*}=\dfrac{1}{22.4}\times0.21\times1000=9.375(\mathrm{mol/m^3})$

代入其他数，可求出 Q_{g}=59.06(m³/h)

（3）$\eta=\dfrac{4.8}{0.21\times\dfrac{59.06}{22.4}\times32}=27.09\%$

8. 【解】

由题意可得 $w_{\mathrm{S}}=\dfrac{5\times60\times1}{\left(\dfrac{\pi}{4}\right)\times R^2}=78.92(\mathrm{m/h})$

应用 Richard 公式

$$k_{\mathrm{L}}a=K\cdot\left(\frac{P_{\mathrm{G}}}{V_{\mathrm{L}}}\right)^{0.4}(w_{\mathrm{S}})^{0.5}(\mathrm{N})^{0.5}\Rightarrow$$

$$k_{\mathrm{L}}a=0.755\times\left(\frac{11.6}{12}\right)^{0.4}\times78.92^{0.5}\times119^{0.5}$$

$=72.18(\mathrm{h}^{-1})$

氧的供给速度为

$$N_0=\frac{5\times60\times0.21\times1000}{22.4}=2812.5(\mathrm{mol/L})$$

又由 $k_L a(c^* - c) = QX$

所以，当 c=0.48mg/L 时

$Q_{O_2}X = 72.18\times(6-0.48) = 12.45(\text{mol/h})$

总耗氧量 $Q_0 = 12.45\times 12 = 149.4(\text{mol/h})$

$$\eta = \frac{Q_0}{N_0} = \frac{149.4}{2812.5}\times 100\% = 5.3\%$$

同理，当 c=2.4mg/L 时，

η=3.46%；c=4.8mg/L 时，η=1.15%。

9. 【解】由公式

$$V\frac{\mathrm{d}[O_2]}{\mathrm{d}t} = aF([S]_0 - [S]) + bVX$$

$$\Leftrightarrow \frac{\mathrm{d}V[O_2]}{\mathrm{d}t} = aF([S]_0 - [S]) + bVX \quad （因为 V 为定值）$$

又 $\frac{F[S]_0}{VX} = 0.4 \Leftrightarrow \frac{F[S]_0}{0.4V} = X$

代入上式中有 $\frac{\mathrm{d}V[O_2]}{\mathrm{d}t} = aF([S]_0 - [S]) + b\frac{F[S]_0}{0.4}$

（代入 a, b 值和 BOD 去除率 90%有上式）$= 0.5F([S]_0 - [S]) + 0.75F[S]_0 = 1.2F[S]_0$

又要除去 1kg BOD 要耗时为 $1/F[S]_0$，则积分可得需氧量为 1.2kg。

10. 【解】

$$\mu = \frac{\mu_{\max}[O_2]}{K_{O_2} + [O_2]}, Q_2 = \frac{\mu}{Y_{X/O}}$$

$$k_L a(c^* - c) = Q_{O_2}X = \frac{\mu}{Y_{X/O}}X \Rightarrow \frac{0.21c}{0.1+c}X = (6.9-c)300\text{h}^{-1}$$

代入 X 计算可得：$c_{6.12}$=2.76mg/L　$r_{6.12}$=1.24g/(h · L)

c_{20}=0.095mg/L　r_{20}=2.04g/(h · L)

$c_{40.8}$=0.02mg/L　$r_{40.8}$=2.06g/(h · L)

第八章

1. 略，详见本章

2. 【解】

由氧传递理论可知，$k_La \propto$ DO，为便于讨论，利用 Richard 公式

$$k_La = K\left(\frac{P_G}{V_L}\right)^{0.4}(w_s)^{0.5}(N)^{0.5}$$

式中，$P = kN^3D_i^5\rho$，$P_G = k'\left(\frac{P^2ND_i^3}{Q_G^{0.56}}\right)^{0.45}$，$w_s = \frac{Q_G}{(\pi/4)D^2}$

当省去系数后 $k_La = \left(\frac{N^7D_i^{13}}{Q_G^{0.56}V_L^{2.2}}\right)^{0.18}\left(\frac{Q_G}{(\pi/4)D^2}\right)^{0.5}(N)^{0.5}$

$$= \left(\frac{D_i^{13}}{V_L^{2.2}}\right)^{0.18}(N)^{1.76}(Q_G)^{0.4}\left(\frac{1}{(\pi/4)D^2}\right)^{0.5}$$

从上述分析来看，搅拌功率的因次要大于通风的因次，所以提高功率更有效。

另外，如果采取提高通风的方法，由于通风加大，会导致搅拌功率下降，而搅拌功率下降，将导致 DO 的下降，因此采取提高通风的方法提高 DO 并不理想。

3. 【解】

（1）当 P_G/V_L（单位体积消耗功耗）不变时：

若以 $P = kN^3D_i^5\rho \propto N^3D_i^5$

$$Q_G = \frac{\frac{\pi}{4}D^2w_s}{3600} \propto D_i^2 w_s$$

代入 Michel 公式，

$$P_G = \left[\frac{\left(N^3D_i^5\right)^2ND_i^3}{\left(D_i^2w_s\right)^{0.56}}\right]^{0.45} \propto \frac{N^{3.15}D_i^{5.346}}{w_s^{0.252}}$$

$$\frac{P_G}{V_L} \propto \frac{N^{3.15}D_i^{2.346}}{w_s^{0.252}}$$

①所以 $N_2 = N_1\left(\frac{D_{i1}}{D_{i2}}\right)^{0.745}\left(\frac{w_{s2}}{w_{s1}}\right)^{0.08}$

设罐体积放大后高径比不变，所以 $D_{i2} = 10^{1/3}D_{i1}$

$$N_2 = 10^{-0.248}N_1\left(\frac{w_{s2}}{w_{s1}}\right)^{0.08}$$

②所以 $N_2D_{i2} = N_1D_{i2}10^{-0.248}\left(\frac{w_{s2}}{w_{s1}}\right)^{0.08}$

$$= 10^{0.085}N_1D_{i1}\left(\frac{w_{s2}}{w_{s1}}\right)^{0.08}$$

③所以 $D_{i2}^2N_2\rho/\mu = 10^{-0.248}N_1\left(\frac{w_{s2}}{w_{s1}}\right)^{0.08}D_{i2}^2\rho/\mu$

$$= 10^{0.419}N_1D_{i1}^2\left(\frac{w_{s2}}{w_{s1}}\right)^{0.08}\rho/\mu$$

（2）N（搅拌转速）不变：

$$P_G = \left[\frac{\left(N^3D_i^5\right)^2ND_i^3}{\left(D_i^2w_s\right)^{0.56}}\right]^{0.45} \propto \frac{N^{3.15}D_i^{5.346}}{w_s^{0.252}}$$

$$N \propto \left(\frac{P_Gw_s^{0.252}}{D_i^{5.364}}\right)^{\frac{1}{3.15}}$$

$N_1 = N_2$

所以，①设罐体积放大后高径比不变，则 $D_{i2} = 10^{1/3}D_{i1}$

$$\left(\frac{P_G}{V_L}\right)_2 = 10^{\frac{5.364}{3}}\left(\frac{P_G}{V_L}\right)_1\left(\frac{w_{s1}}{w_{s2}}\right)^{0.252}$$

②N 不变，$ND_{i2} = 10^{1/3}ND_{i1}$

③ $(D_i^2N\rho/\mu)_2 = 10^{3/2}(D_i^2N\rho/\mu)_1$

（3）ND_i（搅拌桨顶端线速度）不变：

因为 $N_1D_{i1} = N_2D_{i2}$　$D_{i2} = 10^{1/3}D_{i1}$

① 所以 $N_2 = 10^{-1/3}N_1$

② $(D_i^2N\rho/\mu)_2 = 10^{1/3}(D_i^2N\rho/\mu)_1$

③ $P_G = \left[\frac{\left(N^3D_i^5\right)^2ND_i^3}{\left(D_i^2w_s\right)^{0.56}}\right]^{0.45} \propto \frac{N^{3.15}D_i^{5.346}}{w_s^{0.252}}$

$$N \propto \left(\frac{P_Gw_s^{0.252}}{D_i^{5.364}}\right)^{\frac{1}{3.15}}$$

$$ND_i \propto \left(\frac{P_Gw_s^{0.252}}{D_i^{2.196}}\right)^{\frac{1}{3.15}}$$

$(ND_i)_2 = (ND_i)_1$

$$\left(\frac{P_G}{V_L}\right)_2 = 10^{\frac{2.196}{3}}\left(\frac{P_G}{V_L}\right)_1\left(\frac{w_{s1}}{w_{s2}}\right)^{0.252}$$

（4）$D_i^2N\rho/\mu$（搅拌雷诺准数）不变：

因为 $D_{i1}^2N_1=D_{i2}^2N_2$　　$D_{i2}=10^{1/3}D_{i1}$

$D_{i1}^2N_1=10^{2/3}D_{i1}^2N_2$

①$N_2=10^{-2/3}N_1$

②$N_2D_{i2}=10^{-2/3}N_1 10^{1/3}D_{i1}=10^{-1/3}N_1D_{i1}$

$$③P_G=\left[\frac{\left(N^3D_i^5\right)^2ND_i^3}{\left(D_i^2w_s\right)^{0.56}}\right]^{0.45}\propto\frac{N^{3.15}D_i^{5.346}}{w_s^{0.252}}$$

$$N\propto\left(\frac{P_Gw_s^{0.252}}{D_i^{5.364}}\right)^{\frac{1}{3.15}}$$

$$ND_i^2\propto\left(P_Gw_s^{0.252}D_i^{0.954}\right)^{\frac{1}{3.15}}$$

因为（ND_i^2）$_2$=（ND_i^2）$_1$

$$\left(\frac{P_G}{V_L}\right)_2=10^{-\frac{0.954}{3}}\left(\frac{P_G}{V_L}\right)_1\left(\frac{w_{s1}}{w_{s2}}\right)^{0.252}$$

4. 【解】

（1）因为湍流状态，有 $P/V_L\propto N^3Di^2$

所以 $N_1^3D_{i1}^2=N_2^3D_{i2}^2$

N_1/N_2=（D_{i2}/D_{i1}）$^{2/3}$=（1.5/0.5）$^{2/3}$=2.08

$N_2=N_1/2.08=150/2.08=72$（r/min）

（2）由于两端内的液体循环量 $F\propto NDi^3$

因此　$F/V_L\propto N$　　(1)

（F/V_L）$_1$=（F/V_L）$_2$　　(2)

由式（2）可知 $N_2=N_1$

$N_2=N_1=150$（r/min）

5. 【解】（1）CSTR 条件

由于底物的转化率为 0.95，因此反应器内的底物浓度

[S]=（1−0.95）$[S]_0$=0.05×10=0.5（mol/L）

在稳定状态下，底物的衡算式

$F[S]_0-F[S]=(-r_S)V'$

流入　流出　消耗

$\tau=\dfrac{[S]_0-[S]_t}{-r_s}$ 代入米氏方程

$$V=F\left(\frac{([S]_0-[S])(K_m+[S])}{r_{max}[S]}\right)=10\left(\frac{(10-0.5)(0.03+0.5)}{13\times0.5}\right)$$

=7.8（L）

（2）CPFR 条件

$F[S]=(F+dF)([S]+d[S])+-r_SdV$ + 0

流入　流出　反应量　积累量

由于 $dF=0$，$F_0=F=F_f$

因此 $-Fd[S]=-r_SdV=k[S]dV=k[S]Adl$

以边界条件 $l=0$，$[S]=[S]_0$ 进行积分

ln（$[S]_0/[S]$）$=k$（AL/F）$=k\tau$

所以停留时间可得 $\tau=-\int\dfrac{d[S]}{-r_S}$

代入米氏方程后

$$V=F\left[\left(\frac{K_m}{r_{max}}\right)\ln\left(\frac{[S]_0}{[S]}\right)+\frac{[S]_0-[S]}{r_{max}}\right]$$

$$=10\left[\left(\frac{0.03}{13}\right)\ln\left(\frac{10}{0.5}\right)+\frac{10-0.5}{13}\right]=7.4\text{（L）}$$

6. 【解】（1）CPFR

$[S]=[S]_0$（1−X）=0.02　　(1)

由（7-21）式

$$V=F\left[\left(\frac{K_m}{r_{max}}\right)\ln\left(\frac{[S]_0}{[S]}\right)+\frac{[S]_0-[S]}{r_{max}}\right]$$

$$=0.002\left[\left(\frac{1.03}{4.39\times10^{-3}}\right)\ln\left(\frac{0.1}{0.02}\right)+\frac{0.1-0.02}{4.39\times10^{-3}}\right]$$

=0.79（m^3）　　(2)

停留时间 $\tau=\dfrac{V}{F}=\dfrac{0.79}{0.002}$=395（s）　　(3)

（2）CSTR

由（7-26）式

$$V=F\left(\frac{([S]_0-[S])(K_m+[S])}{r_{max}[S]}\right)$$

$$=0.002\left[\frac{(0.1-0.02)(1.03+0.02)}{4.39\times10^{-3}\times0.02}\right]=1.92\text{（m}^3\text{）}$$　　(4)

停留时间 $\tau=\dfrac{V}{F}=\dfrac{1.92}{0.002}$=960（s）　　(5)

（3）采用两个等容的 CSTR

对于米氏方程，当 K_m（=1.03mol/m^3）>>[S]（=0.1mol/m^3），可近似看成如下的一级反应方程：

$-r_S=\dfrac{r_{max}[S]}{K_m}=k[S]$　　（$k=r_{max}/K_m$）　　(6)

当反应器采用串联连接时，对于第 n 个罐的底物衡算式为

FS_{n-1} − FS_n = $(-r_S)_nV_n$　　(7)

第 n−1 罐的基质流出量　第 n 罐的基质流出量　第 n 罐的反应量

（7）式可变形为

$$\frac{[S]_{n-1}}{[S]_n}=1+\frac{(-r_s)_n(V_n/F)}{[S]_n}$$　　(8)

有近似的一级反应方程：$(-r_S)_n=k_n[S]_n$，

有 $\dfrac{[S]_{n-1}}{[S]_n}=1+\theta_nk_n$，$\theta_n=\dfrac{V_n}{F}$　　(9)

（9）式是 n 个反应器串联连接时的设计方程式，采用二级反应器时：

对于第一个罐，由上式有 $\tau=\theta$

$$\frac{[S]_1}{[S]_0}=\frac{1}{1+\theta_1k_1}$$　　(10)

对于第二个罐，有

$$[S]_2=\frac{[S]_1}{1+\tau_2k_2}=\frac{[S]_0}{(1+\tau_1k_1)(1+\tau_2k_2)}=\frac{[S]_0}{(1+k\tau)^2}$$　　(11)

（同一体积时，$V_1=V_2=V$，$\tau_1k_1=\tau_2k_2=\tau k$）

所以，由（11）式，有

$$1+\tau k=\sqrt{\frac{[S]_0}{[S]}}$$　　(12)

由于 $\tau=V/F$　　因此（12）可以变形为

$$\frac{V}{F}k=-1+\sqrt{\frac{[S]_0}{[S]}}$$　　(13)

所以，得到的反应器体积方程为

$$V=\frac{F(-1+\sqrt{[S]_0/[S]_1})}{k}=\frac{F(-1+1/\sqrt{1-X})}{k} \quad (14)$$

将已知数据代入上式：

$$V=\frac{0.002(-1+1/\sqrt{1-0.8})}{4.39\times10^{-3}/1.03}=0.58\text{（m}^3\text{）}$$

所以两个同体积的罐串联使用时，总体积为 $1.16m^3$，其值介于 CPFR 和 CSTR 两种罐之间。

停留时间 $\tau=\frac{V}{F}=\frac{1.16}{0.002}=580$（s）

	CPFR	CSTR	两个 CSTR 串联
V/m^3	0.79	1.92	1.16
τ/s	395	960	580
F/（m^3/s）	0.002	0.002	0.002

7. 【解】

由于 $k_{L1}=k_{L2}$

因此由 $\frac{k_L D_i}{D}=\alpha\left[\frac{D_i^2 N\rho}{\mu}\right]^{\beta}\left[\frac{\mu}{\rho D}\right]^{\gamma}$

有 $\frac{D_{i1}}{D_{i2}}=\frac{\left(D_{i1}^2N_1\right)^{\beta}}{\left(D_{i2}^2N_2\right)^{\beta}}$

所以 $\frac{N_1}{N_2}=\left(\frac{D_{i2}}{D_{i1}}\right)^{\frac{2\beta-1}{\beta}}$ （1）

因为湍流状态 $P\propto N^3D_i^5$ $V\propto D_i^3$

所以 $P/V\propto N^3D_i^2$

所以 $\frac{(P/V)_2}{(P/V)_1}=\left(\frac{N_2}{N_1}\right)^3\left(\frac{D_{i2}}{D_{i1}}\right)^2$ （2）

由（1）（2）式得：$\frac{(P/V)_2}{(P/V)_1}=\left(\frac{D_{i2}}{D_{i1}}\right)^{2-3(2\beta-1)/\beta}$

8. 【解】

$[S]_{out}=[S]_{in}$（$1-x$）$=10$（$1-0.80$）$=2$（mol/m^3）

出入口的对数平均浓度：

$$[\bar{S}]=\frac{[S]_{in}-[S]_{out}}{\ln([S]_{in}/[S]_{out})}=4.97$$

$[\bar{S}_i]=Kt\cdot[\bar{S}]=3.98$

$V'=K'_m/[\bar{S}_i]=43.8$

所以

$$\phi=\frac{V_P}{A_P}\sqrt{\frac{V'_m/Y_{P/S}}{D_\varepsilon K'_m}}\frac{1}{\sqrt{2}(1+K'_m/[S]_i)}\left(\frac{1}{K'_m/[S]_i}-\ln\left(1+\frac{1}{K'_m/[S]_i}\right)\right)^{-0.5}$$

又因为 $V_P=6.54\times10^{-8}$ $A_P=7.85\times10^{-5}$

所以 $\phi=2.76$

因为 $K'_m\gg[S]_{in}$，所以反应为一级反应。

查表，当 $\phi=2.76$ 时，内部扩散因子 $\eta=0.319$

罐的设计：

$$(u[S]-E_Z\frac{d[S]}{dZ})-[u([S]+d[S])$$

$$-E_Z\frac{d}{d[S]}([S]+d[S])]=\eta r_S\frac{1-\varepsilon}{\varepsilon}dZ$$

流入流出消耗

所以 $E_Z\frac{d^2[S]}{dZ^2}-u\frac{d[S]}{dZ}-\left(\frac{1-\varepsilon}{\varepsilon}\right)\eta\frac{Y_P}{Y_{P/S}}=0$

当 $Z=0$ 时，为入口；当 $Z=L$ 时，为出口。

$u\frac{d[S]}{dZ}+\left(\frac{1-\varepsilon}{\varepsilon}\right)\eta\frac{Y_P}{Y_{P/S}}=0$ 当 $Z=0$ 时，$[S]=[S]_{in}$

所以 $L=\int_0^L dZ=-\frac{u\varepsilon}{1-\varepsilon}\int_{[S]_{in}}^{[S]_{out}}\frac{d[S]}{\frac{Y_P\eta}{Y_{P/S}}}$

$$V=\frac{[([S]_{in}-[S]_{out})+(K'_m/K_t)\ln([S]_{in})]F}{[\eta(1-\varepsilon)V'_m/Y_{P/S}]}$$

代入米氏方程可得 $V=19.1m^3$

又如果：D_R：L=1：5 $V=(\pi/4)D_R^2L$

所以 $D_R=1.69$ m $L=8.47$ m

底物流速

$U'_L=F/A=22.2\times10^{-3}$（m/s）

雷诺准数

$Re=d\rho\cdot U'_L/(\mu_L/\rho_L)=11.1$

压力损失

$$\left(\frac{\Delta P}{L}\right)=\frac{150}{Re}\left(\frac{\rho_L(U'_L)^2}{dP}\right)\frac{(1-\varepsilon)^2}{\varepsilon^3}=3.3\times10^4\text{（Pa）}$$

9. 【解】（1）查表得

罐容量	罐直径 D/m	圆柱高度 H_0/m	总高 H/m	椭圆形封头高度 h/m	装料高度 H_2/m	搅拌桨直径 D_i/m
500L	0.7	1.4	1.8	0.2	1.18	0.245
$10m^3$	1.8	3.6	4.55	0.475	3.0	0.63

（2）装液量

$V=(\pi D^2H_0\eta')/4+[\pi D^2(h_b+D/6)]/4$

对于 500L 罐，$V_1=0.43m^3$

对于 $10m^3$ 的罐，$V_2=7.25m^3$

（3）通风量

大罐的风量比放大：

$Q/V_2=(Q/V_1)(H_{L2}/H_{L1})^{2/3}=0.162[m^3/(m^3\cdot min)]$

小罐的通风量 $Q_1=0.3\times0.43=0.129$（m^3/min）

大罐的通风量 $Q_2=0.162\times7.25=1.175$（$m^3/min$）

（4）罐空截面空气流速

$Ws_1=Q_1/F_1=0.005\ 57m/s$

$Ws_2=Q_2/F_2=0.007\ 68m/s$

（5）大罐的搅拌转速

$N_2=N_1$（D_{i1}/D_{i2}）$^{2/3}$=160（r/min）

（6）通风系数

$Na=Q/ND_i^2$

$Na_1=2.92\times10^{-2}$

$Na_2=2.94\times10^{-2}$

（7）搅拌功率

因为（P_G/V）$_1$=1.23=（P_G/V）$_2$

所以大罐的搅拌功率 $P_{G2}=1.23\times7.25=8.9$（kW）

（8）氧传递系数

由 Moo-Young 等提出的计算 k_La 值的方程，有

$k_La=0.025$（P_G/V_L）$^{0.4}$（Ws）$^{0.5}$

小罐 $k_La_1=0.032$（1/s）

大罐 $k_La_2=0.0377$（1/s）

10. 【解】当 Q/V_L 相等时

因为（Q/V_L）$_1$/（Q/V_L）$_2$=1

又因为 $V_{L2}/V_{L1}=64$

所以 $Q_2/Q_1=64$ $D_2/D_1=4$

$Ws=Q_G/[(\pi/4)D^2]$

所以 $w_{s2}/w_{s1}=4$

（1）当 Q/ND_i^3 相等时

因为 $D_2/D_1=4$ 所以 N_2/N_1=（D_1/D_2）$^{2/3}$=0.397

所以 $Q_1/N_1D_1^3=Q_2/N_2D_2^3=Q_2/0.397N_164D_1^3$

所以 Q_2/Q_1=25.41][（Q/V_L）$_2$/（Q/V_L）$_1$=0.397

$w_{s2}/w_{s1}=1.59$

（2）当 w_s 相等时

因为 $Ws=Q_G/[(\pi/4)D^2]$ $D_2/D_1=4$

$Q_2/Q_1=16$

所以(Q/V_L)$_2$/（Q/V_L）$_1$=0.25

（3）当 k_La 相等时

因为 $k_La=0.025$（P_G/V_L）$^{0.4}$（Ws）$^{0.5}$

又因为 $P_G\propto D^5N$，$V\propto D^3$

所以 $k_La_1=k_La_2$

$$\left(\frac{D_1^5N_1}{V_1}\right)^{0.4}\left(\frac{Q_1}{D_1^2}\right)^{0.5}=\left(\frac{(4D_1)^5(1/4)^{2/3}N_1}{64V_1}\right)^{0.4}\left(\frac{Q_2}{(4D_1)^2}\right)^{0.5}$$

$Q_2/Q_1=3.65$

（Q/V_L）$_2$/（Q/V_L）$_1$=0.057

$Ws=Q_G/$（$\pi/4$）D^2

$w_{s2}/w_{s1}=0.23$

11. 【解】

因为（P_g/V_L）$_1$/（P_g/V_L）$_2$=1

所以 P_2=（V_{L2}/V_{L1}）P_1 （1）

因为（Q/V_L）$_2$/（Q/V_L）$_1$=（D_1/D_2）$^{2/3}$ $D\propto V^{1/3}$

所以 Q_2/Q_1=（V_{L2}/V_{L1}）$^{7/9}$ （2）

N_2/N_1=（D_{i1}/D_{i2}）$^{2/3}$=（V_{L1}/V_{L2}）$^{2/9}$ （3）

所以 $P_{g2}\propto$（$P_2^2N_2D_{i2}^3/Q_2^{0.56}$）$^{0.45}$

$$=\left(\frac{\left(\dfrac{V_{L2}}{V_{L1}}P_1\right)^2\left(\dfrac{V_{L1}}{V_{L2}}\right)^{2/9}N_1V_{L2}}{\left(\dfrac{V_{L2}}{V_{L1}}\right)^{\frac{7}{9}\times0.56}Q_1^{0.56}}\right)$$

$$=\left(\frac{\left(\dfrac{V_{L2}}{V_{L1}}\right)^{1.34}P_1^2N_1V_{L2}}{Q_1^{0.56}}\right)^{0.45}$$

$$P_{g1}\propto\left(\frac{P_1^2N_1V_{L1}}{Q_1^{0.56}}\right)^{0.45}$$

所以 P_{g2}/P_{g1}=（V_{L2}/V_{L1}）$^{0.27}$

（P_g/V_L）$_2$/（P_g/V_L）$_1$=（V_{L2}/V_{L1}）$^{-0.73}$

12. 【解】

因为 $k_La\propto$（P_g/V_L）$^{0.95}$（Ws）$^{0.67}$

Michel 公式 $P_g=K'\left(\dfrac{P^2ND_i^3}{Q_G^{0.56}}\right)^{0.45}$

又因为，在一般情况湍流下，$P=KN^3D_i^5\rho$，

$$所以\ k_La\propto\left(\frac{K'\left(\dfrac{K^2N^7D_i^{13}\rho^2}{Q_G^{0.56}}\right)^{0.45}}{V_L}\right)^{0.95}\left(\frac{Q_G}{(\pi/4)D_i^2}\right)^{0.67}$$

因为 $D_i^3\propto V_L$

所以 $k_La\propto N^3D_i^{1.37}Q_G^{0.43}$

因为一般通风量放大方法为$(Q/V_L)_2/(Q/V_L)_1=(D_1/D_2)^{2/3}$

所以，Q_{G2}/Q_{G1}=（D_2/D_1）$^{7/3}$

所以 $k_La\propto N^3D_i^{2.37}$

当 $k_La_1=k_La_2$

（$N^3D_i^{2.37}$）$_1$=（$N^3D_i^{2.37}$）$_2$

所以 N_2/N_1=（D_{i1}/D_{i2}）$^{0.79}$

13. 【解】

（1）$D_{i2}=1.05$ $N_2=103$

$P_2=KN_2^3D_{i2}^5\rho=1.39\times10^6k\rho$

N_2D_{i2}=108.15m/min=1.8025m/s

调整后 $\begin{cases}N_2'^3D_{i2}'^5=1.39\times10^6\\N_2'D_{i2}'=1.5\end{cases}$

所以调整后，$D_{i2}'=1.38$ $N_2'=65.2$

（2）$k_La=0.025$（P_g/V_L）$^{0.4}\left[\dfrac{Q_G}{(\pi/4)D^2}\right]^{0.5}$要提高 15%，且 Q_G，P 不变

则，只有 P_g 提高到原来的 1.42 倍

又因为 $P_g\propto\left(\dfrac{P^2NV_L}{Q^{0.56}}\right)^{0.45}$ Q_G，P 不变

所以 $\begin{cases}(N_2'D_i'^3)^{0.45}=(N_2D_i^3)^{0.45}\times1.42\\N_2'^3D_{i2}'^5=1.39\times10^6\end{cases}$

所以 $D_{i2}'=1.88$ $N_2'=38.97$

第九章

1～13. 略，详见本章

主要符号一览表

A	作用面的面积，m^2；反应器或管道的横截面积，m^2；发酵罐内冷却传热面积，m^2；常数
A_d	酶失活反应中 Arrhenius 方程的指前因子；细胞死亡的 Arrhenius 因子
A_p	颗粒外表面积，m^2
a	单位体积气液混合物中相界面积，m^2；传质比表面积，m^2
B	挡板宽度，m
c	溶解氧浓度，mol/m^3；底物（或基质）浓度，mg/L
c_{crit}	临界溶解氧浓度，mol/m^3
D	稀释率，s^{-1}；分子扩散系数，m^2/s；反应器直径，m
Da	达姆克勒（Damkohler）准数
D_{crit}	临界稀释率，s^{-1}
D_e	有效扩散系数，m^2/s
DH	水解度，%
DH_{max}	最大水解度，%
D_i	搅拌桨直径，m
d_B	气泡直径，m
d_p	固定化酶颗粒直径，m
d_e	当量半径，m
E	自由酶
E_a	活化能，J/mol
E_d	失活反应活化能，J/mol
E_h	氧化还原电位，V 或 mV
E_i	失活酶
E_0	氧电极的标准电位，V 或 mV
EP	酶产物复合物
ES	酶底物复合物
[E]	酶的浓度，mol/L 或 mg/L
$[E]_0$	初始酶浓度，mol/L 或 mg/L
F	法拉第常数；摩尔流量，C/kmol
F_v	流体垂直作用于单位面积上的力，N
G_{in}	进口气体中氧的摩尔分率
G_{out}	出口气体中氧的摩尔分率
g	重力加速度，m/s^2；菌体浓缩系数
H	亨利常数，kg·m/mol
ΔH	焓变，J/mol
I	抑制剂
K	传热系数，kJ/（$m^2·s·K$）；稠密度指数；无因次系数
K_m	米氏常数，mol/m^3
$K_{m,DH}$	DH 值时的米氏常数，mol/m^3
$K_{m,x}$	PCL=x 时的米氏常数，mol/m^3
K_P	刚性系数，kPa 或 MPa；分配系数；产物抑制常数
K_s	微生物反应中的饱和常数，g/L；酶促反应中的平衡常数；底物抑制常数
K_1、K_2	解离常数，mol/m^3
k	反应速率常数，s^{-1}
k_{cat}	酶转换数
$k_{cat,DH}$	DH 值时的酶转换数
$k_{cat,x}$	PCL=x 时的酶转换数
k_d	酶失活反应速率常数，s^{-1}
k_G	气膜传质系数，cm/s 或 cm/h
k_L	液膜传质系数，cm/s 或 cm/h
k_2	酶解反应速率常数，s^{-1}

k_3 酶失活反应速率常数，s^{-1}

L 微生物膜厚，m；可被剪切的糖苷键物质的量浓度，mg/L

M 气体的摩尔质量，kg/kmol

m 构成多糖的糖残基分子量，Dalton；气体质量，kg/（kg·s）；维持常数，h^{-1}

m_s 质量流量，kg/s

N 搅拌转速，r/s

N_0 氧供给速率

Na 通风准数

Np 功率准数

N_s 扩散速率，mol/（m^2·s）

n 流动特性指数；经验参数，反应级数

OAR 氧吸收速率，mmol/（L·h）或 g/（L·h）

P 产物

P 功率消耗；压力，Pa

P_G 通风功率消耗

P_g 搅拌功率，Pa

P_r 产率，kg/（m^3·s）

Q 热量，J；通风量，m^3/h

Q_0 总耗氧量

Q_{CO_2} 二氧化碳比生成速率，h^{-1}

Q_{O_2} 氧的比消耗速率，h^{-1}

$Q_{O_2\,max}$ 氧的最大比消耗速率，h^{-1}

Q_G/Q_g 通风量

R 气体常数[=8.314 kJ/（kmol·K）]

Re 雷诺准数

RQ 呼吸商

r 反应速度，mol/（m^3·s）；水力半径，m；在循环反应液的比例

r_{max} 最大反应速度，mol/（m^3· s）

r_0 起始酶解反应速率，mol/（L· min）或 mol/（m^3·s）

r_P 产物生成速率，mol/（m^3· s）

r_S 底物（或基质）的消耗速率，mol/（m^3· s）

r_{SP} 产物抑制时的酶解反应速率，mol/（L· min）

r_{SS} 底物抑制时的酶解反应速率，mol/（L· min）

S 底物（或基质）

SES 无催化及分解性的三元复合物

$[S]_x$ PCL=x 时的底物浓度，g/L

$[S]_0$ 初始底物浓度，g/L

$[S]_{in}$ 流加基质浓度，g/L

$[S]_{out}$ 流出基质浓度，g/L

T 温度，K；气体的绝对温度，K

t 时间，s

t_m 混合时间，s

$t_{1/2}$ 酶失活半衰期，min

u 平均速度，m/s

U_L 底物流速，m/s

V 体积（反应器体积），m^3

V_s 体积流量，m^3/s

V_L 反应液体积，m^3

w 多糖的总质量浓度，g/L

w_B 气泡在液体中的上升速度，m/s

w_s 气体的空塔速度，m/s

X 菌体浓度，mg/L；酶促反应中复合物 ES 的浓度，mg/L；酶解反应转化率

X_0 初始菌体浓度，mg/L 或 mol/L

Y_{ATP} 以基质异化代谢产生 ATP 为基准生成的细胞量的细胞得率

$Y_{X/O}$ 相对氧消耗的细胞得率，kg/kg

$Y_{X/S}$ 菌体得率，kg/kg

$\overline{M}$ 各水解度多糖的平均分子量，Dalton

[ ] 浓度

α	分离系数；常数；单位体积培养液中气液比表面积
β	常数
γ	基质的比消耗速率，h^{-1}；系数
γ_{max}	底物（或基质）的最大比消耗速率，h^{-1}
δ	液膜厚度，m
ε	空隙率
η	效率因子
θ	无因次时间
μ	比生长速率，h^{-1}；黏度，Pa·s
μ_{max}	最大比生长速率，h^{-1}
π	产物比生成速率，h^{-1}
ρ	密度，kg/m^3
ρ_0	标准状态下气体的密度，kg/m^3
σ	表面张力，N/m
τ	空时，h^{-1}；剪切力，N/m^3
υ	比容，kg/m^3
φ	西勒（Thiele）准数

主要名词汇总

一画

一级反应（first order reaction）

一级失活常数（first order deactivation constant）

乙醇发酵设备（ethanol fermentation equipment）

乙醇脱氢酶（alcohol dehydrogenase，ADHS）

乙醇发酵（ethanol fermentation）

乙酸激酶（acetate kinase，ACK）

乙酰乳酸合成酶（acetolactate synthase，ALS）

二画

二次生长（secondary growth）

二级反应（second order reaction）

二氧化碳（carbon dioxide）

二维凝胶电泳（2-DE）

十三碳二元酸（tridecane dicarboxylic acid）

2，3-丁二醇（2，3-butanediol）

人类基因组计划（human genome project，HGP）

人工神经元网络（artificial neural network，ANN）

三画

工程菌株（engineering strain）

工程学（engineering）

工程能力（engineering ability）

工程思维能力（engineering sense ability）

干实验（dry experiment，指计算机模型模拟）

小世界网络（small world network）

四画

比拟放大（analogy amplification）

比生长速率（specific growth rate）

无机元素（inorganic element）

无尺度（scale-free）

支原体（mycoplasma）

不完全混合反应器模型（incompletely mixed reactor）

不定的系统（underdetermined system）

反复分批式操作（repeated batch operation）

反复半分批式操作（repeated semi-batch operation）

反向胶团（reversed micelle）

反应机制（reaction mechanism）

水解度（degree of hydrolysis）

比容（specific volume）

比较基因组学（comparative genomics）

气升式反应器（airlift reactor）

气体滞留量（gas hold-up）

气体的空塔速度（或称为气体的表观速度）（superficial gas velocity）

气体上升速度（gas rise velocity）

气体通道（gas passage）

气泡平均直径（average bubble diameter）

气泡的数目（the number of bubble）

气液比（gas-liquid ratio）

气膜传质系数（gas-side mass transfer coefficient）

牛顿型流体（newton fluid）

分子机制（molecular mechanism）

分子扩散系数（molecular diffusion coefficient）

分子扩散（molecular diffusion）

分子构象（molecular conformation）
分叉模型（bifurcation model）
分叉次数（bifurcation times）
分批操作（batch operation）
分批补料技术（fed-batch culture technical）
分批补料策略（fed-batch strategy）
分枝（embranchment）
分配效应（distribution effect）
分配系数（distribution coefficient）
分散相（dispersed phase）
分解代谢（catabolism）
公称容积（nominal capacity）
介电常数（ε）（dielectric constant）
水解酶（hydrolase）
水力半径（hydraulic radius）
风味（flavor）
反应专一性（reaction specificity）
反应器高度（height of reactor）
反竞争性抑制（anti-competitive inhibition）
反馈控制流加操作（feedback-controlled fed-batch operation）
化学需氧量（chemical oxygen demand，COD）
化学键选择性（chemoselectivity）
计量关系（metrical relationship）
计量学（stoichiometric）
计算机模型（in silico model）
牛血红蛋白（bovine hemoglobin）
双膜模型（two-film theory）
双状态模型（two-stat-model）
双液相生物反应（two-liquid phase bioreaction）
双液相发酵（two-liquid phase fermentation）
双液相酶促反应（two-liquid phase enzymatic reaction）
冗余性（redundancy）

五画

半柔性节点（semi-flexible node）
生化系统理论（biochemical systems theory，BST）
正十六烷（n-hexadecane）
本征动力学（intrinsic kinetics）
本征速率（intrinsic rate）
节数（node number）
节点（node）
可逆反应（reversible reaction）
平汉塑性流体（bingham plastic fluid）
平衡常数（equilibrium constant）
功率消耗（power consumption）
功率准数（power number）
世代时间（generation time）
对流扩散（convection-diffusion）
对数生长期（logarithmic growth phase）
弗氏链霉菌（*Streptomyces fradiae*）
四环素（tetracycline）
四膜虫（*tetrahymena*）
去甲基金霉素（demethylchlortetracycline）
发酵制品（fermentative product）
生物反应工程（bioreaction engineering）
生物反应过程（bioprocess）
生长速率（growth rate）
生物反应动力学（bioreaction kinetics）
生物反应器（bioreactor）
生物转盘（rotating biological contactor）
生物需氧量（biochemical oxygen demand，BOD）
生物滤池法（biological filter）
生物全息律（bio-holographic law）
生物过程工程学（bioprocess engineering）
生物分子工程（biomolecular engineering）
生物信息学（bioinformatics）
生长曲线（growth curve）
生物催化剂（biocatalyst）
生长得率（growth yield）

生长因子（growth factor）
生产能力（production capacity）
生长模型（growth model）
外部控制方法（external control method）
代谢工程（metabolic engineering）
代谢途径（metabolic pathway）
代谢途径分析（metabolic pathway analysis）
代谢通量分析（metabolic flux analysis，MFA）
代谢组学（metabolomics）
代谢谱分析（metabolite profiling）
代谢指纹分析（metabolic fingerprinting）
代谢足迹分析（metabolic footprinting）
代谢网络（metabolic network）
发酵罐（fermentor）
对映体特异体（enantiomerspecificity）
立体专一性（stereospecificity）
半衰期（half-life）
半分批操作（流加操作）（semi-batch operation）
丝状真菌（filamentous fungi）
主动运输（active transport）
必需水（essential water）
头霉素 C（cephamycin C）
甲酸脱氢酶（formate dehydrogenase，FDH）
电喷雾质谱（electrospray ionization mass spectrometry，ESI-MS）
目标代谢物分析（metabolite target analysis）
灭活（quenching）
主成分分析（principal components analysis，PCA）

六画
动力学模型（kinetic model）
动态法（kinetics）
动物细胞培养（animal cell culture）
动物细胞培养反应器（animal cell culture reactor）
亚硫酸盐法（sulfite process）
有效电子数的细胞得率（available electron cell yield）
有监督方法（supervised method）
压力（stress）
压力强度（pressure intensity）
压强（pressure）
西勒（Thiele）准数
异构酶（isomerase）
异丙基-β-D-硫代半乳糖苷（isopropyl-beta-D-thiogalactopyranosi，IPTG）
同化代谢（assimilation metabolism）
同步失活模型（synchronization inactivation model）
刚性节点（rigid node）
扩散限制（diffusion-limited）
机械搅拌混合（mechanical-stirred and agitation）
夹套（jacket）
回转式固态发酵（rotary-solid state fermentation）
全方位水解（omnidirectional hydrolysis）
多级连续培养（multistage continuous culture）
多状态模型（multistate model）
多步失活模型（multistep inactivation model）
多底物酶促反应（multisubstrates enzymatic reaction）
多糖酶解（polysaccharide enzymolysis）
产气气杆菌（*Aerobacter aerogenes*）
产物生成速率（product formation rate）
产物比生成速率（production specific formation rate）
产物失活常数（product inactivation constant）

产物抑制（product inhibition）
产黄青霉（*Penicillium chrysogenum*）
自吸式反应器（self-absorption reactor）
自催化反应（autocatalytic reaction）
传质阻力（mass transfer resistance）
传质推动力（mass transfer driving force）
传递过程（transfer process）
传热（heat transfer）
传热系数（heat transfer coefficient）
优化（optimization）
交沙霉素（josamycin）
血清（serum）
全混式反应器（piston flow reactor）
全氟化碳（perfluorocarbon）
合成（或连接）酶（synthase / ligase）
米氏方程（Michaelis-Menten equation）
米氏常数 K_m（michaelis constant）
米根霉（*Rhizopus oryzae*）
光合生物反应器（photosynthesis bioreactor）
冲出（washing out）
杂菌污染（microbial contamination）
后基因组计划（post genome project）

七画

拟一级集总动力学模型（quasi-first order total kinetic model）
系统生物学（systems biology）
两相生长动力学（two-phase growth kinetics）
均相酶促反应动力学（kinetics of homogeneous enzymatic reaction）
均等分配模型（equality distribution model）
花生四烯酸（arachidonic acid）
麦芽糖（maltose）
时间常数（time constant）
体积传质系数（volumetric mass transfer coefficient）
位阻效应（steric hindrance）
位置选择性（regioselectivity）
体外（*in vitro*）
体积溶氧关联式（volumetric oxygen transfer correlation）
状态方程式（equation of state）
沉淀池（sedimentation tank）
宏观动力学（macrokinetics）
快速平衡法（fast equilibrium method）
亨利常数（Henry constant）
迟缓期（lag phase）
层流（laminar）
运动黏度（kinematic viscosity）
连续相（continuous phase）
连续操作（continuous operation）
初速度（initial rate）
启动子（promoter）
角质细胞（keratinocytes）
极端途径（extreme pathway，EP）

八画

表面吸附（surface adsorption）
表压（surface pressure）
表观粘度黏度（apparent viscosity）
表观速率（apparent rate）
青霉素酰化酶基因（penicillin acylase gene）
环流管（筒）（draught tube）
环流短路（circulation short circuit）
非结构模型（unstructured model）
非牛顿型流体（non-newtonian fluids）
非竞争性抑制（noncompetitive inhibition）
非监督方法（unsupervised method）
经验修饰动力学模型（experical modified kinetic model）
转化率（conversion ratio）
转录效率（transcription efficiency）
转录速率常数（transcription efficiency

constant）
转鼓式固态发酵（rotary drum solid state fermentation）
转移酶（transferase）
转录组（transcriptome）
转录组学（transcriptomics）
转录调控网络（transcriptional regulatory network）
固氮菌（Azotobacter）
欧文氏菌（Erwinia）
固有速率（inherent rate）
固定化（immobilization）
固定化酶（immobilized enzyme）
固定化微生物（immobilized microorganism）
固定床反应器（fixed bed reactor）
固态发酵（solid state fermentation）
图像识别（image recognition）
图像采集卡（image grab card）
呼吸商（respiratory quotient，RQ）
果葡糖浆（high fructose syrup）
变性（denaturation）
放大（amplification）
放线菌（actinomycete）
放大方法（amplification method）
底物专一性（substrate specificity）
底物抑制（substrate inhibition）
底物控制法（substrate control method）
底物特异性（substrate specificity）
质谱（mass spectrometry，MS）
质粒（plasmid）
质粒稳定性（plasmid stability）
质量衡算（mass balance）
物量衡算（material balance）
定流量流加操作（constant flow fed-batch operation）
空时（空间时间）（space time）
空气分布器（air distributor）
空隙率（porosity）
官能团专一性（functional group specificity）
组织（tissue）
细菌（bacteria）
细胞个性化（cells individuation）
经济核算（economic accounting）
单级连续培养（single-stage continuous culture）
单克隆抗体（monoclonal antibody）
单位溶解氧功耗（unit dissolved oxygen powder）
试管苗（plantlet）
饱和常数 K_s（saturation constant）
油（oil）
泡盛曲霉（*Aspergillus awamori*）
泡囊学说（vesicle theory）
线性判别分析（linear discrimination analysis）

九画

界面（interface）
界面张力（interfacial tension）
界面微生物（interfacial microorganism）
界面模拟系统（interfacial simulation system）
临界稀释率（critical dilution rate）
厚层通风制曲（koji-making through heavy layer ventilation）
轴封（shaft seal）
挡板（baffle plate）
指数流加操作（exponential fed-batch operation）
指数形式动力学模型（exponential kinetic model）
贴壁培养（attaching-wall culture）
恒化器法（chemostat method）
恒浊器法（turbidostat method）

复制动力学（replication kinetics）
复制复合体（replication complex）
氟乙酸钠（sodium fluoroacetate）
荧光标记（fluorescence labeling）
重均分子质量（weight-average molecular weight）
结构模型（structure model）
绝对压力（absolute pressure）
选择性（selectivity）
浓度分布（concentration distribution）
活性多肽（active polypeptide）
活性污泥法（activated sludge process）
活塞式反应器（piston type reactor）
胃蛋白酶（pepsin）
活性段（active section）
活化能（activation energy）
柔性节点（flexible node）
信息组（class information）
信号转导网络（signal transduction network）

十画

根瘤菌（*Rhizobium*）
弱连通体（weakly connected component，WCC）
莫能霉素（monensin）
换热装置（heat exchange device）
真空度（degree of vacuum）
热量衡算（heat balance）
原生动物（protozoa；protozoan）
速率（rate）
速度（velocity）
通风固态发酵（ventilation solid state fermentation）
通风准数（ventilation dimensionless number）
通量（flux）
通量控制分析（metabolic control analysis）
通量控制系数（flux control cofactor，FCC）
衰变常数（decay constant）
竞争性抑制（competitive inhibition）
效率因子 η（efficiency factor）
高密度培养（high-cell-density culture）
高山被孢霉（*Mortierella alpina*）
病毒（virus）
病毒疫苗（virus vaccine）
病态的（ill-conditioned）
衰退期（decline phase）
倍增时间（doubling time）
氧化还原酶（oxido-reductase）
氧化还原电位（redox potential）
氧比消耗速率（oxygen specific consumption rate）
氧消耗速率（oxygen uptake rate）
氧溶解度（oxygen solubility）
氧传质速率（oxygen transfer rate，OTR）
氧传递（oxygen transfer）
氧载体（oxygen vector）
透析反应器（dialysis reactor）
透明颤菌血红蛋白（*Vitreoscilla* hemoglobin，VHb）
能量非偶联型生长（energy-uncoupled growth）能量偶联型生长（energy-coupled growth）
能量衡算（energy balance）
烟草细胞（tobacco mosaic，TM）
流量（efflux；flow rate）
流速（flow velocity；flow rate）
流化床反应器（fluidized-bed reactor，FBR）
流变性指数（rheological index）
流变特性（properity rheological）
涡轮桨（turbine pulp）
涡流扩散（eddy diffusion）
消沫器（foam breaker）
核磁共振（nuclear magnetic resonance，NMR）

十一画
弹性系数（elastic cofactor）
焓变（enthalpy）
随机选择模型（random method）
离体培养（isolated culture）
液膜传质系数（mass transfer coefficient）
宿主菌基因型（host strain genotype）
悬浮培养（suspension culture）
基质消耗速率（substrate consumption rate）
基质比消耗速率（specific substrate consumption rate）
基因表达动力学（gene expression kinetics）
基因组学（genomics）
基质辅助激光解吸飞行时间质谱（MALDI-TOF-MS）
基元通量模式（elementary fluxes mode, EFM）
蛇管（coil pipe）
菌丝球（pellet）
菌种变异（species variation）
菌体形态（mycelia morphology）
蛋白胨（typton）
蛋白质酶解（protein enzymolysis）
蛋白质组学（proteomics）
蛋白质工程（protein engineering）
蛋白质相互作用网络（protein-protein interaction network）
梨头霉（*Absidia coerulea*）
停留时间（residence time）
假单孢菌（*Pseudomonas*）
假塑型流体（pseudoplastic fluid）
偶极矩（μ）（dipole moment）
得率（yield）
得率系数（yield coefficient）
淀粉酶（amylase）
剪切速率（速度梯度切变率）（shear rate）
烷烃（alkane）
逻辑方程（logical equation）
逻辑模型（logical model）
维持代谢（maintenance metabolism）
维持常数（maintenance constant）
减速期（decelerating phase）
淋巴因子（lymphokine）
混合（blending）
液体表面发酵（liquid surface fermentation）
渗透压（osmotic pressure）
密度（density）
偏最小二乘法-显著性分析（PLS-discrimination analysis）
随机（random）

十二画
搅拌功率（power of agitator）
塔式通风固态发酵（tower ventilation solid state fermentation）
葡萄糖氧化法（glycolate oxidation）
联轴器（coupler）
最大反应速率 r_{max}（maximum reaction rate）
最大生产能力（maximum productive capacity）
稀释率（dilution ratio）
裂合酶（lyase）
鲁棒性（robustness）
提取（extraction）
链霉菌（*Streptomyces*）
集总动力学模型（lumping kinetic model）
植物细胞培养（plant cell culture）
植物细胞培养反应器（plant cell culture reactor）
超临界相态（supercritical phase condition）
超临界流体（supercritical fluid）
超临界 CO_2（supercritical carbon dioxide）
超临界反应（supercritical reaction）
超临界萃取（supercritical extraction）
超滤膜反应器（hyperfiltration membrane reactor）

超定的系统（overdetermined system）
疏水性参数（hydrophobicity parameter）
铺展系数（spreading coefficient）
氮源（nitrogen source）
湿度（humidity）
湿实验（wet experiment，指通常的实验室实验）
强连通体（strongly connected component，SCC）
确定性的系统（determined system）

十三画
鼓泡式反应器（bubbling-type reactor）
雷诺准数（Reynold's number）
零级反应（zero order reaction）
酪蛋白-胰酶（casein-trypsin）
酪蛋白磷酸肽（casein phosphopeptide）
锥形罐（cylindroconical fermenter）
微生物干重（microorganism dry weight）
微生物的生长（microorganism growth）
微生物的死亡（microorganism death）
微生物的溶胞（microorganism cell lysis）
微生物的维持（microorganism maintenance）
微生物的能动性（microorganism activity）
微生物的繁殖（microorganism propagation）
微扰效应（effects of perturbation）
微观动力学（microcosmic dynamics）
微载体培养（microcarrier culture）
微藻培养（microalgae cultivation）
微阵列分析（microarray）
稠密度指数（density index）
溶氧方程（dissolved oxygen equation）
溶氧速率的调节（regulation of dissolved oxygen rate）
溶解氧（dissolved oxygen，DO）
溶解度参数（dissolubility parameter）
滤液取出率（filtrate removal rate）

十四画
静止期（stationary phase）
酵母粗提物（yeast extract）
酵母（yeast）
酶（enzyme）
酶工程（enzyme engineering）
酶解体系 3-D 曲面图（enzymatic hydrolysis system 3-D curved surface drawing）
酶解历程（enzymatic hydrolysis process）
酶促水解-膜分离耦合工艺（enzymatic hydrolysis membrane separation process）
酶失活（enzymatic inactivity）
酶反应器（enzyme reactor）
酶促反应（enzymatic reaction）
酶促反应过程（enzymatic reaction process）
酶促反应动力学（enzymatic reaction kinetics）
酶活力（enzyme activity）
酶的比活力（enzymatic specific activity）
酶的再生（enzyme regeneration）
酶的调节功能（enzyme regulation function）
酶的活性中心（enzyme active center）
酶的稳定性（enzyme stability）
酿酒酵母（*Saccharomyces cerevisiae*）
碳氮比（C/N）（carbon-to-nitrogen ratio）
碳源（carbon source）
稳定状态（steady state）
寡糖（oligosaccharides）
稳态法（steady state method）
聚类分析（cluster analysis）
聚 β-羟基丁酸酯（poly-β-hydroxybutyrate）
聚合度（degree of polymerization）
聚羟基丁酸酯（polyhydroxybutyrate，PHB）

十五画以上
黏度（viscosity）

西文字母